추천사

"많은 거대하고 야심만만한 제국의 심장부엔 통치자가 남달리 귀를 기울이는 사람이 있다. 부처를 운영하지도 않는다. 그러나 그의 충실한 추종자들이 정부 곳곳을 차지한다. 사람들 앞에 나서지 않고 언론인도 피하고 회의 때도 조용히 있지만 그런데도 나라를 이끈다. 이런 불가해한 인물의 미국 판이 앤드루 마셜이다. 그는 〈스타워즈〉의 제다이 마스터 '요다'였고 그의 교육을 받은 사람들은 제다이 기사들이었다." _「이코노미스트」

"미국 최고의 전략가 중 한 사람인 앤드루 마셜의 삶과 이력에 대한 매혹적인 기록. 제2차 세계대전 이후 미국 안보계의 정신사 대부분을 조명하면서, 미국이 직면한 문제들을 보여준다."
_ 맥 손베리, 미 의회 의원

"앤드루 마셜은 제임스 슐레진저에서부터 오늘날에 이르는 모든 국방부 장관들을 보좌하며, 타국과의 경쟁에서 승리하기 위한 전략을 고안했다. 이 책에는 그 이야기는 물론, 현대 군사전략을 짜기 위해 마셜이 어떻게 '총괄평가'라는 혁신적인 개념을 적용했는지를 보여준다."
_ 해럴드 브라운, 제14대 미 국방부 장관

"눈을 뗄 수 없는 놀라운 책. 앤드루 마셜의 빛나는 업적을 다루는 동시에, 지난 60년 동안 미국의 국방 태세와 전략을 만든 최고의 지성과 정치적 분쟁들도 다루었다. 이 책을 읽으면 허세와 근거 없는 낙관적 사고의 바다에서 진짜 전략을 만들어가는 방법을 배울 수 있다."
_ 리처드 루멜트, 『전략의 적은 전략이다』 저자

"사려 깊고 매혹적인 책" _「월스트리트 저널」

"마셜의 업적에 대한 상세하고 엄밀한 설명. 외교정책 독자와 전문가들은 이 책 저자들의 연구가 얼마나 인상적이고 마셜의 이야기가 얼마나 많은 가르침을 주는지 알게 될 것이다."
_「라이브러리 저널」

"읽을 가치가 충분하다." _ 크리스토퍼 넬슨, 미 해군 대외정책관

"당신이 미국의 변덕스러운 안보정책과 과도한 비용 투자가 문제라고 생각한다면, 이 책은 그 이유를 설명하는 데 도움을 줄 것이다." _「유러피언 어페어」

"마셜의 이야기를 하면서 동시에 60년에 걸친 미국의 안보와 외교정책의 역사를 다룬다."

_「피츠버그 트리뷴」

"마셜과 그의 업적에 대한 객관적이고 통찰력 있는 지성사" _「퍼블리셔스 위클리」

"탁월한 전략 사상가의 경력을 추적한다. 외국의 전략 관계자들에게 더 유명했던 음지의 현자에 관한 지성사를 밝힌다." _「커커스 리뷰」

"앤드루 크레피네비치는 국가 안보 문제에 있어 지금 가장 통찰력 있는 목소리를 내는 인물이다." _ 토머스 E. 릭, 「뉴욕타임스」 베스트셀러 저자

"국가의 리더들이라면, 그리고 현재와 앞으로의 10년 동안 우리를 보호할 책임이 있는 이들이라면 이 도발적이고 통찰력 있는 책을 반드시 읽어야 한다." _「빙 웨스트」

"앤드루 마셜은 오랫동안 미국 군대에 신탁을 전하는 사제였다." _「포린 폴리시」

"앤드루 마셜, 최후의 현인. 그처럼 군사전략에 숙련되고 깊은 역사 지식을 가지고 있고 지난 50년의 미 국방 문제를 잘 아는 사람은 더 이상 나오지 않을 것이다." _「아시아 타임스」

"이 책은 한 인간의 위대한 여정에 대한 설명이자 미 국방정책 전략사의 축약판이다. 마셜의 서거로 전략에 관한 최고의 도서관 1개가 사라졌지만, 그의 인재육성과 혁신 방안은 우리 군에 큰 교훈을 줄 것이다." _ 주은식, 한국전략문제연구소 부소장

"우리는 군사혁신(RMA)을 속속들이 연구했다. 우리의 위대한 영웅은 펜타곤의 앤드루 마셜이었다. 우리는 그가 쓴 모든 단어를 번역했다. 그는 1990년대와 2000년대 중국의 국방정책을 변경하는 데 가장 결정적인 영향을 준 인물 중 하나다."

_ 천저우, 중국 인민해방군 장군

"국제 정치의 본질을 묻다. 이 책은 결코 '마셜의 전기'가 아니라 '전후 미국의 군사 전략사' 내지 '군사 사상사' 격이다. 안보 환경이 점점 더 어려워지는 상황에서 우리도 '일본의 마셜'을 키워야 한다." _「요미우리신문」

"이 천재적인 군사 전략가가 올바른 질문 방식을 통해 가르친 건 바로 역사였다. 이 뛰어난 평전은 그것을 가르쳐준다." _「마이니치신문」

제국의 전략가

앤드루 마셜, 8명의 대통령과 13명의 국방장관에게
안보전략을 조언한 펜타곤의 현인

The Last Warrior

THE LAST WARRIOR

제국의 전략가

앤드루 마셜, 8명의 대통령과 13명의 국방장관에게
안보전략을 조언한 펜타곤의 현인

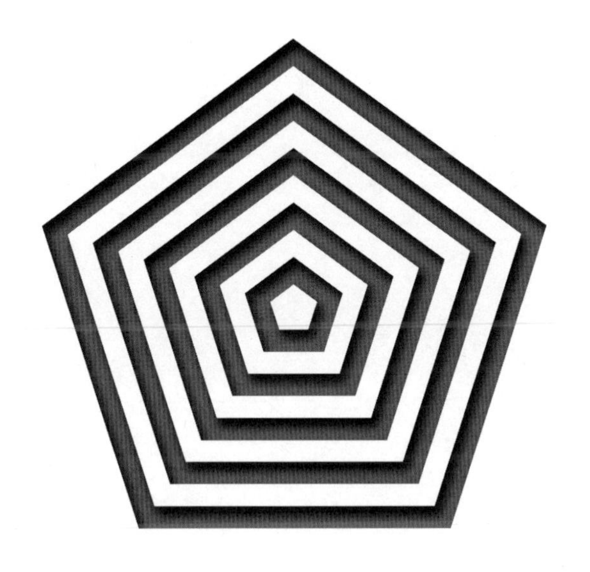

앤드루 크레피네비치·배리 와츠 지음
이동훈 옮김

살림

'총괄평가'의 아버지인 앤드루 W. 마셜과 제임스 R. 슐레진저에게
이 책을 바칩니다.

서문

이 책은 중요하지만 알려진 바가 별로 없는 어느 90대 노장의 일생을 담고 있다. 바로 앤드루 마셜이다. 그는 닉슨 행정부의 제임스 슐레진저 장관부터 오늘날의 척 헤이글 장관에 이르기까지 모든 국방장관을 보좌했다. 이 책의 두 저자인 앤드루 크레피네비치와 배리 와츠는 마셜의 일생을 다루기에 적격인 인물이다. 두 사람 모두 마셜과 30년 동안 함께 일해서 그를 잘 알기 때문이다. 크레피네비치는 내가 국방장관이던 때 국방정책위원회에서도 근무했다.

저자들은 이 책을 마셜의 지적인 면모를 다룬 전기로 소개하고 있지만, 그 밖의 내용도 다루고 있다. 이 책에는 냉전과 베를린장벽 붕괴 이후 4반세기에 대한 독특한 관점도 실려 있기 때문이다.

이 책에서 크레피네비치와 와츠는 조직이론의 혁신을 일으킨 마셜의 업적을 소개할 것이다. 마셜은 미국인이 소련 지도층의 의사결정 과정을 이해하는 데 큰 영향을 주었다. 그가 준 영향은 로버타 월스테터가 쓴 책『진주만: 경고와 결정(*Pearl Harbor: Warning and Decision*)』, 그레이엄 앨리슨이 쓴 책『결정의 본질(*Essence of Decision*)』에도 나타나 있다. 두 책은 정보의 역할, 적 공격을 미리 예측하고 효과적인 억제를 수행하는 미국의 능력에 대한 관점을 크게 바꿔 놓았다. 이 책의 저자들은 마셜에게서 영감을 얻었다고 밝히고 있다.

1960년대 후반 마셜은 군사 싱크탱크인 RAND연구소(RAND Corporation)에서 10년 이상 근무한 상태였다. 이때 그는 체계분석의 한계를 극복하려고 했다. 또한 소련과의 장기 경쟁을 위해 미국의 전략수립 능력을 향상시키고자 했다. 그 결과 '총괄평가'라는 분석기법을 만들어냈다. 그러고 나서 불과 수년 후에 미 국방부에는 '총괄평가국'이 생겼고, 마셜이 그 국장으로 취임했다.

총괄평가국은 주요 전략문제에 대해 창의적으로 생각할 권한이 있었다. 덕분에 총괄평가국은, 그리고 마셜 본인 역시 41년간 계속해서 국방부 지도부가 주의를 기울여야 할 문제와 기회를 포착해낼 수 있었다. 예를 들어 1970년대 초반 미국 CIA는 소련의 군비 부담을 전체 경제 규모의 6~7퍼센트 정도로 판단했다. 그러나 마셜의 독자적인 소련 국방비 부담 평가를 접한 CIA는 판단치를 처음의 두 배로 높였다. 이로써 냉전에서의 미국의 장기적 경쟁 태세를 근본적으로 다시 생각해보게 되었다. 이 판단치를 접한 미국의 주요 고위 지도자는, 소련이 이만한 지출을 장기적으로 계속하기는 어려울 거라고 생각했다. 즉, 시간은 미국의 편이라는 것이다. 그로부터 10년 후, 마셜의 평가가 옳았다는 것이 드러났다.

마셜은 이른바 경쟁전략을 고안했다. 비용 강요 전략이라고도 불리는데 미국의 적에게 터무니없이 많은 비용을 지출하도록 강요하는 것이었다. 이 전략은 1980년대 후반까지 계속된 미국의 국방예산 축소로 인한 부작용을 상쇄했다. 이 개념은 간단하지만 의미심장했다. 마셜은 소련의 위협에 대응하는 방법을 계속 찾는 대신, 소련의 군비 투자가치를 낮추어야 한다고 주장했다. 1970년대 후반 소련 군부는 잠수함 건조에 엄청난 비용을 투자하고 있었다. 이때부터 마셜은 미국이 우위에 있는 정숙성 향상 기술과 수중 센서 기술로 소련 잠수함 탐지 능력을 높여야 한다고 제안했다.

카터 행정부가 B-1 폭격기 프로그램을 취소하는 와중에, 마셜은 당시 국방장관이던 해럴드 브라운에게 "소련이 우리 핵미사일 전력(戰力)을 막을 방법이 없더라도 폭격기 프로그램은 계속해야 한다"고 주장했다. 소련의 실력이 미약하더라도 더욱 큰 그림을 봐야 한다고 지적한 것이다. 소련은 세계에서 국경이 제일 긴 나라다. 베를린장벽과 대한항공기 격추 사건에서도 나타나듯이, 소련 정권은 자국 영토로 침입자가 들어오는 것을 절대 용납하지 않는다. 이를 위해 소련은 대규모 방공체계를 구축했다. 그 주목적은 미국 폭격기를 요격하는 것이다. 미국이 폭격기 전력을 유지한다면 소련 역시 첨단 방공체계의 유지와 개량에 돈을 쓸 수밖에 없다. 그리고 소련이 거기에 투자하는 금액은 미국의 B-2 스텔스 폭격기 계획 예산보다도 클 것이라고 마셜은 지적했다. 1980년대 중반 당시 미 국방장관 캐스퍼 와인버거도 이런 경쟁전략을 자신의 국방전략의 중심으로 삼았다.

냉전의 종말이 가까워졌을 때, 마셜은 10~20년 후를 대비한 전략을 구상하고 있었다. 미국이 소련과 INF(중거리핵전력)조약을 논의하던 1987년, 마셜은 앞으로 수십 년 내에 중국이 소련을 능가하는 초강대국으로 부상하여, 미국의 가장 큰 도전자가 될 것임을 국방부 고위 관료에게 주지시켰다. 또한 1990년대에 '군사혁신'으로 알려진 정밀 전쟁에 미국의 가장 큰 기회가 숨어 있다고 그는 주장했다. 그는 미군의 주요 부분을 새롭게 바꾼 정밀타격전에서 기술혁신이 지니는 가치를 알아보았던 것이다.

이후 필자가 국방장관으로 재임하는 동안, 마셜의 총괄평가국은 미국의 전력 투사(投射)를 막기 위해 경쟁국들이 개발하고 있던 '반(反)접근-지역거부' 능력에 초점을 맞추었다. 마셜은 이러한 문제에 대응하기 위해 공해전 등 새로운 작전개념을 군에서 채택할 필요가 있다고 주장했다.

이 책에서 펼쳐질 마셜의 이야기를 통해, 미국 국방부는 일상의 업무처리에도 많은 노력을 들이고 있지만, 마셜이 작은 사무실에서 많지 않은 예산을 가지고 만들어낸 것들에도 주의를 기울여야 할 필요가 있음을 알게 된다. 마셜은 언제나 혁신적인 사고방식을 품고, 국방장관에게 직접 보고를 했다. 마셜과 함께 국방부에서 근무한 우리들은 현대사의 가장 어려웠던 시기에도 미국에 엄청난 이익을 안겨주었던 그의 탁월한 지혜와 시각을 누리는 행운을 얻었다. 이제부터 펼쳐질 미래도 그만큼 어려울 것이다. 과거와 마찬가지로, 총괄평가국은 전력을 다해 고위 국방관료들을 보좌해야 할 것이다.

제22대 미국 국방부 장관

로버트 M. 게이츠

차 례

저자의 말

이 책의 주목적은 앤드루 마셜의 생애가 아닌, 그의 정신사를 기록하는 것이다. 마셜이 어쩌다가 미국과 다른 나라 간의 장기 군사적 경쟁에 대해 생각하게 되고 알게 되었는지를 알리고 싶었다. 그가 개발한 총괄평가는 냉전 기간 중 미국과 소련의 군사적 경쟁을 염두에 둔 것이었다. 그러나 그가 1970년대 초반 개발한 그 개념적 구조는 정밀유도 무기와 전투 네트워크의 등장, 강대해진 중국, 핵무장국의 증가 등으로 인해 과거와는 크게 변한 전쟁 상황에서도 여전히 유효한 사고방식임이 증명되었다. 어떤 경우에건 마셜의 총괄평가국(Office of Net Assessment, 이하 ONA)은 국방장관을 비롯한 미국 안보정책결정자들에게 전략적 문제는 물론 경쟁국에 대해 전략적 우위를 점할 기회도 조기에 식별해 알리고자 노력해 왔다.

디트로이트에서 태어난 마셜은 대공황, 제2차 세계대전을 거친 후 40년 이상 국방부 총괄평가국의 국장으로 재직했다. 우리는 그의 삶을 기록하면서 가급적 편견 없는 객관적 태도를 유지하고자 했다. 그러나 우리 두 사람 중 누구도 마셜과 이해관계 없는 관찰자는 아니다. 우리 두 사람은 마셜과 오랜 시간을 함께했다. 와츠는 1978~1981년과 1985~1996년에 걸쳐, 크레피네비치는 1989~1993년에 ONA에서 근무했다. 우리는 모두 ONA를 떠나면서 현역 군생활을 마감했고, 이후 오랫동안 국가안보 연구를 업으로 삼고 있다. 따라서 우리 두 사람 중 마셜에게서 완벽히 자유로운 사람은 없다. 우리는 여러 해 동안 마셜의 후원 아래 다양한 문제를 다루며 다양한 활동을 했다. 우리는 ONA를 지원하는 전략예산평가 본부에서 근무하면서, ONA의 예산으로 수행되던 다양한 프로젝트에 참가했다. 마셜의 총괄평가국을 거쳐간 야인 국방전문가를 가리켜 '성(聖) 앤드루 학당' 출신이라 불렀다. 그 인연은 평생을 가는 것이었다.

다른 저자들과 마찬가지로, 우리 역시 분석력 및 작문력의 한계 때문에 모든 일을 다 독자들에게 알려줄 수는 없다. 이 책의 경우, 마셜의 업적 상당 부분이 아직도 기밀이라는 점도 우리의 발목을 잡고 있다. 그 기밀들이 해제되려면 수십 년이 더 걸릴 것이고, 그러고 나서야 마셜의 정신사 전체를 알 수 있을 것이다. 그럼에도 우리는 마셜의 이야기는 읽어 볼 가치가 있다고 믿는다. 우리의 믿음이 과연 옳은 것인지는 독자가 판단할 일이다.

이 책은 엄청나게 많은 분들의 도움이 없었다면 나올 수 없었다. 그중에서도 가장 중요한 인물은 마셜 본인이다. 그는 우리들과 여러 차례의 인터뷰를 친절하게 해주었고, 원고의 완성 단계에서 나온 날카로운 질문들에 고맙게도 즉시 대답해 주었다. 또한 커트 거트에게도 감사를 표한다. 그는 약 20년 전 마셜의 삶과 총괄평가 실무에 대해 마셜과 여러 차례의 인터뷰를 했고, 당시의 이야기를 테이프로 녹취해 가지고 있었다. 이 인터뷰를 통해 당시 이미 70이 넘었던 마셜의 체험은 물론 정신적 발달 과정을 알 수 있었다. 이 인터뷰는 스미스 리처드슨 재단의 후원과 데본 크로스와 마린 스트르메키의 도움으로 진행되었다. 마셜에게서 배웠던 것을 친절하게 알려 준 성 앤드루 학당 졸업생들에게도 감사를 표한다.

출판 대리인인 에릭 루퍼에게도 고마움을 표한다. 그는 이 책의 근간을 이루는 중요 주제들을 쓸 수 있도록 도와주었다. 또한 출간 절차를 밟을 수 있도록 도와주었다. 편집자인 앨릭스 리틀필드와 팀 바틀릿도 격려와 자극을 주었다. 이들은 전문적인 시각으로 이 책의 가치를 높여 주었다. 보조 편집자인 엘리자베스 데이나, 프로젝트 편집자인 레이철 킹 역시 도움을 주었다. 이들의 교정교열과 사실 확인을 통해 우리 원고는 크게 개선되었다. 그래도 오탈자나 사실관계 오류가 남아 있다면 그것은 온전히 우리 저자들의 책임이다.

마셜은 1973년 10월 총괄평가국의 국장으로 취임했다. 이후 그의 부하 직원으로 일한 군과 민간의 분석관 수는 90명이 넘는다. ONA 밖 정보 업계와 학계, 군대와 싱크탱크 등에서도 더 많은 분석관이 총괄평가의 개발과 실무에 직·간접적인 도움을 주었다. 이 책을 집필하면서 지면 관계상 그 모든 분들을 다룰 수 없어 양해를 구한다.

책의 제목 선정에 대해서도 간단히 말하고자 한다. 독자들도 아시다시피 마셜은 군사적인 의미의 전사(Warrior)가 결코 아니다. 그러나 그는 분명 '민주주의 조병창'의 병사였고, 무기 대신 냉철한 이성으로 싸우는 전사였다. 또한 그는 톰 브로코가 말한 '가장 위대한 세대'의 막내에 해당하는 인물이다. 이 '가장 위대한 세대'란 대공황기에 태어나서 어린 시절에 제2차 세계대전을 겪고 이후 소련과의 길고 어두운 사투를 겪은 세대다. 우리는 이런 문제들에 기꺼이 응전했던 것이야말로 이 세대만의 특징이라고 생각한다. 그것은 이 문제들이 쉬워서가 아니었다. 케네디 전 대통령의 말을 빌리자면 어려웠기 때문이었다. 그리고 마셜은 아마 이 세대에서 마지막까지 고위 공직을 지낸 사람일 것이다. 이 책의 원제인 '최후의 전사(The Last Warrior)'는 이렇게 지어진 것이다.

마지막으로, 저녁도 주말도 반납해 가면서 집필과 편집에 매달리기는 했어도, 가장 큰 희생을 한 사람은 우리가 아니다. 바로 아내들이다. 그들은 우리가 다른 모든 것들을 희생해 가면서 하는 이 일을 사랑으로 이해해 주었다. 우리보다 더욱 나은 반려자인 줄리아 크레피네비치와 호프 와츠에게 크나큰 사랑과 고마움을 표한다.

서론

미국 국방부 펜타곤의 가장 안쪽 부분을 A링이라고 부른다. 이곳의 3층, 제9복도와 제10복도가 만나는 곳에 총괄평가국의 유일한 출입구가 있다. 출입구에는 '3A932'라는 번호판이 붙어 있다. 겉보기로는 그 문 안에 뭐가 들어 있는지 알 수 없다. 이 출입구는 국방부 건물 중앙 마당을 면하고 있다. 이 중앙 마당의 별명은 '그라운드 제로'다. 소련의 핵미사일이 국방부 건물 중앙 마당의 간식 가게를 조준하고 있을 거라는 데서 붙여진 이름이다.

미 국방부 건물은 5층 높이이며, 5개의 5각형 링이 동심 구조로 배치되어 있다. 이 중 가장 안쪽에 있는 링이 A링이다. 국방장관을 포함한 고위 국방관료 사무실은 대개 가장 바깥쪽에 있는 E링에 있다. 이 E링이야말로 국방부의 금싸라기 땅이라 할 만하다. A링에서 E링 사이에

3개의 링이 더 있지만 E링에 위치한 국방장관실에서 제9복도를 따라 3A932까지 가는 데는 몇 분밖에 걸리지 않는다. 3A932는 왜 이렇게 국방장관실에 가까이 있는가? 그 이유는 의미심장하다. 3A932에는 장관 직속 싱크탱크가 있기 때문이다.

3A932에 들어가려면 출입구 옆 초인종 버튼부터 눌러야 한다. 자물쇠가 열리는 알림음이 울리며 육중한 출입문이 열린다. 이곳은 국방부 안에서도 매우 비밀등급이 높은 자료들이 있기 때문에 이러한 보안 조치가 불가피하다. 이런 곳을 국방부 용어로 '방호소요구분시설(sensitive compartmented information facility; SCIF, 스킵)'이라고 부른다.

할리우드 영화에 나오는 것 같은 실내 풍경을 기대하고 들어오면 실망하게 된다. 전자식 시현 장치는 하나도 없다. 사람들도 부산하게 오가지 않는다. 대신 왼쪽 끝에는 작은 사무실이 여럿 있고, 그 옆에는 하급 직원용 칸막이가 늘어서 있다. 오른쪽 끝에는 회의실이 한 개 있다. 가구와 비품은 할인점에서 흔하게 볼 수 있는 것들이다.

입구 바로 오른쪽에는 더 큰 사무실이 있다. 대략 6×9m 크기의 이 사무실이 국장 전용실이다. 거기 들어가면 오른쪽 벽에는 책이 빼곡히 들어찬 책꽂이로 꽉 차 있다. 그리고 왼쪽에는 4~5명이 편안하게 둘러앉을 수 있는 회의용 탁자 한 개와 의자 두어 개가 있다. 의자 수가 적은 것은 이 탁자를 포함한 이 사무실의 대부분의 수평면은 원래 목적과는 다르게 사용되고 있기 때문이다. 인류학·핵무기·인구학·인지과학 등 다양한 분야의 학술논문과 책을 쌓아놓는 용도로 쓰고 있다. 이 문서 중 상당수는 저자들이 총괄평가국장이 읽고 한마디라도 해주길 바라는 마음에서 보낸 것이다.

국장실의 책상 역시 회의용 탁자와 마찬가지로 엄청난 문서의 무게를 견디고 있다. 책상 옆에는 가죽으로 된 낡은 팔걸이 의자가 두 개 있다. 그중 하나는 팔걸이에 약간의, 좌판에 좀 더 많은 문서가 쌓여 있다. 이 의자에 사람이 앉아 있다면 그 사람의 발이 있을 정도의 자리에 또 하나의 문서 더미가 있다.

남은 의자 하나에는 어느 90대 노장이 앉아 있다. 하지만 그의 활력은 70대 못지않다. 키는 180cm가 좀 안 되고, 머리는 옆머리와 뒤통수에 약간의 은발이 남아 있는 걸 빼면 완전 대머리다. 좀 큰 매부리코와 살짝 유행이 지난 금테 안경은 그의 인상의 큰 특징이다. 그 안경 속에서 파란 눈동자가 반짝인다. 그의 말투는 수다스럽지 않으며, 부드럽다. 그러나 그가 어쩌다가 내놓는 알아듣기 힘든 말은 거의 예외 없이 문제의 핵심을 정확히 짚고 있다.

그의 이름은 앤드루 월터 마셜이다. 냉전 초기부터 활동해 온 그는 가장 영향력이 크고 오래 활약한 전략가다.

공직에 입문한 지 60년이 훌쩍 넘는 그는 '아마겟돈의 마법사'라는 별칭으로 불린다. 이 별칭이 있는 사람은 이밖에도 여럿 있다. 버나드 브로디·허먼 칸·헨리 키신저·제임스 슐레진저·앨버트 월스테터 등 핵시대의 전략을 세운 뛰어난 두뇌들이다. 이들의 시각은 냉전기와 그 이후의 미국 대통령·국방장관·주요 군사 지도자들의 결정에 영향을 주었다. 마셜이 오늘날 미국에서 가장 영향력이 큰 막후 전략가가 되기까지의 여정은 1940년대 후반 시카고대학에서 경제학 석사 과정을 밟을 때부터 시작된다. 여기서 그는 사이클로트론을 가지고 물리학자 게르하르트 그리칭거를 돕기도 했고, 나중에 노벨 경제학상을 받은 케네스 애로와 함께 브리지 게임을 하기도 했다.

1949년 RAND연구소에 입소한 마셜은 핵미사일 시대 초기 미국 전략가들이 직면하고 있던 유례없는 지적 문제에 빠져들었다. 그는 여기서 1950년대 내내, 그리고 1960년대 초에 이르기까지 개척적인 연구를 하고, 미 국방부의 총괄평가 프로그램을 완성했다. 이 과정에서 마셜은 소련과 길고 고통스러우며 위험한 대립을 하고 있던 미국의 최고 전략가로 성장했다. 냉전 종식 이후 그는 미군 군사혁신 논쟁을 주도했고, 향후 미국 안보환경의 변화와 21세기 안보 문제를 누구보다도 정확하게 예측했다.

마셜은 1949년부터 1972년까지 23년 동안 RAND연구소에서 근무했다. 이 기간 그가 세운 가장 뛰어난 지적 성과는 미·소 대륙 간 핵전력 경쟁 분석을 위한 장기 경쟁체제 개발이었다. 여기서 그는 상대적 이점을 얻기 위해 평시에 일련의 행동과 그에 대응하는 행동들이 일어남을 알아냈다. 이후 헨리 키신저의 국가안전보장회의에서 그는 이 체제를 가지고 오늘날까지 타당한 '총괄평가' 개념을 만들었다.

마셜의 총괄평가는 미국의 무기체계·전력·작전교리와 실행·교육훈련·군수·설계획득 절차·자원 할당·전략·전력 효율성 등을 기존의 또는 잠재적인 경쟁국과 철저히 비교하는 것이다. 총괄평가는 미국이 경쟁국 또는 적국과 다양한 영역에서 벌이는 군사적 경쟁에서 어떤 위치에 서 있는지를 꾸준히 파악하는 것이 목적이다.

그리고 그 궁극적인 목적은 미래에 나타날 문제와 전략적 이점을 충분히 예견함으로써, 국가 고위 지도자들이 제때에 정확한 결정을 내려

문제는 줄이고 이점은 이용할 수 있도록 하는 것이다. 1970년대 초반 소련이 미국과 동등한 수준의 전략 핵전력을 보유했을 때부터 2001년 9월 11일 세계무역센터와 국방부에 알카에다가 가한 9·11 테러 공격으로 촉발된 이라크전쟁과 아프가니스탄전쟁에 이르기까지 마셜의 총괄평가는 고위 국가안보 관료들이 대비해야 하거나 이용할 수 있는 큰일을 매우 정확히 예견해 주었다. 또한 그는 정밀유도 무기의 보급과 미국의 전략적 경쟁국으로 성장한 중국으로 인해 전쟁의 양상이 크게 변할 것임을 그 누구보다도 먼저 내다본 사람이다.

마셜은 1972년 이래 총괄평가의 실행 방식을 꾸준히 개량해 왔다. 그러나 총괄평가의 기본 개념은 오랜 시간이 지난 지금도 유효하다. 냉전이 종식된 이래 국제안보환경은 극적으로 바뀌었다. 이슬람 테러리즘의 발호(跋扈), 중국의 놀라운 경제적 및 군사적 성장, 개발도상국의 핵무기 보유 증가는 물론, 최근에는 러시아 영토 회복주의까지 다시 등장하는 판이다. 그럼에도 경쟁 상황의 속성을 이해하는 분석 체계인 총괄평가는 타당한 전략을 입안하는 첫걸음으로 여전히 유효하다. 특히 상대방에게 큰 비용 부담과 문제를 안기려는 전략에 더욱 유용할 것이다.

마셜은 1950년대부터 현재까지 미국의 전략구상에 영향을 주었다. 그 오랜 기간 그럴 수 있었던 것은, 그가 지력과 인품을 동시에 가진 보기 드문 인재였기 때문이다. 그는 분명 뛰어난 능력을 가진 사람이었다. RAND연구소의 황금시대인 1950년대와 1960년대 초기, 어느 동료는 마셜을 가리켜 '동급 최강'이라고 평했다. 그는 또한 세상의 원리에 대한 크고 끈질긴 호기심도 가지고 있었다. 때문에 그는 지적으로 정직한 사람이 되었다. 그는 자신이 옳다고 믿던 것이라도 사실과 어긋나면 그

믿음을 재고해볼 줄 알았다. 또한 기존의 통념이라도 사실과 어긋나면 기꺼이 도전했다.

그렇기에 그는 당파를 막론하고 모든 고위 정책결정자에게 존중받았다. 최근에 파벌 정치가 극심해졌지만 그의 명성은 빛이 바래지 않았다. 그는 제임스 슐레진저 이후 현재까지의 모든 국방장관과, 리처드 닉슨 이후 현재까지의 모든 대통령을 보좌해 왔다. 고위 정책관료로서 이렇게 장수한 것은 정말 대단한 일이다.

마셜의 옛 동료들도 미국의 안보에 크게 기여했다. 그러나 현재까지 현역 고위 관료로 남은 사람은 마셜 하나뿐이다. 그는 마지막 사람이다. 현대 최악의 경제 붕괴였던 대공황 시대에 자라난 세대의 마지막 사람이다. 또한 프랭클린 D. 루스벨트가 말한 '민주주의 조병창'을 위해 청년시절 몸 바친 세대의 마지막 사람이다. 또한 역사상 최악의 적에 맞서 사상 최대의 전쟁을 벌여 피 흘려 싸워 이긴 세대의 마지막 사람이다. 제2차 세계대전 이후 그의 동세대 사람들 대부분은 전후 경제의 급성장을 도왔고, 또 그중 일부는 냉전의 가장 위험한 시기를 미국이 견뎌낼 수 있게 했다. 이 세대가 노년에 접어들자, 그중 일부는 미국 내의 최고 위직에 올라 최강의 적에 맞서 40년간의 대치를 종식시키는 데 중요한 역할을 했다. 이들은 자신들이 자유 민주주의 질서의 승리와 정치학자 프랜시스 후쿠야마가 말한 '역사의 종말'을 보았다고 생각했다. 이 역사의 종말이란 서구적 가치가 소련 공산주의에 맞서 거둔 승리를 말한다.

하지만 역사의 종말은 아직 오지 않았다. 오늘날 '가장 위대한 세대'로 불리는 이 세대의 마지막 사람들이 공직에서 은퇴할 무렵, 다시 새롭고 무서운 지정학적·경제적 문제가 대두되었다. 그러나 마셜은 아직도 미국을 위해 봉사하고 있다.

최근 전략연구계의 일각에서는 앤드루 마셜을 가리켜 "가장 큰 영향력을 끼친 이름 없는 인물"로 말한다. 어떤 국방 전문가들은 그를 영화 〈스타 워즈〉의 캐릭터 이름을 따서 '요다'라고 부른다. 세상에 모습을 드러내기 싫어하면서 오랜 경험과 지혜를 가지고 오랫동안 엄청나게 많은 학자와 고급 관료들에게 조언을 했기 때문이다. 그래서 그의 후배들은 '제다이 전사'로 불린다. 그러나 이들 '제다이 전사'가 스스로를 지칭하는 표현은 좀 더 완곡하다. '성 앤드루 학당 동창회'가 그것이다. 이들 중 대부분은 마셜에게서 배운 것이 자신들의 사고방식과 업무에 매우 근원적인 영향을 주었다고 말하고 있다.

사실 마셜은 이만큼의 주목도 원하지 않는다. 그는 언제나 막후에서 움직이는 것을 선호했다. 오늘날까지 그는 자신의 영향력이 미치는 곳에서는 언제나 그래 왔다. 기습 공격, 의사결정 과정에서의 조직역할 수행, 경쟁전략 같은 주제들에 대한 그의 생각은 유명 학자인 그레이엄 앨리슨·로버타 월스테터 등의 연구에 큰 영감을 주었다. 그러나 마셜은 대개 막후에 있었다. 그의 존재감은 그에게서 영향을 받은 많은 사상과 사상가들까지 가서야 느껴졌으며, 그나마 그의 영향을 대놓고 말하지 않는 경우도 많았다. 이 책은 그런 마셜을 주변부에서 끌어내 중심 무대에 세워보고자 하는 시도다.

이 책은 마셜이 미 국방전략에 기여한 바를 드러내고자 집필되었다. 그러나 유감스럽게도 마셜의 저작 및 총괄평가국이 발행한 문서 중 상당수는 현재까지 기밀 처리되어 있다. 따라서 이 책은 마셜과의 인터뷰 및, 현재 공적으로 구할 수 있는 문서와 자료에 기반할 수밖에 없었다. 이 책은 앞으로 한두 세대까지는 마셜의 삶과 일에 대한 가장 완벽한 기록으로 남아 있을 것이다. 마셜이 냉전 초기부터 남긴 문서들이 점차 기밀 해제될 때까지는 말이다. 비록 불완전하더라도, 이 책의 내용 상당 부분은 이전에 알려지지 않은 것이다. 심지어 마셜을 가장 오래 알고 지냈던 이도 모르는 내용이 있다.

마셜의 지적유산이 잘 알려지지 않은 이유는 그가 자기 홍보에 매우 인색했기 때문이다. 그는 이런 말을 아주 좋아했다. "누구든 명예를 얻는 일에 신경 쓰지 않는다면 전력을 다할 수 있다." 또 다른 이유는, 마셜은 다른 사람들, 특히 자신의 조언을 받은 사람들이 마셜 자신과 마찬가지로 그들만의 지적 여정을 계속해나가기를 바랐기 때문이다. 마셜이 남을 도울 수 있었던 주된 원인은 독학과 동료들과의 의견 교환이었다. 그는 남에게 자신의 관점을 강요하지 않았다. 대신 그들이 나름의 관점을 가질 수 있도록 도와주고 독려했다.

마셜은 미국 최고위 정부 관료들과 여러 세대에 걸쳐 의견 교환을 할 때도 절대 이들에게 세세한 조언을 해주지 않았다. 의학으로 비유하면 그는 미국 최고의 전략 '진단의'였다. 그는 상세한 처방을 가급적 해주지 않으려 했다. 그것은 정확한 진단을 해야 적절한 전략적 처방이 나온다는 것을 깨달았기 때문이다. 즉, 마셜의 말대로 "올바른 물음에 적당히 답하는 것이 상관없는 물음에 정확히 답하는 것보다는 낫기" 때문이었다.

이렇게 막후에서 영향력을 행사하는 방식은 마셜의 지적 태도와 타고난 겸손함에 잘 어울렸다. 이 때문에 그는 자신이 국가 전략에 큰 이익을 주었다는 인식이 널리 퍼지는 것을 원하지 않았다. 그는 자신이 '요다'라고 불리는 것도 싫어했다. 그러나 70년 전 미국이 세계 초강대국으로 우뚝 선 이래, 그가 미국 국가안보 및 국방전략의 발전을 위해 탁월한 안목을 가지고 가장 오랫동안 공헌한 인물이라는 점은 변할 수 없다. 어떻게 보면 그의 삶은 미국이 초강대국으로 걸어온 발자취이기도 하다. 그리고 미국 대외정책과 국방전략의 과거·현재·미래를 알고자 하는 이들이라면, 미국의 역사는 물론 앞으로 놓인 위험들과 그 위험들을 피하고 극복하는 법을 마셜의 삶에서 배워야 한다.

1

독학의 사나이

1921~1949년

올바른 물음에 적당히 답하는 것이 상관없는 물음에 정확히 답하는 것보다는 낫다.
— 앤드루 마셜

앤드루 월터 마셜은 1921년 9월 13일 디트로이트에서 태어났다. 그의 부모는 뱃사람이던 마셜의 할아버지 이름을 그에게 붙여주었다.

마셜의 아버지인 존 마셜은 1886년 항구 도시 리버풀에서 태어났다. 런던에서 영국 서해안을 따라 북서로 280킬로미터 떨어진 곳이다. 존 마셜은 4남매 중 막내였으며, 위로 형 둘과 누나 하나가 있었다. 존 마셜의 아버지인 앤드루 마셜은 리버풀~부에노스아이레스 노선을 항해하던 배의 기관사였다. 앤드루 마셜이 해난 사고를 당해 사망하자 어머니가 아이들을 칼루크로 데려가 길렀다. 칼루크는 글래스고와 에든버러 사이의 소읍으로, 어머니의 고향이었다. 그러나 얼마 지나지 않아 어머니도 세상을 떠났다.

이렇게 고아가 된 4남매의 성장 과정에 대해서는 알려진 것이 많지 않다. 확실한 것은 존 마셜의 학력이 두 형보다도 낮았다는 것이다. 아마도 부모를 일찍 여의어 그런 것 같다. 성인이 된 4남매는 모두 스코틀랜드를 떠나 캐나다와 미국으로 이민을 갔다. 존의 누나인 크리스티나는 캐나다에 가서, 제1차 세계대전의 에이스 전투 조종사와 결혼, 서스캐처원에서 큰 농장을 차려 정착했다. 형인 아서는 미국 서부로 갔다. 오랜 시간이 지나자 아서와는 연락이 되지 않았다. 또 다른 형인 앤드루는 기술학교를 졸업한 다음 엔지니어가 되어, 오하이오주 데이턴의 라이트 항공기지에서 일하던 프레드 러셀, 톰 러셀 두 사촌과 함께 정착했다.

많은 유럽계 이민자들이 뉴욕항의 엘리스섬을 거쳐 미국에 들어온 것과는 달리, 존 마셜은 간접 항로로 들어갔다. 남아프리카·인도·오스트레일리아·캐나다를 거치며 정착할 곳을 살펴보다가 온타리오를 통해 디트로이트에 들어왔다. 그곳에서 같은 영국 이민자인 캐서린 라스트를 만났다.

캐서린은 1894년 12월 27일생으로, 13형제 중 한 명이었다. 그녀는 런던 북동쪽 에식스 지방 소읍 할스테드에서 자라났다. 19세기 말 에식스는 공업 중심지였고 할스테드는 섬유산업으로 유명했다. 캐서린의 언니 중 모험심이 강했던 모드는 미국으로 이민을 가서 디트로이트에 정착했다 1916년 캐서린도 언니를 따라갔다.

존과 캐서린은 1920년에 결혼했다. 그들은 미국에 정착하기로 결정하고 미국 시민권을 취득했다. 결혼한 이듬해 앤드루 마셜이 태어났다. 결혼 이듬해에 아이가 태어나는 것은 요즘 미국에서는 비교적 드물지만 당시에는 꽤 흔한 일이었다. 이들의 집인 2층짜리 단독주택은 소박하지만 편안했다. 마셜 가족이 살던 디트로이트 시의 중하층 육체 노동자들의 전형적인 보금자리였다. 둘째 아들인 프레더릭 존 마셜은 1922년 12월에 태어났다. 외삼촌의 이름을 땄지만 모두가 그를 잭이라고 불렀다.

오늘날의 디트로이트는 파산해 텅 빈 도시다. 그러나 앤드루 마셜이 어렸을 적에는 생기가 넘치고 성장하는 대도시였다. 급성장하는 미국 공업의 중심지였다. 20세기 초의 실리콘 밸리였다. 새로 나온 자동차들은 언제나 사람들의 이목을 확 끌었다. 헨리 포드의 조립 라인 생산기술 같은 기술혁신으로 인해 자동차의 가격은 중산층도 구입할 수 있을 만큼 싸졌다. 미국은 자동차 왕국으로 변모하고 있었고, 자동차 도시인 디트로이트는 그 '수도'가 되었다.

앤드루 마셜의 소년 시절은 그 시대 여느 아이들과 다를 바가 없었다. 그는 스포츠를 좋아했고, 특히 야구와 미식축구를 좋아했다. 미시간 주는 겨울이 매우 길고 추웠는데, 그때면 스케이트도 즐겼다. 가족은 정기적으로 큰아버지 앤드루를 보러 데이턴에 갔다. 앤드루 마셜은 큰아버지와 친해졌다. 큰아버지는 라이트 항공기지에서 열리는 육군 항공군부대 개방 행사에 앤드루를 데려갔다. 어린 앤드루는 거기 전시되어 있던 항공기들, 특히 대형 폭격기들을 보며 놀라워했다. 앤드루는 이후 평생 군사문제에 매달리며 살아가게 된다.

마셜의 아버지는 친절하고 관대한 사람이었다. 앤드루는 그런 아버지와 친밀하게 지냈다. 때문에 집안의 질서를 잡고 앤드루와 잭을 훈육하는 것은 어머니 캐서린의 몫이었다. 그녀는 가족의 재산도 매우 세심하고 현명하게 관리했다. 대공황기에 남편이 오랫동안 석공 일을 얻지 못

앤드루 월터 마셜과 동생 프레더릭 존(잭) 마셜. 디트로이트에서 촬영했다.

했을 때도, 캐서린의 돈을 다루는 재능 덕택에 가족은 다른 이웃과는 달리 큰 어려움 없이 전국적 불황을 이겨낼 수 있었다. 궁핍했지만 문 밖의 늑대는 없었던 것이다.

어린 앤드루는 호기심이 많았고 독서를 매우 좋아했다. 이 두 가지 특징은 모두 그의 아버지에게서 물려받은 것이었다. 두 사람의 관심 분야는 달랐지만 말이다. 가족의 작은 도서관에는 여러 권의 문학 서적과 백과사전 한 질이 있었다. 앤드루는 이 책들을 열심히 읽었다. 그리고 더 큰 지적 상상력을 펼칠 공간을 찾던 중 디트로이트 공립도서관을 알게 되었다. 앤드루 카네기가 후원하는 이 도서관은 마셜이 태어나던 해에 문을 열었다. 앤드루는 어릴 때부터 이 도서관에 다녔다. 또한 적은 용돈을 쪼개 책을 사는 데도 투자했다. 구입하는 책의 주제는 체스·수학·역사·문학·전쟁 등이었다.

시내에 있던 외가 친척의 집에서 앤드루는 브리태니커 백과사전 1911년 판 한 질을 보았다. 이 조숙한 어린아이는 그 집에 갈 때마다 그 백과사전을 몰래 혼자 읽었다. 그 백과사전에는 여러 분야의 뛰어난 인물들이 많이 소개되어 있었다. 세계 최고의 인재들의 이야기를 읽은 마셜은 크게 감동했고, 아직 10대였음에도 브리태니커 백과사전을 사기 위해 돈을 모으기 시작했다. 브리태니커 백과사전의 가격이 엄청나다는 것을 감안하면 그건 정말 대단한 목표였다.

마셜은 집에서 5~6블록 떨어진 막스하우젠 초등학교에 다녔다. 이 학교를 졸업한 후에는 좀 더 떨어진 바버의 중학교에 다녔다. 당시 아이들은 날씨가 어떻든 학교는 걸어서 다녔다. 그러나 미시간주의 겨울 기후에서는 몇 블록만 걸어가도 몸에 문제가 생길 수 있었다. 바버 중학교에서는 성적에 따라 우열반을 편성했다. 앤드루의 학급은 최고 성적의 아이들이 모여 있었다.

바버 중학교를 졸업할 무렵 마셜은 친구들과 함께 적성검사를 받았다. 그러고 나서 며칠 후 교장 선생님이 마셜을 다른 남학생 1명, 여학생 3명과 함께 불렀다. 교장 선생님은 그들에게 고등학교 진학 계획이 있느냐고 물었다. 앤드루는 자신과, 함께 온 친구들이 매우 높은 점수를 받았기 때문에 여기 불려온 것임을 바로 눈치챘다. 앤드루가 부모님은 카스 공업고등학교 진학을 계획하고 계신다고 말하자 교장 선생님은 난색을 표했다. 카스공고도 좋은 학교이지만, 앤드루는 대학에 진학하는 것이 좋겠는데, 공고를 나와서는 대학 진학이 어렵다는 것이었다. 석공인 아버지의 영향을 받아 앤드루가 카스공고에 가서 기술을 배우면, 지적인 잠재력을 충분히 펼치지 못하게 될지도 모른다고 교장 선생님은 걱정한 것 같았다.

교장 선생님의 걱정에도 불구하고 마셜은 부모님의 뜻을 따라 카스공고에 입학했다. 마셜은 공고를 나오면 가장 좋은 미래가 열릴 거라고 믿었다. 카스공고는 요즘의 실업계 고교와는 달랐다. 물론 기술과 상업 과목을 가르쳤지만, 성적이 좋지 않으면 입학할 수 없었다. 이 학교는 마그넷 스쿨(다른 지역 학생들을 유치하기 위해 일부 교과목에 대해 특수반을 운영하는 대도시 학교—옮긴이) 같은 면도 있었다. 디트로이트의 다른 고등학교에 비해 수학과 화학 교육내용이 많았다. 이 학교의 유명한 교사로는 찰스 린드버그의 어머니인 에반젤린 로지 랜드 린드버그가 있었다. 그녀는 유기화학을 가르쳤다. 카스공고의 학생들과 학부형들은 스스로를 자랑스럽게 생각했다.

카스공고도 실업계인 만큼, 인문계 고등학교에서는 가르치지 않는 방식의 기술교육이 있었다. 기계공학·전기공학·주조학 수업이다. 마셜도 선반과 밀링을 배웠다. 학교 7층에 있던 생활지도실에는 주조 설비가 있어서 금속 주조를 배울 수 있었다. 몇 주마다 한 번씩 용광로를 가열, 금속을 녹여 주조물을 만들어냈다. 마셜은 카스공고를 졸업하면서 상당한 수준의 기계 가공기술은 물론 수학과 기초과학에서 최상위의 성적을 거뒀다.

마셜은 또래 친구들과 마찬가지로 스포츠도 좋아했다. 그가 돈을 쓰는 곳 1순위는 책, 2순위는 브릭스 스타디움에서 열리는 디트로이트 타이거스 야구단 경기 관람이었다. 이 야구단은 1930년대 대부분의 기간 중 강팀이었고, MVP들을 여럿 보유하고 있었다. 그중에는 명예의 전당까지 올라간 사람들도 있었다. 강타자 겸 1루수 행크 그린버그, 포수 미키 코크런, 2루수 찰리 게링거 등이었다. 외야석 푯값은 50센트로 쌌다. 가을에 마셜은 디트로이트 프로 풋볼구단인 '라이언스' 팀을 보러 갔다. 존 마셜은 아들과 함께 11시부터 시작하는 추수감사절 경기에도 자주 갔다가 집에 와서 푸짐한 저녁을 먹곤 했다.

마셜은 운동 실력도 어지간한 운동선수보다 뛰어났다. 당시 디트로이트의 주요 신문인 「디트로이트 프리 프레스」는 10종경기를 후원하고 있었다. 경기 참가자들은 달리기·창던지기·사격·넓이뛰기·앉았다 일어나기·턱걸이 등을 해야 했다. 마셜은 뛰어난 성적으로 여러 개의 메달을 땄다.

카스공고 시절에도 아버지와 친척들의 작은 서재로는 마셜의 지적

호기심을 만족시킬 수 없었다. 그는 공립도서관에 열심히 다니면서 평생에 걸친 독학 습관을 시작해 나갔다. 그는 포드 매덕스 포드의 『문학의 행진: 공자 시대에서부터 현대까지(*The March of Literature: From Confucius' Day to Our Own*)』를 읽고 큰 감명을 받았다.[1] 1938년에 처음 나온 이 책은 학자보다는 일반인을 위해 집필되었다. 이 책에서 포드는 자신이 문학에서 중요하게 여기는 부분들과, 그렇게 생각하는 이유를 적고 있다. 또한 자신이 좋아하는 문학 작품들도 소개하고 있다. 마셜은 그 작품들을 직접 읽어보기로 했다. 도스토옙스키의 『죄와 벌』『카라마조프가의 형제들』, 톨스토이의 『전쟁과 평화』『안나 카레니나』 등이었다.

마셜은 군사, 특히 해전에도 관심을 가졌다. 그는 시립 도서관에 가서 『제인 해군 연감(*Jane's Fighting Ships*)』 같은 책들을 탐독했다. 매년 나오는 이 두꺼운 책은 전 세계 해군 군함들에 대해 매우 자세히 다루고 있었다. 마셜은 제1차 세계대전사와, B.H. 리들 하트가 쓴 전략에 관한 책들도 읽었다. 제2차 세계대전의 발발이 임박하면서, 마셜은 군사사학자 S.L.A. 마셜이 「디트로이트 뉴스」지에 쓴 사설을 읽고, 또 지역 도서관에서 마셜의 강연을 듣기도 했다. 마셜은 폭넓은 분야에 관심이 있어 수학책도 열심히 읽었다. 리하르트 쿠란트·허버트 로빈스가 공저한 『수학이란 무엇인가?』가 대표적이었다.[2] 앨프리드 노스 화이트헤드와 조지 산타나야의 책도 거의 다 읽었다. 이후 F.H. 브래들리의 공리주의 비판서인 『윤리학 연구(*Ethical Studies*)』를 포함한 철학 서적도 읽었다.

마셜은 1930년대 어느 날 잡지를 읽다가 아널드 토인비의 『역사의 연구(*A Study of History*)』에서 인용한 구절을 보았다. 『역사의 연구』의 제1~3권은 1934년에 나왔고, 제4~6권은 1939년에 나왔다. 마셜은 돈을

모아 제1~3권을 사서 엄청나게 빨리 읽었다. 제4~6권도 구입했다.[3]

토인비의 책은 마셜에게 성전(聖典)이었다. 후일 마셜은 토인비의 책을 통해 역사·역사 속 여러 문화·문명의 흥망성쇠·국력의 성장과 유지 몰락에 대한 폭넓은 시각을 갖게 되었다고 털어놓았다. 세상이 매우 빠르게 변한다는 것, 인간 사회가 매우 허약하다는 것, 인간 집단끼리 서로 가할 수 있는 파괴력이 엄청나다는 것을 젊은 마셜은 배웠다.

대공황 시대를 거치면서, 그리고 팽창주의 정책을 택해 외국을 점령해 노예로 삼는 공산국가들과 파시즘 국가들이 심지어 자국민들에게까지 큰 희생을 강요하는 모습을 보면서 마셜은 인간의 장점과 약점, 성향에 대해 더 깊이 이해하게 되었다. 이로써 그는 과거사에 대한 중론이 틀렸을 뿐 아니라, 위험하기까지 하다는 결론을 내렸다. 즉, '현실'에 대한 기존 대중의 상식적 관점은 분명히 잘못되었다는 것이다.

마셜은 불타는 호기심으로 독학을 했고, 그로써 어떤 주제에 대해서건 간에 당대의 상식에 대해 건전한 의심을 할 수 있게 되었다. 당시에는 그 스스로도 몰랐을지 모르겠지만, 마셜이 폭넓은 분야에 가졌던 관심은 후일 그에게 큰 도움이 되었다. 제2차 세계대전 이후 미국과 소련 간의 경쟁구도가 위험하리만치 심화된 이면의 역학관계를 이해하는 데 도움이 되었던 것이다.

카스공고에서 4년을 공부한 마셜은 1939년 봄 졸업을 앞두고 있었다. 그는 동급생들과 함께 오늘날의 학습능력적성시험(Scholastic Aptitude Test, SAT)과 비슷한 시험을 보았다. 성적 우수자만 응시 가능했던 이 시험에서 그는 응시자 약 400명 중 2등을 기록했다. 그의 학교 교육은 카스공고로 끝나지 않을 것이었다.

마셜의 부모는 두 아들 앞에서도 자신들의 이력을 별로 얘기하지 않았다. 그러나 1930년이 되자 또 다른 세계 대전이 터질 것 같다는 말을 자주 했다. 유럽과 아시아의 전체주의 국가들은 팽창 야욕을 품고 있는 것 같았다. 일본의 히로히토 천황은 1931년 중국에서 만주를 빼앗았다. 또한 1937년 일본군은 '대동아공영권'이라는 명분으로 중국 본토를 침공했다. 1932년 소련의 잔인한 독재자 이오시프 스탈린은 사유 재산을 부정하여 우크라이나의 자국민 수백만을 기아선상에 몰아넣고 급속한 산업화를 추구하는 한편으로 만만한 이웃나라들을 점령하고자 했다. 1935년 이탈리아 파시스트 독재자인 베니토 무솔리니는 신 로마제국을 건설하기 위해 에티오피아를 침공했다. 아돌프 히틀러 역시 '대독일제국'을 위한 '생활권'이 필요하다는 이유로 1938년 오스트리아, 체코슬로바키아의 수데테란트에 독일군을 보내 합병했다. 1939년 봄 독일은 체코슬로바키아의 남은 영토를 합병하고, 폴란드에도 정치적 요구를 하기 시작했다.

제1차 세계대전 이후 더 이상의 세계대전을 막기 위해 창설된 국제기구인 국제연맹은 이러한 침략 행위를 막으려고 했지만, 그럴 능력은 없음이 드러났다. 제1차 세계대전의 승전국인 영국과 프랑스는 이탈리아의 침략은 제재하면서도 독일의 침략에는 유화정책을 썼지만 다 소용없었다.

그 시대 다른 많은 부모처럼, 존 마셜과 캐서린 마셜도 다음 전쟁에서는 많은 사상자가 발생할 것이며, 그것을 피할 집은 별로 없다고 생각하고 있었다. 캐서린의 형제 한 명도 20년 전의 제1차 세계대전 중 솜 전투에서 죽었다. 그 외에도 형제 둘이 전쟁에서 다쳤다. 존 마셜도 훈련 중 발을 다쳐 전투임무 부적격자가 되었기에 전화(戰禍)를 면할 수 있었다.

마셜의 부모만 미래를 암울하게 보는 게 아니었다. 마셜의 야금학(冶金學) 교사는 졸업 직전 철의 종류에 대해 가르치다가 장갑판과 철모를 만드는 데 쓰는 철이 따로 있다는 말을 했다. 그러면서, 학생들이 그런 군 장비에 익숙해질지도 모르는 미래가 두렵다고 말했다.

고등학교 졸업식은 보통 즐거운 행사다. 그동안의 학업 성취를 인정받고, 가능성으로 가득 찬 미래를 꿈꾸는 시간이다. 그러나 1939학년도 카스공고 졸업식은 그렇지 못했다. 축하 분위기보다는 불길한 징조가 가득했다. 졸업식에 참석한 학부모들의 표정도 음울했다. 전쟁이 코앞에 다가와 있었다. 그리고 많은 이들은 지난 제1차 세계대전과 마찬가지로 이 전쟁에 미국이 참전할 수밖에 없음을 알고 있었다. 그 전쟁은 졸업장을 받으려는 젊은이들 중 상당수의 생명을 요구할 것이었다. 카스공고는 당시 다른 많은 고등학교와 마찬가지로 JROTC(청소년 예비역 장교 훈련단)가 있었다. JROTC 후보생들은 전통에 따라 졸업식에 제복을 입고 나왔다. 그 모습은 많은 여자들은 물론 남자들의 눈물을 자아냈다. 훗날 마셜은 그때만큼 많은 사람들이 큰 감정적 동요를 일으키는 모습을 본 적이 없었다고 말했다.

1939년 9월 1일, 독일은 폴란드를 침공했다. 불과 그 며칠 전에 히틀러와 스탈린이 맺은 협정에 따라 같은 달 소련군도 폴란드를 침공했다. 이에 영국과 프랑스는 대독 선전포고로 맞섰으나, 폴란드를 지원하러 가지는 못했다. 서구 동맹국으로부터 버림받고, 소련군이 동쪽 절반을 점령하자 폴란드 정부는 불과 몇 주 만에 항복하고 만다.

이후 한동안 전투가 없다가, 1940년 4월 독일이 덴마크·노르웨이를 신속히 공격해 점령한다. 같은 시기 스탈린도 에스토니아·라트비아·리투아니아 등의 발트해 국가를 점령했다. 다음 달인 5월, 독일은 프랑스와 저지대 국가들을 대규모 공격해 세계를 놀라게 했다. 독일의 혁신적인 전쟁수행 방식인 '전격전'은 대규모의 전차와 항공기를 무선통신으로 연계해 합동작전을 펼치는 것이었다. 이로써 독일 국방군(Wehrmacht: 나치 독일의 육해공군을 통틀어 부르는 호칭)은 불과 6주 만에 영-불 연합군을 격퇴하고 프랑스의 항복을 이끌어냈다. 영국 대륙원정군은 됭케르크를 통해 철수하고 말았다. 이로써 유럽 거의 대부분은 독일의 손에 떨어졌고, 영국 혼자만 독일에 맞서 싸우게 되었다. 극동에서는 일본이 중국 영토에서 진격을 계속했고, 프랑스 패배 후에는 프랑스령 인도차이나를 점령했다.

미국은 독일과 일본의 위협이 강해져감에도 중립을 유지하고 있었다. 한편 마셜 역시 일종의 중간 지대에 있었다. 학업 성적이 우수했으므로 공대 장학생이 되었지만, 그는 학업을 유예하기로 결정했다. 대신 그는 고교 졸업 후 1년 동안 친구 아버지가 일하던 공장에서 선반공으로 일했다. 결국 1940년 가을 마셜은 디트로이트대학에 들어갔다. 신입생들은 신체검사를 받아야 했다. 이때 심잡음이 발견되었다. 그래서 그는 미국이 제2차 세계대전에 참전할 때 병역면제를 받았다.

마셜은 디트로이트대학의 교육 내용에 실망했다. 대학에서 가르치는 것들 중 대부분이 카스공고 시절에 이미 배운 것이었다. 그는 대학 공부가 시간 낭비라고 생각했다. 그래서 1년 만에 학교를 그만두고 '머리 바디'사에 취직했다. 이 회사의 이름은 미시간주 앤아버 토박이인 공동설립자 존 윌리엄 머리의 이름을 딴 것이다. 1913년에 창업한 이 회사는 당시 빠르게 커 가던 자동차 산업에 쓰이는 판금 부품을 만들어 납품했다. 그 고객사 중에는 포드, 허드슨, 헙모빌, 킹, 스튜드베이커 등이 있었다. 1920년대에 이 회사는 다른 회사를 합병해 디트로이트에 본사를 둔 '머리 바디'사가 되었다. 9헥타르가 넘는 사옥, 1,000명이 넘는 직원이라는 큰 규모를 자랑했다. 마셜이 입사할 무렵에는 항공기 부품 생산으로 사업 방향을 전환했다. 마셜 역시 항공기 부품 생산에 필요한 공구 제작을 맡았다. 당시 이 회사에서 만든 부품 대부분은 영국 수출용 항공기에 쓰였다.

1941년 12월 7일 일요일, 마셜은 평소와 다름없이 6시간 근무를 하고 나서, 오후 1시가 되자 퇴근해서 귀가했다. 집에 오자마자 뉴스를 들으려고 거실의 라디오를 켰다. 잠시 후 정규 방송이 중단되고 특보가 나왔다. 일본군이 하와이 진주만의 미 해군 태평양함대 기지를 폭격했다는 소식이었다.

마셜이 부모님을 부르자 부모님은 거실로 뛰어나왔다. 특보가 계속되며 더 자세한 소식이 들려오는 동안 세 사람은 아무 말도 하지 않고 거실에 서 있었다. 이들은 공습의 시기와 성격 때문에 놀란 것이지, 이 일로 미국이 중립을 포기할 것 같아 놀란 것은 아니었다. 오랫동안 피할 수 없는 숙명이라고 생각했던 일이 이제 현실이 되었다.

12월 8일 미국 의회는 일본에 선전포고했다. 그리고 11일에는 이미 대미 선전포고를 한 독일과 이탈리아에도 선전포고했다. 마셜은 순식간에 후방전선의 최전방에 서게 되었다. 이미 군수품을 생산해 오고 있던 머리사는 전쟁수행 보조에 유리한 위치였다. 이후 2년간 이 회사의 직원 수는 1만 3,000명 이상으로 늘어났으며, 그 대부분이 여성이었다. 1년 전 루스벨트 대통령은 "미국은 민주주의의 조병창(造兵廠)"으로 자처했으며, 머리사의 프레스 기계는 그 사명을 완수하기 위해 부지런히 돌아갔다. 머리사의 공장에서 생산된 항공기 날개와 기타 구성품은 보잉사의 B-17 플라잉 포트리스, B-29 수퍼 포트리스 폭격기는 물론 더글러스사의 A-20 해보크 경폭격기, 리퍼블릭 항공사의 P-47 선더볼트 전투기에도 쓰였다.[4]

마셜은 머리사에서 주중 하루 10시간, 토요일에는 8시간, 일요일에는 6시간을 근무하느라 쉴 틈이 없었다. 그리고 1943년 가을이 되자 놀랍게도 그는 직장을 다니면서 학교 공부도 계속하고 싶어 좀이 쑤시게 되었다. 그는 웨인대학에 입학하여 야간에 몇 개의 수업을 들었다. 또한 1945년 봄 야간학교도 다녔다. 그때 독일은 이미 패전하고 대일전쟁도 곧 종식될 게 뻔해졌다. 군수 생산은 줄어들게 되었고 마셜은 다시 학업에 전념할 수 있게 되었다.

마셜의 웨인대학 친구 중에는 시카고대학 신학대에 합격한 사람이 있었다. 마셜은 시카고대학이 자신에게 맞는지 알기 위해 그 친구와 함께 이야기를 나누었다. 마셜은 시카고대학에 대해 알아보았고 그 평판에 감명받았다. 마셜은 시카고대학에 지원해 여러 차례에 걸쳐 입학 시험을 보았다. 마셜이 아직 학사학위가 없었음에도, 시카고대학은 마셜의 대학원 입학을 허가했다.

마셜이 시카고대학에 발을 들인 1945년 9월은 일본이 미국 전함 미

주리호 함상에서 항복 문서에 공식 서명한 직후였다. 마셜은 수학 공부를 좋아했지만, 경제학을 배워야 더 풍족한 삶을 살 수 있다고 생각해서 경제학을 택했다.

제2차 세계대전 후의 미국에서 시카고대학은 첨단 경제학 이론의 산실이었다. 따라서 미국 최고의 경제학자들이 모여들었다. 마셜을 지도한 교수 중에는 루돌프 카르나프, 밀턴 프리드먼, 프랭크 나이트, 지미 새비지, W. 앨런 월리스 등이 있다. 이 중 프리드먼과 나이트는 1950년대 통화주의에 입각해 케인스주의 경제학에 반기를 든 시카고 경제학파의 양대 산맥이었다. 마셜은 두 교수의 강의를 모두 수강했다. 나이트는 인간의 의사결정 과정에 대해 당대의 경제학 이론에서 주장하던 것보다 훨씬 더 넓은 시각을 갖고 있었고, 이는 마셜에게 오랫동안 영향을 남기게 된다.* 나이트는 가격이론의 아버지로 알려져 있다. 그러나 그는 또한 경제적 선택에서 나타나는 합리성의 한계를 파헤치는 데도 공을 들였다. 마셜은 나이트의 주장에 깊이 공감했다. 마셜은 추상적인 이론보다는 세계를 움직이는 현실적인 요인에 더 관심이 있었기 때문이다.

당시의 시카고대학은 콜스경제연구위원회가 있는 곳이기도 했다. 이 위원회는 1932년 앨프리드 콜스가 창립했다. 경제학·수학·통계학 사이의 연관을 밝히는 것이 목표였다. '이론과 측정'이 이곳의 모토였다. 콜스위원회의 연구는 계량경제학과 일반균형 경제이론의 대두에 큰 공헌을 했다.**

---

* 나이트가 유명해진 것은 그가 1921년에 펴낸 저서 『위험과 불확실성 및 이윤』 때문이다. 나이트는 위험을 "결과의 확률을 알 수 있는 상황"으로 보았다. 불확실성은 그 확률을 알 수 없는 상황이었다.

** 일반균형 경제이론은 서로 연관된 경제의 여러 분야를 따로따로 나누지 않고 함께 놓고 봐야 공급 · 수요 ·

마셜은 이 위원회가 수학과 통계학을 중시한 점을 고려하여 자신도 수학과 통계학 과목을 수강했다. 콜스에서 그는 티알링 코프만스와 함께 시간을 보냈다. 코프만스는 1948년 이 위원회의 위원장을 맡았다. 프랭크 나이트의 제자인 허버트 사이먼도 이들과 함께 여러 세미나에 참석했다. 마셜은 함께 경제학 수업을 듣던 여학생 셀마 슈바이처와도 친해졌다. 당시 슈바이처는 콜스위원회의 젊은 남학생 케네스 애로와 연인 사이였다. 슈바이처와 애로는 1947년 결혼했는데, 마셜은 또 다른 친구 한 명을 데리고 이들 커플을 만나 브리지 게임을 하곤 했다. 애로·프리드먼·코프만스·사이먼은 훗날 노벨 경제학상을 타게 된다.

마셜은 공부를 하면서 이 대학의 원자력연구소에서도 아르바이트를 하며 돈을 벌었다. 원자력연구소는 전쟁 직후 창설되었다. 원자력연구소의 주요 연구원 중에는 엔리코 페르미도 있었다. 그는 제2차 세계대전 중 미국의 원자폭탄 개발 계획인 '맨해튼 프로젝트'에서 중요한 역할을 했다.* 마셜은 엔리코 페르미의 동료인 게르하르트 그뢰칭거의 연구를 도우면서, 사이클로트론의 소생을 도왔다. 이것이 훗날 냉전 시대 미국 최고의 핵전략가가 된 마셜과 핵기술의 첫 만남이었다.

마셜은 카스공고에서 기계공 수업을 받았기 때문에 시카고대학의 수학 연구동인 에커트 홀 지하실에 있는 공방에서 사이클로트론의 개량 작업에 참여할 수 있었다. 사이클로트론은 입자가속기다. 대전(帶電)입

가격이 장기적으로 전면(또는 일반) 균형에 도달한다는 점을 증명하고자 했다.

* 원자력연구소의 이름은 1955년 '엔리코 페르미 원자력연구소'로, 1968년 '엔리코 페르미 연구소'로 개칭되었다. 페르미 외에 이 연구소의 유명 연구원으로는 제임스 크로닌, 난부 요이치로, 해럴드 유리가 있다. 세 명 모두 노벨상을 수상했다.

자 빔을 중심부에서 발사한 후 나선형 또는 원형 통로를 따라 움직이게 하는 것이다. 핵물리학자들은 이 기계를 사용해 가속된 입자를 표적 원자와 충돌시키고 그 결과를 연구한다. 이 대학의 물리학자들은 공방을 자주 찾아왔다. 페르미가 기계공들 옆에서 직접 부품을 붙잡고 작업하는 모습도 어렵지 않게 볼 수 있었다.

오늘날의 제네바 교외의 거대 강입자가속기 같은 최첨단 입자가속기가 핵물리학을 새로운 차원으로 발전시키는 모습에서, 뛰어난 이론만큼이나 섬세한 장인의 손놀림도 있어야 성공을 거둘 수 있었던 1940년대 후반 핵물리학계의 모습을 연상하기란 쉽지 않다. 페르미가 시카고대학의 알론조 스태그 풋볼 구장 라켓 코트의 버려진 스탠드 뒤에 우라늄과 흑연 블록을 쌓아 만든 원자 더미(오늘날의 원자로)로 최초의 연쇄 핵반응을 일으키는 데 성공한 지 5년도 지나지 않은 시점이었다.

마셜은 그뢰칭거가 살려내려 애쓰던 사이클로트론의 설계가 크게 잘못된 것을 확실히 알 수 있었다. 그뢰칭거와 함께 사이클로트론의 소생에 기여한 마셜의 공은 결코 작지 않았다. 그는 사이클로트론의 반사기를 새로 설계·제작해, 작동 성능을 한 차원 더 끌어올렸다.

마셜은 연구하면 할수록 경제학 이론으로 경제 체계의 작동 방식을 제대로 예측은커녕 설명이나 할 수 있는지가 의심스러웠다. 마셜의 석사논문에서도 그런 의심이 보인다. 이 논문에서는 선형수학 모델로 미국 경제의 움직임을 설명할 수 있는지를 검토했다. 그의 논문에서는 로런스 클라인 제3모델이 1946~1947년 사이의 미국 경제를 얼마만큼 정확히 예측했는지에 주안점을 두었다. 마셜은 제3모델의 선형방정식 12개 중 4개는 이 기간의 실제 데이터를 매우 잘 맞추었으며, 3개는 가급적 잘 맞추었고, 3개는 매우 엉성하게 들어맞았으며, 나머지 2개는 1947년을 전혀 제대로 예측할 수 없었다는 것을 알아냈다.[5] 즉, 클라인 모델은 경제의 현실을 짚어내는 데 실패한 것이다.

시카고대학 경제학 대학원생 경험은 이후 마셜의 경력과 지적 성장에 두 가지 오래가는 영향을 남겼다. 우선, 원래 인간행동이 합리적이라고 믿지 않았던 그의 성향이 더욱 강해졌다. 또한 현실에 대한 추상적 모델의 한계도 더욱 확실히 깨닫게 되었다. 그는 석사논문을 통해 대규모 경제의 움직임은 선형방정식 몇 개로 결코 설명할 수 없음을 증명해냈다.

두 번째로, 마셜은 경제학이 잘못된 방향, 즉 추상적 연구를 중시하는 쪽으로 가고 있다고 보았다. 그에 반해 경제의 실질적인 작용을 연구하는 응용경제학은 퇴조하고 있음도 느꼈다. 더 넓게 보면, 대공황 이후 시장 자본주의에 대한 신뢰를 잃고, 국가 경제를 다른 방향으로 개편하려는 경제학자들이 늘어나는 것을 보면서 마셜은 경제학에 대한 열의를 잃었다. 그런 경제학자들 중에는 공산주의 또는 사회주의적 상의하달식 중앙통제 경제계획이 더욱 좋을 거라고 믿는 사람들도 있었다.

시카고대학에 오스트리아의 유명 경제학자인 프리드리히 하이에크가 방문했을 때, 마셜은 그러한 추세를 직접 목격했다. 하이에크는 훗날 화폐이론, 경기변동, 경제·사회·제도적 현상의 상호의존성을 다룬 연구로 노벨 경제학상을 공동 수상하게 된다. 하이에크가 시카고대학에 온 것은 마셜이 자주 다니던 정치경제학 동아리에서 강연을 하기 위함이었다. 하이에크는 중앙통제형 경제계획에 반대한다는 주장을 했다. 그러자 심지어 자유 시장경제를 선호하던 사람들조차도 하이에크를 비판했다. 하이에크는 시장경제 질서가 강화되면 어떤 중앙 계획기구나 개인도 다 알거나 보유하거나 통제할 수 없는 광범위한 정보를 끌어내어 활용하게 될 거라고 주장했다. 그러나 이런 하이에크의 주장을 머리 좋은 사람들이 열렬히 무시하는 것을 이후에도 마셜은 또 보아야 했다.[6] 훗날 마셜은 많은 경제학자들이 하이에크를 가리켜 "창밖을 보지도 않으면서 일기 예보를 하려는 사람"으로 부르며 모욕했다고 회상했다.[7]

시장 자본주의에 대한 믿음, 그리고 중앙 경제 기획자들이 경제를 효율적으로 운영하는 데 필요한 모든 정보를 가질 수 있다는 주장에 대한 반감(하이에크도 그런 발상을 '치명적 자만'이라고 불렀다)은 이후 마셜의 인생 행로를 좌우했다. 그는 대학원 공부를 마치고 논문을 작성했다. 그러나 미국 최고의 대학원에서 경제학 석사학위를 땄지만, 그는 경제학 박사학위를 따고 싶지는 않다는 결론에 이르렀다.

대신 마셜은 세계에 대한 끊임없는 관심과 호기심을 표출할 다른 길을 찾게 되었다. 그는 시카고대학에서 W. 앨런 월리스에게 통계학을 배웠고 높은 성적을 얻었다. 수학 학위를 가지고는 윤택한 삶을 살 수 없다고 생각한 마셜은 원래 수학분야 학위를 따지 않으려고 했다. 그러나 이제 마셜은 통계학으로 박사학위를 딸 수 있고 또 따야겠다고 마음먹었다.

그러나 당시 시카고대학은 통계학 박사과정이 없었다. 그래서 마셜은 다시금 학교 공부를 쉬어야겠다고 마음먹었다. 그는 다음 공부할 장소를 찾는 동안 일자리를 찾았다. 그러나 이번에는 기계공 기술을 쓰는 일자리가 아니어도 되었다. 그는 시카고대학에서 높은 성적을 보여주어

많은 사람의 인정을 받았다. 그중에는 그에게 통계학을 처음 가르쳐 준 교수도 포함되어 있었다.

월리스는 마셜을 좋아해 도움을 주려 했다. 그는 시카고 시내에 위치한 미 정부기관에서 통계학자가 필요할 거라고 알려주었다. 그리고 또 다른 기회도 있었다. 새로운 연구소인 RAND가 캘리포니아에서 창설되고 있었다. 이곳의 업무 중에는 통계분석도 있었다. 월리스를 잘 알던 사회학자 허버트 골드해머는 징병 연령의 미국 남성 인구에서 정신병의 발병률이 늘어나고 있는지를 알아내는 프로젝트를 지휘하고 있었다. 골드해머는 월리스에게 이 프로젝트에 필요한 통계분석을 할 사람을 소개달해라고 했다.

마셜은 RAND에서 일하는 데 관심을 보였다. 그래서 월리스는 골드해머와의 면접을 주선해주었다. 골드해머는 마셜을 만나보고 깊은 인상을 받았다. 그래서 정부기관보다 약 50퍼센트 높은 임금을 제시했다. RAND에서 일하는 데 경제학 석사학위는 필요 없었다. 그래서 그는 워싱턴 DC에 위치한 RAND연구소로 향했다.

2

RAND연구소 초기

1949~1960년

한 사람이 막을 수 있는 바보짓에는 한계가 있다.
— 앤드루 마셜

대부분의 미국인들은 1950년대를 자신감과 풍요와 걱정이 넘치던 시대로 기억한다. 연합국은 제2차 세계대전에서 나치 독일과 일본제국을 상대로 승리했다. 또한 미국은 이미 오래전에 대공황에서 탈출했다. 전후 미국의 산업 및 정치 엘리트는 국내외에서 드러나는 미국인의 창의력과 근면성·지도력은 사실상 무한하다고 믿게 되었다. 미국은 역사상 최대의 경제 호황을 누리고 있었고, 미 국민들도 사상 최대의 물질적 풍요를 누리고 있었다. 1950년 미국 경제는 전 세계 재화와 용역의 25퍼센트를 생산하고 있었다. 전 세계 인구 중 6퍼센트만 차지하는 나라가 말이다.[1]

제2차 세계대전이라는 위험에 성공적으로 대처했던 미국인은 군사적 준비 태세보다는 새집·새 자동차·텔레비전 등 신기술에 더욱 관심이 있었다. 그러나 전후 시대의 틀이 잡혀가면서 미국의 안보를 위협하는 세력이 여전히 존재함이 분명히 드러났다. 미국과 그 가까운 동맹국은 얼마 안 가 소비에트 사회주의 연방공화국(USSR)이라는 새로운 적을 마주했다. 제2차 세계대전 말기 소련군은 동유럽을 점령했다. 그리고 1949년까지 불가리아·체코슬로바키아·헝가리·폴란드·루마니아·동독에 괴뢰 정권을 세웠다. 미국과 소련 간의 경쟁구도는 심화되었고 이로써 세계대전 이후 40여 년 이상 냉전구도가 형성되었다.

1948년 4월 미·소 사이에 큰 위기가 처음으로 발생했다. 소련이 베를린과 독일의 미·영·불 점령지 사이의 육로 이동을 봉쇄하기 시작한 것이다. 베를린은 제2차 세계대전의 4개 승전국이 분할 점령하고 있었으나, 베를린시 자체는 소련군 점령지의 내륙 144킬로미터 지점에 있었다. 1948년 6월 말 소련은 베를린으로 가는 모든 육로를 봉쇄했다.

전쟁을 피할 방법을 찾던 미국은 베를린 시내의 미·영·불 점령지에 대한 항공 보급으로 이에 맞섰다. 이러한 제스처는 소련 측에 서방의 단호한 결심을 조용하지만 분명하게 알린 것이다.[2] 훗날 미·소 간 핵 외교를 예고라도 하듯, 1948년 7월 미국은 영국에 B-29 90대를 파견했다. 물론 이 중 원자폭탄 탑재가 가능하게 개조된 기체는 없었다. 그리고 당시의 미국은 그렇게 많은 원자폭탄을 해외에 배치해 놓지도 않았다. 그러나 당대 및 후대의 평론가와 역사가는 이것이야말로 전시에 핵을 사용하겠다는 트루먼 대통령의 의지를 담은 행동이라고 평가했다.[3]

베를린 공수작전 성공과 서구의 반소련 여론 형성으로 소련의 스탈린은 1949년 5월 12일 베를린 육로 봉쇄를 해제했다. 스탈린은 서구 세계를 분열시키기 위해 베를린봉쇄를 시도했지만, 미국과 서구 국가, 그

밖에 제2차 세계대전의 연합국 간의 결속력은 오히려 더 강해졌다. 베를린 공수작전의 출격 중 4분의 3을 미국 조종사들이 뛰었지만, 그 밖에도 영국·오스트레일리아·캐나다·뉴질랜드·남아프리카 조종사들이 참여했다. 소련의 위협을 인지한 미국은 '평시에는 반고립 상태'라던 오래된 정책을 버렸다. 1949년 4월 4일 워싱턴 DC에서는 영국·캐나다·프랑스·이탈리아 등 11개국이 미국과 함께 북대서양조약기구(North Atlantic Treaty Organization, NATO)를 결성했다. 여기서 조인된 북대서양조약의 제5조는 특히 중요했다. 이 조항에 따르면 창립 회원국 12개국 중 일부 국가라도 적의 무력 공격을 받을 경우 나머지 회원국 전체에 대한 무력 공격으로 간주되었다. 미국은 이 조약을 비준함으로써, 한 세기 반 전 조지 워싱턴과 토머스 제퍼슨이 말한 '동맹을 맺지 말라'는 금언을 어기고 말았다.

베를린 공수와 NATO 창설은 넓게 보면 트루먼 행정부의 정책, 즉 소련의 적의와 강력한 군사력, 국가 체계에서 파생되는 위협을 억제해 미국의 안보를 지킨다는 정책의 연장선상이었다. 트루먼은 1948년 대선에서 경쟁자 토머스 듀이에 맞서 이기고 나서 몇 주 후 국가안전보장회의 문서 「20/4호(NSC 20/4)」를 승인했다. 이 문서는 소련이 미국의 안보에 가하는 위협에 맞서기 위해, 미국이 달성해야 할 목표를 적어놓은 것이었다. 조지 케넌이 이끄는 국무부 정책기획국은 이 문서의 작성에 크게 연관되어 있었다.[4] 케넌은 소련의 팽창주의를 장기간에 걸쳐 끈질기게 억제하는 것이 가까운 장래 미국 정책의 골자가 되어야 한다고 판단했다. 이 문서는 그런 판단이 반영되어 있었다.[5] 케넌은 1946년 2월 모스크바 주재 미국대사관에서 발신한 유명한 긴 전보를 통해, 자신이 판단한 소련의 속성을 처음으로 밝혔다. 「NSC 20/4」에는 '억제'라는 말이 없었다. 그러나 이 문서는 훗날의 억제 정책을 처음으로 공식적으로 밝힌 문서로 여겨진다. 1948~1949년 베를린봉쇄 위기가 7개월을 맞던 때, 트루먼은 「NSC 20/4」를 승인했다.

1949년 9월 미국 정찰기가 수집한 공기표본을 통해, 소련이 8월에 첫 원자폭탄 실험을 했음이 드러나자 미국은 소련의 팽창주의를 더욱 경계하게 되었다. 또한 같은 시기 마오쩌둥이 이끄는 중공군은 중국 본토 정복을 코앞에 두고 있었다. 미국정부도 장제스의 국민당군 패배가 임박했음을 예견했던 당시, 소련이 미국에 이어 예상보다 수년이나 빨리 세계 두 번째의 핵무장국이 된 데에는 소련의 스파이 활동이 큰 역할을 했다. 소련 최초의 원자폭탄 RDS-1은 소련에서는 '페르바야 몰니야(*Пе́рвая мо́лния*, 첫 번개)'라는 암호명으로 불리고, 서구권에서는 조(Joe)-1으로 불렸다. 이 원자폭탄은 1945년 8월 9일 나가사키에 떨어진 미국의 플루토늄 내파형 폭탄 '패트맨'을 표절한 것이었다.[6] 소련이 핵을 보유하게 되자 트루먼 대통령은 1950년 1월, 이에 대항해 수소폭탄을 개발할 것을 지시했다. 트루먼은 몰랐지만, 스탈린이 소련 과학자들에게 수소폭탄 개발을 지시한 것은 그보다 무려 1년 반 전이었다.[7]

이렇게 미·소 간의 개발 경쟁이 붙은 수소폭탄의 파괴력은 사실상 무제한이었다. 수소폭탄 개발 경쟁으로 미·소 간 핵 경쟁은 가속되었다. 결국 두 나라 모두 수만 발의 핵무기를 보유하게 되었다.

「NSC 20/4」 다음에는 1950년 4월 「NSC 68」이 나왔다. 당시 국무부 정책기획국장이던 폴 니츠가 주저자인 「NSC 68」에서는 미국의 재래식 군사력 강화를 통해 소련의 도발을 억제해야 한다는 논지를 폈다.[8] 그러나 트루먼도 국방장관 루이스 존슨도 그런 식으로 돈을 쓰려 하지 않았다.[9] 이들은 미국의 국방예산을 줄이고 싶었다. 연방예산 지출을 수입에 맞추고 싶었기 때문이었다. 하지만 1950년 6월 조선민주주의인민공화국이 대한민국을 침공하자, 미국이 주도하는 UN은 이에 무력으로 대응했고, 따라서 더 이상의 국방예산 감축은 불가능했다. 1952 회계연도 미국 국방예산은 무려 네 배로 불어났다. 그럼에도 한국전쟁은 1953년 7월, 소련이 지원하는 북한군과 중국군, 미국이 주도하는 UN군 모두 이렇다 할 영토 획득을 하지 못한 채 정전협정으로 끝이 났다. 정전협정으로 설정된 비무장지대는 전쟁 이전 남북한을 구분하던 38선으로부터 그리 멀리 떨어지지 않은 곳에 있었다.

이러한 상황은 미국인의 걱정과 불안을 증폭시켰다. 소련의 핵무기 보유량이 늘어나자 미국인은 전국에 방사능 낙진 대피호를 지었다. 또한 전국의 학생들에게 소련군이 침공할 경우 책상 아래에 숨을 것을 교육했다. 네빌 슈트가 1957년에 발표한 종말론적인 소설 『해변에서(*On the Beach*)』는 핵전쟁으로 지구 북반구가 괴멸하고, 방사능이 서서히 남반구까지 오염시키는 내용이었다. 핵시대 초기의 불안감을 엿볼 수 있는 소설이었다.

1950년대 말 RAND는 소련과의 핵 경쟁에 필요한 전략에 관한 한 미국 최고의 두뇌집단 중 하나였다. 그러나 RAND는 냉전으로 불리는 미·소 간 이념 경쟁이 본격화되기 이전에 창설되었다. 조지 오웰은 냉전을 두고 '평화 없는 평화'라고 부르기도 했다.[10] RAND는 슈트의 소설 『해변에서』가 나오기 10년도 훨씬 전에 미육군 항공군의 '프로젝트 RAND'로 창설되었다. 제2차 세계대전의 잔불이 아직 꺼지지 않았고, 소련이 원자폭탄을 보유하려면 몇 년은 기다려야 하는 시점이었다. RAND는 연구 개발을 뜻하는 Research ANd Development의 약자였다. RAND의 주목적은 미육군 항공군이 핵전은 물론 그 밖에 유례없이 파괴적인 형태의 새로운 전쟁에 대처하는 최선의 방법을 찾는 것이었다.

제2차 세계대전 중 미국정부는 과학자와 사업가의 재능을 끌어들여 신무기 개발과 기타 군사적 역량 향상에 유례없는 큰 성공을 거두었다. 이것이 RAND 창설의 역사적 요인이었다. 제2차 세계대전은 개전 당시에는 아무도 몰랐던 무기에 의해 그 결말이 결정된 인류 역사상 최초의 전쟁이었다. 이런 신무기의 개발 총책임자는 버니바 부시였다. 전기공학자이자 발명가였던 그는 제2차 세계대전 당시 미국 과학연구개발국(Office of Scientific Research and Development, OSRD)의 국장을 지냈다. 부시는 OSRD국장 시절 프랭클린 루스벨트에게 직보하면서 전쟁수행에 필요한 연구개발 계약의 예산 공급권과 실행권을 가졌다. 또한 부시는 매사추세츠공대(Massachusetts Institute of Technology, MIT)의 고위 관리자로 재직하면서 1922년에 현 레이시온사를 창업했다. 그리고 5년 내로 디지털적 요소가 들어간 아날로그 컴퓨터를 개발했다. 1938년에는 카네기연구소의 소장이 되어, 미국이 제2차 세계대전에 참전했을 때까지도 근무했다. OSRD가 세계대전 중 만든 발명품으로는 MIT 방사능연구소에서 개발한 공중레이더, 컴퓨터식 사격통제 체계, 근접 신관, 원자폭탄 등이 있다.[12]

제2차 세계대전 당시 미육군 항공군의 최고 지휘관을 역임했던 H.H. '햅' 아널드 장군처럼 예지력이 있던 지도자들은, 미국이 기술적 우위를 계속 유지해 나가고자 한다면 대학 연구자, 방위산업체, 군 사이에 전시 협력체제를 계속 유지해 나가야 한다는 점을 제2차 세계대전이 끝나기도 전에 알고 있었다. 그러나 이를 어떻게 달성할 것인가? OSRD의 과학자들은 자발적으로 전쟁수행을 돕고 있었다. 그러나 이들은 또한 군대의 제한과 복잡한 행정 절차에 묶여 있었다. 전쟁이 끝나자 이들 중 많은 사람이 대학과 연구소로 돌아가려고 했다.[13] 미국이 첨단 군사-기술에서 우위를 유지하려면 이 과학자들이 연구개발에 참여해야 하는데, 정부는 이들을 잡아둘 능력도 명분도 없었다.

이러한 문제 때문에 아널드는 일본의 항복 며칠 후인 1945년 9월 육군부 회의에서, 전후에도 군과 학계·산업계 간의 지속적 협력을 위한 제도적 기틀을 마련하고자 했다. 그는 회의에 출석한 더글러스 항공기 회사의 프랭크 콜봄에게, 지금 당장 샌타모니카로 돌아가서, 아널드가 원하는 최고급 싱크탱크를 만들려면 얼마만한 시설과 인원과 자금이 필요할지 더글러스 창립자인 도널드 더글러스 1세와 함께 생각해 볼 것을 지시했다. 며칠 후인 10월 1일, 이들 모두는 캘리포니아의 해밀턴 비행장에 모여 더글러스 회사와 특별 계약을 맺고 '프로젝트 RAND'를 출범시켰다.

'프로젝트 RAND'의 임무는 미육군 항공군(1947년 9월에 미공군으로 개편)에 '적절한 수단과 기법'을 추천하는 것이었다.[14] 이 조직은 독립성이 매우 높았지만 육군 항공군 참모부에도 보고를 해야 했다. 우선 참모차장(deputy chief of staff, DCS) 로리스 노스타드 장군에게 계획을 보고하고, 이어 참모차장/연구개발부(deputy chief of staff/research and development, DCS/R&D) 커티스 르메이 소장에게 보고하는 식이었다. 1943년 유럽 주둔 제8공군 제305폭격비행전대의 대장이던 르메이는 당시 미육군 항공군의 떠오르는 별이었다. 1945년 태평양의 제21폭격사령부의 사령관이 된 그는 일본 도시에 대한 소이탄 폭격, 히로시마·나가사키 원폭투하를 지휘했다.

'프로젝트 RAND'는 빠르게 성장했다. 1946년 미육군 항공군은 1,000만 달러 규모의 계약을 통해 RAND의 소장은 프랭크 콜봄으로, 그 위치는 샌타모니카 도시공항인 클로버 비행장에 위치한 더글러스 항공기 공장으로 정했다.[15] 항공공학자이던 콜봄은 더글러스 DC-3 등의 선구적인 항공기의 설계와 시험비행에 참여했다. 그는 1967년 퇴직할 때까지 RAND의 소장으로 일했다.

초기의 RAND연구소의 편제와 인원은 공학·물리학 쪽으로 편중되어 있었다. '프로젝트 RAND'에 처음 입사한 사람들은 대개 항공업계에서 일하던 공학자와 수학자였다. 1947년 말이 되면 RAND는 전쟁 중 MIT 방사능연구소에 있던 전자공학자, 물리학자는 물론 핵과학자도 영입했다. 핵과학자 중에는 '맨해튼 프로젝트'에 참여했던 아널드 크래미쉬도 있었다.

1946년 5월 발간된 RAND연구소의 첫 보고서 제목은 「실험용 궤도비행 우주선의 예비설계(Preliminary Design of an Experimental World-Circling Spaceship)」였다. 르메이 장군의 요구로 작성된 이 보고서에는 궤도비행 인공위성의 설계·성능·이용 잠재성을 논하고 있었다. 1947년에는 공격용 무기로서의 램제트 엔진과 로켓 엔진(탄도미사일 포함)을 비교하는 보고서도 나왔다.[16] 이러한 연구를 통해 10년 이상의 미래를 내다본 아이디어들이 나왔다. 그러나 RAND 분석가들이 미공군에 장차 군사-기술이 나아갈 바를 이렇게 알려줘도, 공군 지휘부에 있던 인물들은 제2차 세계대전 때 폭격기를 몰고 싸우던 장군들이었다. 그래서 이들은 처음에는 인공위성이나 탄도미사일 같은 것에 별로 흥미를 보이지 않았다.

마셜이 입사하기 2년 전인 1947년이 되자 RAND에는 공학자와 기초과학자 이외의 인물도 필요하다는 것이 더 분명해졌다. 그해 가을 RAND는 뉴욕에서 학회를 개최하고, 주요 경제학자와 사회과학자를 초청했다. 이 행사는 경제학과 사회학 분야의 인재를 RAND에 영입하기 위한 전초전이었다. RAND 최고운영진이 그런 결정을 내린 이유는, 물리학자들은 핵전쟁을 효과적으로 억제하거나 수행하는 데 필요한 수단과 기술에 대한 가치판단을 기피하도록 교육을 받았기 때문이다.[17] 그러나 RAND는 그런 새로운 군사-기술이 지닌 비기술적 측면을 판단해야 했다. 따라서 이번 학회를 통해 사회과학자들이 그런 부분에 대해서 도움을 주는 게 가능한지, 그렇다면 어떻게 가능한지를 RAND는 알고 싶어했다.[18]

학회는 성공적이었다. 이 학회에 깊은 인상을 받은 프랭크 콜봄은 RAND에 경제학 및 사회과학 부서를 만들기로 결정했다. 1948년에는 경제학부장으로 찰스 히치를, 사회과학부장으로 한스 스파이어를 영입했다. 이들은 학회에서 가장 훌륭한 활약을 보인 인물들이었다.[19] 1948년 초 RAND 직원 수는 200명이 넘었다. 클로버 비행장의 더글러스사의 시설로는 감당이 안 될 만큼 빠르게 커졌다. 5월에 '프로젝트 RAND'는 공군의 비영리 연구소 자격으로 캘리포니아 주정부에 편입되었다. RAND는 창립된 지 1년도 안 되어 본부(직원들은 '메인 캠퍼스'로 불렀다)를 샌타모니카 시내의 제4스트리트 앤 브로드웨이로 이전했다.

RAND는 포드재단의 보증으로 100만 달러의 자금도 무이자로 빌려 장래도 탄탄해졌다. 당시 RAND의 정규 직원들은 대부분 물리학·수학·통계학·항공역학·화학 분야 출신이었으나, 이후 경제학을 포함해 사회과학자들도 소수가 참가했다.[20] 젊은 앤드루 마셜도 곧 그 대열에 합류할 것이었다.

RAND는 창립된 지 얼마 되지 않았지만, 마셜이 1949년 1월 RAND의 워싱턴 지사에 합류했을 때는 이미 미국 핵전략의 산실로서 황금시대를 맞이하고 있었다. 1950년대 당시 RAND는 장거리 폭격기로 투발(投發)되는 원자폭탄, 그리고 탄도미사일로 투발되는 열핵폭탄의 위협에 대한 미국의 대책 강구에 중점을 두고 있었다. 열핵탄두를 장착한 탄도미사일은 전례 없는 파괴력을 자랑했으며, 미국의 존속 자체도 위협했다. 핵미사일 시대의 미국은 유럽 및 아시아의 적국과 대양을 사이에 두고 떨어져 있다고 더 이상 안전하지 않았다.

마셜이 RAND에 입사했을 때는 핵전략 전문가가 없었다. 핵무기가 전쟁수행 방식을 바꾸는 것에 대해서 논해보면 노벨상 수상자들도 대학원생보다 나을 게 없었다. 따라서 RAND의 회의와 연구단 모임에서는 위계질서를 없앴다.[21] 여기서는 누구나 그가 내놓는 발상으로만 평가받았다

재능과 지적 자유의 결합이야말로 RAND가 핵시대에 걸맞은 전략적 시각을 미국 정치 및 군사 지도자들에게 제공해줄 수 있는 비결이었다. 정치학자이자 군사전략가인 버나드 브로디는 훗날 자신의 RAND 재직 시절을 가리켜, 군과 상관없이 움직이는 민간인들이 핵무기와 그 사

용에 대한 모든 기본적인 발상과 철학을 내놓았던 때라고 말했다.[22] 또한 미 핵전략에 이렇게 큰 영향을 준 RAND에서도 진짜 전략가의 수는 25명을 초과한 적이 없었다는 점도 잊으면 안 된다.[23]

앤드루 마셜이 1949년 1월 RAND 워싱턴 지사 사회과학부에 들어갔을 때, 그의 나이는 27세에 불과했으며 RAND에 대해 아는 것도 별로 없었다. 그가 다른 곳을 놔두고 RAND에 입사한 주된 이유는 돈이었다.[24] 그는 RAND에서 통계학 박사학위 취득에 필요한 학비를 빨리 벌 수 있으리라고 생각했다. 마셜의 배경 및 RAND 입사 과정을 보면, 그가 훗날 RAND의 가장 뛰어난 전략가로 성장할 거라고 예측하기는 힘들었다. 무엇보다도 골드해머는 징병 연령 남성 인구의 정신질환 데이터에 대한 통계분석을 할 사람이 필요해서 마셜을 채용했을 뿐이었다. 그러나 불과 10년도 지나지 않아 마셜은 RAND의 가장 뛰어난 전략가가 되었다.

골드해머, 히치 같은 RAND의 동료와 선배들은 마셜이 전략가로 성장하는 데 부인할 수 없는 큰 영향을 끼쳤다. 그러나 마셜의 사고방식을 형성하는 데 이들이 얼마큼 기여를 했는지는 불확실하다. 젊었을 때 마셜은 수학·군사사(軍事史)·인간 진화론·문학 등 다양한 분야에 관심이 있었다. 또한 그는 왕성한 지적 호기심을 타고났다. 또 그는 추상적인 모형과 이론보다는 경험적인 데이터를 선호했다. 이러한 모든 특징은 그가 RAND에 오기 전부터 지니고 있던 것들이었다. 그러나 한 가지 부인할 수 없는 사실이 있다. 마셜은 RAND에 오자마자 핵시대의 현실적 문제에 매료되었다는 점이다. 그 점을 감안한다면, 그가 훗날 1950년대의 RAND를 가리켜 멋진 사람들이 가득한 환상적인 장소라고 말한

것도 당연한 것이다.[25]

이후 미국과 소련은 오랜 기간 경쟁했으며, 그 경쟁의 양상도 빠르게 변했다. 그러한 변화가 띠는 전략적인 의미, 그것을 알아내는 것이 이후 40년간 마셜이 직장에서 해결해야 할 과제가 되었다. 그러나 RAND에 도착한 직후에 그가 맡았던 일은 매우 평범한 것이었다. 20세기 미국인의 정신질환 증가에 대해 골드해머의 연구를 돕는 일이었다. 두 차례 세계대전에서 미군은 다수의 정신 및 심리 질환자를 입대시키지 않았다. 많은 사람이 생각하듯이, 미국의 정신 질환자 비율은 늘어나고 있는 것일까? RAND가 이 문제에 공식적으로 관심을 갖게 된 것은, 제2차 세계대전에서 나치 독일 및 일본제국에 맞서 싸우기 위해 미군이 동원한 인원 규모 때문이었다. 진주만 공습 당시의 미국 인구는 약 1억 3,700만 명. 이 가운데 무려 1,600만여 명이 제2차 세계대전 중 미군에서 복무했다.[26] 1945년 당시 미군 현역병은 1,200만 명이 좀 넘을 정도였다. 그러나 1947년에는 160만 명 이하로 줄어들었다.[27] 여러 고위 국방관료들은 앞으로 또 대전쟁이 벌어지지 말란 법이 없다고 생각했다. 그리고 만약 유럽에서 스탈린이 대규모의 소련군을 이끌고 대전쟁을 벌인다면, 미국 역시 소련군과 비슷한 수의 인원을 동원해야 한다고 생각했다. 그렇다면, 정신 질환자의 비율이 늘어나면 미국의 군사적 잠재 역량도 그만큼 저하되는 것이다.

1840년대부터 미국인 정신 질환자 비율은 늘어나고 있다는 것이 당시의 상식이었다. 그 원인으로는 도시화의 매우 빠른 진행, 치안 부재, 개인주의의 융성 등이 거론되었다. 골드해머는 마셜의 도움을 받아 데이터로 이러한 상식을 입증 가능한지 살폈다. 그리고 만약 그렇다면

20세기 전반에 걸쳐 미국의 정신 질환자 비율의 증가 속도가 더욱 빨라졌는지를 살폈다. 만약 그러한 상식이 사실이라면, 징병 연령대 인구의 정신 질환자 비율이 늘어나는 것은 장차 세계대전급 전쟁이 발생할 경우 미국 안보에 상당히 위협을 줄 수 있었다.

골드해머와 마셜은 1949년 2건의 RAND 논문을 공저로 발표했다. 마셜은 입수 가능한 데이터에 대한 통계적 분석을 실시했다. 두 논문은 「정신질환과 문명(Psychosis and Civilization)」이라는 제목으로 발간되었다.[28] 첫 논문의 결론은 그동안의 상식에 반하는 것이었다. 이 논문은 지난 100년간 미국 내에서 정신 질환자 비율이 증가하지 않았음을 확실히 입증했다. 이는 좋은 소식이었다. 그러나 나쁜 소식도 있었다. 두 번째 논문에서는 45세까지 생존한 사람 중 20분의 1은 심각한 정신질환을 앓을 수 있다고 판단했다. 또한 65세까지 생존자 중에서는 이 비율이 10분의 1로 늘어난다. 이렇게 정신 질환자의 비율이 늘어나는 것은 도시화의 비율이 높아져서가 아니라, 미국인의 평균수명이 길어졌기 때문이다. 1940년대 미국인의 정신건강은 19세기에 비해 개선되지도 악화되지도 않았다. 정신질환이 있는 사람들은 과거나 현재에나 존재했을 뿐이다.

마셜과 골드해머는 이 첫 협력을 통해 절친한 친구가 되었다. 캐나다 주니어 체스 챔피언이던 골드해머는 젊은 마셜에게 지적 자극을 주는 밝은 사람이었다. 두 사람은 샌타모니카에서 1949년 9월과 10월 내내 정신질환 연구를 위한 통계분석과 데이터 처리에 매달렸다. 이때 골드해머는 마셜에게 크리그스필(Kriegspiel, 독일어로 전쟁놀이를 의미)이라는 방식의 체스 게임을 가르쳐 주었다. 크리그스필은 RAND 직원들이 즐기던 놀이로, 불충분한 정보만 가지고 하는 유형의 체스였다. 크리그스필의 선수는 자기 말의 위치만 볼 수 있고, 상대 말의 위치는 볼 수 없다. 그리고 양측 선수의 정보를 모두 아는 심판이 두 선수의 행마가 규칙에 맞는지, 상대방의 말을 잡았는지 잡혔는지를 판정해 준다. 1940년대 후반 RAND의 수학부장인 존 윌리엄스는 점심시간과 저녁시간마다 누구보다도 앞장서서 크리그스필을 즐겼다. 마셜은 1949년 가을 샌타모니카에 출장갔을 때, 그곳 북쪽에 위치한 윌리엄스의 퍼시픽 팰리사이드 저택에서 크리그스필을 즐겼다.

마셜은 RAND에 입사한 지 얼마 되지 않아 제1급 비밀취급 인가를 받았다. 당시에는 RAND 직원들에게 흔하게 주어지는 것이었다. 르메이는 RAND의 직원이라면 공군의 계획과 정보 현황에 밝아야 한다고 생각했다. 그러려면 고급 비밀취급 인가가 있어야 한다. '프로젝트 RAND'의 목표는 공군 참모진에게 편견 없는 조언을 하는 것이었으므로, 르메이는 공군 참모진에게 RAND 연구원들에게는 절대 "뭘 하라고도 하지 말고, 하지 말라고도 하지 말라"고 지시했다.[29] 또한 공군 참모진은 불필요한 중복 투자를 막기 위해, '프로젝트 RAND'에 다른 계약 프로그램 정보를 알려주어야 했다. 이러한 정책은 1960년대까지도 계속되었다. 이로써 '프로젝트 RAND'는 시초부터 매우 보기 드문 조직이 될 수 있었다. 마지막으로, 마셜의 경우에서도 알 수 있듯이 RAND의 최고경영자들은 최고의 인재에게는 기꺼이 최고의 급여를 제시할 수 있었다. 이들은 지적 능력만큼은 양보다 질을 원했다. 따라서 특정 문제를 풀기 위한 소수의 뛰어난 두뇌를 요구했다. 수십 년 후 미 국방부의 총괄평가국장에 임명된 마셜은 외부 연구 프로그램에도 RAND와 비슷한 방식을 적용했다.

워싱턴에서 마셜은 지역 대학을 이용해 통계학 공부를 계속했다. 그는 조지워싱턴대학의 솔로몬 쿨백의 강의를 듣기 시작했다. 쿨백은 미국의 암호학자이자 수학자였다. 그는 1930년대 미육군 통신정보국(Signal Intelligence Service)의 창립 멤버 3명 중 한 사람이었다. 그는 제2차 세계대전 이전부터 세계대전 중에 이르기까지 일본과 독일의 암호를 해독했다. 그는 일본이 타입A 암호기(정식 명칭은 91식 구문인자기, 미국 측 암호명은 '레드'—옮긴이)로 제작한 암호도 해독했다. 마셜이 워싱턴에 왔을 때 쿨백은 야간 대학에서 고등통계학을 가르치고 있었다. 마셜은 이 기회를 놓치지 않고, 쿨백의 강의에서 A학점을 휩쓸었다.

마셜이 RAND에 입사하기 1년 전, RAND에는 찰스 히치를 부장으로 하는 경제학부가 생겼다. 히치는 RAND에 들어오기 전에 이미 화려한 경력을 쌓았다. 약 20년 전 그는 옥스퍼드대학에 로즈 장학생으로 입학했다. 그로부터 3년 후인 1935년, 경제학 석사학위를 취득하기 위해 구술시험을 보러 온 그에게, 교수들은 문제를 내지 않았다. 대신 석사모를 그의 머리 위에 씌워주는 것으로 그의 실력을 인정하고, 그에게 학위를 수여했다. 그 후 얼마 안 있어 히치는 미국 로즈 장학생 출신으로는 최초로 옥스퍼드의 연구원이 되었다. 그는 「옥스퍼드 경제학 논문(Oxford Economic Papers)」지의 편집인도 되었다. 현재도 간행되고 있는 이 잡지에는 경제이론·응용경제학·계량경제학·경제개발·경제사·경제사상사 등의 주제를 다루는 논문들이 심사를 거쳐 올라온다.

제2차 세계대전 중 히치는 경제학 문제에 대한 실무 경험을 쌓았다.

그는 옥스퍼드를 떠나 런던에서 첫 렌드-리스(무기대여법) 임무에 참여하기도 하고, 전시생산위원회, 전략사무국에서도 일하면서 대독일 전략폭격의 효력 평가에 참여했다. 그의 전시 이력은 전시동원 복구국의 안정통제부 부장으로 끝이 났다. 1948년 RAND에 입사할 때 그의 직위는 예일대학, 캘리포니아대학 LA캠퍼스(UCLA), 브라질 상파울루대학의 초빙 교수였다. 또한 그는 유럽과 영국에서 종종 강연도 했다.

1949년, RAND 워싱턴 지사에 있던 히치의 유일한 대리인인 러셀 니컬스는 마셜의 능력에 감동해, 마셜에게 경제학부에서 그 능력을 사용할 것을 권했다. 그리고 1950년 봄, 히치는 RAND 직원 1개 팀과 마셜을 샌타모니카로 초청했다. 마셜과 함께 초청받은 팀원들은 전시에 미공군이 핵무기를 어디에 사용해야 소련 경제에 가장 큰 타격을 입힐지를 연구 중이었다. 마셜이 캘리포니아에 도착한 1949년 5월에도 그는 골드해머와 함께 정신질환 프로젝트에 매달려 있었다. 그러나 그는 곧 이 새로운 핵 표적선정 프로젝트에 빠져들었다. 결국 그는 소련은 광대한 국토에 다수의 산업시설이 널리 분산되어 있으므로, 당시 수백 발밖에 되지 않던 전략공군사령부의 빈약한 원자폭탄 재고량으로 이들을 격파해 소련 경제를 붕괴시키기란 어려울 거라는 결론을 내렸다.

여름 연구 이후 마셜은 워싱턴으로 돌아가 골드해머와 함께 정신질환 프로젝트를 계속했다. 그러나 그해 가을 히치는 마셜을 캘리포니아의 경제학부로 전속시키고 싶어했다. 이후 히치는 마셜의 가장 큰 스승 가운데 하나가 되었다.

히치는 능력이 뛰어날 뿐 아니라, 다양한 학문 분야에 존재하는 상식과 편견에 기꺼이 반기를 드는 사람이었다. 또한 경험적 사실을 인정할 줄 알았다. 이는 젊은 마셜과의 공통점이었다. 그는 11월 히치의 제안을 받아들여 캘리포니아로 갔다.

히치와 마셜은 직장 밖에서도 절친한 친구였다. 1950년대 RAND의 부서장 대부분은 놀기를 그리 좋아하지 않았다. 그러나 히치는 예외였다. 그는 자택에서 정기적으로 파티를 벌이고 저녁을 대접했다. 마셜은 결혼 후 아내 메리와 함께 히치가 벌이는 행사마다 빠짐없이 참석했다. 1961년 히치가 로버트 맥나마라 국방장관 휘하의 감사관 역할을 수행하기 위해 국방부로 이직한 후에도 마셜 부부와 히치 부부의 우정은 끝나지 않았다. 히치가 1965년 국방부를 떠나 캘리포니아대학의 학장으로 취임한 후에도 히치 가족과 마셜 가족은 세쿼이아 국유림의 작은 오두막에서 크리스마스 때마다 파티를 벌이곤 했다.

1950년대 마셜과 매우 절친해진 RAND 동료 중에는 젊은 물리학자 허먼 칸이 있었다. 마셜과 마찬가지로 칸 역시 학계를 유랑하던 인물이었다. 제2차 세계대전 이후 그는 캘리포니아공과대학(Caltech)에서 박사과정을 시작했다. 그는 결국 박사과정에서 탈락하고 석사학위로 만족했다. 이후 부동산 판매업을 하다가 친구인 새뮤얼 코언 덕택에 RAND의 물리학부에 채용되었다.* 그는 이후에도 결코 박사학위를 취득한 적이 없었지만, 핵물리학자 에드워드 텔러, 한스 베테, 박식한 수학자인 폰 노이만이라는 3명의 대학자와 긴밀하게 협력하면서 수소폭탄을 개발했다. 이후 칸은 핵전쟁에 대한 의견을 밝히고서 RAND의 '범상치 않은

---

* 코언은 중성자탄의 발명자로도 널리 알려져 있다. 중성자탄은 열과 폭풍보다는 방사능으로 적을 살상하는 핵분열-융합탄이다.

아이'가 된다. 또한 핵전략에 대한 여러 책을 통해 전략가로서 유명해진다. 그 책들 중에는 『열핵전쟁(*On Thermonuclear War*)』과 『생각할 수 없는 것을 생각하라(*Thinking the Unthinkable*)』도 있다.

칸도 마셜과 마찬가지로 세상의 이치에 대한 지칠 줄 모르는 호기심을 가지고 있었다. 두 사람 모두 젊은 나이에 정식 학위를 받지 않고 다양한 학문을 독학했다. 다양한 분야에 대한 흥미와 지식, 상식에 대한 비판 정신을 지니고 있던 두 사람은 절친한 친구가 되었다. 1950년대 초반 두 사람은 샌타모니카에 같이 있는 동안 절대 떼어놓을 수 없는 사이가 되었다. 마셜은 경제학과 인류학에 대한 생각을 칸에게 알려주었다. 그러면 칸은 답례로 핵폭탄 설계에 대한 생각을 들려주었다. 1951년 칸은 수소폭탄 개발을 위해 로런스 리버모어 국립연구소에 정기적으로 통근하고 있었다.

그해 연말 칸은 마셜에게 어떤 혁신적인 수소폭탄 설계안을 알려주었다. 제1단 핵분열의 방사능으로 인해 제2단의 핵연료가 압축되는, 태양에서 일어나는 것과 비슷한 핵융합의 2단 구조였다. 이러한 개념을 가지고 실제 열핵폭탄을 만들려면 철저한 계산이 필요하다. 제1단과 제2단 사이 방사능이 흐르는 통로의 폭 같은 것까지도 말이다. 이 기간 칸과 마셜은 몬테카를로 통계방식 개발에도 참여했다. 이 통계방식은 다수의 사례에서 무작위로 추출된 표본에 의존한다. 텔러의 주수였던 프레더릭 드 호프만을 돕기 위해 칸과 마셜은 밤늦게까지 UCLA에서 새 컴퓨터로 몬테카를로 계산을 해보고, 수소폭탄의 방사능 흐름을 예측하곤 했다.[30]

그들의 연구는 결실을 보았다. 1952년 10월 31일 미국은 태평양 에

네웨타크 환초에서 인류 최초의 열핵폭탄 폭발에 성공했다. '마이크'라는 별명이 붙은 이 실험탄의 파괴력은 TNT 1,040만 톤(10.4메가톤)에 해당했다. 히로시마 원폭의 1,000배가 좀 안 되는 파괴력이었다.[31] 소련도 1954년 4월 'RDS-37'이라는 2단식 방사능 내폭형 열핵폭탄을 실험했다. Tu-16 배저 폭격기에서 공중투하된 이 폭탄의 파괴력은 1.6메가톤이었다.[32] '마이크'와 RDS-37에 적용된 물리학 원리로 볼 때 열핵폭탄은 이론상 끝없이 폭발력을 늘릴 수 있었다.* 이로써 미·소 관계는 열핵시대로 접어들었고 더욱더 많은 메가톤급 핵무기를 전개하게 되었다.

미국이 소련보다 먼저 열핵폭탄을 갖게 되었지만, '마이크'는 자체 무게가 82톤이나 되어 실전에서는 무기로 사용이 불가능했다. 항공기나 대륙간 탄도미사일(intercontinental ballistic missiles, ICBM)로 투발 가능할 만큼 작고 가벼우면서도 메가톤급 파괴력을 갖춘 열핵폭탄을 만들려면 물리학과 공학의 발전이 필요했다. 그러나 이러한 초창기에도, 열핵폭탄이 미국과 소련의 전략적 시각을 근본적으로 바꿀 것은 명백했다. 브로디, 히치, 언스트 플레셋은 1952년 고위력 핵무기를 주제로 공저한 논문에서, 현재는 미국이 핵무기를 독점하고 그 이외의 국가에는 핵무기가 별로 없지만 시간이 갈수록 미국과 소련 간의 전략적 균형이 이루어질 것이며 열핵무기도 대량으로 만들어지는 쪽으로 나아갈 거라고 주장했다.[33] 미·소가 주력으로 보유할 핵무기의 파괴력은 1~25메가톤

---

* 이후 1961년 10월 소련은 Tu-95 베어 폭격기에서 50메가톤급 수소폭탄을 투하하는 데 성공한다. RDS-220이라는 공식 명칭이 붙은 이 폭탄은 '차르 봄바'로도 잘 알려져 있다. 원래는 100메가톤급 설계였다. RDS-37과 마찬가지로 RDS-220 역시 노바야제믈랴섬에서 실험하기 위해 위력을 낮추었다. 그럼에도 이 폭발로 무려 1,600킬로미터 떨어진 핀란드와 스웨덴 건물의 유리창이 깨질 정도였다.

© 미국 핵안보국/네바다 현장 사무소

실험용 열핵폭탄 '아이비 마이크'의 실험 성공 때 피어오른 버섯구름. 실험은 태평양 에네웨타크 환초에서 1952년 11월 1일 현지시각 오전 7시 15분에 실시되었다. 폭발력은 예상대로 TNT 1,000만 톤에 해당했으며, 폭발 직후 90초 내에 고도 1만 7,100미터 상공까지 버섯구름이 피어 올라갔다. '아이비 마이크'는 열핵폭탄 시대를 열었다. 미·소는 수천 발의 열핵폭탄을 만들어 배치했다.

© 샌타모니카 공공도서관 사진자료실

RAND 본사는 캘리포니아주 샌타모니카 메인 스트리트 1700에 있었다. H. 로이 켈리가 설계한 이 건물은 1953년에 완공되었다. 항공사진을 보면 건물 서쪽(사진에서 위쪽)은 샌타모니카 해안과 태평양을 마주보고 있음을 알 수 있다. 작은 사진(좌상단)의 건물 정문은 RAND 수학부장인 존 윌리엄스의 제안을 받아들여, RAND 연구자들 간의 소통을 증진시키는 공간으로 만들어졌다.

(물론 이보다 더 클 수도 있지만)이 될 거라는 이들의 예측은 정확했다. 이렇게 미·소 핵전력 균형의 변화가 일어나면, 미·소 대규모 열핵폭탄 전쟁은 동반자살 행위나 다름없다고 저자들은 경고했다.

지금 와서 돌아보면 뻔한 소리기는 했지만, 이러한 발언은 당시로써는 큰 충격을 몰고 왔다. 그리고 사람들은 이러한 주장에 어떤 의미가 있는지를 진지하게 생각하게 되었다. 이 때문에 RAND는 커지는 핵 위협에 맞설 개념과 전략을 개발하게 되었다. 마셜은 이러한 개발의 첫 단계에 동참하고 있었다. 마셜은 1952년 봄, 네바다 실험장에서 아널드 크래미쉬와 함께 저위력 원자폭탄 실험을 참관했다. 폭발력은 10.15킬로톤에 불과했음에도 마셜은 그 힘에 압도되었다.

그와 크래미쉬는 실험 전날 샌타모니카에서 차를 타고 라스베이거스로 갔다. 거기서 이른 저녁을 먹고 네바다 실험장으로 떠났다. 실험장에 입장한 이들은 군용 침대에서 잠을 잔 다음 해가 뜨기 몇 시간 전에 일어나 실험 참관 장소로 이동했다. 이들에게는 보안경이 지급되지 않았기 때문에, 원자폭탄이 폭발할 때 마셜은 손으로 눈을 가릴 수밖에 없었다. 그러나 폭발의 첫 섬광은 너무나도 강력해 그 상태에서도 손바닥의 가장 굵은 뼈가 보일 정도였다. 이 실험이 있은 지 수십 년 후, 마셜은 핵무장국의 국가 지도자라면 평생 단 한 번이라도 핵실험을 참관해서 핵무기의 가공할 힘을 몸소 체험해봐야 할 것이라고 제안하게 된다.

그는 네바다 실험장을 다녀온 후 또 다른 프로젝트를 위해 워싱턴에 가게 된다. RAND의 워싱턴 지사장인 래리 헨더슨이 예산국에 브로디-히치-플레셋 연구에 대한 브리핑을 도와달라고 했기 때문이다. 이 프로젝트에는 또 다른 RAND 분석가인 제임스 딕비도 참여했다. 당시 유럽 주둔 미공군 정보부는 소련 핵공격에 대한 신뢰성 높은 전략 경보 방식을 획득하는 데 어려움을 겪고 있었다. 마셜과 딕비에게는 이 문제의 분석을 도우라는 지시가 내려졌다. 마셜과 딕비는 서독 비스바덴에 가서 4개월 동안 현장 평가를 실시했다.

마셜의 RAND 초기 시절만 해도 미국과 소련은 그리 많은 수의 핵무기를 보유하지 않았다. 때문에 장래 두 나라 사이에 전쟁이 발발한다면 그 전쟁은 제2차 세계대전과 여러 모로 유사할 거라고 짐작되었다. 1940년대 후반 그러한 개념에서 미래전을 기획하던 미공군은, 기획 초기에는 전략 폭격을 우선시하는 경향을 보였다. 전쟁이 시작되자마자 보유한 모든 원자폭탄을 사용하겠다는 것이다. 그 목표는 1943년부터 1945년까지 독일에 전략 폭격을 했던 미육군 항공군의 목표와 같았다. 즉, 소련의 산업망을 완파 내지는 무력화하겠다는 것이었다. 산업망이란 한 국가의 전쟁수행 능력을 유지하는 원자재, 공장, 무기와 탄약, 교통 기반시설을 망라한 개념이다.[34] 마셜이 1949년에 알아낸 바와 같이, 당시 미국의 원자폭탄 재고량은 마크3 · 마크4 원자폭탄 모두 200발에 불과했다. 폭발력은 각각 49, 31킬로톤이었다.[35] 이 미약한 원자폭탄 재고를 전쟁 초기 소련 산업기반 시설에 '원자력 전격전'을 벌이는 데 다 써버리고 나면, 이후 소련의 전쟁수행 능력은 마비시키는 데 쓸 전력은 재래식 무기 뿐이었다. 1943~1945년 사이 독일에 통합 폭격 공세를 벌였을 때와 다를 바가 없었다.

누구나 예상할 수 있듯이, 1940년대 후반의 RAND 연구원들은 미국의 작지만 성장하고 있는 핵전력을 이보다는 더욱 효율적으로 사용할 방법을 찾고 있었다. 소련에 원자폭탄 몇 발을 투하한 후에 소련인에게 피난 권고 전단을 투하하는 안도 나왔다. 일각에서는 이런 전력을 쓰면 소련정부는 미국이 남은 원자폭탄으로 소련의 경제 기반 시설을 파괴하는 것을 두려워해 항복할 거라고 주장하기도 했다. 1949~1950년에 실시된 RAND의 '경고 및 폭격(Warning and Bombing, WARBO)' 연구에서는 이를 포함한 다른 여러 가지 가능성들을 탐구했다.[36] 핵전쟁에서도 의미 있는 정치적 목표를 이루기 위해 파괴의 강도를 통제할 방법을 찾는 것이 이 연구의 주제였다. 특히 버나드 브로디는 공군의 '원자력 전격전'보다는 WARBO의 대안을 더욱 합리적으로 여겼다.[37]

1950년대 초반 RAND에서 대두된 또 다른 대안은 소련이 핵전력을 비축하기 전에 '예방 전쟁'을 벌이자는 것이었다. RAND 수학부의 부장인 존 윌리엄스는 이 안을 적극 지지했다. 그는 미국과 소련 간의 총력전은 시간문제일 뿐이라고 생각했기 때문이다. 만약 그렇다면 미국이 먼저 핵 선제공격을 해서 소련의 핵무기를 국제 관리 아래에 두는 것이 타당하다고 그는 주장했다.[38] '예방 전쟁'을 선호한 인물 중에는 RAND 물리학부장 플레셋과, '프로젝트 RAND'에 큰 조언을 해준 폰 노이만이 있었다. 폰 노이만은 내폭형 플루토늄 원자폭탄 개발 참여와 이론 및 응용수학에 대한 기여로 가장 유명하다.[39] 그러나 버나드 브로디는 윌리엄스의 '예방 전쟁'안을 신랄하게 반박했다. 아이젠하워 대통령 또한 '예방 전쟁'안에 강하게 반대했다. 소련과의 전쟁을 미국이 먼저 시작해서 좋을 게 하나도 없다는 이유에서였다.[40]

냉전 초기 미국의 전쟁 기획자들과 RAND 전략가를 괴롭히던 문제는 또 있었다. 소련은 유럽에 미국보다 압도적으로 강한 재래식 전력을 보유하고 있었다. 따라서 소련은 미국의 핵전력에도 아랑곳하지 않고 재래식 전력만으로 서유럽을 침공할 가능성이 있었다. 예를 들어 베를린 봉쇄 당시, 소련군은 베를린 포위에 무려 150만 명의 병력을 투입했다. 그중에는 실전 경험이 있는 제3충격군, 제8친위군도 있었다.[41] 반면 1948년 7월 당시 서독 전역에 배치된 미군 병력은 9만 1,000명 이하였다. 이 중 작전투입 가능한 병력은 2개 보병대대, 2개 야전 포병대대가 증편된 제1보병사단 소속 1만 2,180명 뿐이었다.[42] 미국 한 나라만 핵무기를 보유하고 있던 그 짧은 기간에, 소련이 서유럽을 침공할 경우 NATO의 재래식 전력은 신속히 괴멸당하고 만다는 것이 미 군사 분석가들의 중론이었다. 서독·저지대국가·프랑스가 소련군에게 점령당한다고 해도, 프랑스-스페인 국경인 피레네산맥에서는 NATO군이 바르샤바조약군을 저지할 수 있을 거라고 여겨졌다. NATO 지상군이 후퇴하는 동안 미공군이 소련 산업 중심지에 원자력 전격전을 벌이고,[43] 제2차 세계대전 때처럼 미군의 재래식 전력이 동원되면 서유럽을 탈환하고 모스크바까지 진격해 볼셰비키 정권을 붕괴시킬 수 있다는 것이었다.

한 가지 짚고 넘어갈 중요한 점이 있다. 냉전 초기의 이러한 유럽 미래전 예상은, 미국에는 원자폭탄이 있는데 소련에는 없는 것을 전제로 했다는 점이다. 소련이 원자폭탄은 물론, 미국까지 원자폭탄을 날려보낼 투발수단을 배치하기 시작하면서, 두 나라 중 한쪽이 아무 피해 없이 상대방 본토에 핵무기를 사용할 가능성은 점점 낮아졌다. 엄밀히 말하자면, 1949년 8월 소련이 조-1(Joe-I)을 기폭시켰을 때도 미국의 핵 독점은 끝나지 않았다. 1950년대 중반 소련 장거리 항공군이 소련 본토에서 출격해 미 본토에 핵 폭격을 가하고 귀환할 수 있는 항속거리를 갖춘 중폭격기를 배치했을 때도 마찬가지였다.

그러나 소련이 원자폭탄을 보유한 것 자체가 이미 불길한 징조였다. 미·소 간의 전략적 관계가 미국에 유리하지 않은 방향으로 빠르게 변화하는 것이 갈수록 확실해졌다. RAND의 브로디, 히치, 플레셋이 1952년에 발표한 고위력 핵무기 연구는 미·소 양국이 열핵무기를 대규모로 보유하게 될 것임을 정확히 예측했다. 1953년 5월 폰 노이만은 미공군 최초의 ICBM을 개발 중이던 공군 대령 버나드 슈리버에게, 1960년이 되면 1메가톤급 수소폭탄의 중량을 1톤 이하로 낮출 수 있다고 말했다.[44] 그러면 탄도미사일에 열핵폭탄을 탑재할 수 있게 된다. 그리고 탄도미사일에는 효과적인 방어 수단이 없다. 이는 무시무시한 문제였다. 그리고 마셜을 포함한 RAND 전략가들이 중지를 모아 해결해야 하는 문제였다.

1950년대 중반 마셜은 핵전략에 대한 다양한 주제를 논하면서 뛰어난 분석력을 선보였다. 이로써 그는 예전보다 더욱 많은 프로젝트를 맡게 되었다. 예를 들어, 그가 소련 경제에 대한 핵폭격 전역(戰役)* 의 한계를 논하자, 이 논의를 접한 공군 정보국과 미 중앙정보국(Central Intelligence Agency, CIA)은 그를 자문으로 초빙해 장래 소련 핵전력 예측에 필요한 도움을 받았다. 마셜과 허먼 칸은 수소폭탄 관련 계산을 다 도와준 후에도 몬테카를로 통계수단에 대한 더욱 유효한 접근법 개발

---

* 전역(戰役, campaign)은 적대행위의 차원을 가리키는 단위 중 하나이다. 전쟁(戰爭, war)이 교전국 군대 전체가 국가 전략 달성을 위해 수행하는 제일 큰 규모의 적대행위라면, 그 하위 개념인 전역은 교전국 군대의 단위 부대가 주어진 시간과 공간 내에서 전략 목표를 달성하기 위해 실시하는 일련의 연관된 군사작전을 말한다. 흔히 사용하는 전투(戰鬪, battle)는 전역의 하위 개념으로, 전략 목표가 아닌 작전 목표의 달성이 목적이며 투입되는 부대의 규모와 싸우는 기간도 전역에 비해 작다 — 옮긴이.

도 계속 참여했다. 이들은 몬테카를로 계산을 합리화하여 1953년 하반기 미국운영분석학회지(Journal of Operations Research Society of America)에 합동 논문으로 게재했다. 이들은 과거 몬테카를로 계산에서 필요하던 많은 표본 수를 크게 줄이는 방식을 논문에서 소개했다.[45]

마셜은 RAND의 동료인 마크 피터와 함께 히로시마·나가사키 원폭 공격 데이터를 재조사하는 프로젝트도 수행했다. 이로써 이들은 그동안 알려졌던 두 도시의 철근 건물의 취약성이 과장되었다는 결론을 내렸다.[46] 이로써 미공군은 보유한 200발의 저위력 원자폭탄으로 할 수 있는 일을 다시 생각하게 되었다.*

마셜과 칸은 RAND의 분석방법 전반에 걸쳐 존재하던 문제점들도 밝혀냈다. 이들은 RAND가 현실에 대한 대충의 근사값을 제공하는 의심스런 모델에 너무 의존한다는 것을 알아냈다. 또한 많은 RAND 분석가들은 소련이 전략 핵전력에 대해 매우 합리적인 결정을 내릴 것으로 보았으나, 증거를 통해 드러난 사실은 그와 정반대였다. 그리고 두 사람은 RAND의 분석이 불확실성을 다루는 데 매우 부적절하다는 데도 의견을 같이했다.[47]

시간이 지나자 마셜은 이러한 문제가 RAND에 국한된 것이 아니라, 안보문제를 연구하는 개인과 조직에 공통된 것임을 알았다. 마셜은 그런 문제점을 안고 있는 분석이 발견될 때마다 지적했다. 마셜이 그중에서도 특히 중요하게 여긴 문제는 '합리적 행위자 모델'이었다. 합리적

---

* 미공군의 첫 실용 수소폭탄의 이름은 마크17이었다. 그 중량은 18.6톤에 달했다. 얼마 후 중량을 3.6톤 이하로 줄인 경량형 마크15가 채용되었다.

행위자 모델은 개인과 조직이 최적의 전략적 선택을 한다는 것을 전제로 한다. 이후 그는 분석조직의 장이 되었을 때에도 이러한 문제점을 없앨 방법을 모색했다. 물론 결국 그도 "한 사람이 막을 수 있는 바보짓에는 한계가 있다"는 것을 인정할 수밖에 없었다. 그러나 그럼에도 마셜은 문제 개선을 계속 시도했다.

RAND에서 마셜의 명성은 꾸준히 높아졌다. 동시에 그의 사생활에도 큰 변화가 왔다. 그는 1952년 약혼했다. 그러나 그해 11월 말, 당시 파리에 있던 마셜의 약혼녀가 파혼을 선언했다. 이후 그녀는 1950년대 후반 마셜의 RAND 동료였던 윌리엄 코프만과 결혼했다.

캘리포니아로 돌아온 마셜은 결국 충격에서 회복되었다. 그리고 새로운 사랑을 만났다. 상대는 RAND의 젊고 매력적인 여직원 메리 스피어였다. 그녀는 히치의 비서였다. RAND에는 직원 간의 데이트를 금하는 규칙이 없었다. 그럼에도 처음에 마셜은 같은 부서에서 일하던 메리에게 접근하기 망설여졌다. 그러다가 결국 그는 메리에게 마저리 스피어를 아느냐고 물어 보았다. 마저리 스피어는 마셜이 시카고에서 알게 된 여자로, 얼마 전 남편 월터 리치먼드와 함께 로스앤젤레스에 왔다. 메리와 마저리는 자매 사이였다. 1953년 초 RAND가 샌타모니카 메인 애비뉴에 신사옥을 얻었을 때, 그 개소식에 마저리가 초대되었다. 개소식에서 마셜과 메리는 산페르난도 밸리의 리치먼드 자택의 저녁 식사에 초대를 받았다. 얼마 안 있어 마셜은 메리에게 데이트를 시작하자고 청했다.

그 순간부터 모든 것이 빠르게 변하기 시작했다. 마셜은 1953년 9월

좌에서 우로 메리 베스 웨이킹, 메리 마셜, 앤드루 마셜, 허먼 칸이 보인다. 마셜 부부는 1953년 9월에 결혼했다. 결혼식 직후 마셜은 통계학 박사학위 공부를 계속할지를 정하기 위해 시카고대학으로 돌아갔다. 결혼식에서 웨이킹은 메리의 들러리를, 칸은 앤드루의 들러리를 맡았다.

12일 메리 스피어와 결혼식을 올렸다. 들러리는 허먼 칸이 맡았다. 마셜도 그의 아내도 당시는 몰랐지만, 둘의 결혼 관계는 그 후로부터 50년 이상 이어졌다.

마셜은 결혼 직후 RAND를 휴직하고 시카고대학에 갔다. 이제는 이 대학에 통계학 박사과정이 생겼다. 그리고 옛 스승인 W. 앨런 월리스는 아직도 이 대학에서 통계학을 가르치고 있었다. 마셜은 시카고대학에 가서, 월리스가 포드재단의 어느 연구를 지도해달라는 요청을 받았다는 사실을 알고 놀랐다. 포드재단은 여러 대학에 보조금을 지급하고 있었는데, 그 최적의 지급 방식을 알아내는 것이 그 연구의 내용이었다. 월리스는 이 연구를 하느라 시간이 없었다. 그래서 그는 1953, 1954학년도에 강의를 할 수 없었다. 월리스는 마셜에게 자기 대신 강의를 해달라고 요청했고, 마셜은 이를 수락했다.

마셜은 시카고대학에서 두 학기를 지내면서 두 가지 사실을 알았다. 우선 강의를 맡으면서, 그는 자신의 통계학 지식이 매우 높은 수준에 올라와 있어 굳이 박사학위를 취득하지 않아도 되겠다는 것을 알았다. 그리고, RAND에서 근무하면서 잃었던 지적 자극과 목적의식도 되찾았다. 샌타모니카에서 그는 미국에 매우 중요한 프로젝트를 작업하고 있었다. 그 일이야말로 매우 큰 의미와 만족을 주었다는 것을 시카고대학에 와서야 그는 깨달았다.

그래서 그는 시카고대학에 남지 않기로 결정했다. 1954년 봄 그는 열핵미사일 시대의 여명기에 실제 세계의 핵전략 문제를 해결하는 것이 공부보다 더욱 흥미롭고 만족스럽다는 결론을 내렸다. 그와 메리는 그 해 4월 샌타모니카로 돌아왔다. 그리고 로스앤젤레스 브렌트우드 힐스구의 켄터 애비뉴에 집을 구해 정착했다.

마셜이 샌타모니카에 돌아오자마자, 히치는 그를 RAND 최고의 전략가로 구성된 소모임인 전략목표위원회(Strategic Objectives Committee, SOC)에 배속했다. 열핵시대의 초창기를 접한 히치는 그 시대적 특징과 전략적 함의를 아는 것이 무엇보다도 중요하다고 생각하게 되었다. 히치는 RAND의 핵전략 및 전력 연구가 향후 10년간 추구해야 할 주요 문제를 알고자 SOC를 창설했다.

SOC의 위원이던 버나드 브로디는 히로시마·나가사키 원자폭탄 투하 수개월 후에 다음과 같은 주장을 했다. 강력한 힘을 지닌 원자폭탄이 등장한 이상, 미군의 주 임무는 전쟁의 승리가 아닌 억제라는 것이었다.[48] 미국과 소련이 결국 대량의 열핵폭탄 재고를 갖게 될 거라는 인식은 이런 주장을 더욱 강화시켰다. 미국이 선제공격을 가할 수 없고, 소련의 핵 보복을 막을 수 없는 이상, 무제한 핵전쟁은 미·소 양국에 자살행위일 뿐이라는 게 브로디의 결론이었다.[49] 그러나 핵전쟁 억제는 적에게 핵 보복을 가할 능력과 준비가 있어야 가능하다. 이러한 딜레마를 감안한다면, RAND는 열핵미사일 시대를 헤쳐나가려는 공군과 정부를 어떤 발상과 전략으로 지원할 것인가?

이 위원회에 배속되었다는 것은 RAND의 최정예 연구원이라는 것과 동의어였다. 마셜·브로디·히치(SOC의 초대 위원장) 외에도 이런 사람들이 있었다. 아널드 크래미쉬·전기공학자인 제임스 딕비·사회과학자인 빅터 헌트·항공공학자인 제임스 리프(SOC의 제2대 위원장)·통계학자인 앨릭스 무드·존 윌리엄스(SOC의 제3대 위원장) 등이었다. 시간이 지나면서 허먼 칸과 경제학자 맬컴 호그도 영입되었다.

마셜은 SOC에서 다양한 역할을 수행했다. 이는 1950년대 RAND 프로젝트 중 다수가 여러 학문분야에 걸쳐 협력적인 팀워크를 통해 진행되었다는 것을 증명하는 좋은 사례다. 존 윌리엄스는 RAND 분석가들이 게임이론을 사용하여 핵 분쟁 시 소련군의 반응을 예측할 수 있다는 발상에 매료되었다. 내친김에 앨릭스 무드는 '전략 항공전'이라는 제목의 게임을 개발했다. 이 게임에서 RAND 연구원들은 미군 팀과 소련군 팀으로 나뉘어 전투를 벌였다. 전투는 대규모 핵전쟁으로 확전되었다. 양 팀의 플레이어들은 본성상 어떻게든 이기려고 했다. 그래서 승패는 게임 종료 시 NATO군과 소련군 사이의 유럽 전선 위치로 정하기로 했다. 이러한 승패 기준이 정해지자, 양 팀의 플레이어들은 게임 초기에 일찌감치 핵무기를 써버리고, 자기 나라 본토가 핵무기로 입는 피해에 대해서는 거의 신경 쓰지 않았다. 미군 팀 플레이어들은 소련 핵 때문에 미국 경제 절반이 날아가도, 소련군이 서독과 저지대국가 영토로 거의 넘어오지 못한다면 그것으로 만족했다.

마셜은 이 게임이 현실적이지도 타당하지도 않다는 것을 알게 되었다. 플레이어들이 사용하는 방법의 군사적 가치 때문이었다.[50] 유럽 전선에 집중하다 보면 본토가 적의 핵무기로 입는 피해를 무시할 수밖에 없다. 더구나 1945년 이래 미국 지도자들은 베를린봉쇄나 한국전쟁 같은 적의 호전적인 행위에도 불구하고 핵무기를 쓰지 않으려 했다. 또한 아이젠하워 대통령은 소련의 대륙간 핵무기 배치를 막기 위한 '예방 핵전쟁'이라는 개념 자체를 거부했다.[51]

마셜과 그의 동료 잭 허쉬라이퍼는 이를 해결하기 위해 더욱 정교한 승패 측정기준을 만들었다. 여기에서는 핵공격으로 상대 국가 경제에 가할 수 있는 타격 크기도 제한되었다. 이는 게임의 현실감과 가치를 크게 높였다. 무드의 게임에는 초기에 분명 문제가 있었지만, 마셜은 게임이 잘 설계되고 빈번히 플레이되기만 한다면 그 문제조차도 연구자들이 더 나은 전략을 개발할 수 있는 기회라고 여겼다. 전쟁게임을 배척할 필요가 없다. 그러나 신경 써서 설계해야 한다는 것이 마셜의 결론이었다.

1954년 전반기 마셜이 참여한 또 다른 SOC 프로젝트 중에는 공문서와 의회 증언을 통해 시대별 미국의 핵 재고 증가량을 파악하는 것도 있었다. 실제 핵 재고량은 엄중한 비밀이었다. 아니, 최소한 그런 것처럼 다루어지기는 했다. SOC 위원 크래미쉬는 실제 재고량을 알고 있었다. 그는 마셜 같은 사람들이 공개된 자료에 근거해 재고량을 정확히 알아낼 수 있다고 주장했다. 결국 크래미쉬의 주장은 옳았다는 것이 드러났다. 마셜은 비밀자료를 전혀 쓰지 않고도 재고량을 매우 근사치까지 알아맞혔다. 이후에도 그는 불완전하거나 부분적인 자료만으로도 정확한 결론을 여러 차례 도출해냈다. 미약한 증거로도 국가안보 관련 문제에 대해 타당한 결론을 내는 것이 마셜의 특기 중 하나였다. 이는 분명 그가 주어진 문제를 해결하기 위해 쓸 수 있는 지식의 폭이 매우 깊고 넓기 때문이기도 할 것이다.

SOC의 마지막 자업문은 12월 만에 출간된 RAND 내부보고서 「향후 10년(Next Ten Years)」이었다. 브로디·히치·마셜이 함께 만든 이 보고서는, 향후 1960년대 중반까지 RAND가 추구해야 할 핵전력 연구 방향을 제시하고 있었다. 우선 공저자들은 앞으로 10년 이내 미·소 핵군비 경쟁에서 사용될 무기기술과 투발 체계의 대략적인 발전 추세부터 논한다. 이로부터 도출된 첫 번째 결론은 미·소 양국은 1960년대 중반까지 각각 수천 발씩의 핵무기를 보유하게 된다는 것이다. 두 번째 결론은, 3메가톤급까지의 수소폭탄은 경량화되어 전술 항공기와 탄도미사일로 투발이 가능해진다는 것이다. 세 번째 결론은 미사일 방어기술이 혁신적으로 발전하지 않는다면 앞으로 5~10년 내에 미·소 양국은 열핵탄두가 탑재된 ICBM을 실전 배치, 방어력을 압도적으로 능가하는 공격력을 얻게 된다는 것이다.[52] 예상되는 소련의 핵전력 증강을 감안하면 그동안 미국이 장거리 전략핵폭격기로 누려왔던 핵무기 독점국가 지위는 사라질 것이다.[53] 향후 군사적 경쟁의 양상을 크게 바꿔놓을 이러한 추세를 알아맞히는 것은 이후 마셜의 국방부 총괄평가국이 감당할 주요 기능이 되었다. 브로디·히치·마셜은 이러한 핵전력 변화 추세를 진단하면서, 소련의 핵 기습 공격을 억제하는 것이야말로 가까운 미래 미국 전략 정책의 본질적이고 중요한 부분이 될 것이라는 말로 「향후 10년」을 마무리했다. 그렇다면 유사시 소련의 '진주만 핵 공습'에도 손상을 입지 않을 공군의 전략공군사령부(Strategic Air Command, SAC)가 미국 억제 전략의 중핵이 될 것이었다.[54]

이러한 발견은 샌타모니카는 물론 그 외의 장소에서도 파란을 몰고 왔다. 불과 몇 달 전 RAND의 또 다른 분석 보고서에서는 SAC 폭격기 부대가 소련의 기습 핵공격으로부터 무사할 리 없다는 결론을 냈다. 1954년 4월 앨버트 월스테터는 로버트 러츠·헨리 로웬·프레드 호프먼과 함께 SAC 기지 선택안 연구를 완료했다. 당시 SAC 폭격기 부대의 주력은 1,600대의 중거리 B-47 및 RB-47이었다. 또 300대의 장거리 B-36과 RB-36이 있었고, B-52 1개 비행단, KC-97 급유기 700대가 있었다.[55] 1956~1961년에 걸친 SAC 기지 사용계획에 따르면 평시에 폭격기는 하와이와 알래스카를 제외한 미 본토(CONUS)에 배치될 것이었다. 월스테터의 「전략 항공기지의 선정과 이용(Selection and Use of Strategic Air Bases, RAND보고서 'R-266')」에서는 SAC의 CONUS 기지가 소련 폭격기의 핵공격을 받을 위험성이 갈수록 커지고 있다고 하였다. 소련에 가까운 SAC의 해외기지라면 위험성은 더욱 커진다.[56] 월스테터는 해외기지에 배치된 미국 폭격기가 받는 위험성을 최소화하기 위해, 해외기지는 소련의 표적으로 날아가는 SAC 폭격기의 연료보급 기착지로만 사용할 것을 제안했다.[57] 그러나 대부분의 전력이 중거리 폭격기이던 당시의 SAC는 이 제안을 실행할 능력이 없었다. 이대로 했다가는 갈수록 많아지는 소련군 기지를 타격할 SAC 전력이 크게 줄어들 판이었다.[58] 다행히도 장거리 B-52 폭격기가 SAC에 배치되고 있었다. 시간이 지나면서 B-52가 구형 폭격기를 대체하자, 월스테터의 제안도 현실성을 얻게 되었다.

월스테터의 「전략 항공기지의 선정과 이용」은 RAND의 분석 중 가장 큰 영향을 몰고 온 것 중 하나다. 이 연구가 완료되기 한참 전 월스테터는 그 예비 결론을 RAND를 후원하는 공군에 알렸다. 1952년부터 R-266의 여러 버전들은 SAC 및 공군참모부에서 90번 넘게 브리핑되었다.[59] 그 결과 이 연구는 완료되기도 전에 공군 전략기획에 중요한 영향을 주게 되었다. 1954년 SAC는 이미 해외기지를 지키겠다던 원래 계획을 버리고 있었다. 이후 1959년 공군은 월스테터의 연구 덕에 미국은 10억 달러의 예산을 절감하면서, SAC의 폭격기 전력을 소련의 핵 보복

1958년 월스테터의 자택에서 열린 저녁 토론. 좌에서 우로 대니얼 엘즈워스, 헨리 로웬, 앤드루 마셜, 시드니 윈터, 앨버트 월스테터(카메라에 등을 보인 사람).

으로부터 더욱 안전하게 지킬 수 있었다고 평가했다.[60] 이 일로 인해 월스테터는 RAND와 미국정부에 매우 중요한 자산이 되었다. 또한 마셜에게도 매우 중대한 영향을 미치게 되었음이 이후 드러난다.

마셜에게 월스테터는 히치·칸과 마찬가지로 스승이자 친구였다. 수학 논리와 경제학을 배운 월스테터는 1951년 RAND에 컨설턴트로 입사했다. 그는 좋은 음식과 와인·클래식 음악·발레를 좋아했다. 덕분에 그는 1950년대 초반 RAND 사교계의 중심인물이었다. 그의 아내 로버타도 RAND 분석가였다. 월스테터 부부는 로럴캐니언에 있는 자택에 소수의 RAND 전략가들을 정기적으로 부르곤 했다. 마셜 부부 역시 그곳의 단골손님이었다.[61]

마셜이 월스테터의 연구에서 배워 오랫동안 쓰고 있는 것 중 하나는 올바른 성과계량 또는 분석기법을 고르는 것이 다양한 행위의 효율을 측정하는 데 매우 중요하다는 사실이었다. 성과계량 기법을 고르는 것은 엄청나게 어렵다. 연구 초기에 분석가들은 문제를 제대로 이해 못 해 뭐가 중요하고 덜 중요한지 구분하기 어려워할 수도 있기 때문이다. 월스테터는 분석가가 문제에 대한 이해도가 높아지면 문제해결 초기에 주요 요인에 대해 느꼈던 감이 틀렸음을 깨달을 수도 있고, 그렇다면 이를 수정할 필요가 있음을 늘 인정하고자 했다. 마셜은 이를 월스테터의 위대한 '발명품'이라고 불렀다.[62] 기지선정 연구 이전 RAND의 주요 분석 대부분은 SAC 폭격기 전력 구성에 주안점을 두고 있었다. 에드윈 팩슨의 대규모 체계분석인 「전략 폭격 체계분석(Strategic Bombing Systems Analysis, R-173)」은 1950년 3월에 완성되었다. 이 분석에서는 폭탄-폭격기 조합 40만 건 이상을 조사하였고, 이 중 상호의존적인 경우가 많은 조합 수십 건의 효과를 계산했다.[63] 이 연구에서 중요한 계량은 가장 비용효율성이 뛰어난 조합을 찾는 것이었다. 반면 월스테터와 그의 동료는 폭격기 기지 선정 연구를 진행하는 동안 SAC 폭격기 전력구성이나 비용을 따져서는 적정효율 측정을 할 수 없음을 깨달았다. 대신 이들은 SAC 기지에서 소련 표적까지의 거리, 소련 방공망 돌파를 위해 가장 선호하는 진입점, SAC 기지의 보급원, 소련이 SAC 기지를 공격할 수 있는 지점 등이 중요하다는 것을 알았다.[64]

올바른 계량 수단을 고르는 것이야말로 RAND의 '기준 문제'를 보여주는 것이었다. 마셜은 이미 앨릭스 무드의 게임 '전략 항공전'에서 이런 문제를 발견했다. 플레이어들은 처음에는 소련군의 서유럽 진격을 저지하는 것을 계량 수단으로 삼았지만, 이는 게임 결과의 가치를 저하시켰다. 더욱 타당한 계량은 소련 핵무기가 미국 본토에 가하는 피해의 크기를 제한했다. 결국 기준 문제는 RAND의 분석에서 가장 중요하게 여겨졌다. 후일 히치는 공저자인 경제학자 롤런드 맥킨과 함께 쓴 영향력 있는 책 『핵시대 국방경제학(*Economics of Defense in the Nuclear Age*)』에서 기준 문제에 대해 무려 20쪽 넘게 이야기할 정도였다.

체계분석에서 적절한 결정 기준을 고르는 것은 매우 중요했지만, 그걸 잘 골라도 브로디·히치·마셜이 RAND 전략 연구가 앞으로 10년 동안 나아갈 방향을 정하는 데 도움은 거의 되지 않았다. 보고서 「향후 10년」은 미국 핵전략에서 견제의 필요성, 그리고 억제를 핵전략의 중심 역할로 놓아야 하는 점을 논한 다음, 냉전이 '사실상 영구히' 지속될 것을 미국 안보환경의 특징 중 하나로 전제하고, 미국의 선택안에 대한 논쟁적 질문들로 넘어간다.

일각에서 믿고 있는 대로 한 세대 내에 소련과의 전면전을 피할 수 없다면, 미국은 소련이 대륙간 핵 투발체계를 완성해 배치하기 전에 '예방 전쟁'을 벌이는 것을 감안해야 하는가? 만약 그럴 필요가 없다면, 미국은 소련과의 경쟁에 더욱 효율적이고 효과적으로 임하기 위해 어떤 정책을 써야 하고 쓸 수 있는가? 억제에 기반한 핵 경쟁이라는 맥락 속에서 미국은 어떤 목표를 지향해야 하는가? 미국은 자국의 경제적·기술적 이점을 살리면서 제한전 및 주변전을 어떻게 준비해야 하는가? 미국은 소련의 분열 책동에 맞서 NATO의 결속력을 어떻게 다져야 하는가?

이러한 질문들에 모호한 답이라도 제시함으로써 미·소의 대륙간 핵 전력 경쟁에 관한 RAND의 향후 연구방향을 알 수 있을지도 몰랐다. 그러나 브로디·히치·마셜은 답을 내는 대신, 답을 내는 과정에 상당한 불확실성이 있음을 강조했다. 또한 올바른 질문을 할 것을 강조했다. 비록 그 질문에 바로 정답이 나오지 않는다고 해도, 올바른 질문은 그 자체로 가치가 있다고 마셜은 생각했다. 1954년 그때건 현재건 그는 언제나 올바른 질문, 즉 전략적 이점을 판단하는 데 중요한 질문을 하는 것이야말로 총괄평가를 포함한 모든 비교분석의 중요한 첫걸음이라고 생각했다.

그래도 「향후 10년」은 RAND 지도부에게 도움이 되었다. 이 보고서는 소련의 의사결정 방식에 대한 RAND의 기존 중론과는 다른 논의를 제시했다. 특히 미국 민·군 지도자들의 막연한 생각과는 달리, 소련 지도자들은 결코 모든 것을 다 알고 있는 두려움을 모르는 상대가 아니라는 것을 강조했다. 「향후 10년」은 또한 소련의 약점을 발견해 이용하는 것이 중요하다고 결론지었다.[65] 마셜은 이후 수십 년간 이 두 가지 시각을 계발하고 확장해나갔다. 그 첫걸음은 소련 조직행동에 관한 조지프 로프터스와의 이후 수년 동안의 협업이었다.

그러나 「향후 10년」은 다음과 같은 문장으로 끝이 난다. "현 전략의 정책적 문제도 쉽게 찾아 묘사할 수 없는 경우가 있다. 미래의 전략은 오늘날의 전략을 토대로 발전된 것이고, 오늘날의 행동에 영향을 받을 것이다. 그러나 미래의 전략이 언제 어떤 형태로 나타날지에 대해서는 예측이 결코 쉽지 않을 것이다."[66] RAND 최고의 분석가들이 "정책결정자에게 무기 개발의 현실과 의미를 정확히 전달하고, 올바른 전략적 선택에 필요한 연구 프로젝트를 수행하여, 미국의 올바른 핵전략수립에 일조"하기를 바라는 것이야말로 브로디·히치·마셜이 생각하는 향후 수십 년간의 RAND의 이상적인 전략 분석 방향이었다.[67] 즉, 올바른 질문에 기반한 좋은 진단을 통해 미국 지도자들의 경쟁력을 더하고, 더욱 나은 전략적 선택을 하게 돕는다는 것이다.

마셜과 두 공저자는 노력의 결과에 만족한 것 같았다. 그러나 존 윌리엄스는 그렇지 않았다. 윌리엄스는 장래 RAND의 핵전략 연구 방향에 대한 가장 중요한 의문을 도출해내는 것 이상을 원했다. 그는 자세하고 실현 가능한 답도 원했다. 윌리엄스는 미국에서 가장 뛰어나고 가장 많은 지식을 지닌 전략가 3명이 힘을 기울여도 문제와 의문을 도출해낼 뿐, 그 해결은 하지 못하는 모습을 보았다.[68] 윌리엄스는 1954년 9월 브로디·히치·마셜에게 이런 각서를 써 보냈다. "친구들, 여러분들은 알을 낳은 것 같습니다. 예쁜 타원형의 학술적인 알인 것은 분명합니다. 그러나 그 알은 숫자 0의 모형으로나 쓸모 있을 것 같습니다."[69]

윌리엄스가 「향후 10년」에 대해 이런 날선 비판을 한 이후, 그와 브로디 사이에는 갈수록 가시 돋친 말이 오갔다. 그 와중에 브로디는 소련에 대해 '예방 전쟁'을 하자는 윌리엄스의 주장을 완강히 거부했다. 마셜은 윌리엄스가 중요한 부분을 놓치고 있음을 경험적으로 깨달았다. 이 일의 목적은 미국 국방 조직에 답을 주기 위함이 아니라, RAND가 향후 10년간 연구해야 하는 방향에 관련된 주요 문제들을 밝히기 위함이었다. 「향후 10년」에서는 정확한 질문을 하는 것이 정확한 답 또는 멋진 답을 내는 것보다 더 중요함을 깨달아가게 된 마셜의 모습이 확연히 드러나 있었다.

마셜은 RAND에서 1950년대를 보내면서 큰 지적 성장을 이루었다. 그 대부분은 독학, 히치·골드해머·월스테터 등으로부터 얻은 좋은 가르침과 격려, 허먼 칸·조지프 로프터스 같은 친구들과의 관계를 통해 성취한 것이다. 마셜 역시 지적 성장을 하면서 다른 이들에게 조언을 해주기 시작했다. 일부는 동료들이 조언을 부탁하면서 자연스럽게 이루어졌다. 그러나 마셜은 자신의 시간을 타인들에게 나누어주기를 매우 좋아했다. 그리고 가능성이 있어 보이는 사람이라면 얼마든지 기다려주었다. 그러면 그들은 용기를 얻고 더욱 심도 깊은 연구를 하여 20세기 후반 미국 전략 연구계에서 두각을 나타냈던 것이었다.

마셜의 조언은 보이지 않는 손이었으나, 시간이 갈수록 그 효과는 더욱 뚜렷해져 무시할 수 없게 되었다. 물론 1950년대에는 그의 영향력은 눈에 띄지 않았고, 멀리 퍼져나가지 않았다. 그러나 그는 당시 함께 있었던 사람들 일부에게 지워지지 않는 영향을 남겼다. 마셜에게서 좋은 조언을 얻은 사람 중에는 로버타 월스테터도 있다.

마셜과 월스테터 부부는 공사석을 막론하고 가까운 사이였다. 때문에 1957년 유망한 새 연구 주제를 찾던 로버타는 자연스레 마셜에게 조언을 구했다. 그래서 나온 연구 보고서가 『진주만: 경보와 결정(*Pearl Harbor: Warning and Decision*)』이었다. 이 연구에서는 1941년 일본의 진주만 기습공격을 허용한 미국의 정보 실패 원인을 탐구하고 평가했다. 로버타는 보고서 서문에 이렇게 적었다. "이 책의 첫 아이디어를 준 사람은 내 친구 앤드루 W. 마셜이다." 이후 그녀는 "5년간의 연구 기간 중 끊임없이 격려와 조언을 준 마셜에게 진심으로 감사한다"라는 말도 적었다.[70] 이 책은 매우 높은 평가를 받았다. 미국 국가안보국(National Security Agency, NSA)은 책이 나오자마자 필독서 목록에 올리면서, 이 책을 가리켜 "진주만 공습에 대해 이제까지 나온 책 중 가장 명료한 해설"이며, 또한 "전쟁을 일으킨 사건들에 대한 가장 철저한 분석적 연구다. 진주만 기습공격에 대한 논쟁적 의문에 답을 줄 수 있을 것으로 보인다"라고 평가했다.[71]

이 책에서 드러난 시각 중에는 MAGIC에 대한 것도 있다. MAGIC은 일본의 비밀외교암호를 해독하기 위한 미국의 프로젝트였다. 월스테터는 MAGIC에 적용된 극도의 보안조치 때문에, MAGIC으로 일본의 진주만 공습 가능성을 알아냈지만 그 정보가 공유되지 못했다는 점을 지적했다. 또한 그녀는 돌이켜보면 15종의 정보통신 모두가 일본의 진주만 공습이 임박했음을 분명히 나타내고 있었다는 점도 알아냈다. 그러나 일본은 전략적·전술적인 기습에 성공했다. 월스테터는 그 이유를 이렇게 설명했다. 입력된 여러 정보 중에서 쓸모없는 '잡음'을 걸러내고, 정확한 정보를 골라내는 작업이 너무 어렵기 때문에, 그런 정보 실패가 불가피했다는 것이다.

마셜이 전략 경보를 주제로 삼으라고 로버타에게 권한 데는, 마셜이 1952년 NATO의 중부유럽 전략 경보 문제에 대해 유사한 연구를 수행한 때문도 있었다. 그는 훗날 이렇게 회상했다. "진주만은 내 후속 연구에 그리 큰 영향을 미치지 않았다. 나는 한참 전에 개념을 분명히 잡아두었기 때문이다"라고 말했다.[72] 마셜은 조직이 의사결정 과정에 미치는 영향, 그리고 분석적 편의를 위해 불확실성이라는 요인을 무시하고, 보증할 수 없는 가정을 하는 것에 대해 갈수록 큰 우려를 하고 있었다. 그런 우려가 로버타 월스테터의 책으로 인해 대중에게 알려진 것도 사실이다. 월스테터는 이런 글을 썼다. "진주만 연구는 불확실성의 존재를 인정하고 그것과 함께 살아야 한다는 교훈을 후세에 남길 것이다."[73]

노벨상 수상자 토머스 셸링도 로버타 월스테터의 책에 서문을 써주었다. 서문에서 셸링은 "다들 눈에 잘 보이고 지나치게 단순화된 위험만 보려고 한다"는 월스테터의 우려에 공감했다. 셸링은 "기획자라면 더욱 미묘하고 쉽게 변하는 것들에 신경을 써야 하며, 우발적인 사건의 범위를 넓게 잡아야 한다"고 말했다. "정책결정자들이 이렇게 하지 못할 경우 어떤 일이 벌어지는지, 이 훌륭한 책은 무자비하게 보여주고 있다"고도 그는 말했다.[74]

셸링은 이 책이 이 분야의 고전이 될 거라고 예견했다. 그리고 실제로 그렇게 되었다. 진주만 공습과 소련의 핵 기습공격 가능성을 모두 체험한 미국의 고위 정책결정자들에게 이 책은 매우 큰 영향을 주었다. 이 책은 밴크로프트상을 받았다. 월스테터는 미국의 안보를 위해 큰 공헌을 한 대가로 자유훈장도 받았다. 이는 미국 민간인이 받을 수 있는 최고급 훈장이다.[75]

월스테터의 책은 마셜의 조언이 안보연구 분야에서 생산성을 발휘한 초기의 사례다. 마셜은 타인의 시선을 피하려는 겸손한 사람이었기에, 이런 '보이지 않는 손' 역할을 하는 것은 그에게 잘 어울렸다. 시간이 흐르면서 선구적인 학자들과 고위 정책결정자들도 마셜의 현명한 조언을 통해 도움을 받았다. 그리고 마셜에게 지혜를 빌린 것을 고마워했다.

마셜이 SOC 때문에 정신없던 시기에 RAND에는 조지프 로프터스라는 새 분석가가 왔다. 마셜은 1950년대 골드해머·히치·칸·월스테터·딕비 등의 RAND 직원 덕택에 분석가이자 전략가로 커나갈 수 있었다. 그러나 그중에서도 로프터스는 소련의 의사결정 과정과 소련 핵전력의 변화를 보는 마셜의 사고방식에 가장 큰 영향을 주었다. 그리고 어쩌면 그보다 더 중요한 점은 따로 있었다. 라이벌이 합리적으로 행동할 것이라는 게 당대 분석의 기본 전제였다. 그러나 마셜은 이러한 전제가 실제 행동과는 큰 차이가 있다고 믿게 되었다. 로프터스는 마셜이 그런 생각을 하는 데 간접적으로 기여했다.

진주만 공습 이전, 로프터스는 존스홉킨스대학에서 은행 자본화를 주제로 박사학위논문을 쓰는 데 필요한 모든 연구를 마쳤다. 그러나 그는 박사학위논문을 쓰지 못했다. 일본군이 진주만을 공습한 지 몇 달 후 로프터스는 미 해군에 입대, 파나마·알류샨 열도·류큐 열도 등에서 복무했다. 종전 후 그는 아메리칸대학의 경제학 조교수로 채용되어 1950년대 중반까지 교육과 연구를 했다. 연구 보조금이 소진되자 그는 공군 정보국의 항공 표적부에 민간인 신분으로 들어가 4년간 소련의 핵 프로그램을 관찰했다.

로프터스는 RAND에 입사한 직후부터 마셜과 함께 오랜 시간 동안 「향후 10년」·소련 핵개발·공군 전략 경보 문제에 대해 토론했다. 이들의 논의는 소련의 조직행동 이해로까지 발전했다. 이들은 1960년대 초반까지 협력했으나 이후 로프터스는 건강 문제로 퇴직했다.

1955년 초 로프터스·마셜, 그리고 또 다른 RAND 동료인 로버트 벨저는 공군의 전 세계 조기경보 센터 통신망 구축을 도우라는 지시를 받았다. 그 통신망의 구축 목적은 미 본토에 대한 소련의 핵 기습공격을 조기에 알리는 것이었다. '예방 전쟁'을 벌일 수 없는 이상, 미국은 '핵 진주만 공습'을 조기에 알아채고 저지하는 것 외에 방법이 없었다. 3년 전 마셜과 딕비는 서독 비스바덴에 이 문제를 해결하러 갔다. 그러나 당시 공군은 이들에게 민감도가 매우 높은 통신정보(communications intelligence, COMINT)를 보여주려 하지 않았다. 그 COMINT를 본다면 소련의 계획과 결정에 대해 확실한 시각을 얻을 수 있는데도 말이다. 이번에는 마셜·로프터스·벨저 모두 COMINT 비밀취급 인가를 얻었다. 때문에 로프터스는 공군 정보국에서 4년 근무하면서 취득한 소련의 핵 프로그램에 대한 정보를 마셜에게 알려줄 수 있었다. 샌타모니카로 돌아온 후에도 이들은 인근 마치 공군기지(캘리포니아주 리버사이드 소재)의 COMINT 시설에 가서 소련 핵개발 현황 자료를 볼 수 있었다. 당시 소련 핵개발 현황에 대해 이만큼 풍부한 정보를 접할 수 있던 RAND 직원은 극소수에 불과했다. COMINT 비밀취급 인가 덕택에 로프터스·

마셜은 이 분야에 대해 대부분의 다른 동료들보다 더욱 넓은 시각을 얻게 되었다.*

로프터스와 마셜의 협력이 깊어지면서, 이들은 RAND가 예측해야 할 향후 소련의 전략 전력의 범위가 매우 광대하다는 것을 알게 되었다. 1954년, RAND는 소련 장거리 항공군(дальнего действия, 이 책에서는 영어표기 Long Range Aviation의 약자인 LRA로 표기함—옮긴이) 폭격기 기지의 위치를 예측하는 연구 프로젝트를 실시했다. 당시 미국 정보당국은 확실한 시기에 맞춰 소련 핵전력을 예측하지 못하고 있었다. 어떤 때는 3년 후, 어떤 때는 10년 후까지 멀게 예측하는 등 예측 시기가 왔다 갔다 했다. 이렇게 예측에 일관성이 없었기 때문에 RAND 분석가들은 직접 원하는 시점의 소련 핵전력을 예측해야 했다. 그러려면 소련의 입장에서 생각해야 했다. LRA 폭격기 기지의 위치를 예측하는 이번 경우에도 마찬가지였다.

RAND의 여러 분석가는 소련이 극히 합리적인 기획을 하리라고 가정했다. 즉, 소련군에 대한 주요 결정은 미국, 특히 SAC에 가장 큰 위협이 되는 방향으로 세심히 정해질 거라는 얘기였다. RAND는 물론 미국 국가안보 조직 전체가 이러한 전제를 마음에 들어했다. 그래야 분석가들이 소련 행동의 전제를 단순화시킬 수 있기 때문이다. 적어도 미국의 시각으로 볼 때 소련이 합리적으로 행동한다고 가정하면, 소련의 역사·경향·장단점·경직성·군사교리·작전수단·조직 복잡성 등을 계산에 넣

* COMINT는 1950년대 말까지도 풍부한 정보 출처였다. 그러나 NSA의 암호분석가인 버논 미첼과 윌리엄 해밀턴 마틴이 1960년 소련으로 망명하면서 정보 가치가 급속도로 떨어졌다.

지 않고도 소련의 향후 전략 전력을 예측할 수 있다.

이러한 방식으로 접근한 LRA 기지 선정문제 연구에서는 소련이 서쪽의 옴스크-동쪽의 크라스노야르스크를 잇는 시베리아 횡단철도를 따라 서시베리아에 폭격기 기지를 건설할 거라는 결론을 내렸다.[76] 이런 결론은 소련의 기지 선정 문제 해결 방식을 반영한 끝에 나온 것이다. 합리적인 소련의 정책결정자라면 미국 SAC 폭격기가 공격하기 어려운 소련 내륙에 LRA 기지를 지을 거라는 이론에 기반했다.

그러나 로프터스와 마셜이 COMINT를 통해 알아낸 바에 따르면 실상은 전혀 달랐다. 소련 폭격기 기지 대부분은 소련의 주변부에 있었다. 그 기지들의 위치는 소련 군용항공의 초창기에 정해졌다. 당시 항공기의 항속거리는 1950년대 항공기보다 훨씬 짧았다. 그리고 소련의 주변부에 LRA의 기지를 세우면 미국의 표적까지 가는 거리가 줄어든다. 하지만 로프터스와 마샬은 자신들이 LRA와 소련 핵 프로그램에 대해 아는 것들을, COMINT 비밀취급 인가가 없는 RAND 동료들에게 알려서는 안 된다는 딜레마가 있었다. 그 대신, LRA 기지 선정 문제에 대한 비합리적인 시각을 대안으로 제시하는 것이 이들이 할 수 있는 최선이었다. 마셜과 로프터스는 SAC 폭격기 기지 대부분이 미국의 주변부에 있음을 지적했다. 그 기지들 역시 미국 군용항공의 초창기에 위치가 선정되었다. 그렇다면 소련도 이와 마찬가지 아닐까? 그리고 미 본토에 핵공격을 가하는 것이 LRA의 임무라면, LRA가 초기 장비했던 폭격기들의 짧은 항속거리에 맞춰 소련 주변부에 기지를 세우는 편이 낫지 않을까? 그러나 소련의 정책결정 과정에 합리적 행위자 모델을 적용하던 RAND 분석가들은 이러한 주장을 대부분 배척했다.

하지만 이 RAND 연구 이후에는 더 큰 전략기획 문제가 있었다. 로프터스와 마셜의 협력 초기, 이들이 소련의 실상을 RAND 및 미국 정보분석가의 예측과 비교하면 할수록, 합리적 행위자 모델에 기반한 예측은 현실과 맞지 않는 경우가 많다는 것을 확실히 알게 되었다. 따라서 이들은 소련 정책결정에 대한 합리적 행위자 모델의 타당성에 의문을 제기하는 동시에, 더 나은 모델을 찾기 시작했다. 이들은 결국 스스로에게 이런 질문을 던졌다. "미국 분석가들은 대체 누구의 행동과 결정을 예측하려 하는가?" 소련 전략 태세의 변화를 검토한 이들은, 소련 전략 태세는 매우 일관적인 태도를 갖고 업무에 임하는 소수보다는 거대한 관료조직의 결정에 따라 변화했다고 보는 것이 더 타당하다는 결론을 내렸다.[77]

다시 말해, RAND는 추상적 이론 대신 소련의 조직행동, 즉 이들의 실제 움직임에 기반해 소련의 핵전력 변화를 예측해야 한다는 것이었다. 마셜과 로프터스는 이러한 시각을 발전시켜 RAND의 예측 정확성을 개선하고자 했다. 1956년 말 또는 1957년 초 이들은 내부 컨설팅을 시작했다. 로프터스는 이 컨설팅에 프로젝트 SOVOY라는 이름을 붙였다. 소련군을 의미하는 러시아어 Советские воиска를 라틴 문자로 치환한 Sovetskie Voyska의 약자였다. 이 프로젝트의 목적은 RAND 연구자들의 소련 핵전력 예측 정확성을 향상시키는 것이었다.

하지만 결국 SOVOY는 RAND 연구자들에 대한 일련의 협력각서 수준을 넘지 못했다. 로프터스와 마셜이 기대했던 만큼의 성과를 거두지 못했다. 그때나 그 이후나 많은 분석가들은 간단함과 매력을 지닌 합리적 행위자 모델을 결론을 쉽고 빠르게 얻는 분석의 왕도라고 생각했다.

마셜과 로프터스의 조언을 따르게 되면서 일이 쉬워지는 게 아니라 더 어려워졌다. 이에 마셜은 적국의 군사력을 판단하는 것은 원래 쉬운 일이 아니라 어려운 일이라고 응수했다.

SOVOY는 노력에 비해 반응은 시큰둥했다. 그러나 마셜, 로프터스를 비롯한 여러 사람들은 소련의 의사결정 방식을 보는 새로운 방식의 필요성을 절감했다. 즉, 소련 핵전력 개발에 영향을 미치는 여러 소련정부 조직의 관료적 행동을 크게 감안해야 한다는 것이다. RAND와 미국 정보기관은 소련의 정치국에서부터 소련군 총참모부, 소련 육해공군 본부와 소련제 무기의 설계국 및 생산국에까지 이르는 다양한 기관의 의사결정을 예측해야 했다.* SOVOY가 밝힌 중요한 점 하나는 오랫동안 살아남았다. 이들 소련 조직과 그 속의 핵심 관료들은 자신들의 관점과 안건을 관철하기 위해 서로 경쟁한다는 것이다. 따라서 소련의 행위를 하나의 합리적 개체의 산물로 보고 설명하며 예측하려는 시각은 환상에 불과할 뿐 아니라 위험하기까지 하다는 것이다.

마셜은 로프터스와의 협업이 끝난 후에도 오랫동안 조직행동에 대해 흥미를 보였다. 1960년대 초반 그는 미국 대기업 등 대규모 조직의 의사결정 연구를 주로 하는 학자들을 찾기 시작했다. 그는 리처드 사이어트·제임스 마치·허버트 사이먼, 그 외에도 조지프 바우어를 위시한 하버드경영대학의 작은 연구자 모임의 연구가 매우 가치 있다는 것을 알았다. 이들의 발견을 접한 마셜은, 소련 조직의 의사결정 방식은 물론

* 소련은 무기를 설계하는 기관과 생산하는 기관이 다르지만, 미국은 설계한 방위산업체가 보통 생산까지 맡았다. 미국과 소련의 무기 획득체계의 차이점 중 하나다.

자원 부족 등 전력 상태에 영향을 주는 여러 제약에 대한 연구야말로 소련의 향후 8~10년 후의 전력 상태를 예측하는 가장 유익한 방식이라는 확신을 굳히게 된다.

1956년 로프터스와 마셜은 CIA의 자문위원이었다. 이로써 두 사람이 이용할 수 있는 정보 출처는 크게 늘어났으며, 다른 사람은 가져올 수 없는 CIA보고서도 RAND로 가져올 수 있게 되었다. 그로부터 10년 이내에, 마셜은 CIA와 정보 문제로 계속 협력한 덕택에 핵전략 및 민감 정보 관련 임무를 맡게 되었다. 그중 초창기의 것으로는 H. 로언 게이서 주니어가 이끄는 위원회에 배속된 것도 있었다. 게이서는 샌프란시스코에 사는 변호사로서, 1957년 포드재단 및 RAND 이사로도 재직한 적이 있었다. 게이서는 RAND의 공동설립자이며, 초대 이사장이었다.

게이서위원회로 불린 이곳은 1957년 4월 아이젠하워 대통령이 과학자문위원회에 안보자원 패널을 창설하자 때맞춰 만들어졌다. 이 패널의 임무는 핵공격에 대비해 미국 민간인을 방호하려는 다양한 능동·수동적 수단의 상대적 가치를 평가하는 것이었다. 또한 미국의 보복 핵전력의 억제 가치와, 국방정책의 중점 및 방향의 큰 전환이 가져오는 경제적 및 정치적 효과 연구도 요구되었다.[78]

마셜은 게이서위원회의 위원으로 초빙되었다. 그는 1957년 8월부터 5개월간 워싱턴에서 안보자원 패널 산하 분석단에서 일했다. 분석단의 단장은 벨전화연구소의 로버트 프림, SAC의 스탠리 로월이었다. 마셜은 전략정찰 문제를 연구하는 정보 소모임에도 관여하게 되었다. 이 소모임에는 마셜 외에도 스퍼전 키니가 있었다. 그는 로프터스의 공군 정보부 후임자였다. 또 카네기재단의 짐 퍼킨스도 있었다. 이 소모임의 목표는 극비의 '흑색' 코로나 첩보 위성의 개발을 '백색', 즉 일반 공개 정보로 은폐하는 방법의 모색이었다.

1957년 11월 게이서위원회는 아이젠하워 대통령에게 보고서 「핵시대의 억제와 생존(Deterrence and Survival in the Nuclear Age)」을 제출했다. 학자들은 그 영향력, 특히 미국 핵전력에 가하는 영향력에 대해 논했다. 그러나 한 가지 분명한 것은 그 보고서가 소련의 실력을 상당히 과장하고 있다는 점이었다. 이 보고서에서는 소련 경제의 성장속도가 미국 경제보다도 빠르다고 말했다. 국민 총생산 면에서는 과거 미국의 3분의 1 수준이던 것이 절반 수준으로 늘어났다고 주장했다.

마셜은 게이서위원회에서 일하면서 소련 경제의 규모, 그리고 군사 분야에 사용되는 경제 규모에 대한 정확한 평가가 무엇보다도 중요함을 이전보다 더욱 확실히 알게 되었다. 마셜은 또한 소련의 경제 규모를 판단하는 방식에 대해서도 건전한 회의론을 키워가게 되었다. 이러한 회의론 덕택에 마셜은 경제 문제에 대해 CIA와 오랫동안 토론을 할 수 있었다. 마셜은 경제야말로 소련에 대한 미국의 경쟁력을 바로 보는 데 가장 중요한 요소라고 보았다.

게이서위원회 보고서의 주저자는 조지 링컨이었다. 조지 링컨은 미육군사관학교 사회과학과 학과장으로, 1953년 아이젠하워 대통령의 프로젝트 솔라리움 전략 훈련에 참가했다. 또 다른 주저자인 폴 니츠는 트루먼 대통령의 「NSC 68」 주저자였다. 「NSC 68」은 냉전기 미국 국가 정책을 다룬 1급 비밀 정책 보고서였다. 이 위원회의 보고서는 소련의 스푸트니크 발사 불과 1개월 후에 나왔다. 스푸트니크는 인류 최초의 인공위성이었다. 이 대단한 과학적 성취를 접한 미국인들은, 심지어는 일반인들까지도 미 본토가 핵공격을 당할 위험성이 있음을 깨닫게 되었다. 소련이 인공위성을 우주에 보낼 수 있다면 미 본토 어디라도 핵탄두를 떨어뜨릴 능력도 있는 것이니 말이다. 미국 의회에서도 스푸트니크 발사 성공 소식에 예민하게 반응했다. 의회에서는 민방위 태세 강화, 국방예산 증액, 공립학교에서의 수학과 과학교육 강화 등을 주문했다.

더 심각한 문제도 있었다. 미국의 U-2 비밀 정찰기가 소련 상공에서 촬영해 온 정보를 접한 게이서위원회는 대륙간 핵전력 측면에서 미국이 소련에 말도 못하게 뒤처져 있음을 확실히 알게 되었다. 스푸트니크의 성공을 접한 게이서위원회는 최악의 상황을 가정했다. 소련이 핵분열 물질과 제트폭격기 생산에서 엄청난 발전을 이루고, ICBM 개발에 관해서는 아마 미국을 능가하는 능력을 보유하고 있을 거라고 주장한 것이다.[79]

실제로, 소련 최초의 제트 중폭격기인 미야시셰프 M-4는 미국 본토까지 왕복 폭격이 가능해 게이서위원회를 긴장시켰다. 1960년까지 생산된 수량은 116대, 이 중 대부분이 공중급유기로 개조되었다. 이와는 대조적으로 미국은 1955년부터 1962년까지 B-52 장거리 폭격기 739대를 생산했다. 소련의 ICBM 개발에 대해서는, 소련 최초의 ICBM R-7/7A(NATO명 SS-6)는 1960~1961년 실전 배치되었다. 그러나 이 미사일은 너무 크고 취급이 불편했다. 발사 준비에 무려 20시간이 걸렸고, 극저온 연료를 쓰는 탓에 하루 이상 발사 태세를 유지할 수가 없었다. 실전 배치 수량은 6발을 넘지 못했다.[80]

위원회는 미국의 군사 태세를 유지하기 위해서는 1959~1963년 사이

우선순위 높은 군사적 능력에 190억 9,000만 달러를 추가로 투입하고, 능동 및 수동 방어태세 개선에 251억 3,000만 달러를 투입할 것을 권했다.[81] 이 둘을 합한 금액인 442억 2,000만 달러는, 1959회계연도 미 국방부 예산인 414억 7,000만 달러보다도 많았다.

게이서위원회에서 업무를 경험한 마셜은, 핵 억제에 필요한 것과 핵전쟁 수행에 필요한 것들 사이의 간극을 메울 방법에 대해 더 깊이 생각하게 되었다. 미 전략 전력이 소련에 가할 수 있는 핵공격의 파괴력이 클수록, 소련이 핵전쟁을 감행하지 않을 가능성도 커진다. 반면 억제에 실패해서 소련이 핵전쟁을 일으킬 수도 있다. 그렇다면 미국은 망해야 할까? 핵전쟁 시 정상적인 국가 기능이 완파되는 것 말고는 다른 길이 없는가? 전략 전력의 설계와 배치에 따라서는 핵 억제력을 약화시키지 않으면서도 미·소 상호 간 파괴를 최소화할 수 있지 않을까?

샌타모니카로 돌아간 마셜은 골드해머와 함께 이 딜레마를 논의하기 시작했다. 이들은 게임이론적 방법에 따라 문제에 접근하기로 했다. 이들은 미국과 소련의 이득수열(또는 효용수열)을 작성했다. 수열에 들어가는 수는 대부분 가정에 따른 것이었다. 미국의 목적은 핵전쟁 억제력 극대화도, 핵전쟁 때 최상 또는 차악의 결과를 얻는 것도 아니었다. 대신 두 요인을 합쳐 최대의 기댓값을 얻는 것이었다.[82] 모델에 사용된 값 중에는 소련의 첫 공격에서 살아남은 SAC 폭격기의 비율, 소련이 예상한 SAC 폭격기의 생존율, 양측의 결과 효용 등이 있었다. 방법론을 설명하기 위해 다음과 같은 하나의 사례를 가지고 실험을 해보았다. 소련이 CONUS와 해외의 미 핵전력에 대해 기습 선제 핵공격을 가하는 것이었다. 조직행동에 대한 마셜과 골드해머의 관심을 반영해, 이 분석에서는 미·소 간 관점과 전략의 차이를 강조했다. 소련 측 분석을 돕기 위해 RAND 동료 네이선 라이츠가 참여했다. 라이츠는 소련 정치국의 '작전코드(라이츠가 지어낸 표현)'에 대한 고전적 분석을 통해 이 문제를 중점적으로 연구했다.

이로써 모호하다면 모호하지만 흥미로운 것들이 발견되었다. 마셜과 골드해머는, 소련이 먼저 공격할 경우 미국이 쓸 수 있는 최상의 전략(그리고 소련이 가장 두려워하는 전략)은 혼합표적 전략이라고 보았다. 이는 소련 본토의 선제 핵공격용 무기들을 표적으로 하여, 이들에게 고위력 핵무기를 지상폭발 모드로 투발, 대량의 방사능 낙진을 일으키는 것이다. 이로써 부수 피해로 엄청난 민간인 사상자도 발생한다.[83] 또한 핵 억제와 핵전쟁 수행 전략 사이의 간극은 분명히 있지만, 그들이 생각했던 것보다는 작고 덜 중요하며 쉽게 해결할 수 있다는 것도 알게 되었다.[84]

골드해머와 마셜이 쓴 「총력전의 억제와 전략, 1959~1961(The Deterrence and Strategy of Total War, 1959~1961)」(RM-2301)이, 핵 억제 및 그것이 실패했을 경우의 핵전쟁 수행 사이의 모순에 대한 미국 안보계의 불안을 달래주었는지는 확실치 않다. 당시 미국이 소련과의 핵전쟁을 억제하는 힘은 대규모 핵 보복 위협에 근거했다. 그러나 이 위협은 신뢰성이 있어야 했다. 그리고 1953년 아이젠하워 대통령이 말한 것처럼, 이 위협을 실행하면 미국은 자멸하고 말 것이었다. 하지만 마셜의 관점에서 볼 때, RM-2301의 진정한 가치는 군사적 경쟁 평가를 위한 더 나은 분석방법 탐구의 시작을 보여준 것이었다.

1970년대 초반 닉슨 행정부 제2기 당시, 마셜과 그의 절친한 친구이던 제임스 슐레진저는 핵 억제력과 핵전쟁 수행 간의 이 딜레마를 다시 생각해보게 된다. 당시 슐레진저는 국방장관이었고 마셜은 총괄평가국장이었다. 1974년 1월 닉슨은 국가안보정책 결정각서 242호를 승인한다. 이 각서에서는 미국과 그 동맹국들이 받아들일 수 있는 조건으로 전쟁을 조기 종결시키고, 분쟁의 규모를 최소화하기 위해 다양한 제한적·선택적·지역적 핵 선택안을 개발할 것을 지시했다.[85] 대통령에게 유사시 소련 측에 항복 또는 단일통합작전계획(Single Integrated Operational Plan, SIOP) 실행 외에도 더욱 다양한 선택안을 제시하기 위함이었다. SIOP는 핵 총력전에 대비한 미국의 전쟁 계획이었다. 마셜·슐레진저를 비롯한 많은 사람들이 1970년대 중반부터 이 두 가지 극단적 선택안 사이에 존재하는 타당성 높은 선택안들을 추구했지만 이는 최고의 전략가들도 풀 수 없는 문제라는 점만 드러났다. 그러나 RM-2301이 나오던 시절에는 이러한 진실은 아직 덜 밝혀진 상태였다. 핵 억제와 핵전쟁 사이의 간극을 조사한 마셜과 골드해머의 연구는 이후 1960년대 중반, 마셜이 각국 간 상대 군사력 판단을 수행하던 분석가들의 능력에 내린 비관적 결론의 전주이기도 했다.

3

더 나은 분석 방법을 찾아서

1961~1969년

이 일을 답을 제공하는 것이라고 생각하면 틀린 진단을 내고 만다.
사람들은 답에 대한 선입견이 있기 때문이다.
— 앤드루 마셜

1960년대 마셜은 여러 문제를 다루면서 지적 식견을 키워갔다. RAND가 체계분석 이상의 것을 바라보아야 하며, 미공군이나 민간 기업 등의 대형 조직의 행동에 대한 기초 연구를 수행해야 한다는 그의 신념은 더욱 강해져갔다. 그는 또한 각국 간 상대 군사력 측정이 안고 있는 일반적 문제도 지적했다. 이런 문제점은 오늘날까지 완벽히 해결되지는 않았다. 그러나 이 문제점은 마셜이 계속해서 더 나은 분석기법을 개발하게 하는 원동력이 되었다. 그리고 무엇보다도 중요한 것은, 1960년대 후반 그가 평시 소련과 군사적 경쟁을 하는 미국을 바라보는 사고의 틀을 만들었다는 점이다. 그리고 이전의 냉전 분석과는 달리, 그 사고의 틀은 더 이상 미 · 소 간의 총력 핵전쟁의 가능한 결과에 중점을 두지 않았다.

이 문제에 대한 마셜의 관점을 RAND 동료 대다수가 언제나 인정해준 것은 아니었다. 특히 경제학부 밖에서는 더 그랬다. 1960년대 말 동료 연구자들은 베트남전쟁 수행의 최적 방식을 갈수록 많이 거론하고 있었다. 그러나 마셜의 초점은 소련과 오랫동안 경쟁을 벌이고 있는 미국의 경쟁력을 키우는 데 여전히 머무르고 있었다. 마셜은 소련과의 경쟁이야말로 미국이 최우선적으로 해결해야 할 과제로 보았다. 그는 1960년대의 10년 동안 스스로의 본능을 좇아 스스로의 방식으로 총괄평가의 기초를 다졌다.

마셜이 1960년대에 주로 걸어온 지적 여정을 다루기 전에, 국방부의 프로그램 예산 확보 및 체계분석에 대한 RAND의 개입에 대해 잠시 설명하고 넘어가겠다. 이러한 분석 혁명을 주도한 것은 존 F. 케네디 대통령 행정부의 국방장관 로버트 맥나마라였다. 1939년 하버드경영대학에서 석사학위를 받은 맥나마라는 이후 통계학과 정량적 분석으로 거대조직을 경영할 수 있다는 개념에 매혹되었다. 그는 1940년에 하버드대학에서 경영학을 가르치기 시작하다가, 얼마 후 육군 항공군에 입대, 제2차 세계대전 중 통계학을 이용한 군 운영을 지원하게 되었다.

일본이 진주만을 공습한 지 몇 달 지나지 않아, 헨리 스팀슨 육군장관의 육군 항공 차관보인 로버트 러벳은 육군 항공군의 통계 보고와 분석을 맡는 중앙집권적 기구가 없다는 것을 알게 된다.[1] 1942년 3월 러벳은 항공 참모부 내에 통계제어국을 만들고 국장으로는 찰스 '텍스' 손턴을 임명했다. 손턴은 대량의 통계 중에서 핵심 정보를 빼내 확실히 보여주는 능력으로 러벳의 신임을 얻었다. 그러한 능력은 1930년대 후반 내무부 근무 때 작성한 연방 주택공급 계획 관련 보고서에도 잘 나타나 있었다. 러벳은 손턴에게 통계제어국 창설에 필요한 모든 권한을 위임했다. 그러한 조치의 이면에는, 득실을 엄격히 계산하는 거대한 사업처럼 이 전쟁을 수행해 나가야 한다는 발상이 깔려 있었다.[2] 종전 당시 손턴의 통계제어국은 직원 1만 5,000명 이상의 거대한 제국으로 성장해 있었다. 이 중 3,000여 명이 일선에서 활약하고 있던 육군 항공군 지휘관들이었다.

그러나 1942년 초에 받은 손턴의 첫 임무는 정량적 방식에 능한 장교들을 조직하는 일이었다. 그는 바로 하버드경영대학 학장이던 월리스 던햄과 거래를 해서, 필수 인원을 위한 교육 코스를 만들었다.[3] 1942년 6월 매사추세츠주 캠브리지의 솔저스 필드에 모인 이들 100여 명의 '시민 병사' 장교 후보생들은 경영, 은행 업무, 자료 처리 능력 등을 따져서 손턴이 직접 채용한 사람들이었다.[4] 맥나마라는 육군 항공군 통계학 학교의 첫 교관 중에 한 명이 되었다. 그러나 1943년 맥나마라는 현역복무로 전환하기 위해 하버드대학에 무급 휴직을 신청했다. 그리고 얼마 지나지 않아 손턴의 통계제어국에 배치되었다.[5] 이후 맥나마라는 중국과 마리아나 군도에 배치된 르메이 장군의 폭격사령부에서도 근무했다. 이곳에 그는 B-29 작전을 위한 통계제어대를 세우고, 일본 도시에 대한 르메이의 소이탄 폭격전술 개발을 지원했다.[6]

맥나마라는 제2차 세계대전 이후에도 통계 및 분석을 통해 큰 조직을 운영해 보게 된다. 손턴, 그리고 통계제어국 출신의 다른 군인들과 함께 포드자동차에 입사하고 나서였다. 1945년 하반기 손턴은 통계 제어국 출신 전직 장교 9명과 함께 경영단을 창설한다. 그리고 러벳의 지원을 받아 이 경영단을 헨리 포드의 손자인 헨리 포드 2세에게 매각한다.[7] 당시 미국 자동차산업의 상징과도 같았던 포드자동차 회사는 재무관리가 절실히 필요했다. 포드사의 모델 T는 큰 성공을 거두었으나 1927년 단종되었고, 이후 이 회사의 신차종 개발속도는 느렸다. 제2차 세계대전 개전 당시 포드사의 시장 점유율은 20퍼센트가 안 되었으며, 영업손실은 1927~1941년 사이의 이익 총액과 맞먹었다.[8] 포드 2세는 회사를 다시 살리고자 열심이었다. 그리고 손턴의 그룹은 포드를 다시 미국 자동차업계의 선도 기업으로 되돌려놓겠다고 약속했다. 자신이 할 일을 명확히 알기 위해 포드에 도착한 손턴은, 포드 경영에 관한 가용 재무자료가 거래 은행이 제공하는 현금수지 계산서뿐임을 알고 놀랐다.

1946년 1월 포드사에 온 전 육군 항공군 장교들은 이 회사 직원 대부분에 비해 매우 젊고 명석했다. 자동차업계에 대해서는 아는 게 없던 이들은 기존 직원들에게 많은 질문을 해댔다. 곧 이들은 회사 내에서 '장학퀴즈'로 불렸다.[9] 이때 왔던 사람들 중 1959년까지 남은 인원은 7명이었다. 그중에는 맥나마라도 있었다. 맥나마라는 회사 운영의 많은 부분을 맡고 있었다.[10] 이들에게 붙었던 별명인 '장학퀴즈'는 곧 '신동'으로 바뀌었다. 포드자동차의 혼란을 종식시키고 회사를 되살려내는 데 성공했기 때문이다.

아이러니하게도 손턴은 포드에 그리 오래 머물지 않았다. 포드의 중역 루이스 크루소와 손턴이 마찰을 일으키자 1948년 헨리 포드 2세가 손턴을 해고한 것이다.[12] 그러나 '신동' 7명은 통계 제어를 이용, 숫자를 통한 경영을 실현함으로써 포드에 밝은 미래를 가져다주었다. 결국 맥나마라는 1960년 11월 9일 포드자동차의 사장으로 취임하기에 이른다. 존 F. 케네디 대통령의 당선 다음 날이었다.

케네디 당선인은 러벳에게 국방장관 자리를 제의했다. 제2차 세계대전 중 러벳은 육군 항공 차관보로 뛰어난 능력을 보였기 때문이다. 그는 전쟁 후에도 1950년 10월부터 1951년 9월까지 조지 마셜 장관 휘하에서 국방차관을 지냈다. 이후 그는 1953년 1월 트루먼 대통령이 퇴임할 때까지 국방장관도 지냈다.

그러나 러벳은 케네디의 제안을 거절했다. 대신 맥나마라를 차기 국방장관으로 추천했다. 그래서 케네디는 맥나마라에게 재무부 장관, 국방장관 두 자리를 보여주며 하나를 고르라고 했다. 맥나마라는 처음에는 모두 거절했으나 결국 생각해 보고 나중에 당선인을 만났다. 맥나마라는 케네디와 두 번째로 만난 후 그에게 깊은 인상을 받고, 국방장관을 하겠다고 말했다.[13]

케네디는 국방부의 전략 기획이 예산 우선순위를 제대로 반영하고 있지 않다고 생각했다. 그래서 맥나마라가 국방부에 취임하자마자, 그는 이를 개선하는 데 필요한 조치를 취하겠다고 분명히 밝혔다.[14] 맥나마라는 국방전략이나 장비획득 프로그램 등 국가안보 주요 문제에 대해 올바른 결정을 내리는 데 필요한 권한과 책임을 부여받았다. 그러나 그는 이를 실행할 경영 도구가 없었다.[15] 맥나마라는 군에서 예산통제권을 빼앗아오기 위해 마셜의 스승이자 친구였던 찰스 히치를 국방부 감사관으로 채용했다.

1960년대 초 히치는 계획 예산 및 정량 체계분석기법을 사용해 비용 대비 효과가 가장 뛰어난 무기체계와 전력 태세를 고르는 일에 관한 한 미국 최고의 권위자였다. 그가 맥나마라에게서 받은 첫 임무는 맥나마라가 각 군 및 합동참모본부에 대한 통제력을 높이기 위한 통계

정보 및 경영체계 개발이었다. 맥나마라는 이후 다른 RAND 직원들을 국방장관실(Office of the Secretary of Defense, OSD)에 영입해 개혁에 도움을 받았다.

RAND의 체계분석 개발의 기원은 제2차 세계대전 중 운영분석(operations research, OR)에서 찾을 수 있다. 영국의 실험 물리학자 패트릭 M.S.(PMS) 블래킷을 OR의 아버지로 부른다. OR에서는 군사작전 지원을 위해 통계학적 방식을 사용한다. 예를 들어 1943년 초, 영국의 대서양 보급선을 위협하는 독일 U보트와의 대서양 전투 중, 영국 해군 해안사령부는 블래킷 팀이 개발한 OR 도구와 기법을 사용하여, 영국 해군성이 정한 상선 60척 규모의 호송대보다 더욱 큰 규모의 호송대를 조직했다.[16] 호송대가 크면 U보트에게 요격당해도 손실이 더 적기 때문이다.

제2차 세계대전의 OR에서는 수학적 분석을 사용해 작전 효율을 개선했다. 예를 들면 수학적 분석을 통해 더욱 효율적인 탐색 패턴도 만들 수 있었다. 1940년대 후반부터 1950년대에 이르기까지 RAND 직원들은 미공군이 더욱 비용효율적인 전력 태세를 갖출 수 있도록 전시 OR을 만들었다. 특히 실전 배치할 폭격기의 기종과 수량의 비용효율화에 중점이 맞춰졌다.[17] 에드윈 팩슨은 장래 대소련 항공 전역에 대한 RAND 최초의 주요 분석을 조직했으며, 범위가 더욱 넓어진 이 연구를 전시 OR과 구분하기 위해 '체계분석'이라는 용어를 만들어냈다.[18]

맥나마라와 히치는 국방예산의 중앙 통제체계 확립을 최우선 과제로 여겼다. 기존의 체계에는 각 군 예산과 군사 기획 사이의 차이를 메우는 데 필요한 계획 기능이 없었다. 그리고 맥나마라가 임무와 비용 간의 연관관계를 아는 데 필요한 정보도 줄 수 없었다.[19] 히치와 부하 직원들은 이러한 문제를 줄이기 위해 기획계획예산제도(Planning, Programming, and Budgeting System, PPBS)를 만들었다. 계획 기능이 있어 기획과 예산을 결부지을 수 있다. 히치는 PPBS의 시행에 18개월이 필요하다고 했으나 맥나마라는 6개월밖에 주지 않았다. 이 기간 히치와 그의 부하 직원은 PPBS를 사용해 1963회계연도 국방예산안을 준비하기에 이른다. 이 예산안은 1962년 1월 의회에 제출되었다.[20] PPBS는 그 한계에도 불구하고, 엄청난 경영혁신으로 평가받았으며 오늘날까지 국방부에서 쓰이고 있다.

PPBS로 전력 및 무기 프로그램 관련 주요 결정에 대한 정보를 제공하려면 근원적인 비용효율 분석이 필요했다. 이를 위해 맥나마라와 히치는 체계분석을 도입했다. 히치는 1960년 RAND를 떠나 국방부에 간 알랭 엔토벤에게, 체계분석국(Office of Systems Analysis, OSA)을 만들어 달라고 요청했다. OSA의 임무는 다양한 국가안보 목표를 이루기 위한 여러 가지 수단의 정량적 평가를 위해 비용효율성 연구를 하는 것이었다. 이로써 고위 정책결정자들은 어떤 것이 최소의 비용으로 최대의 목표를 달성할 수 있는지, 즉 어느 것이 가장 비용효율적인지를 알 수 있다.[21] 체계분석국은 여러 차례의 명칭 변경을 거쳤지만, 체계분석은 오랫동안 살아남아 스스로의 가치를 입증해 보였다.[22]

1965년 히치는 PPBS의 계획 기능이 국방부 내에서 잘 받아들여지고 있다고 결론지었다. 하지만 OSA의 비용효율성 연구에 대한 반응은 얘기가 달랐다. 체계분석은 오늘날까지도 많은 논쟁을 달고 다니고 있다. 경제학자인 히치는 군인들이 비용효율 연구에 깊은 분노를 품고 있음을 알았다. 그러나 그와 롤런드 맥킨이 1960년에 지적했듯이 자원은 언제나 수요에 비해 한정되어 있으며, 행동마저도 제약하는 법이다. 자원이 무한하다면 뭐든지 할 수 있고, 따라서 최상책을 고를 필요도 없을 것이다.[23] 따라서 히치는 군사적 임무에서 가급적 최소한의 비용으로 원하는 효율을 얻어내는 방법을 알 필요성을 절감했다.

히치는 체계분석 연구 관련 논쟁에 참여했다. 히치가 보기에 군 장교들은 체계분석가들이 전투 효율이 가장 뛰어난 무기보다는 비용이 가장 저렴한 무기를 선호할 거라는 믿음을 품고 있는 것 같았다. 히치는 그렇지 않다는 것을 증명하고자 했다.[24] 하지만 히치의 생각은 틀렸다. 군대가 체계분석에 대해 갖고 있는 문제의 뿌리는 더욱 깊었다. 맥나마라, 엔토벤, 기타 국방부의 '신동'들이 체계분석을 사용해, 고위 군사지도자들의 기득권과 전문적 판단을 뒤엎는 일이 잦다는 것이 문제의 핵심이었다. 체계분석은 주요 투자 선택 관련 의사결정권을 각 군에서 빼앗아 OSD로 이동시키고 있었다.

마셜은 1960년대 국방부에서 있었던 체계분석 관련 논쟁에 직접 개입하지 않았다. 그러나 그는 체계분석에 과도하게 의존하려는 경향에 대해서는 경계했다. 특히 RAND 전략연구 프로그램에서 그런 경향이 많이 나타나고 있다고 보았다. 그는 정량적 수단을 사용해 등가 대 무력분쇄 표적선정 등의 문제를 탐구하고자 했다. 그러나 폭이 너무 좁은 비용효율 연구는 미·소 전략(또는 대륙 간) 핵전력 경쟁을 평가하려는 RAND의 활동에 유해할 수 있다는 것도 마셜은 깨달았다.

마셜이 체계분석에 대해 불안감을 가진 가장 큰 원인은, 핵전력 관련 결정이 미국 및 소련정부의 여러 정책결정자와 관료적 권력 중추의 기득권에 의해 영향을 받을 수 있다는 점을 갈수록 확실히 깨달았기 때문이다. 1950년대 후반 그와 로프터스는 정치국에서부터 설계본부에 이르는 다양한 소련 조직들이 소련 핵전력 관련 선택에 미치는 영향에 주의를 기울이기 시작했다. 이들은 RAND 분석가들이 이러한 류의 조직적 사고를 염두에 두도록 프로젝트 SOVOY를 시작했다. 1960년대 초반 이러한 사고방식으로 인해 마셜과 RAND의 여러 동료들은 체계분석보다 더욱 뛰어난 분석 수단의 개발 필요성을 적극적으로 주장하기 시작했다. 이러한 마셜의 주장을 가장 강력하게 지지하던 사람 중에는 버지니아대학 출신의 젊은 경제학 교수도 있었다. 그 교수의 이름은 제임스 슐레진저였다.

RAND는 창설 때부터 항상 미국 내 각 분야에서 최고의 인재를 영입하기 위해 고민해 왔다. 이를 위해 유망한 인재들을 초청해 여름 내내 RAND 직원들과 함께 연구를 시켜보기도 했다. 1962년 여름에 초청된 인물 중에는 슐레진저도 있었다. 슐레진저는 그가 1960년에 쓴 책 『국가안보의 정치 경제학(*The Political Economy of National Security*)』을 통해 RAND의 이목을 끌었다.[25] 이 책에는 소련의 경제성장을 미국과 비교한 장도 있었다. 이 역시 마셜이 매우 관심 있어 하던 주제였다.

슐레진저는 샌타모니카에 오자마자 마셜에게 배속되었다. 슐레진저에게 RAND는 약속의 땅이었고, 마셜과 일하는 것은 기쁨이었다.[26] 그해 여름 두 사람은 다양한 문제에 대해 오랫동안 의견을 나누었다. 1963년 슐레진저는 학교를 떠나 RAND에 입사했다. 시간이 갈수록 마셜과 사회적·지적으로 깊은 친교를 쌓았다. 1970년대 초반 두 사람이 워싱턴 DC로 이주한 후에도, 슐레진저가 2014년 사망할 때까지 둘의 우정은 계속되었다.

슐레진저는 RAND에 오자마자 마셜을 비롯한 여러 사람과 합류해, 체계분석의 한계를 뛰어넘는 분석기법 개발에 매달렸다. 1963년 9월 슐레진저와 리처드 넬슨은 RAND 경제학부가 조직이론에 기반해 수행할 새 장기 연구 프로그램을 제안했다. 훗날 리처드 넬슨은 시드니 윈터와 함께 진화 경제학의 부흥에 앞장섰다.[27] 이들은 1950년대 크게 발전한 RAND의 정량적 분석법의 성과를 인정했다. 특히 국방부의 경우, 맥나마라 혁명에 힘입어 정량적 연구 방법이 승리를 거둘 수 있었다.[28]

1967년에 발표된 어느 RAND 보고서에서 슐레진저는 체계분석의 유용성이 이미 충분히 입증되었음을 분명히 밝히면서 정량적 분석법의 중요성을 거듭 강조했다.[29] 그러나 슐레진저는 체계분석은 문제의 범위를 정하고, 검증해야 할 대안을 고르고, 대안의 효율을 측정하는 기준을 정하는 과정에서 비기술적인 가정을 많이 포함할 수밖에 없다는 점도 사실이라고 주장했다.[30] 간단히 말해 분석의 기반이 되는 가정은 꽤 신경 써서 골라야 한다는 얘기다. 그래서 마셜과 슐레진저는 이런 의문으로 돌아갔다. "이런 사례에 적용할 수 있는 적절한 측정 기준은 무엇인가? 우리는 올바른 의문을 해결하기 위해 분석의 틀을 짜 왔는가?"라는 의문이다. 분명 각 대안의 비용은 매우 싸게 낮출 수 있다. 그러나 이 대안들이 미국 또는 그 동맹국에 대한 소련 핵공격을 억제하는 효율은 어떻게 측정해야 할 것인가? 슐레진저는 이런 시각을 제시했다. "인정하건 못하건 간에, 고차원 문제의 효율성 측정은 정치적 및 심리적 평가가 개입된 광범위한 전략적 기준에 기반해야 한다."[31] 슐레진저와 마셜은 체계분석의 틀을 짤 때면 언제나 엄격한 정량화가 무색해지고, 인간의 판단이 들어갈 수밖에 없다고 생각했다.

그러나 슐레진저는 정책 조직화에서 체계분석의 가치를 두려움 없이 옹호하는 인물이었다. 그는 체계분석에 3점까지는 안 되어도 2.5점까지는 주고 싶었다.[32] 1960년대 말 국방부에서 나타난 체계분석의 한계와 왜곡은 마셜과 슐레진저를 제외한 다른 RAND 직원들의 눈에도 확실히 보였다. 이후 OSA의 베테랑인 알랭 엔토벤과 웨인 스미스는 맥나마라의 체계분석이 완벽한 객관성이나 무오류성을 확보하지 못했으며 실수의 여지가 있음을 인정했다.[33] 고차원적인 정치적 군사적 식견에 따른 판단은 정량적 요인과도 연관되어 있지만 필연적으로 전략 형성 및 구현과 연관되어 있다. 마셜은 이런 판단에까지 체계분석을 적용한 것을 1960년대 OSA의 과오라고 보았다. 월스테터는 불확실성이 장래에 미치는 영향을 줄이기 위해 폭격기 기지 선정 연구에 반복적 접근법을 채택했다. 마셜은 이를 좋은 전략적 분석의 사례로 보았다. 경쟁자들의 독특한 목표·자원·문화·전략, 경쟁자들의 통제를 벗어난 기술 발전이나 기후 변화 등의 맥락적 요인, 이러한 변수들의 장기적 변화 추이, 경쟁력의 식별과 개발, 이용의 기반이 되는 경쟁 참가자들 사이의 장기적 불균형, 미래의 불확실성, 특히 평시에 갖는 위험성 등의 비정량적 요인들을 계산에 넣었기 때문이다. 그러나 마셜은 체계분석의 한계를 열거하는 것으로 만족하지 않았다. 그는 전략적 선택의 수준 높은 측면을 계산에 넣을 수 있는 분석도구를 개발하고 싶었다.

그때 넬슨과 슐레진저는 RAND 경제학부에 조직이론 프로그램을 시작할 것을 권했다. 마침 마셜도 기업 등 공식 조직의 행동에 대한 문헌들을 연구하기 시작한 참이었다. 그 과정에서 그는 제임스 마치와 허버트 사이먼의 독창적인 연구를 접하게 된다. 이들이 1958년에 낸 고전인 『조직(*Organizations*)』에서는, 위계질서는 조직을 단결시키는 구조가 아니라고 보았다. 대신 의사결정 과정, 그리고 그 의사결정 과정에 지시와 정보를 전달하고 지지하는 정보의 흐름이 조직을 단결시킨다고 보았다.[34] 흔히들 조직의 의사결정은 상층부에서 이루어져 명령 계통을 타고 아래로만 전달된다고 가정하기 쉽다. 그러나 실제로는 비공식적인 관료조직이 정보처리에 개입하고, 이렇게 처리된 정보는 조직의 전략적 선택에 영향을 미칠 수 있다는 것이다.[35] 안 그래도 대형 조직이 통일된 합리적 행위자라는 데 대한 의심을 키워가고 있던 마셜과 로프터스는 이 발견으로 그 의심을 굳혔다.

마치는 리처드 사이어트와 함께 또 하나의 고전적인 연구를 해냈다. 이 연구 결과를 적은 『기업행동이론(*A Behavioral Theory of the Firm*)』은 1963년에 처음 나왔으며, 마셜에게 영향을 주었다. 이 책의 저자들은, 고위 경영자들의 결정은 복잡한 분석보다는 비교적 간단한 규칙에 따르는 경우가 많다고 결론지었다.[36] 또한, 우선순위를 지닌 개인과 하부 조직으로 이루어진 기업의 경우, 고위 경영자들이 결정을 내리는 기반이 되는 정보와 선택안의 생성 과정에서 이들 개인과 하부 조직이 경쟁 및 협상을 한다는 점을 밝혀냈다. 저자들은 이들 요인과 그 밖의 요인들 때문에 기업은 보통 최적의 결정보다는 만족스러운, 즉 그 정도면 됐다 싶은 결정을 한다는 사실도 밝혀냈다.

사이먼은 RAND 컨설턴트이던 1950년대 초반부터 제한된 합리성이라는 개념을 추종하고 있었다.[47] 이 개념을 미·소 간 경쟁에 적용시킬 방법을 찾던 마셜은 1963년 사이먼에게 슐레진저·넬슨 등이 지지하는 조직행동에 대한 연구를 해 볼 것을 권했다. 그러나 사이먼은 이 제안을 거절했다. 마셜은 다른 사람들과 이 연구를 계속하고 싶었지만, 다른 RAND 프로젝트 때문에 여력이 없었다.

맥나마라는 NATO의 10년간의 방위태세 검토 준비를 도와달라고 RAND에 요청했다. 그러한 요청의 배경에는 그와 NATO사무총장 디르크 스티케르 사이의 협약이 있었다. 이들은 RAND로부터 1963년 말부터 1965년 초에 이르는 18개월 동안 검토 지원을 받기로 협의했다.[38] 검토 팀은 프랑스의 NATO 본부에 주재하기로 했다.

맥나마라의 요청에 따라 NATO에 파견된 검토 팀에는 RAND 소속 마셜·프레드 호프먼·올레그 회프딩, 그리고 미 국방부 국제안보문제(International Security Affairs, ISA) 정책 기획국원 피터 스탠튼이 있었다.[39] 히치의 뒤를 이어 1961년 RAND 경제학부의 부장이 된 버턴 클라인이 이 검토 팀의 팀장으로 임명되었다. 클라인은 미국전략폭격조사국에서 존 케네스 갤브레이스 휘하에서 근무했다. 그리고 1959년에는 『전쟁을 위한 독일의 경제적 준비(*Germany's Economic Preparations for War*)』라는 책을 펴냈다. 여기저기서 널리 인용된 이 책은 독일이 1939년 폴란드 침공 이전, 또는 그 직후부터 총력전을 준비했다는 신화가 허위임을 냉정하게 폭로하고 있다.[40] NATO 임무를 위해 클라인은 RAND를 떠나 맥나마라의 특별 보좌관으로 임명되었다.[41]

NATO 임무 참가로 인해 마셜은 소련의 과거 행동양상 관찰을 통한 장래 핵전력 태세 예측 연구 프로그램 출범에서 배제되었다. 1965년 파리에서 돌아온 후에야 마셜은 콜봄의 동의를 얻어 그 연구를 계속할 수 있었다. 그러나 NATO 임무 덕택에 마셜은 프랑스에 오랫동안 머무를 기회도 얻었다.

마셜 부부는 1960년 가을 프랑스에 머물면서 프랑스 요리를 즐기고, 히치 부부, 월스테터 부부와 함께 여행도 다녔다. 부부에게 이는 매우 즐거운 체험이었다. 메리 마셜은 남편을 따라 1963년 또 프랑스에 가야 한다는 것을 알게 되자 매우 기뻐했다. 이들은 파리 도핀 문에 있는 NATO 정치본부 근처에 아파트를 하나 빌렸다. 가깝기 때문에 마셜이 걸어서 통근할 수 있었다. 이후 2년간 이들은 좋은 음식과 포도주를 먹으며 즐거운 생활을 했다. 마셜은 후일 이 프랑스 생활이야말로 결혼 생활 중에서 제일 행복한 순간이었다고 회상했다.[42]

하지만 NATO 본부에서의 근무는 그만큼 만족스럽지 않았다. RAND 팀은 3개의 연구를 실시하라는 지시를 받았다. 그중 하나는 프랑스군 대령들과 협동으로 진행했다. 그 연구 목적은 미국의 NATO 동맹국들이 과연 NATO에 충분한 군사적 기여를 하고 있는지 평가하는 것이었다. 더 엄밀히 말하자면, 그들이 사전에 협정을 통해 정한 수량의 전차와 탄약을 확보했는지를 알아내는 것이다. 예를 들면 서독은 40일 치 탄약을 확보해야 한다. 그러나 서독의 실제 탄약 확보량은 3일 치에 불과했고, 마셜은 그 사실을 알고 놀랐다.[43] 또한 NATO는 방대한 관료 조직을 큰돈을 들여 유지하고 있었음에도, 그 회원국들은 군사적 의무를 사실상 방기하고 있었다. 마셜은 그 사실을 알자 소름이 끼칠 지경이었다. 그는 이를 조직들이 의사결정의 합리적 행위자 모델에 관한 유용성 극대화 선택을 의외로 잘 하지 않는다는 또 다른 증거로 삼았다.

마셜은 1965년 봄 샌타모니카로 돌아왔다. 그리고 발전된 조직이론을 안보 연구에 적용시키는 일을 재개했다. 기업 전략을 연구하면서 그는 문헌 연구에 힘썼고, 동시에 이를 군사전략에 응용할 방법을 생각했다. 그는 훌륭한 사업가는 기업의 능력을 이용하여 시장을 장악하고 경쟁자들을 생산 라인과 시장에서 몰아낼 수 있는 사람임을 알았다.

마셜은 또한 하버드경영대학의 석학들과도 접촉하기 시작했다. 그가 제일 처음 만난 사람들 중에는 조지프 바우어, C. 롤런드 크리스텐슨 등의 경영 전략가들이 있었다. 마셜이 바우어를 처음 만난 것은 1963년 바우어가 RAND를 방문했을 때였다.[44] 1966년과 1967년 바우어는 RAND 프로젝트 때문에 마셜과 어울리게 되었다. 그 프로젝트에서는 조직과 관료의 행동을 연구하고 있었다. 1967년 마셜은 바우어와 크리스텐슨을 영입해 소련 관료조직의 행동에 기반해 소련군 정보 예측의 정확성을 향상시키는 OSA 프로젝트에 배속시켰다.

샌타모니카에 돌아온 마셜은 슐레진저와 함께 조직행동과 의사결정에 대한 토론을 재개했다. 이들의 논의 주제는 의사결정·기술혁신·비교우위 등에서 드러나는 합리성의 인지적 한계, 조직 내의 갈등, 참여동기 억제 등이었다. 이들은 자연 환경에서의 동물행동을 연구하는 동물행동학에도 관심이 있었다. 그 분야의 연구 중 이들이 읽고 토론했던 것으로는 로버트 아드리의 1966년 연구인 『텃세: 동물 연구를 통해 살펴본 재산과 국가 기원(*The Territorial Imperative: A Personal Inquiry into the Animal Origins of Property and Nations*)』, 그리고 콘라트 로렌츠의 1963년 연구인 『공격성에 관하여(*On Aggression*)』였다. 『공격성에 관하여』 영어판은 1966년에 처음 나왔다.[45] 『텃세』의 중심 주제 중 하나는 여러 동물에게서 나타나는, 영토를 확보하고 유지하려는 경향이었다. 이런 경향은 인간에게서도 나타나고, 전쟁이 일어나는 이유 중 하나를 차지한다.[46] 로렌츠의 논의도 이와 마찬가지로, 동물과 인간 모두 동류를 향한 공격성을 보이며, 특히 자원을 놓고 경쟁할 때 공격성이 심하게 나타나는데, 이는 자연 선택의 일환이며 결과로 봐야 한다고 주장했다.[47]

많은 경제학자는 인간 행위를 유용성 극대화를 위한 합리적 행위자 모델로 설명하고자 한다. 즉, 경제적 인간 이론을 선호하는 것이다. 그러나 마셜은 그보다는 동물행동학이 인간 행위의 동기를 더욱 잘 설명해 줄 수 있다고 보았다. 마셜은 국방 연구와 전략 형성에서 인간 행위의 비합리적 측면을 무시할 수 없다고 결론지었다. 그런 비합리적 측면은 소련과의 핵전쟁 억제 및 미·소 간 평시 경쟁에 시사하는 바가 많다는 것이다.

마셜이 파리에서 돌아온 지 얼마 되지 않아, 헨리 로웬이 그에게 리처드 노이스타트를 만나볼 것을 권했다. 노이스타트는 정치사학자였으며, 그의 주연구 분야는 미국의 역대 대통령이었다. 노이스타트는 대통령이 연방정부 내의 다른 권력 중추와의 설득 및 협상을 통해 정책 형성과 실행에 영향을 미치는 방식을 연구하고 있었다. 그는 대통령이 정부의 다른 부처(특히 의회)는 물론 행정부 내의 여러 권력 중추를 움직이려면 반드시 협상력이 필요하다고 결론지었다. 노이스타트는 "대통령의 힘은 다름 아닌 설득력"이라고 생각했다.[48]

1965년 마셜과 노이스타트의 만남으로 인해, 하버드의 어니스트 메이가 이끄는 메이연구단이 생겨났다. 메이는 미국 대외정책 연구가 전문인 역사학자였다. 메이연구단은 1966년 봄부터 모임을 가지면서 조직과 관료 체계가 정책에 미치는 영향을 논의했다. 참가자들은 정부 정책결정자들의 의도와 정부 행동 결과 사이의 차이에 대해 특히 관심이 많았다. 메이연구단은 여러 차례의 세미나를 통해 의사결정에 관한 합리적 행위자 모델, 조직 절차 모델, 정부 정치 모델을 검토했다. 이들 모델을 앞으로 각각 모델 I, Ⅱ, Ⅲ으로 부르겠다. 이 연구단의 단원들로는 마셜·메이·노이스타트 외에도 모턴 핼퍼린·프레드 이클레·윌리엄 코프만·돈 프린스·로웬 등의 전문가들이 있었다. 또한 학회 보고자 역할을 하는 어린 학생이던 그레이엄 앨리슨도 있었다. 앨리슨은 학위논문 주제를 찾던 중 정책결정자가 정책실행을 위해 원하는 것, 그리고 실제로 정책수행에 쓰는 방법 사이의 격차가 정책실행 과정에서 갈수록 벌어지는 현상에 주목했다. 메이연구단 세미나로부터 받아들일 수 있는 이상으로 많은 발상을 얻은 앨리슨은 1968년 박사학위논문을 완성했고, 이 논문을 토대로 책 『결정의 본질(*Essence of Decision*)』을 1971년에 발표했다. 앨리슨은 이 책에서 1962년 쿠바 미사일 위기를 사례연구 하면서, 각국 정부들이 결정을 내리고 실행하는 방식은 경쟁자에게도, 심지어는 정부 지도자들의 눈에도 불합리하게 보이는 경우가 많다고 설명했다.

또한 이 책에서 앨리슨은 기존의 여러 국제관계 연구에서는 국가와 정책결정자들이 모든 가용한 선택안을 평가하고 그에 따라 움직임을 전제하고 있다고 밝혔다. 그러나 이러한 합리적 행위자 접근법(모델 I)은 결함이 있다는 것이 앨리슨의 주장이었다. 따라서 결정이 이루어지고 실행되는 과정에 대한 조직(모델 Ⅱ)과 관료적 행위자(모델 Ⅲ)의 영향을 반드시 살펴봐야 한다. 앨리슨은 모델 Ⅱ를 의사결정에 대한 조직 절차적 시점으로 불렀다. 이 모델 II는 각국 정부가 조직이라는 감지기를 통해 문제를 인식한다는 사실에서 도출할 수 있다. 각국 정부는 정부의 하부 조직이 처리한 정보에 맞춰 대안을 정하고 결과를 예측한다. 앨리슨은 "단일 조직이 맡아서 처리하는 것은 극소수의 중요한 문제들 뿐이다. 때문에 중요한 문제에 관한 정부의 행동은 정부 지도자들의 조정을 어느 정도 받는 여러 조직들이 독립적으로 내놓은 결과를 반영한다"고 결론지었다.[49] 따라서 합리적 행위자 모델만으로는 쿠바 미사일 위기 당시 미국과 소련정부의 의사결정을 제대로 설명할 수 없다.

앨리슨은 로버타 월스테터가 『진주만』에서 한 분석도 조직 과정(모델 II)의 실무 사례로 인용했다.[50] 그는 개전 책임이 있는 일본의 민·군 고위 지도자들은, 미국과의 장기전에서 승리를 거두는 데 필요한 공업력과 군사력이 일본에 없음을 진주만 공습 이전에 이미 알고 있었음을 지적했다. 그럼에도 이들은 진주만을 공습했다. 앨리슨은 다시금 월스테터를 언급하면서, 당시 미국 지도자들은 충분한 정보를 통해 일본이 진주만을 공격할 것을 예상은 해냈으나, 그 공격이 어떤 형태가 될지, 어떻게 대응해야 할지는 제대로 생각해내지 못했다고 지적했다. 일례로, 미육군부에서 하와이의 육군 주요 지휘관인 월터 쇼트 중장에게 '적대 행위'에 대비할 것을 경고하자, 쇼트는 그 '적대 행위'가 파괴 공작이 될 것으로만 생각하고, 일본군 주력 부대의 본격 침공이 될 줄은 미처 예상하지 못했다는 것이다.[51]

다른 혁신적인 연구들이 보통 그렇듯이, 『결정의 본질』 역시 많은 비판을 받았다. 일부에서는 앨리슨의 모델 II와 III에서 좋은 결정을 내리고 실행하기 위해 필요한 정보의 양이 위기 상황에서는 도저히 구할 수 없을 만큼 많다고 지적했다. 앨리슨도 이 점은 인정했지만, 그렇다고 합리적 행위자 모델에만 의존할 수는 없음을 지적했다. 그런 관점에서 그는 쉽게 정량화하거나 설명할 수 없다는 이유로 분석의 중요한 측면을 간단히 격하해서는 안 된다는 월스테터와 마셜의 경고를 다시 언급했다.

로버타 월스테터는 상호확증파괴 개념이 핵전쟁을 막아주지 못할 수 있으며, 핵시대에도 진주만 공습 때와 비슷한 정보실패가 벌어질 수 있음을 걱정했다. 앨리슨도 『결정의 본질』에서 여기에 의견을 같이했다. "그로 인해 감당해야 할 피해는 더욱 클 것이며, 심지어 우리나라의 존속도 위태로울 수 있을 것이다."[52] 월스테터와 마찬가지로 앨리슨 역시 의사결정의 조직 및 관료적 모델이 국가가 비합리적인 의사결정을 하게 하거나, 또는 원치 않던 방식으로 결정을 실행하게 할 수 있다고 지적했다. 이는 합리적 의사결정자라면 결코 자국의 붕괴를 초래할 수 있는 핵공격을 지시하지 않을 거라는 기본 전제를 무력화하는 것이다. 간단히 말해, 한 국가의 지도자가 아무리 합리적으로 행동한다고 쳐도, 1941년 12월의 일본제국처럼 자국을 자멸시킬 수도 있는 길(냉전 시대에는 핵전쟁)을 선택하지 말라는 보장이 없다는 것이다.

앨리슨은 『결정의 본질』을 집필하는 과정에서 마셜을 포함한 4명에게 지적인 부분은 물론 개인적으로 큰 빚을 졌음을 특별히 밝힌다고 책에 적었다. 그는 또한 책에 이런 말도 썼다. "앤드루 W. 마셜이 10년 동안 전파한 발상은, 이 책의 모델 II 관련 장에 특히 큰 영향을 주었다." 즉, 『결정의 본질』에 나타난 앨리슨의 사고방식은 마셜과는 초점이 좀 다르다는 얘기다. 앨리슨은 전쟁으로 이어질 가능성이 있는 위기 때의 의사결정 대안 모델에 주안점을 둔 데 비해, 마셜은 장기간 이어지는 평상시 경쟁에서의 의사결정에 주안점을 두었다. 그가 1968년 4월 RAND 이사회에서 강조했다시피, RAND 조직행동 연구의 주목표는 소련의 향후 군사 태세에 대한 미국의 예측 능력을 향상시키고, 그럼으로써 전쟁을 가장 효과적으로 억제할 수 있는 무기와 전력 태세를 고르는 기반을 제공하는 것이다.[53] 앞으로도 살펴보듯이 마셜은 평시의 의사결정에 중점을 둔 결과, 미·소 경쟁에 대한 새로운 시각을 갖게 되었다.

1960년대 중반, 마셜은 RAND가 대륙 간 전략 전쟁 시의 적절한 수단과 기술에 대해 미공군에게 조언하는 본연의 임무를 수행하려면, 미·소 양국의 상대적 군사력에 대한 심층 평가를 해야 한다는 점을 그 어느 때보다도 확실히 깨닫게 되었다. 마셜은 근 20년 동안 군사력 측정 문제에 대해 갈수록 깊은 생각을 해왔다. 그러나 이 문제에 대한 생각을 기록하도록 권해준 사람은 윌리엄 코프만이었다.

코프만은 1961년 RAND를 떠나 MIT 정치학과로 갔다. 1966년 코프만은 미국 정치학회의 9월 회의 패널을 운영해 달라는 요청을 받았다. 그 기회에 그는 마셜에게 군사력 판단에 대한 관점을 알려달라고 요청했다. 그 결과물이 마셜 저작 중 고전으로 꼽히는 「군사력 판단의 문제점(Problems of Estimating Military Power, P-3417)」이었다. 이 보고서에서는 여러 적절한 사례들을 통해, 한 국가의 군사력을 적절히 측정하여 다른 국가의 군사력과 비교하려는 시도가 가지고 있는 깊은 개념상의 문제와 실무적인 어려움을 자세히 파헤쳤다.

마셜은 정량적 측정에 의존하려는 경향을 관찰을 통해 비판했다. 그런 점은 이 보고서의 서문에도 드러나 있다. 여기서 그는 미국 또는 다른 나라의 군사력을 판단하려는 시도에는 여러 개념상, 실무상의 문제가 내포되어 있어, 군사력 판단에는 문제만 많고 널리 인정된 적절한 판단 수단은 매우 드문 것처럼 보일 정도라고 말했다.[54] 그의 설명에 따르면 한 국가의 군사력을 다른 국가의 군사력과 비교하는 가장 흔한 방식은 병력·각종 무기·주요 부대(육군 사단, 해군 함대, 공군 비행단 등)의 수를 비교하는 것이다. 그러나 이러한 방식은 문제를 회피하는 짓이라고 마셜은 지적했다. 왜냐하면 이런 방식은 그 나라의 군대가 다른 나라의 군대에 맞서 싸우는 진짜 실력을 감안하지 않았기 때문이다.[55] 지리적 영향·보급 문제·인간의 실수, 잘못된 군사교리·경직된 기획·전시 스트레스 아래에서 정부와 군 조직이 벌이는 예측할 수 없는 행동이 전투결과에 미치는 영향 역시 고려하지 않는다는 것이다.

실무적인 측면에서 보면, 양측 전력의 단순 비교에는 분명 두 부대가 양적으로 동등하다면 군사력 또한 동등할 거라는 전제가 깔려 있다. 그러나 마셜은 군사사(軍事史) 전체를 돌아보고, 실전의 결과는 병력·무기·부대의 수적 우열과는 아주 다르게 나타났다고 판단했다. 예를 들어, 제2차 세계대전에서 독일군은 1940년 5월 아르덴 숲으로 공격, 신속하게 프랑스와 저지대국가(네덜란드 등)를 패망시키고 영국군을 됭케르크를 통해 대륙에서 내쫓았다. 연합군이 독일군보다 더 많은 병력·부대·전차를 보유하고 있었는데도 말이다.

마셜은 이러한 정량적 군사력 비교와 전투 결과 사이의 불일치를 지적하면서, 아직 적절하고 유용한 군사력 평가 수단을 만드는 데 대한 개념적 문제가 정확하고 솔직하게 조명된 적이 없다고 결론지었다. 그는 그런 수단을 정의하는 것은 어려워 보이며, 실제 상황에서 군사력 평가를 하는 것은 더욱 어렵다고 적었다.[56] 이러한 결론은 마셜이 오랜 세월 동안 갖고 있었던 군사사에 대한 흥미, 그리고 병력과 장비의 단순한 수량 파악이나 추상적 이론보다는 다양한 요인에 관한 경험적 데이터를 선호하는 태도가 반영되어 있다. 이렇게 그는 장래 있을지도 모르는 전쟁의 결과를 쉽사리 예측하려 하지 않았다. 그런 그의 태도가 옳았음이 극적으로 증명된 것이 바로 1991년 걸프전쟁이다. 당시 많은 사람들은 미국이 주도하는 다국적군이 큰 인명 손실을 내고서야 이라크군을 쿠웨이트에서 추방할 수 있을 거라고 생각했다. 그러나 실제로 다국적군은 너무나도 쉽게 승리를 거두었다.

마셜은 이 보고서 후반부에서 잠재 적국의 장래 군사력 예측의 문제점으로 돌아간다. 로프터스와의 협업을 바탕하여, 그는 대형 정부조직과 군사관료조직의 행동에 관한 유용한 가설을 만들고 문서화하면서 가장 중요한 문제가 무엇인지 알아냈다.[57] 제2차 세계대전 이후 소련군 전력 발전 과정은 매우 느리고 복잡하게 진행되었는데, 마셜은 이에 대한 합리적 행위자 관점의 설명은 상당한 오류를 안고 있다고 적었다.[58] 일반적인 군사관료조직 내에서의 의사결정 과정에 대해 더 잘 이해하지 않으면, 미국 분석가들은 소련은 물론 다른 나라의 향후 4~5년 후의 군비 태세에 대해 대강의 예측도 할 수 없을 거라고 마셜은 경고했다.[59]

마셜이 1966년에 이 보고서를 낸 후에도, 군사력 판단 문제, 특히 잠재 적국의 미래 군비 태세 예측 문제는 수십 년 동안 확실히 해결되지 않았다. 실제 상황에서의 전투 결과 예측은 인간의 능력 밖의 일처럼 보인다. 전쟁은 거대한 불확실성을 특징으로 삼는 매우 복잡한 현상으로 남아 있다. 엄청난 스트레스를 받으면서 구사하는 전략·전술·의사결정 및 다른 인적 요인들은 전쟁에 큰 영향을 미친다. 단기 전투의 결과조차 그러하다. 이러한 요인들이 약간만 바뀌어도 전투의 승패는 언제든 변할 수 있다.

적국의 미래 전력 태세와 전략에 대한 장기적 판단 역시 비슷한 문제를 안고 있다. 한 나라가 전쟁을 대비 내지는 수행하는 방식에 영향을 미치는 여러 행위자들의 역사와 취향, 유인책을 자세히 들여다보지 않으면, 그런 판단을 정확히 할 수 없다. 1970년대 초반 소련은 미국과 거의 동등한 핵전력을 확보한 이후에도 계속 핵전력을 늘려갔다. 이는 적국 행동 판단의 어려움을 알려주는 고전적 사례다. 1960년대 마셜은 소련 조직의 행동에 대한 더욱 철저한 연구를 이러한 문제에 대한 해결책으로 제시했다. 여기서 그는 RAND 출신 국방부 직원 아이반 셀린을 지원군으로 얻었다.

아이반 셀린은 1960년부터 1965년까지 RAND의 연구 공학자로 일했다. 1963년에는 RAND를 떠나 엔토벤의 OSA에 합류했다. 여기서 그는 미국이 증가하는 소련 전략 핵전력, 특히 ICBM 전력에 가장 효율적으로 대응하는 방법을 연구하기 시작했다. 1967년 그는 장래 소련 핵전력은 물론, 발전하는 미국 핵전력에 대한 소련의 반응을 더 잘 예측할 방법이 필요했다.[60] 그런 방법을 얻기 위해 마셜이 소련의 조직행동을 깊이 연구하고 있음을 알게 된 셀린은 마셜에게 경영 및 조직이론 전문가 집단을 꾸려 이들이 과연 더 나은 예측을 할 수 있는지를 알아봐달라고 요청했다.[61] 마셜을 제외한 이 집단의 주요 멤버로는 캘리포니아대학 어바인캠퍼스의 제임스 마치·하버드경영대학의 조지프 바우어·롤런드 크리스텐슨·RAND의 소련 전문가 안드리스 트래팬스·그레이엄 앨리슨 등이 있었다.

이 프로젝트 실행에는 공이 많이 들어갔다. 셀린과 마셜은 이 집단이 소련 핵전력 관련 의사결정에 가장 영향력이 큰 관료 집단에 대해 입수할 수 있는 가장 좋은 정보를 얻어야 한다는 데 동감했다. 그러나 그에 필요한 비밀취급 인가를 얻기란 말처럼 쉽지 않았다. 결국 국방차관 폴 니츠가 중앙정보국 국장 리처드 헬름스를 이기고 이 프로젝트에 관계된 모든 인원들에게 비밀취급 인가를 주었다.

이들은 1968년 한 해 동안 4번 만났다. 그해 8월에는 셀린에게 보고서를 제출했다. 이 보고서에서는 소련이 효과적인 중앙 집권 체제를 이루고, 모든 정보를 가지고 있으며, 언제나 일관성 있는 목표를 따를 걸로 전제하는 간단한 모델로 소련의 행동을 예측하는 것을 거부했다. 기업도 법인도 그 외에 어떤 대규모 조직도 이러한 전제를 만족시키고 있는 경우가 드물기 때문이었다. 이들은 문제 해결 조직들이 여기저기 흩어져 있으며, 이들 상호 간의 연결 고리가 약하다는 것을 소련 군산(軍産)복합체의 의사결정 특징으로 보았다.

또한 정치국·중앙군사위원회·소련군 총참모부보다 훨씬 아래에 있는 조직에서 소련의 주요 의사결정 일부가 이루어지는 현상도 지적했다. 모든 대형조직은 너무 크기 때문에, 중요 결정을 모두 내리는 데 필요한 시간과 정보가 그 중앙 권력에 충분히 주어지지 않는다는 것이 이 보고서의 주장이었다. 전반적으로 볼 때 소련군 조직의 의사결정은 군대를 포함한 다른 모든 대형조직과 마찬가지로 제한된 합리성이라는 특징을 보여주고 있다.

이러한 결론 중 놀랄 만한 것은 없었다. 특히 마셜에게는 더욱 그랬다. 이 결론은 그가 로프터스·사이어트·사이먼과 함께 연구한 이후 따랐던 사고의 길을 그대로 반영하고 있었다. 그러나 1968년의 마셜은, 로프터스와 SOVOY를 시작했을 때보다 더욱 경험적인 증거들을 내세워 이러한 판단의 밑바탕으로 삼고 있었다. 그 결과 군사 문제, 특히 미·소의 자원 할당과 전력태세 선정 의사결정에 대한 RAND의 연구에서 조직행동 접근법을 더욱 강하게 사용할 수 있었다.

RAND 내에 이러한 접근법을 확립하는 것이야말로, 1967년 3월 마셜과 시드니 윈터가 미공군에 제안한 바와, 그리고 그해 12월 RAND의 새로운 소장인 헨리 로웬에게 제안한 바와 정확히 일치했다.[62] 마셜과 윈터는 로웬에게 보낸 각서(M-8668)에서, 그들이 '조직 및 경영 연구'라고 이름붙인 분야는 실제로는 존재하지 않는다는 시각을 드러내기 시작했다. 게임이론에서 사용되고 전략 분석에서 덜 공식적으로 적용되는 효율적인 자원 할당 이론은, 서로 대립하는 성가신 하위 조직들이 최고급 의사결정자들에 가하는 제약을 완벽히 무시하기 일쑤라는 게 그들의 주장이었다. 따라서 체계분석과 정책 결정 사이에 존재하는 간극을 조금이라도 줄일 수 있는 지적 도구의 개발이 필요하다는 것이었다.[63] 그로 인해 RAND는 고객을 위해 더욱 효과적인 정책 분석과 제언을 할 수 있고, 공군의 전력 관리 문제 해결에 더 큰 도움을 줄 수 있으며, 합리적 선택과 실제 의사결정 과정 사이의 관계를 확실히 알 수 있는 이론을 개발할 수 있고, 정부와 군 조직의 행동을 더욱 잘 예측할 수 있다고 그들은 주장했다. 이는 RAND 경영과학부 창설 제안으로 이어졌다.

그러나 로웬은 조직이론을 개발하는 새로운 부서의 필요성을 완벽히는 수긍하지 않았다. 마셜과 슐레진저가 상당한 시간을 들여, RAND의 전략 연구가 너무 정량적이며, 체계분석의 한계를 극복할 새로운 분석 방법 개발 필요성을 역설했음에도, 로웬은 다른 길을 선택했다. 1968년 그는 새로운 직위인 전략연구 부장직을 만들고, 이 자리에 슐레진저를 취임시켰다. 이로써 슐레진저는 미·소 대륙 간 핵전력에 관한 연구를 통합하고 그 수준을 높일 수 있게 되었다.

이 덕분에 마셜은 소련의 조직행동에 관해 더 많은 시간을 들여 연구할 수 있게 되었다. 1968년 7월 그는 셸린에게 실제로 관측된 소련 군사계획과 합리적 행위자 모델에서 예측하는 행동 간의 불일치에 대한 짧은 각서를 썼다. 그는 소련의 무기 설계는 보통 정치 및 군사적 계급 제도의 하층부에서 진행되며,[64] 최고 결정권자들은 주어진 예산 내에서 소련 핵전력의 대략적 형태를 잡는 결정만을 내린다는 가설을 대안으로 제시했다.

또한 이때 마셜은 다른 일도 처리하느라 바빴다. 그는 1967년부터 슐레진저와 함께 예산국의 컨설턴트로 일했다. 예산국은 1970년에 관리예산국으로 이름이 바뀌었다. 마셜은 CIA의 국가정보 계획에도 조언을 주었다. 그 외에도 그의 재능을 원하는 사람은 많았다. 마셜은 N.F. "프레드" 위크너를 위해 미·소의 연구개발 계획, 체계, 기술 비교를 수행했다. 위크너는 당시 미 국방부의 국방연구공학실(Pentagon's Office of Defense Research and Engineering, DDR&E) 실장 존 포스터의 위협평가 특별 보좌관이었다.

마셜이 위크너를 위해 수행한 연구 WN-7630-DDRE는 1971년까지 일반에 공개되지 않았지만, 여기서 언급할 가치는 충분하다. 미국 정책결정자에게 미·소 군사 경쟁의 중요 영역에서 미국과 소련의 상대적 위치를 제시하기 위해 광범위한 총괄평가의 필요성을 주장했기 때문이다. 마셜은 이러한 자세한 분석이 있어야 국방부 고위층이 위험 비교를 더욱 잘할 수 있으며, 또한 미군이 상대적 우위를 확보한 영역을 알아내어, 특정 기술과 능력의 개발을 통해 이러한 우위를 적극 활용할 수 있다고 생각했다.[65] 그는 경력의 다음 단계에서 이 임무를 맡아, 더욱 큰 능력을 얻어 발전하게 된다.

1968년 11월 대통령 선거에서 리처드 닉슨이 이긴 후, 슐레진저는 대통령직 인수위원회에 참여하기 위해 RAND를 휴직하게 된다. 1969년 1월 그는 닉슨의 예산국 부국장으로 취임, RAND를 퇴직했다. 그는 여기서 국방예산안 작성의 주요 책임자가 되었다. 이로써 RAND 전략연구부장 자리는 공석이 되었다. 마셜은 로웬의 주장을 받아들여 이 자리를 물려받았다.

새 직위에서 마셜은 RAND가 미·소 전략 핵전력에 대해 실시하고 있는 모든 연구를 검토했다. 그는 얼마 안 있어 이 연구들은 일관성이 없다는 것을 알았다. 이 연구들은 핵 및 관련 문제 일체를 해결하기 위해 진행되었지만, 핵 경쟁에서 미국이 소련보다 효율성을 높이는 방법을 탐구한 연구는 별로 없었다.

마셜이 RAND에서 보낸 20년을 돌아보면, 그동안 미·소 간 전면 핵전쟁은 없었다. 그러나 RAND 및 다른 곳에서 실시한 핵 경쟁에 대한 분석 대부분은 핵 억제가 실패했을 경우 벌어질 이른바 '무기고 교환',

즉 전면 핵전쟁의 결과 탐구에 중점을 두었다. 미국 내에서 중론을 이루고 있던 시나리오는 다음 두 가지였다. 첫 번째가 미 본토에 대한 소련의 전면 핵공격, 두 번째가 유럽에서의 NATO와 바르샤바조약기구 간의 분쟁이 전면 핵전쟁으로 번지는 경우였다. 그러나 냉전은 이미 시작된 지 20년을 넘어가고 있었다. 마셜은 핵 억제가 실패하지 않았다는 것을 확실히 알게 되었다. 물론 1962년 10월 쿠바 미사일 위기 당시 미·소는 핵전쟁 코앞까지 가기는 했다. 그러나 아슬아슬하게 위기를 모면했다. 마셜은 냉전 초기 미국이 가졌던 압도적 핵 우위가 소련의 핵공격을 억제하는 이상의 전략적 효과와 이익을 만들어냈을지도 모른다고 생각했다.

마셜은 소련과의 군사적 경쟁이 가까운 미래에까지도 이어질 거라고 확신했다. 따라서, 미국이 자국 핵 태세와 능력에 대해 장래에 취할 선택안은 소련에 대해 우위를 점하기 위한 일련의 행동으로 여겨야 했다. 이를 어떻게 달성할 것인가? 마셜은 다음과 같은 세 가지 해답을 제시했다. 미국이 우위를 갖춘 영역(첨단기술 등)을 강조할 것, 소련의 약점과 경향을 이용할 것, 마지막으로 소련의 정책결정자들을 매우 난처하게 할 전략적 선택을 하는 것이다. 물론 이러한 목표를 달성하려면 정교한 전략이 필요하다. 그 전략은 두 가지 요건을 갖추어야 한다. 첫 번째로 미국이 소련과의 장기간 평시 경쟁의 핵심 영역에서 수행하는 일들을 관찰하기 위해, 철저한 총괄평가를 해야 한다. 두 번째로 소련의 조직행동, 특히 의사결정에 조직과 자원이 장기간 미치고 있는 제약을 더욱 잘 이해해야 한다. 냉전이 끝난 후 마셜은 이러한 접근법이 미·소 경쟁관계를 보는 완전히 새로운 시각을 대변하고 있었다고 회상했다.

1969년 마셜은 이 시각을 「소련과의 장기 경쟁: 전략분석 체제(Long-Term Competition with the Soviets: A Framework for Strategic Analysis, R-862-PR)」라는 보고서로 표현했다. RAND는 1972년에야 R-862-PR을 공개했지만, 마셜이 이 보고서를 탈고한 것은 1970년의 일이다. 마침 그때는 마셜이 백악관에 유입되는 해외 정보의 흐름과 질에 대한 리처드 닉슨과 헨리 키신저의 걱정을 달래던 때였다. R-862-PR은 마셜과 로프터스가 소련의 조직행동을 막 알아가기 시작한 1950년대 중반부터 1960년대 초반까지 주장하던, 데이터에 기반한 소련 핵전력 개발 이해와 궤를 같이하고 있었다. 그러나 더 중요한 것은, 마셜의 장기 경쟁 체제에는 훗날 총괄평가국장이 된 후 강조하던 주요 주제들의 씨앗이 담겨 있었다는 점이다. 매년 연례 국방부 예산 주기 때마다 각 군은 더 많은 예산을 얻어 가장 중요하다고 여기는 부대와 획득 프로그램, 능력을 유지 발전시키고자 한다. 이런 관행 때문에 각 군은 미국의 전력은 과소평가, 소련의 전력은 과대평가하게 되었다. 마셜은 소련과의 장기 경쟁 보고서에서 이러한 관행을 버리고, 대신 미국의 상대적 우위와 소련의 약점 및 행동 경향을 이용하는 전략 선택안을 찾아, 소련 측에 불균형한 비용을 부담시킬 것을 주장했다.

마셜의 장기 경쟁 체제는 군사력 판단 문제에 대한 독창적인 보고서를 넘어서, 미국 냉전 전략에 영향을 준 분수령적인 문건이었다. 그는 언제나 미래를 내다보고, 평시 장기 경쟁의 가장 중요한 문제들을 지엽적인 것보다 우선시한 실용적인 전략가였다. 그리고 1969년 가을 닉슨 대통령의 국가안보보좌관이던 헨리 키신저로부터 걸려 온 전화를 시작으로, 마셜은 전략적 통찰과 시각을 워싱턴 DC에까지 퍼뜨리게 된다.

4

총괄평가의 탄생

1969~1973년

우리가 여기 있는 건 기쁨이 아닌, 정보를 주기 위함이다.
— 앤드루 마셜

미 국가안전보장회의(NSC)는 1953년부터 1965년까지 비밀 소위원회를 운영했다. 이 소위원회는 매년 소련 핵공격이 미국에 입힐 타격에 대한 총괄평가를 실시했다. 이 소위원회는 1965년 해체되었다. 그러나 그로부터 몇 년 지나지 않아, NSC 내에 새로운 총괄평가 기구를 둬야 할 필요성이 생겼다. 1969년이 되면 다양한 분야에서 경쟁을 벌이는 미국과 소련의 실력에 대해 더 좋고 더 정확한 비교가 필요해졌다. 이 결과 앤드루 마셜은 국방부에 총괄평가 기구를 만들게 된다.

냉전기 총괄평가의 역사는 1953년 1월에 시작된다. 당시 임기 말년이던 트루먼 대통령은 특별평가소위원회(Special Evaluation Subcommittee, SESC)를 만들었다. 이 소위원회는 1955년에 총괄평가소위원회(Net Evaluation Subcommittee, NESC)로 개칭되었다.[1] SESC의 임무는 소련의 대미국 핵공격 때 피해 전반·인명 피해·정치군사적 결과에 대한 총괄 평가 연례보고서 작성이었다. 1953년 6월에 나온 SESC의 첫 보고서를 예로 들어 보자. 이 보고서에서는 소련 지도자들이 미국에 핵 선제공격을 가하는 상황을 가정했다. 핵공격은 소련 장거리 항공군이 미 본토·유럽·극동의 미 폭격기 기지를 폭격하고, 또한 미 본토의 인구 밀집지대·산업 지역·지휘 본부에 가급적 가장 강력한 공격을 가하는 것으로 시작된다.[2] 보고서에 따르면 1953년부터 1955년 중반까지, 미국이 보유한 핵 폭격기 중 24~30퍼센트가 소련의 첫 공격으로 상실될 것이고, 미국인 1,000만 명이 죽거나 다칠 것이며(이 중 사망자 비율 50퍼센트), 공격당한 지역의 모든 산업은 공격 초기에 마비 상태가 될 것이다.[3] 그러나 SESC 보고서에서는 이런 소련의 공격을 받은 후에도 미국은 강력한 초기 보복으로 핵 항공 공격을 가하고, 항공 공세를 유지하며 성공적인 전쟁수행을 할 능력을 유지할 것이라고 적혀 있다.[4]

SESC/NESC는 10년 이상 미국에 직접 피해를 입힐 수 있는 소련의 실질 능력에 대한 연례연구를 해 왔다. 그 목적은 그러한 실질 능력을 크게 변화시킬 요인을 지속적으로 찾기 위해서였다.[5] 그러나 1964년 12월 국방장관 맥나마라는 린든 존슨 대통령에게 이들의 연구가 필요 이상으로 너무 오래 계속되고 있다고 말했다. 이들의 연구는 계획 지침의 기반을 제시할 수 없다는 것이 그 이유였다.[6] 1965년 3월 NESC는 임무를 다 한 것으로 간주되어 해체되었다.[7]

그로부터 3년이 채 지나지 않아 NESC의 대체기구가 필요하다는 의견이 나오기 시작했다.[8] 1961년부터 1964년까지 NESC의 위원장을 지냈던 퇴역 중장 리언 존슨은 대통령을 위해 소련과의 상대적 핵전략 전력에 대한 범정부 분석을 실시할 기구가 필요하다고 권고했다. 그러나 누구도 그의 말을 귀담아듣지 않았다.

당시 범정부 총괄평가 능력을 부활시켜야 할 이유는 크게 두 가지였다. 첫 번째로, 소련의 핵전력이 미국 핵전력과 점차 대등해지고 있었다. 두 번째로, 미국의 베트남전쟁 비용은 줄어들고 있었는데, 소련군의 예산은 미 국방부의 예산을 뛰어넘기 시작했다. 따라서 미국은 국방예산을 증액하던 과거의 방식으로는 소련과의 군사적 경쟁 문제를 더 이상 해결할 수 없었다. 대신, 세심한 총괄평가를 통해 다양한 경쟁의 장에서 미국의 위치를 정확히 알아야 했다. 또한 소련이 미국보다 더 많은 군사비를 더욱 효율적으로 쓰고 있는지 여부도 알아야 했다.

1969년 가을 앤드루 마셜은 RAND에서 21년째 근무 중이었다. 이해는 미국이 베트남전쟁에 본격 개입한 지 5년이 된 해이기도 했다. 남베트남에 주둔한 미군 병력은 50만 명이 넘었다. 1968년 베트남 공산당이 일으킨 '구정 공세'는 군사적으로는 실패했으나 전략적으로는 성공했다.

구정 공세로 인해 남베트남의 공산군은 큰 인명 손실을 입었지만, 미국의 국민 여론은 반전(反戰)으로 돌아섰다.

냉전의 최전선이던 유럽의 상황도 그리 좋지는 않았다. 1968년 체코에서는 '프라하의 봄'으로 알려진 정치해방 운동이 일어났으나, 소련군의 개입으로 무참히 진압당했다. 그리고서 불과 1개월 후 서독 총리 빌리 브란트는 '신동방정책(Neue Ostpolitik)' 지지발언을 해 미국의 불안을 키웠다. 소련 및 바르샤바조약국과의 화해를 모색하겠다는 것이었다.

〈도표 1A〉 미 · 소 전략핵전력 비율

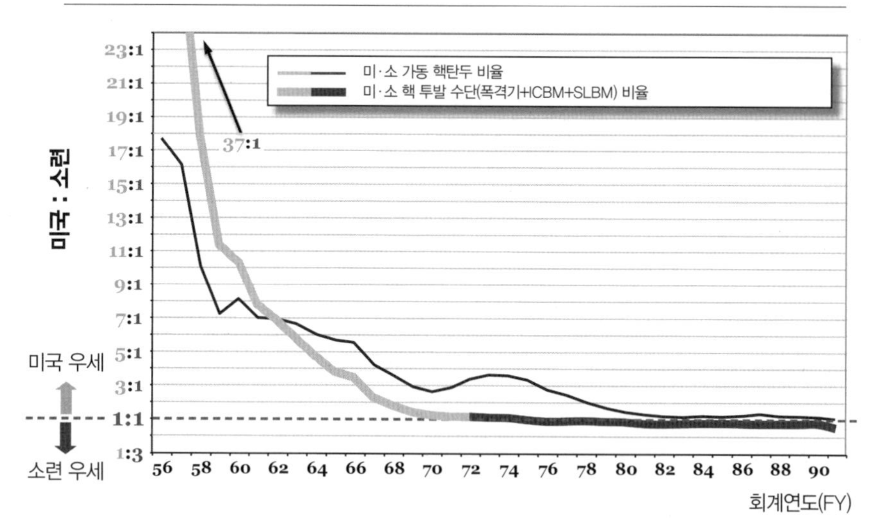

출처: Natural Resources Defense Council(NRDC), "Archive of Nuclear Data from NRDC's Nuclear Program," http://www.nrdc.org/nuclear/nudb/datainx.asp

〈도표 1B〉 미·소 군비 지출

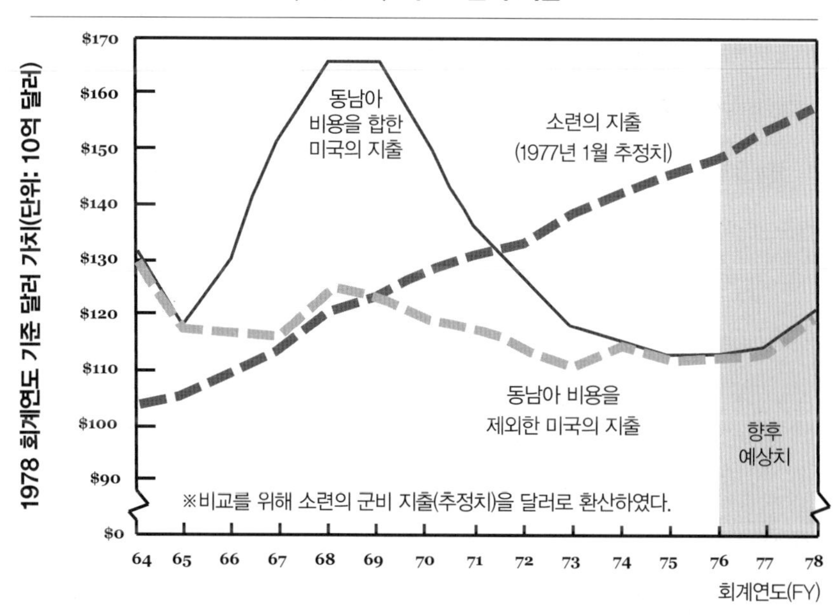

출처: Donald H. Rumsfeld, "Annual Defense Department Report FY 1978," January 17, 1977, p.3.

중동에서는 1967년 제3차 중동전쟁(6일 전쟁)에서 이스라엘이 극적인 승리를 거둔 이후, 이스라엘과 이집트 간의 저강도 분쟁이 계속되고 있었다. 닉슨 취임 2개월 후, 당시 이집트 대통령이던 가말 압델 나세르는 이 분쟁을 '소모전'으로 불렀다. 양국은 수에즈 운하를 사이에 두고 주기적인 포격, 특수부대 기습, 항공 공격, 소규모 습격 등을 벌였다. 또한 이집트와 시리아는 소련의 지원을 받아 재무장을 했다. 이 나라에 파견된 소련 고문관은 전투 비행에 참가하기도 하고, 대공 미사일 포대를 조작하기도 하고, 기타 군사적 활동에 참가했다.

미국이 베트남전쟁에서 발을 뺄 방법을 찾는 동안, 소련은 군사력 증강을 계속하고 있었다. 지난 1961년 당시 케네디 미국 대통령은 "미국은 어떤 대가와 부담, 고난도 무릅쓰고, 어떤 우방이라도 지원하며 어떤 적이라도 대적함으로써 자유세계의 생존과 발전을 도모해야 한다"고 주장했다. 그러나 미국 국민들은 그런 주장에 대해 회의감을 드러내기 시작했다. 심지어 일부 미국인들은 적개심까지 나타냈다.[9] 리처드 닉슨이 1968년 11월 대통령 선거에서 당선된 것도, 미국이 납득 가능한 조건으로 베트남전쟁을 끝내겠다는 공약에 힘입은 바 컸다.

다양한 안보 문제에 직면한 닉슨 대통령은 미국 국가 전략의 변화 필요성을 체감했다. 그가 부통령으로 모셨던 아이젠하워 대통령과 마찬가지로, 닉슨 역시 새로운 전략수립을 준비하고 꾸준히 추진했다. 여기에는 적, 그중에서도 주로 소련의 의도와 능력을 알 수 있는 뛰어난 두뇌가 필요했다. 닉슨은 취임 몇 달 지나지 않아, 미국 대외 정보기관에서 만들어낸 보고서의 단점을 알아차렸다. 닉슨은 안보 보좌관으로 당시 하버드대학 교수이던 헨리 키신저를 채용했다. 그리고 미국 정보기관들의 단점에 대한 키신저의 의견을 받아들였다. 두 사람은 이 문제를 해결하기 위해 필요한 조치를 곧 취하기로 했다.

1969년 9월 마셜과 아내 메리는 유럽으로 장기휴가를 떠날 준비를 하고 있었다. 1960년대 중반 NATO 본부로 출장을 가느라 프랑스 생활을 해 본 이후, 이들 부부는 정기적으로 프랑스에 가서 1개월 정도 여행을 하곤 했다. 그러면서 프랑스 음식을 먹고, 미국의 일상을 떠나 휴식을 취했다. 그러나 이번의 프랑스여행 계획은 키신저의 전화 때문에 갑작스레 차질이 생겼다. 키신저는 유럽으로 가는 길에 워싱턴에 들러 자신을 만나달라고 요구했다. 마셜은 이에 응했다.

마셜이 워싱턴에 도착하자, 키신저는 닉슨이 기존 정보보고서에 실망했음을 전하며, 법무부 장관 존 미첼도 중앙정보국(CIA)에서 보낸 국가정보판단(National Intelligence Estimates, NIE) 보고서를 읽고 논리·내용, 심지어는 문법과 식자 면에서까지 모두 빈약하다는 평가를 했다고 말했다. 키신저 역시 불만이 있었다. 그는 외국 지도자들과 주요 인사들의 개인 프로필 분석을 특별히 중요하게 생각했다. 그런 것을 알아야 소련과 전략핵무기 관련 회담을 할 때 협상 전술을 짜낼 수 있기 때문이다. 그러나 CIA에서는 그런 정보를 거의 주지 않았다. 키신저는 백악관에 들어가는 정보보고서들의 수준이 '형편 없다'는 표현까지 썼다. 언론 기자들이 만드는 편이 더 나을 거라는 얘기까지 하면서 말이다.[10]

키신저는 새 행정부가 미국의 대외 정보기관들에 갖고 있는 불만을 요약하면서, 이 문제를 해결하기 위해 워싱턴에 올 생각이 없냐고 마셜에게 물었다. 이에 마셜은 다시 만나서 얘기하자고 간단하게 대답했다.

그는 우선 메리와 함께 이 건에 대해서 상의를 하고 싶었다. 메리는 캘리포니아의 친구들과 집을 놔두고 워싱턴에 와서 사는 게 달갑지 않았다. 그러나 결국 메리도 오겠다고 했다. 몇 달 정도라면 참을 수 있었다. 그래서 마셜은 키신저의 제안을 받아들였다. 단 조건이 있었다. 예정대로 아내와 함께 프랑스 휴가를 다녀오고 나서야 정보 문제 해결에 나서겠다는 것이었다. 키신저는 이를 수락했다.

이렇게 키신저와 협의를 했음에도, 그는 프랑스에 있는 동안 키신저의 보좌관인 육군 준장 알렉산더 헤이그로부터 걸려 온 전화에 시달려야 했다. 헤이그는 왜 마셜이 NSC에 오지 않는지 물었다. 마셜은 헤이그의 큰 목소리를 잘 받아넘겼다. 그리고 미국으로 돌아와서 RAND 생활을 조용히 정리했다. 그리고 1969년 12월 초 그는 NSC에 나타났다. 마셜의 첫 임무는 백악관에 제출되는 정보의 흐름과 품질을 평가해 키신저에게 보고하는 것이었다. 두 사람이 협의해서 정한 이 임무는 두어 달 정도가 소요될 것이었다.

마셜은 백악관 상황실부터 가보는 것으로 평가를 시작했다. 이곳이야말로 대통령과 키신저에게 전달되는 정보의 초점을 정하는 곳이었기 때문이다. 여기서 그는 CIA, NSA, DIA(Defense Intelligence Agency, 국방정보국)·미 육해공군의 정보부대 등 다양한 미국 정보기관에서 나온 사람들을 접견했다. 마셜은 이들이 보유한 정보의 출처, 그리고 정보의 중요도를 매기는 방식을 알고 싶었다.

마셜은 여기에 단일한 해법이 없음을 알게 되었다. 오직 NSA만이 논리적 판단을 통해 대통령에게 전달될 정보를 고르는 것 같았다. NSA

지도부는 몇 달에 한 번씩 백악관 상황실에 파견된 인원들을 만나 현재 정보 우선순위를 점검하고, 변화하는 국제정세와 대통령 및 키신저의 흥미에 맞도록 주제를 바꿨다. 그러고 나서 NSA 지도부는 직원들에게 이들 주제에 맞춰 정보 우선순위를 정할 것을 지시했다.

CIA의 방식은 NSA와는 완전히 달랐다. 그들은 대통령이 어떤 주제를 관심 있어 하는지는 별 신경을 쓰지 않았다. 마셜이 들은 바에 따르면, CIA는 정보의 중요성을 판단하는 기준으로 「뉴욕 타임스」의 기사를 활용한다고 한다. 그 기사에 나온 사건들에 대한 정보를 수집한다는 것이었다. 이런 미숙한 방법을 알게 된 마셜은 또한 CIA 직원을 만나 이야기해 보고, CIA 지도부가 닉슨의 흥미와 필요를 충족시키는 정보 생산에 거의 노력하지 않는다는 결론을 내렸다. 실제로, CIA가 대통령에 대해 갖는 감정은 적개심에 가까운 것 같았다.

마셜은 CIA의 주요 정보 보고서인 「대통령 일일 보고(President's Daily Report)」를 검토했다. 그 이름에서도 알 수 있듯이, 이 보고서는 매일 아침 백악관으로 전달된다. 그는 닉슨 취임 후 6개월 동안 나온 「대통령 일일 보고」를 모아 읽기 시작했다. 그는 닉슨이 자신이 읽은 책의 여백에 뭔가를 기록하는 습성이 있음을 알게 되었다. 마셜이 「대통령 일일 보고」를 계속 읽어나가다 보니 대통령의 기록 빈도는 점점 줄어들다가, 언젠가부터 결국 전혀 보이지 않게 되었다. 마셜은 닉슨이 「일일 보고」를 그만 읽게 되었음을 깨달았다.

마셜은 닉슨이 「일일 보고」를 그만 읽게 된 시점이, NSC가 제공하는 일일 정보 분석이 나온 시점과 일치한다는 것도 알았다. NSC 일일 정보 분석은 다양한 출처에서 정보를 얻으며, CIA의 정보와 겹치는 부분이 60퍼센트에 불과하다. NSC 직원들은 대통령에게 더욱 다양한 문제에 대한 정보를 전달하고 있었다. 무엇보다도, NSC 보고서에는 대통령의 여백 기록이 빠짐없이 적혀 있었다.

마셜은 다시 CIA를 조사했다. 왜 CIA는 대통령이 읽지 않는 내용의 보고서를 꾸꾸이 만들어내는가? 왜 대통령의 필요에 맞게 보고서 내용을 조정할 생각을 하지 않는가? 이러한 그의 의문은 관료주의의 철벽에 가로막혔다. 마셜은 이런 느낌을 받았다. CIA의 고위층이 대통령이 알아야 할 내용들은 전문성을 지닌 자신들이 마음대로 정해야 한다고 믿고 있는 것 같은 느낌이었다. 따라서 CIA는 자신들이 생각하기에 '대통령이 관심을 가져야 하는' 정보만을 제공하는 것이었다. 그리고 닉슨이 「대통령 일일 보고」를 보지 않는다는 명백한 증거가 있음에도, CIA는 이를 계속 생산해서 보냈다. 이 보고서야말로 CIA의 주요 생산물이었다. CIA가 괜찮다고 보는 한 이 보고서는 계속 생산될 것이었다.

마셜은 다른 주요 보고서인 NIE도 살펴보았다. NIE는 국가정보위원회(National Intelligence Council, NIC)의 연구 분석을 통해, 주요 문제에 대한 정보를 제공하는 문서였다. 1973년 이전에는 1950년에 창설된 국가판단국이 NIE를 작성했다. 국가판단국은 원래 다양한 범위의 인재를 갖추고 있었다. 정보관은 물론, 예비역 군인·외교관·사업가·학자 등의 정부업무 국외자들까지도 데리고 있었다. 그러나 1969년에는 CIA가 경력 있는 정보관을 선호하는 조직 특유의 텃세를 부리면서, 이런 국외자들의 수가 크게 줄었다. 게다가 NIC도 직원 대다수가 퇴직이 코앞에 닥치게 되면서 조직의 존속 자체가 위태로워졌다. 이 조직이 1950년대와 1960년대 초반에 가졌던 객관성과 민감성은 사라졌다. 그리고 마셜

은 미첼의 말대로, 이 조직의 분석 품질 또한 저하된 것을 알았다.[12]

마셜은 검토를 하면서 CIA와 행정부 고위 정책결정자 사이에 큰 간극이 있음을 알게 되었다.[13] CIA는 내부의 관료적·조직적 우선순위 때문에 백악관에 가치 있는 정보를 전달하는 능력이 떨어졌다. 그 외에도 세계 및 세계 질서에 영향을 미치는 주요 세력들에 대한 시각이 고위 정책결정자들과는 매우 다른 것 같았다. 닉슨과 키신저는 전 세계적, 전략적 사고를 하면서, 자신들의 결정이 가까운 미래와 먼 미래에 미칠 영향을 염두에 두었다. 마셜은 닉슨이 위기 속의 위험과 기회를 볼 줄 알고, 그것들이 미국의 장기적 안보에 미치는 영향을 아는 사람이라고 생각했다. 반면 정보기관의 직원들은 보통 위기 속의 장래 위험만 보는 것도 알았다. 또한 정보기관 직원들은 정보 분석 속에 개인적인 신념을 녹여 넣는 경향도 있는 것 같았다. 마셜의 연구 결과, 미국인들이 살해당하는 상황이 있을 경우 CIA의 정보 분석은 보통 이 상황이 조속히 해결되어야 한다는 결론을 낸다. 미국의 장기적 중요 국익을 침해하면서라도 말이다. 닉슨이나 키신저 같은 사람들은 결정에 따르는 장기적 결과를 염두에 둔다. 그러나 CIA는 정보를 분석할 때 장기적 결과 같은 것은 전혀 계산에 넣지 않는 것 같았다.

이런 상황에 대해 생각하던 마셜은 체스 게임을 떠올렸다. 이 상황은 RAND에서 즐기던 체스 게임인 '크리그스필'과 닮은 구석이 있었다. 물론 그것보다 규모는 크지만 말이다. '크리그스필'에서 두 선수의 기물 위치를 모두 알고 있는 사람은 심판뿐이다. 이와 마찬가지로 소련의 위치와 활동을 아는 곳은 CIA뿐이라, 닉슨과 키신저는 CIA에 해당 정보를 물어봐야 했다. 그러나 CIA는 닉슨과 키신저가 제일 중시하고 알고 싫어하는 소련의 정보를 제공하는 데 실패했다. CIA는 닉슨과 키신저가 세운 기준과 도달하고자 하는 목표를 알고 있는 것 같지 않았다.[14]

마셜은 백악관에 전달되는 정보의 품질과 흐름을 6개월간 평가한 후, 1970년 5월에 키신저에게 보고서를 제출했다. RAND에서의 업무와 궤를 같이하는 이 보고서는 미 정보기관들의 문제점들에 대해서는 길게, 장점에 대해서는 짧게 묘사하고 있었다. 그나마 CIA는 백악관에 정보를 숨기는 일이 없다는 게 마셜이 평가한 장점 중 하나였다. 또한 CIA의 원 자료 분석 능력과 소련군 현황(병력 수·주둔지·장비 유형 등) 보고 능력도 높이 평가했다. 그러나 소련의 행동에 대해 너무 단순한 억측을 일삼는 점은 단점으로 보았다. CIA는 특히 소련정부를 명백한 전략을 따라 움직이는 통일된 단독 행위자로 여기는 경우가 너무 많았다.[15] 과거에도 마셜은 로프터스와 함께 대부분의 RAND 분석가들이 소련의 행동을 분석할 때 소련을 단일 합리적 행위자로 가정하는 경향이 있음을 비판했는데, 그것과 궤를 같이하는 비판이었다. 소련을 단일 합리적 행위자로 여기고 소련의 의사결정을 분석하는 경향이 너무 심해지면, 과거와 현재의 소련 의사결정의 동기를 이해하고 장래의 전략과 군사적 태세를 예측하는 능력이 떨어지게 된다.

마셜의 보고서에는 적절한 제안도 몇 가지 담겨 있었다. 그중에는 백악관과 정보기관 사이의 더욱 투명한 소통, CIA가 백악관의 수요에 맞는 정보를 생산하게끔 독려, 의사결정에 따르는 장기적 관점을 염두에 둘 것 등이 있었다.[16] 그러나 마셜은 정보기관의 문제가 매우 뿌리가 깊다고 지적했다. 그리고 이 문제를 해결하려다가는 엄청난 정치적, 관료적 저항에 부딪칠 것이며, 원하는 수준의 개혁에 성공할 확률은 낮을 것

이라고도 말했다.[17]

이로써 마셜은 워싱턴에 온 원래 목적을 달성했다. 그러나 NSC를 떠나 캘리포니아로 돌아가기는 생각보다 어려웠다. 이제 키신저는 그에게 성장하는 소련의 ICBM 전력에 대한 연구를 맡기려고 했다. 이들은 소련의 신예 대형 ICBM인 R-36(NATO 암호명 SS-9 스카프)에 대한 심층 분석을 통해, 대통령과 안보 보좌관들이 CIA에서 얻고 싶었던 정보를 제공하고자 했다. 키신저는 군비 통제 협정을 통해 소련의 전략핵전력을 억제하고 싶었다. 그 때문에 키신저는 이런 주제를 골랐다. 이후 1971년에 이르기까지 마셜은 워싱턴에서 CIA를 감독, SS-9와 그 선대 기종의 설계 및 관료적 역사를 알아내고자 했다.

마셜이 NSC에 오기 2년 전부터, 미국정부는 소련과 핵군비통제 협정을 맺고자 했다. 1967년 당시 미국 대통령인 린든 존슨은 미·소가 협상을 통해 핵전력을 제한하자고 제안했다. 1968년 여름 양국은 협상을 시작하기로 했지만, 본격적으로 회담이 시작된 것은 존슨 대통령의 퇴임 이후인 1969년 11월이었다. 후임인 닉슨 대통령이 이 전략무기제한회담(Strategic Arms Limitation Talks, SALT)에 내세운 첨병은 워싱턴의 키신저와 제라드 스미스였다. 스미스는 군비통제 및 군비축소청(Arms Control and Disarmament Agency, ACDA)의 청장이었다. 스미스는 핀란드 헬싱키에서 소련 측 협상가들과 접촉했다. 진전은 너무나 느렸다. 1970년 가을, 닉슨과 키신저는 이 회담으로 인해 소련의 핵전력 증강이 은폐되고, 미국 핵전력 현대화를 반대하는 미국 내 여론이 더욱 강화되는 게 아닌가 하고 걱정할 정도였다.

이러한 우려를 해소하기 위해, 키신저는 NSC에 특별국방자문단을 소집했다. K. 웨인 스미스가 이끄는 이 자문단은 SALT가 진전이 계속 없을 경우 대통령이 소련을 압박하기 위해 쓸 수 있는 선택안을 만들어 내는 것이 목적이었다. 마셜도 이 자문단의 주요 멤버였다. 그 외에도 미국안보에 대한 최고의 두뇌들이 이 자문단에 모였다. 그중에는 당시 유럽연합군 최고사령관(supreme allied commander in Europe, SACEUR; 미군의 중요 지휘관 중 하나였다)인 앤드루 굿패스터 장군을 비롯, 얼마 전까지 국방고등연구계획국장을 역임했던 물리학자 찰스 허츠펠드·윌리엄 코프만·제임스 슐레진저 등이 있었다.

허츠펠드는 자문단이 군사적 경쟁의 특정 영역에 대해 내릴 권고의 맥락을 잡기 위해, 미국이 직면한 안보 문제의 광범위한 배경을 감지할 필요가 있다고 제안했다. 특히 소련과의 군사적 경쟁에서 미국이 차지하는 입지를 알아야 한다. 거기에는 주요 군사적 균형과 장기적 추세도 포함된다. 다른 사람들도 국가적 평가가 필요하다는 데 의견을 모았다. 과거 공격용 전략핵무기·해군 전력·군사 연구개발 등에서 미군의 전력이 소련군을 압도적으로 앞설 때에는 허츠펠드가 제안한 세심한 비교평가는 덜 중요하게 여겨졌다. 그러나 이제 미·소 간 군사적 경쟁은 끝난 거나 다름없었다. 미국은 이제 운신의 폭이 넓지 않았다. 실제로 소련은 미국의 군사력을 따라잡은 것처럼 보였으며, 미국이 중요하게 여기는 일부 분야에서는 미국을 능가하는 실력마저 보였다.[18]

몇 년 후, 마셜은 당시를 회고하면서 허츠펠드가 지지했던 것은 사실상 최초의 총괄평가였다고 말했다.[19] 마셜과 슐레진저도 허츠펠드의 제안을 지지했다. 그러나 얼마 못 가 슐레진저는 관리예산국(OMB) 업무

때문에 새로운 중요한 업무를 맡을 여력이 없었다. 그래서 총괄평가는 마셜의 몫으로 돌아갔다.[20]

1966년 마셜이 코프만에게 제출한, 국가 간 상대적 군사력 비교의 어려움에 대한 보고서에서도 나와 있듯이 이 체험은 마셜의 결론을 더욱 확고히 했다. 마셜이 특별국방자문단을 위해 실시한 평가에는 지상·해상·전술 항공·방공·전략 공세 등의 전력 분야에서 소련에 대한 미국의 상대적 위치에 대해 짧고 불만족스러운 논의가 들어 있었다. 놀랍게도 이 문서에는 미·소 전력 수준에 대한 기본적인 비교 데이터(병력·전차·사단·ICBM·전술 항공기 등의 수)조차 없었다. 대신 마셜은 기존 추세를 통해 미·소 간 군사력 균형 상태를 가장 정확히 판단했다. 그가 할 수 있던 것은 더 체계적이고 정성들인 노력으로 가기 위한 첫 삽을 뜨는 일이었다.[21]

평가서의 3페이지짜리 요약문은 이렇게 시작된다. "현재 미·소 전력 태세에 관해 명확한 결론을 내기란 어렵다."[22] 그 이유 중 하나는 양국 군대의 전력 태세가 다르고, 비대칭적이기 때문이다. 예를 들어 공격용 핵전력의 경우, 소련은 폭격기보다는 ICBM에 의존하는 경향이 강하다. 또한 미사일의 단가도 미국보다 싸고, 핵전력의 운용 방식도 미국과 다르다. 게다가 특정한 돌발 상황에서 소련군을 상대하는 미군의 능력을 평가할 분석적 수단은 없다. 또한 마셜은 확실한 결론을 낼 수 없는 또 다른 이유로 보급 및 준비태세 등의 영역에 데이터가 없다는 점을 들었다. 군사사를 보면 이러한 요인들도 전투력에 큰 영향을 미친다는 것을 알 수 있다.

그럼에도 이 첫 총괄평가는 광범위한 결론을 하나 제시했다. 미국의 무기체계는 전반적으로 볼 때 소련의 유사한 무기체계보다 비쌌다. 예를 들면 미국의 F-4 전투기의 가격은 400만 달러였으나, CIA가 F-4와 동급의 기종으로 판단한 소련제 MiG-21 전투기는 100만 달러에 불과했다.[23] 이는 미국이 스스로의 몸값만 높이다가 소련과의 경쟁에서 패배하거나, 적어도 결함 있는 무기 획득 절차와 고비용 일일 운영절차 때문에 큰 지장을 겪을지도 모른다는 우려를 자아냈다.[24]

자세한 데이터가 없기 때문에, 마셜이 할 수 있는 것은 미군이 소련의 막대한 물량의 무기와 인원에 맞서기 위해 양보다 질의 전략을 추구하고 있음을 지적하는 것이었다. 즉, 미군의 무기와 인원의 양을 늘리는 게 아니라 질을 높이는 것이었다. 미군 수뇌부들은 소련의 위협을 평가하거나, 더 많은 자원을 달라고 할 때면 보통 이 전략의 가치를 과소평가하기 마련이었다. 훗날 국방부 총괄평가국장이 된 마셜은 자신이 가진 자원과 에너지 대부분을 이 첫 총괄평가에서 도출된 의문, 즉 "미국은 스스로의 몸값만 높이다가 소련과의 경쟁에서 패배할 것인가?"라는 의문의 해결에 투자했다.

1970년 당시 마셜과 슐레진저가 의심은 했지만, 확실히는 모르고 있던 점이 있었다. 당시의 CIA는 군사비 지출이 소련 경제에 미치는 부하를 너무 과소평가했다는 점이다. 마셜이 오랜 기간 끈기 있게 연구한 결과, 미군에게 투자된 더 높은 비용이 소련을 능가하는 군사적 능력을 배양시켰다는 사실이 드러났다. 또한 소련식 통제 경제는 당대의 생각보다 훨씬 더 비효율적이라는 점도 드러났다.* 1970년 당시에는 미군과

* CIA는 소련의 군사비 지출 규모를 줄곧 경시하는 경향을 보였다. 또한 한편으로는 미국 GNP 대비 소련 경

소련군 관련 데이터도, 당장 필요한 필수적인 분석기법도 확실치 않았다. 이것들 모두 소련과 군사적 경쟁을 벌이는 미국의 전반적 입지를 알기 위한 세밀한 총괄평가를 실시하는 데 필요한 것이었는데도 말이다.

1969년 7월, 취임한 지 얼마 안 되어 닉슨 대통령은 이른바 '파란 리본(1급)' 국방자문위원을 임명했다. 단장인 길버트 피츠휴의 이름을 따서 '피츠휴 위원회'로도 알려진 1급 국방자문의 임무는 국방부의 조직과 운영을 연구하는 것이었다. 당시 피츠휴는 메트로폴리탄생명보험의 회장 겸 최고경영자로 재직하고 있었다. 이 위원회는 닉슨과 국방장관 멜빈 레어드에게 자문을 실시하라는 지시를 받았다. 전 위스콘신주 의원인 레어드는 국방정책에서는 매파였고, 맥나마라의 국방부 운영 방식에 비판적인 인물로 유명했다.

1970년 7월 피츠휴 위원회는 보고서 「평화 수호(Defense for Peace)」를 내놓았다. 여기에는 닉슨 대통령과 레어드 국방장관에 대한 113개 권고안이 실려 있었다. 그중에는 국방장관 직보 총괄평가단을 창설하라는 얘기도 있었다. 이 총괄평가단은 미국과 다른 외국의 군사력과 잠재력을 총괄평가하는 임무를 맡게 될 것이었다. 이와 관련한 또 다른 권고안에서는 광범위한 기획단의 창설을 권고했다. 여기에는 총괄평가·기술 구체화·회계 기획 등이 포함된다. 이 기획단은 고위 정책결정자들의 뇌리를 지배하고 있는 일일 활동을 뛰어넘어 먼 미래를 내다볼 것이었

제 규모를 과대평가했다. 이는 마셜과 슐레진저, 그리고 기타 여러 사람이 소련이 비용효율이 높은 국가라고 오판하는 주원인이 되었다.

다.[25] 이 기획단 역시 국방장관에게 직보하게 될 것이다.

훗날 국방부로 간 마셜은 어떤 자문위원들이 총괄평가단 창설을 제안했으며, 그 의도는 무엇이었는지 궁금해 했다. 자문위원 중 총괄평가단 창설을 가장 강하게 주장한 사람은 루빈 메틀러로 밝혀졌다. 메틀러는 당시 TRW사의 사장이자 최고경영자였다. 메틀러는 국방장관이 미·소 경쟁의 전반적인 모습, 경쟁이 지향하는 방향, 경쟁에서 가장 중요한 문제를 알아야 한다고 생각했다.[26]

1970년 12월 닉슨은 키신저, 조지 슐츠를 만났다. 슐츠는 당시 관리예산국장이었다. 닉슨은 유용한 정보가 들어오지 않자 실망하고, 이들에게 대외정보기구 개편 관련 연구를 지시했다. 닉슨은 정보 예산을 25퍼센트 삭감할 수 있을 걸로 예상했다.[27] 키신저는 마셜에게, 자신을 위해 대통령이 원하는 개편안을 연구할 것을 지시했다.

마셜은 머지않아 RAND를 퇴직하고 정식으로 공무원이 될 것이었다. 그러나 마셜은 보고서를 준비하면서 샌타모니카와 워싱턴 사이를 왔다 갔다 했다. 따라서 그는 연구의 수석 저자가 될 시간이 없었다. 슐츠는 슐레진저에게 수석 저자를 맡기려 했으나, 슐레진저도 바빴다. 따라서 연구의 실제 저자는 마셜의 RAND 동료인 윌리엄 코프만이 되었다.[28]

슐레진저가 보고서를 제출한 것은 1971년 3월이었다. 당연한 얘기지만 이 보고서에는 미국 정보기관의 크기와 비용은 최근 상당히 확대되었는데도 생산해내는 정보의 범위와 품질 면에서는 그에 걸맞는 발전이 없음을 지적했다.[29] 정보기능이 갈수록 파편화되고 비조직적으로 배분되고 있다는 점, 정보기관들 간의 중복 경쟁이 심화되고 있다는 점,

비계획적이고 주안점 없는 조직의 성장, 정찰위성 등 첨단기술 정보수집 체계에 대한 의존도가 커짐에 따르는 비용 상승 등이 그 원인으로 지목되었다.[30]

슐레진저는 이러한 문제를 해결하기 위해, 정보기관들의 개편을 제안했다. 그리고 이를 위해 3가지 선택안을 제시했다. 닉슨은 의회의 동의 없이도 정보기관을 개편하기 위해, 이 선택안에서 마음에 드는 부분을 취사선택했다.[31] 두 번째 안에서 대통령은 중앙정보국장(director of central intelligence, DCI)에게 정보기관 지도에 더 큰 책임을 부여하여 중복되거나 덜 중요한 분야에 대한 주의력을 줄이는 데 주안점을 두는 권고안을 승인했다. 이로써 DCI는 국가정보의 기획·검토·평가·생산 책임을 지게 되었다.[32] 세 번째 권고안에서는 국가안전보장회의 정보위원회(National Security Council Intelligence Committee, NSCIC) 창설안을 채택했다. 위원장으로는 키신저를 임명하여, 정보를 소비하는 고위 정책결정자의 생각과 수요를 대변할 계획이었다.[33]

키신저는 이러한 변화를 실행에 옮길 선봉장으로 웨인 스미스를 지목했다. 일단 개편안이 결정이 되자, 1971년 9월 닉슨에게 제출할 최종 결정각서, 그리고 DCI 리처드 헬름스, 국방장관 레어드에게 제출할 개편안 관련 문서의 초안 작성 임무가 마셜에게 주어졌다.[34] 일단 마셜이 초안한 결정각서를, 알렉산더 헤이그와 웨인 스미스가 주요 인사들에게 회람시켜 그들의 동의를 얻어냈다. 검토 절차 중에 이들은 슐레진저의 세 가지 선택안에는 포함되지 않은, 피츠휴 위원회 권고안 하나를 부활시켰다. 그 권고안은 NSC에 총괄평가단(net assessment group, NAG)을 창설하는 것이었다. 마셜의 회고에 따르면, 그는 닉슨이 원하는 바를 알아내고 그 결정각서를 집필할 때는 이런 권고안이 있는 줄도 몰랐다고 한다. 따라서 그는 결정각서를 작성할 때 이 권고안을 집어넣지 않았다. 그러나 NAG가 각서 내용에 추가되자마자 헤이그와 스미스는 마셜에게 NAG에 들어와 달라고 요청했다.[35]

닉슨은 1971년 11월 5일 개편안에 서명했다. 닉슨의 지시서에는 NAG에 대해 이렇게 적혀 있다. "이와 관련해, 나는 국가안전보장회의 내에 총괄평가단을 설치할 것을 지시한다. 이 평가단의 단장은 국가안전보장회의의 선임 직원으로 하며, 모든 정보보고서의 검토 평가 및 미국의 안보에 위해(危害)를 가하는 외국 정부의 능력과 미국의 능력을 비교하여 총괄평가를 하는 것을 그 임무로 한다."[36] 그러나 NAG는 초기에는 총괄평가보다는 정보기관 개편에 더 중점을 두었다.

이미 다른 일들 때문에 여력이 없던 키신저는 헤이그, 스미스와 입을 모아 마셜에게 NAG의 장을 맡아달라고 요청했다. 12월 그는 이 요청을 수락, 서류 작업이 완료되는 대로 공무원이 되기로 했다. 마셜은 1972년 1월 NAG 단장에 취임했지만, 당시까지도 RAND 컨설턴트 신분이었다. 3개월 후 그는 미국 공무원으로 정식 채용된다.[37]

키신저는 마셜의 총괄평가를 즉시 추구하지는 않았다. 그 이유는 이렇다. 스스로를 국방전략에 관한 한 수석 전략가라고 생각하고 있던 멜빈 레어드가 관여되어 있기 때문이었다. 그는 총괄평가단을 만들라는 피츠휴 위원회의 권고를 무시하기는 했지만, 닉슨의 정보기관 개편안으로 NAG가 만들어지고 나서 불과 1개월 후, 레어드는 국방장관실에 총괄평가국장직을 신설하라는 지시서에 서명했다.[38] 레어드의 행보는 순수히 관료적이었다. 그는 자신이 통제할 수 없는 NSC 직원이 실시하는 국가총괄평가에 별 기대감이 없었다. 그래서 그는 OSD에 총괄평가국장 직위를 만들었지만 누구도 거기에 임명하지 않았다. 대신 그의 특별보좌관인 윌리엄 바루디가 장관 행정실(행정실장은 퇴역 육군 대령 도널드 마셜)의 기존 장기 기획반에 총괄평가 책임을 맡겼다.

레어드의 행보는 NSC를 총괄평가 청정지대로 만들겠다는 목표를 위한 것이었다. 키신저는 뒤로 물러났다. 그는 NSC 또는 국방부 중 어느 기관이 총괄평가 감독권을 갖는가를 놓고 레어드처럼 강력한 정치력을 지닌 국방장관과 싸우고 싶지 않았다. 대신 그는 미국과 소련의 지상 전력에 대한 첫 국가총괄평가 개시를 레어드가 퇴임한 후인 1973년 가을까지 미루었다.

한편, NSC가 국가총괄평가를 맡지 못하게 하려던 레어드의 저항도 의도치 않았을지는 몰라도 긍정적 결과를 최소 하나는 낳았다. 이러한 지연으로 마셜은 총괄평가의 속성과 범위에 대해 생각해 볼 시간을 얻었다. NAG의 장으로 취임한 후 1973년 가을 첫 국가총괄평가를 시작하기까지 마셜은 총괄평가에 대한 개념설정 작업을 활발히 진행했다.

마셜은 NAG를 창설하면서 가장 먼저 총괄평가단의 능력을 이해하고 있는 사람들과 대화하고, 자신을 도와줄 수 있는 사람들을 영입해야겠다고 결심했다.[39] 그는 하버드경영대학의 옛 친구인 조지프 바우어와 롤런드 크리스텐슨 교수에게 연락했다. 마셜은 아직 RAND를 떠나지 않았을 때 바우어를 만나고, 바우어를 통해 크리스텐슨을 만났다. 마셜은 경제 문제와 조직행동에 대한 그들의 연구에 감명을 받았다. 바우어는 특정 산업에 대한 금융분석과 자본투자에 대해 학위논문을 썼는 데, 그 내용은 의사결정에 조직 절차가 미치는 역할에 대한 마셜의 관점과 매우 비슷했다. 바우어는 기업의 의사결정 방식을 설명할 때, 재무적 요인만 가지고 분석하는 것보다는 관료적 규칙을 통해 설명하는 편이 더 나을 때도 많다는 것을 알아냈다. 그리고 바우어와 크리스텐슨은 1968년 마셜이 아이반 셀린을 위해 실시한 소련의 제도적 행위 관련 회의에 참가했다. 마셜은 세 번째 동료인 제임스 마치와도 연락했다. 마치는 조직이론 분야 수립에 참여한 사람이었다.

바우어는 하버드경영대학의 학생 중 또 다른 동료 후보가 될 인물이 있다고 말했다. 당시 육군의 현역 장교였고 졸업 준비 중이던 조지 '칩' 피킷이었다. 육군이 피킷을 하버드경영대학처럼 까다로운 학교에 보냈다는 것은, 피킷이 육군 최고의 젊은 장교 중 하나임을 의미했다. 또한 피킷은 육군 정보장교였다. 따라서 그는 정보기관 개편을 감독하는 키신저를 돕기에 적임자였다.

그러고 나서 얼마 후 바우어는 집에 있던 피킷에게 전화를 걸었다. "NSC의 앤드루 마셜이라는 친구를 위해 일해보지 않겠나?" 피킷은 마셜에 대해 아는 게 없었다. 그러나 장교로서 NSC에 배속받는 것이 드문 기회라는 것은 알고 있었다. 피킷은 NSC에 가게 되어 기쁘다고 대답했다. 마셜은 MIT의 코프만 사무실에서 피킷을 면접했다.* 이로써 피킷은 마셜의 첫 번째 직원이 되었다. 피킷은 최선을 다해 보일 것이었다.

* 코프만은 다른 활동을 하면서, 또한 MIT에서 대학원 수준의 안보연구 과목을 강의했다. 이 책의 공저자인 크레피네비치는 1970년대 후반 하버드대학 재학 중 코프만의 과목 여러 개를 수강했다.

마셜은 이후 로빈 피리에게도 연락을 취했다. 피리는 국방부 체계분석국에 근무하던 해군 장교였고, 잠수함 승조원 출신이었다. 당시의 잠수함 장교들이 그랬듯이, 그 역시 까다롭고 변덕스럽기까지 한 하이먼 리코버 제독 휘하에서 근무했다. 해군 원자력추진 프로그램을 지휘한 리코버 제독은 힘 있는 인물이었다. 피리는 리코버 제독과 충돌한 적도 있었다. 그러나 OSA에서 같이 근무했던 패트릭 파커에게 깊은 인상을 주었다. 당시 국방부의 정보 부차관보이던 파크는, 마셜이 NAG에 좋은 인재를 영입하기 위해 상담했던 수많은 사람들 중 하나였다.

마셜과 피리의 면접은 잘 끝났고, 피리는 대부분의 시간을 평가 업무를 하면서 보낼 것이라고 예상하며 NAG에 합류했다. 피킷이 합류한 지 몇 달 후인 1972년 중반의 일이었다. 그러나 키신저는 레어드가 국방장관으로 있는 한 국가총괄평가를 시작하고 싶지 않아했다. 이에 따라 피리는 총괄평가의 실시 방법을 놓고 마셜과 토론하는 것 외에는 1년 넘게 할 일이 거의 없었다.

마셜과 그의 몇 안 되는 직원들에게는 백악관 인근의 옛 행정빌딩의 3층에 있는 사무실이 배정되었다. 이곳의 위치는 대통령 대외정보 자문위원회(President's Foreign Intelligence Advisory Board, PFIAB) 위원장 사무실 바로 옆이었다. 키신저와 레어드 사이의 관료적 마찰 때문에 최초 국가총괄평가의 시작이 지연되었지만, 마셜이 총괄평가의 본질에 대해 생각하는 것을 막을 수는 없었다. 마셜은 NAG 단장으로 정식 취임한 직후 국가총괄평가 절차를 구체적으로 표현하기 위해 12페이지의 초안 각서를 작성했다. 미국의 베트남 개입이 끝나가고 있던 당시, 마셜은 미국에 국방전략과 정책, 군사적 태세를 개편할 기회가 온 것을 알았다. 그는 총괄평가는 미군의 역할은 물론, 미국 국방기구가 마주하고 있는 문제와 기회에 대한 시각을 줄 수 있다고 말했다.[40] 8월, 마셜은 3월에 썼던 각서를 더욱 다듬어 2.5페이지로 줄였다. 제목은 「총괄평가의 속성과 범위(The Nature and Scope of Net Assessments)」였다.

이 8월의 각서에서는 마셜이 전략, 그리고 세상의 이치에 대해 가지고 있던 폭넓은 지식과 이해가 녹아들어 만들어진 분석의 틀이 담겨 있었다. 그리고 그 틀은 시간의 시험을 받으면서 현재까지 건재하고 있다. 그로부터 40여 년 후에도 「총괄평가의 속성과 범위」는 총괄평가에 대한 결정판적인 식견으로 남아 있다. 이 각서에는 기계적으로 적용할 수 있는 수적 방법론이나 공식은 없다. 그러나 총괄평가의 목표, 그리고 지속적인 가치에 대한 분명한 선언이 담겨 있다.

마셜은 세심한 총괄평가의 필요성을 설명하는 것으로 이 각서를 시작한다. 그는 다음과 같이 지적했다. "국가 정책결정자는 다양한 유형의 국제 경쟁에서 미국의 입지를 알고자 한다. 이들은 또한 미국의 상대적 입지와 그에 영향을 미치는 추세도 알고자 한다. 아울러, 이러한 추세의 원인을 아는 것이야말로 가장 중요하다." 그의 말은 다음과 같이 이어진다.

> 과거 미국은 국제 경쟁의 모든 측면에서 분명한 우위를 점하고 있었다. 특히 군사력과 군사 연구개발에서의 우위는 확연했다. 언제 어디서라도 도전을 받으면 문제의 영역에 충분한 자원을 투자해 우위를 회복할 수 있었다. 즉, 과거의 우리는 문제에 대한 해결책을 쉽게 구입할 수

있었다는 것이다. 그러나 현재는 그렇지 않다. 군사비 지출을 줄이라는 압력이 심하다. 그리고 이러한 압력은 앞으로 계속될 확률이 높다. 따라서 세심하고 창의적인 접근법으로 국방문제의 해결책을 찾아내고 위험부담을 세심히 계산하는 것이 중요해졌다.[41]

소련이 우위를 점했거나 점하려고 하는 군사적 경쟁 영역에서 미국이 우위를 얻으려고 할 때 이러한 평가는 특히 중요하다고 마셜은 주장했다. 미국정부와 정치 엘리트 사이에는 소련이 핵군비 경쟁에서 미국과 동등한 수준에 접근해 가고 있으며, 재래식 군사력은 어쩌면 미국을 능가할지도 모른다는 믿음이 퍼져 있었다.[42] 당시의 추세를 보면 시간이 갈수록 상황은 미국에 불리해지기만 할 것 같았다. 미국은 동남아시아에서 벌어지는 끝없는 전쟁에 엄청난 자원과 인력을 투입했다. 그리고 갈수록 확산되는 미국인의 반전 여론은 국방 자체에 대한 반대 여론으로까지 번졌다. 소련은 국방예산 면에서 미국을 추월하기 시작했을 뿐 아니라, 여러 무기 분야에서 서구의 기술적 수준을 따라잡기 시작했다. 이러한 환경에서는 총괄평가를 통해 소련과 더욱 효과적으로 경쟁할 전략을 고안할 필요가 있다고 마셜은 진단했다. 미군이 소련을 예산 면에서 더 이상 압도할 수 없다면, 지략 면에서 압도해야 한다는 것이다.

마셜의 인생은 독학의 여정이었다. 언제나 새로운 것을 배웠고, 세상이 돌아가는 이치를 탐구했다. 그렇다면 「총괄평가의 속성과 범위」에서 그가 총괄평가를 위해 기계적으로 적용할 수 있는 방법론에 대한 언급을 삼갔던 것도 당연한 것일지도 모른다. 물론 그는 그 방법론을 향후 40년간에 걸쳐서 거듭 나타내 보여줬지만 말이다. 대신 이 글에서 그는 방법론이 아닌 목표를 묘사했다. "총괄평가란 *미국의 무기체계, 전력, 정책을 다른 나라의 것과 정밀하게 비교한다*는 개념이다."[43] 이 문장 자체는 간단하다. 그러나 이러한 비교는 지극히 포괄적이다. 기타 요인, 작전교리와 관행, 훈련 양식, 보급 등 다양한 환경 아래에서 기존에 알려진 또는 추산된 효율, 설계 관행과 그것이 비용 및 조달 기간에 미치는 영향, 경쟁의 정치·경제적 측면 등을 모두 계산에 넣어야 한다. "경쟁의 상태를 잠재적인 분쟁과 대치의 결과라는 관점에서 평가할 수 있어야 한다. 경쟁을 하는 다양한 국가들(미국 포함)의 효율 또한 비교할 수 있어야 한다."[44]

마셜은 총괄평가가 이렇게 포괄적이어야 한다고 주장하면서, 또한 총괄평가와 체계분석을 분리하고자 했다. 체계분석은 전 국방장관 맥나마라가 1961년에 도입한 이래 국방부 의사결정을 지배해왔다. 마셜은 표준 체계분석 연구에 문제가 있음을 잘 알고 있었다. 그의 글을 다시 인용해 본다. "체계분석은 간략화된 맥락 속의 무기체계 선정에만 초점을 맞추는 경향이 있다. 거기에는 여러 가지 이유가 있다. 아무튼 이런 연구의 결과는 보통 다양한 수준과 구조를 갖춘 전력의 출력값으로 나타나는 경우가 많다. 예를 들어 격침한 적 잠수함 수, 발사한 탄두의 수, 발생한 전사자 수 등이다. 원하는 간략화를 달성하기 위해 만들어진 가정은 편향된 평가결과를 낳을 수 있다."[45] 여기서 마셜은 미군과 외국 군대를 비교하기 위해 체계분석에서 흔히 볼 수 있는 환원주의적 사고 대신 전체론적 접근법을 사용해야 한다고 주장한다. 그 점을 강조하기 위해, 그는 체계분석과 총괄평가의 특징을 규정하지 않았다. 대신 그는 이렇게 적었다. "총괄평가는 진단적 목적으로 사용된다. 총괄평가는 우리나라와 다른 나라의 일하는 방식의 효율성과 비효율성을 조명할 것이다. 또한 우리나라가 경쟁 국가에 대해 갖고 있는 비교 우위 영역을 드러낼 것이다. 출력값으로서의 전력 수준 또는 전력 구조에 대한 권고를 제시하는 것은 총괄평가의 목표가 아니다."[46] 그는 미흡한 권고를 멈춰야 하는 이유를 강렬하게 제시한다. 의학으로 비유하자면, 의사가 환자의 질병에 대해 정확한 처방을 하려면 정확한 진단이 먼저 이루어져야 한다. 정확한 진단이 없는 처방은 오히려 병을 더 키울 수도 있다. 마셜은 진단 쪽에 중점을 두었다. 그것이야말로 올바른 전략을 간접적으로나마 제시해 줄 수 있는 가장 좋은 방법으로 본 것이다.

마지막으로, 이 각서는 총괄평가의 기술적 어려움을 인정했다. 그것은 마셜이 1966년 군사력 판단의 문제에 대해 보고서를 쓰면서부터 지적한 어려움이기도 하다. "우리가 제안한 총괄평가는 결코 쉬운 일이 아니다. 총괄평가를 구현하기 위한 가장 생산적인 자원은 *지속되는 고된 지적* 노동이다."[47] 훌륭한 총괄평가를 만드는 것은 훌륭한 전략을 만드는 것과 통하는 구석이 있다. 아이젠하워 대통령도 "전략의 기본 원리는 아이들도 이해할 수 있을 만큼 간단하지만, 그 원리를 주어진 상황에 적절히 응용하는 것은 지극히 어렵다"고 한 적이 있다.[48] 몇 년 후 민간분야 최고의 경영전략가 중 하나인 리처드 루멜트 역시 같은 결론에 도달해 이렇게 말했다. "좋은 전략을 짜는 것은 지극히 힘든 일이다."[49] 마셜도 처음부터 총괄평가가 지극히 어렵다는 것을 알아보았다.

마셜은 훌륭한 총괄평가에 따르는 어려움을 분명히 알고 있었다. 그러나 그때나 지금이나 국방부 같은 곳에서는 활동의 대부분이 절차에 관한 것이다. 어떻게 보면 업무를 가급적 줄이려고 하는 일이 대부분이다. 따라서 경쟁 상황 아래에서 진짜로 중요한 문제와 기회를 알아내려는 지속적인 정보업무의 가치는 평가절하되거나, 심지어 무시당하기 십상이다. 또한 마셜이 냉정히 경고했듯이, "총괄평가의 방법론은 사실상 존재하지 않는다".[50] 총괄평가라는 새로운 분야를 개척하면서, 방법론도 새롭게 개발되어야 하는 것이다. 또한 마셜이 키신저의 특별국방자문단에서 평가하면서 알게 된 것처럼, 데이터 문제도 잔뜩 있었다. "소련군의 보급, 작전 관행 등의 측면은 총괄평가에서 중요하다. 그러나 그런 측면은 현재의 정보업무에서는 우선순위가 높지 않다. 미국의 우방국에 대한 데이터 역시 불완전하고 부정확하다. 미군과 미국 국방 계획에 대한 데이터 역시 소련 것과 바로 비교할 수 없는 상태인 경우가 많다."[51] 따라서 그는 다음과 같이 주의를 준다. "초기 평가는 조잡하고 임시적이며 논쟁에 휩싸일 수밖에 없다." 총괄평가는 시간, 적격의 인재, 새로운 방법론(주로 데이터 수집에 대해), 지속적인 고된 사고가 있어야 주어진 임무를 완수할 수 있다. 그러나 마셜은 이런 결론을 내린다. "어렵건 안 어렵건 간에, 총괄평가의 필요성은 분명하다."[52]

1972년 11월, 닉슨은 대통령 선거에서 압승을 거두었다. 게다가 개각도 결정했다. 국방장관 멜빈 레어드는 엘리엇 리처드슨으로 교체되었다. 리처드슨은 보건교육복지부(Department of Health, Education and Welfare, HEW) 장관을 지냈다. 제임스 슐레진저도 곧 미국 원자력위원회 의장(OMB 임기를 마친 다음 간 자리였다)에서 퇴임하고 중앙정보국 국장으로 부임할 예정이었다. 1973년 1월 슐레진저가 CIA에 부임한 직후, 마셜은 그에게 정보 문제 관련 보고서들을 보냈다. 두 사람은 토요일마다

만나 CIA를 자극해 생산성을 높일 방법을 논의했다.[53]

키신저는 NSC 직위와 함께 국무장관을 겸임할 예정이었다. 레어드가 사라지자 그는 마셜과 그 부하들에게 총괄평가 임무를 맡겼다. 1973년 3월 29일 그는 국가안보연구각서(National Security Study Memorandum, NSSM) 178호, 「국가총괄평가 계획(Program for National Net Assessment)」에 서명했다. 이 각서에서는 국가총괄평가 절차를 정의하는 문서를 작성할 것, 다양한 주제에 대한 적절한 방법론을 제시할 것, 보고 및 조정절차를 확립할 것을 마셜이 이끄는 임시 조직에 지시했다.[54] 마셜은 부하들을 1973년 4월 13일에 소집했고, 곧 국가총괄평가 시행지침과 절차에 맞춰 업무를 시작했다.[55] 키신저는 1973년 6월 28일, 국가안보결정각서(National Security Decision Memorandum, NSDM) 224호에서 "국가총괄평가절차(National Net Assessment Process) 178호"라는 이름으로 이들의 권고안을 승인한다.

결국 1973년 9월 1일 키신저는 NSSM 186에 서명, 최초의 국가총괄평가를 시작했다. 그 목표는 미국과 소련의 지상군의 비용·능력·성과를 비교하는 것이었다. 마셜이 사용할 수 있던 자원이 빈약했던 점을 감안하여, 이 평가의 준비는 국방부와 NAG의 협의하에 국무부와 CIA의 슐레진저의 지원을 받았다.[56] NAG는 총괄평가 자체를 실시하는 대신, 참여한 다른 기관 사이의 중재 역할을 맡았다.

그 후로 일어난 예상치 못했던, 마셜이 보기에는 뜻밖의 일들은 미국 정부 내에서의 총괄평가의 장래에 영향을 미쳤다. 1972년 6월 워터게이트 호텔에 설치되었던 민주당 전국본부에 누군가가 무단 침입함으로써 발생한 '워터게이트 스캔들'에 직면한 닉슨 대통령은 엄청난 혼란 속에서 새 국방장관이던 엘리엇 리처드슨을 법무부 장관에 임명했다.* 후임 국방장관은 슐레진저가 되었다.

슐레진저는 국방부로 가는 동안 키신저와 함께 갓 태어난 총괄평가에 대해 논의했다. 국무장관 겸 국가안보보좌관이던 키신저는 자신의 책임이 상당히 커졌음을 인식했다.[57] 슐레진저는 마셜을 국방부에 불러 국방부에 총괄평가 기능을 설치하고 싶었다. 7월 초 슐레진저는 마셜에게 국방부에 오라고 권했다. 마셜 부부는 오래전부터 캘리포니아로 돌아가고 싶었다. 그리고 국방부로 가면 워싱턴에 더 오래 머물 수밖에 없었다. 그러나 결국 슐레진저의 말에 굴복해 총괄평가국장이 되기로 했다. 이후 슐레진저는, 국방부로 총괄평가 기능을 이관하는 데 합의한 키신저와 협력했다.[58]

슐레진저는 국방부에 총괄평가 기능을 가져와 마셜의 업무를 지원해 줘야 할 이유가 여럿 있었다. 그는 믿음직한 동료가 필요했다. 지적으로 매우 죽이 잘 맞아서, 난세에도 국방을 계속해 나가는 어려운 임무를 도울 수 있는 사람을 원했다. 이를 위해 슐레진저는 마셜이 지지하고 자신도 강하게 신뢰하는 방식의 비교 분석이 필요했다. RAND '신동'들이 맥나마라의 지휘하에 국방부로 가져 온 체계분석의 가치를 이해하고 인정하던 슐레진저와 마셜은 또한 체계분석의 한계에 대해서도 매우 잘 알고 있었다. 둘 다 총괄평가의 잠재력을 알고 있었다. 기존의 것들과는 크게 다른 분석도구로서 그 포괄적이고 진단적인 접근 방식도 알

---

* 리처드슨의 전임 법무부 장관은 리처드 클라인딘스트였다. 클라인딘스트가 법무부 장관직을 사임한 날인 1973년 4월 30일이었다. 같은 날 대통령 법률보좌관 존 딘이 해임되었고, 백악관 비서실장 H.R. 홀드먼, 내무보좌관 존 에릭만도 사임했다.

고 있었다. 총괄평가는 계획에 초점을 맞추지 않고, 훨씬 전략적이었다.

훗날 마셜은 슐레진저를 총괄평가의 아버지로 불렀다. 슐레진저는 키신저를 설득해, NSC에 있던 총괄평가를 국방부로 옮겨 왔다. 슐레진저는 총괄평가의 잠재적 가치를 알고 있었다. 슐레진저는 마셜이야말로 총괄평가를 실행에 옮기는 데 필요한 지식을 지닌 유일한 (물론 슐레진저는 제외하고) 인물임도 알고 있었다. 마셜은 만약 총괄평가가 NSC에 계속 있었다면, 그와 그의 직원들이 충분한 자유를 얻어 알고 싶은 진실을 알아내기는커녕, "미국정부의 흔한 공통분모적이고 흥미 없는 분석 절차 중 하나로 퇴화"했을 거라고 보았다.[59]

마셜은 절친한 친구이자 지적인 동료를 위해 일하게 될 것이었다. 그 사실은 마셜이 국방부로 가겠다고 결심하는 데 분명히 영향을 주었다. 그는 분명 처음에는 워싱턴에 오래 머물 계획이 없었다. 잠시 동안만 있을 생각이었던 것이다. 결국 영구히 머물게 되지만 말이다. 마셜 부부는 워싱턴에 길어봤자 몇 년밖에 머물지 않을 거라고 예상하고, 워싱턴 워터게이트 인근의 버지니아 애비뉴에 있던 적당한 아파트를 빌렸다. 메리 마셜이 이 워싱턴 아파트에 상주하게 된 것은 1973년 1월부터였다.

그로부터 수년간, 총괄평가국의 국장으로 얼마나 더 일하고 싶냐는 질문을 받으면 마셜은 늘 "1년 정도만 더요"라고 대답했다. 그러나 마셜 부부는 캘리포니아로 다시 돌아가지 못했다. 메리 마셜이 2004년 12월, 향년 85세로 타계했을 때 그녀와 마셜은 여전히 버지니아 애비뉴의 작은 아파트에 살고 있었다. 그 집의 가구는 임대한 것이었다.

5

국방부로
1973~1975년

데이터가 필요하다!

— 앤드루 마셜

1973년 10월 2일 아침, 마셜은 국방장관 슐레진저를 만나, NSC를 떠나 국방부로 이동해 총괄평가 프로그램을 설치하기로 공식 합의했다.[1] 11일 후 슐레진저는 10월 15일자로 마셜을 국방부 총괄평가국장에 임명하는 각서에 서명했다. 총괄평가국(Office of Net Assessment, ONA)이 태어나는 순간이었다.

마셜의 총괄평가국의 권한은 방대했다. 이 각서에 따르면 마셜은 평가 주제를 수립 및 권고하며, 총괄평가의 실시를 감독하며, 필요한 경우 다른 정부조직을 투입해 총괄평가를 지원하도록 할 수 있다. 마셜은 국가총괄평가를 실시하는 부처 간 위원회에서 국방부 대표를 맡았다.[2]

마셜의 직위는 11월 27일, 키신저가 NSDM 239 「국가총괄평가 절차」에 서명하면서 성문화되었다.[3] NSDM 239로 인해 국가총괄평가 프로그램의 책임은 국방부로 공식 이관되었다.* 또한 이 문서에서는 NSSM 186에서 요구된 미·소 지상군 전력 연구가 슐레진저 휘하에서 완료되도록 정했다.

NSDM 239에서는 총괄평가 기능의 이전만 언급한 게 아니다. 이 문서에서는 마셜에게 NSC NAG와는 다른 총괄평가 방법을 개발할 권한을 주었다. NSSM 186은 국방부가 이끄는 부처 업무단의 미·소 지상군 전력평가 업무를 감독하는 수준으로 NAG의 권한을 제한했다. 그러나 슐레진저 휘하에서 마셜과 그의 직원들은 총괄평가 자체를 직접 실시할 수 있다.

이러한 변화는 대단한 것이었고 또한 중요했다. 키신저와 슐레진저의 세계관은 매우 달랐다. 그러나 세계 속의 미국의 장래는 총괄평가에 달려 있었다. 마셜의 관점은 키신저보다는 슐레진저 쪽에 한층 가까웠다. 때문에 그는 슐레진저의 힘을 빌려 새 조직을 만들 수 있었고, 슐레진저의 흥미에 맞는 평가 주제를 정할 수 있었다. 마셜과 슐레진저는 미·소 간 전략핵무기 경쟁이야말로 가장 중요한 평가 주제라는 데 의견을 같이했다.

키신저와 슐레진저 사이의 가장 큰 관점 차이는 미국의 냉전 승리 가능성에 있었다. 닉슨 대통령의 국가안보보좌관인 키신저는 4년 동안 매일같이 힘이 줄어드는 것 같은 미국의 모습을 보아왔다. 미국 내부도 경제적 불확실성, 반전 시위, 전통적인 사회적 도덕적 가치관의 몰락 등으로 얼룩져 있었다.[4] 간단히 말해 미국 국민들과 리더들은 대외 개입을

---

* NSDM 239는 NSSM 186, NSDM 224를 무효화했다.

기피하고, 장차 국제무대에서 덜 활동적인 역할을 맡고 싶어하는 듯했다.

이러한 준고립주의적 분위기는 미국 정가에도 반영되었다. 1968년 대통령 선거에서 리처드 닉슨은 베트남전쟁을 끝내겠다는 공약으로 승리했다. 1972년 대통령 선거에서 닉슨의 경쟁자로 나온 조지 맥거번 상원의원은 더 과격한 공약을 내놓았다. 그는 "미국으로 돌아오라!"라는 구호를 외치며, 동남아시아 뿐 아니라 전 세계에 대한 미군의 개입을 크게 줄이겠다고 주장했다. 이러한 상황에서 키신저는 데탕트(긴장 완화)와 군비 통제를 통해 미국의 지정학적 및 군사적 경쟁 부담을 줄이려 했다. 많은 사람들은 이러한 키신저의 방식이 타당할 뿐 아니라 성공 가능하다고 여겼다.

1972년 5월, 2년 넘게 이어진 협상 끝에 미국과 소련은 모스크바에서 전략무기제한 협정(Strategic Arms Limitation Treaty, SALT 또는 SALT I)과 탄도탄 요격미사일 제한 조약(Anti-Ballistic Missile Treaty, ABM 조약)에 서명했다. 일각에서는 이런 조약들로 양국 간에 데탕트 분위기가 무르익었다고 보았던 반면, 일각에서는 소련이 이런 조약들로 미국의 핵무장을 제한하고, 자국의 핵무장은 증강시킬 걸로 보았다. 결국 후자의 시각이 옳았음이 증명되었다. 지미 카터의 국방장관인 해럴드 브라운은 훗날 공격용 핵전력을 관찰하면서 이렇게 말했다. "미국이 자국의 군비를 제한하는데도 소련은 그렇지 않았다. 미국이 늘리면 소련도 늘리고, 미국이 줄이면 소련은 늘렸다."[5]

키신저는 또한 베트남 미군의 '명예롭고 평화로운(닉슨 대통령의 표현이었다)' 철군을 위한 닉슨 행정부-베트남 공산당 간 협상 최일선에도 섰다.[6] 1972년 12월에 실시된 짧지만 대규모였던 미군의 폭격(라인배커 II 작전)은 1973년 1월, 키신저와 북베트남 공산당 정치국원 레둑토 간의 일련의 협의에 종지부를 찍었다. 미국의 베트남 철수, 북베트남에 억류된 미국 전쟁포로 석방 등에 합의가 이루어진 것이다. 이를 통해 키신저는 노벨 평화상을 받았지만, 비평가들은 이를 미국의 동남아시아 동맹국을 내버린 짓으로 여겼다. 특히 이 평화협정으로 인해 모든 베트남 주둔 미군이 철수하는 중에도 남베트남 영토 내의 북베트남군은 나가지 않고 잔류하게 되었다는 것이다. 게다가 북베트남 공산 정권은 소련과 중국에서 남베트남 점령에 필요한 군사원조를 계속 받을 것이었다. 반면 미국 의회는 남베트남을 지키는 데 필요한 원조를 해 줄 의지가 갈수록 줄어들고 있었다.

더구나 1972년 대통령 선거의 압승에도 불구하고 워터게이트 스캔들의 파문이 커져 신문 지상을 도배하면서 닉슨은 정치력을 빠르게 잃어갔다. 워터게이트 스캔들이란 1972년 7월, 5명의 괴한이 워터게이트 호텔에 위치한 민주당 본부에 침입하다가 경찰에 체포된 사건이었다. FBI는 이 사건이 닉슨 재선 운동과 관련 있음을 알았다. 마침 사건 현장은 마셜의 아파트에서 버지니아 애비뉴를 따라 걸어서 도착할 수 있는 거리였다. 후속 폭로가 잇따르면서 결국 닉슨 대통령은 잔여 임기를 다 채우지 못하고 사임하지만, 이후에도 또 국내 정치 사건이 터졌다. 1973년 10월 10일, 스피로 애그뉴 부통령이 메릴랜드 주지사로 재직 중이던 1967년 2만 9,500달러를 받고도 신고하지 않은 혐의를 인정하고 사임한 것이다.

저유가에 중독되어 있던 미국 경제는 제4차 중동전쟁*의 타격을 받아 비틀거렸다. 1973년 10월 이집트와 시리아가 이스라엘을 침공하면서 벌어진 전쟁이었다. 미국이 이스라엘을 지원하자 아랍 산유국은 배럴당 3달러이던 원유 가격을 12달러로 높이는 걸로 대응했다.** 그 결과 벌어진 에너지 위기는, 2년 전 발생한 UN 브레턴우즈 통화관리 체제 붕괴와 맞물려*** 미국 경제를 침체시키고 대통령의 인기를 갉아먹었다.

닉슨 대통령은 탄핵 위협에 시달리다가 1974년 8월 사임했다. 후임 대통령으로는 애그뉴 사임 후 부통령에 임명되었던 제럴드 포드가 취임했다. 포드 대통령은 닉슨이 재임 중 저지른 범죄를 사면해주었다. 그러자 많은 미국인은 분노를 터뜨렸다. 이러한 일련의 사건들이 모두 합쳐져 1974년 11월 총선에서 민주당에 대승을 안겨 주었다. 이는 워터게이트 스캔들에 대한 미국인들의 분노뿐 아니라, 미국의 안보 기여를 줄이라는 요구의 표현이기도 했다. 그래서 1975년 3월 북베트남이 남베트남에 대공세를 가해도, 미국 의회는 대 남베트남 군사자금 원조를 거부했다. 남베트남은 1972년 북베트남의 부활절 공세 때 미국의 지원을 받아 이를 격퇴했지만, 이번에는 미국의 지원이 사라지자 불과 2개월 만에 패망하고 말았다. 반전주의, 경기 침체, 정치 스캔들, 데탕트의 희망이 모두 합쳐져 미국을 긴축 시대로 몰아가고 있었다. 이런 관점에서

---

* 10월 전쟁, 욤 키푸르 전쟁, 라마단 전쟁 등으로도 불린다.

** 이런 원유 가격 급등의 주원인은 1970년 미국 내 석유 생산량이 최고를 기록, 여유 생산 능력이 남지 않은 것이기도 하다.

*** 1944년 뉴햄프셔주 브레턴우즈에서 40여 개국(서구 선진국 포함) 대표들이 모여 전후 경제 질서를 만들기로 합의해 만들어진 체제. 여러 가지 이유로 1971년 8월 미국 달러화의 가치가 과대평가되자 닉슨 대통령은 미국 달러화와 금 사이의 태환을 브레턴우즈 체제의 환율인 금 1트로이온스(31.1g)당 35달러에 일방적으로 고정해 버렸다.

볼 때 키신저는 미국이 가급적 약수(弱手)를 쓰고 있다고 생각했다.

미국의 힘은 그만큼 약해졌는가? 슐레진저와 마셜이 볼 때, 키신저의 비관론은 근거가 없었다. 슐레진저는 여전히 미국을 낙관적으로 볼 이유가 있다고 보았다. 그는 스스로를 '부흥운동가'로 부르기까지 했다. 그는 미국이 입지를 회복하고 소련에 맞서 전략 지정학적 경쟁을 효과적으로 벌일 수 있다고 믿었다.[7] 이러한 관점의 차이를 지닌 두 사람은 포드 대통령의 국가안보정책을 좌우하기 위해 갈수록 치열한 경쟁을 벌였다.

두 사람을 가까이서 본 마셜은 키신저와 슐레진저 사이의 의견 대립이 미·소라는 두 초강대국의 상대적 장기적 장단점에 대한 큰 시각차 때문이라고 결론지었다. 그리고 총괄평가에서는 이러한 시각 차이를 해소해야 한다고 보았다. 마셜은 소련의 군사비 지출이 경제에 미치는 부담이 적다는 CIA의 불명확한 판단을 접한 키신저가 마셜, 슐레진저와는 달리 동요를 일으킨 것으로 의심했다. CIA국장이던 슐레진저는 소련의 군사비 지출이 소련 경제 총생산량의 6퍼센트에 불과하다는 CIA의 주장에 의문을 표했다. 슐레진저는 경제 규모가 미국의 반밖에 안 되는 소련이 어떻게 그 돈을 가지고 미군보다 훨씬 규모가 큰 현대적인 군대를 운용할 수 있다는 건지 이해할 수 없었다. 국방부에 온 슐레진저는 마셜에게 CIA를 압박해 이 추산을 재고해보도록 하라는 지시부터 내렸다.

마셜이 미·소 지상군에 대한 NSSM 186 평가를 공식 감독하게 되었지만, 평가를 실제로 실시한 것은 마셜과 그의 두 부하가 아니라 국방부 내의 부처 업무단이었다. 국방부에서는 국방부 정보평가 부차관보인 패트릭 파커를 분석을 지도할 운영단의 단장으로 임명했다. 이 업무단에는 육군장관과 해군장관*은 물론, CIA국장, DIA국장, 국방연구공학실장, 국방부 계획분석평가국(Office of Program Analysis and Evaluation, PA&E) 차관보, 합동참모본부 의장, 마셜이 포함되어 있었다. PA&E의 로버트 스톤이 이 부처 업무단의 단장을 맡았으며, CIA는 소련 지상군 관련 데이터 대부분을 제공했다.[8]

이러한 편성은 마셜이 1972년에 구상했던 것 같은 총괄평가를 해내지 못했다. 운영단의 고위 관료들은 평가에 큰 지적 노력을 들일 시간이 없었다. 또한 이들은 다양한 관료 개인과 조직의 시각을 만족시키기를 원했다. 정부의 거대 관료조직이 움직이는 방법에 익숙한 사람들은 알고 있다. 부처 간 업무에선 보통 참여자들 사이에 상당한 의견 불일치가 벌어지기 마련이고, 그걸 타협하는 방향으로 결과가 나오기 마련이라는 사실을 말이다. 가장 뛰어난 식견을 보여주는 결과보다는 모든 참가자들이 가장 적게 반대하는 결과가 채택된다. 당연히 그런 결과물은 큰 논쟁거리가 될 수밖에 없다.[9] 첫 국가총괄평가의 모습이 딱 이랬다.

NSSM 186의 미·소 지상군 전력 비교는 1974년 4월에 완료되었다. 그 결과물은 아무리 잘 봐줘도 시시했다. 양국 지상군의 큰 차이와 비대칭성에서 어떤 중요한 식견도 결론도 도출하지 못했다. 특히 마셜과 슐레진저는 "미국과 소련 중 어느 나라가 자원을 더 효율적으로 군사력화하고 있는가?" 하는 문제를 갈수록 중요하게 여기고 있었는데, 이 평가

---

* 해군부는 해병대를 가지고 있고, 지상전력 평가에서 해병대 또한 지상군으로 간주되었기 때문이다.

는 거기에 대해 의미 있는 관측을 제공하지 못했다. 대신 이 평가는 뻔한 것을 강조했다. 미·소 지상군의 전반적 균형은 미국이 우위를 지니고 있는 기동성과 전술공군 전력, 그리고 양국의 동맹국 전력 같은 점을 감안해야 정확히 알 수 있다는 것이었다. 그리고 미육군과 해병대 전체가 소련 육군 전체와 싸울 수 있는 타당한 시나리오는 없기 때문에, 이 연구는 현실적 돌발 상황에서 가능한 전투 결과를 생각해볼 수 있는 작전적 맥락(예를 들면, 중부유럽에서 NATO군과 바르샤바조약군의 분쟁)도 전혀 제시하지 못했다. 설상가상으로 CIA는 이 부처 업무단의 정보 데이터 대부분을 제공하고, 또한 직접 참여했음에도 이 시시한 결과물과 자신들은 상관이 없다는 태도를 보였다.

1974년 4월 16일 마셜은 슐레진저에게 「NSSM 186 제I단계 평가」라는 제목이 붙은 결과물을 보냈다. 마셜이 보낸 각서에는 그 본질에 대한 깊은 실망감은 나타나 있지 않았다. 각서상으로는 이 평가가 소련 지상군에는 미국이 이용 가능한 약점이 없다고 말한 것에 가장 크게 반발했다. 그러나 마셜은 개인적으로는 평가 자체에 화가 나 있었다. 그는 분석이 너무 광범위하고 일반적이라, 그 결과물이 그리 큰 의미가 없다고 생각했다. 마셜은 이 평가가 사실상 "소련에는 약점이 없다"는 결론으로 끝난 것을 알았다. 그리고 그 결론이 말도 안 된다는 것 역시 알고 있었다.[10] 마셜은 또한 평가 참가자들의 입장 때문에 상식이 무시되었다고 생각했다. 그중에서도 특히 DIA는, 소련 육군은 수년간 복무하고 제대하는 인원들을 대체하기 위해 반년마다 징집병을 대량으로 입대시키지만, 이것은 전투 준비태세에 전혀 영향을 미치지 않는다고 주장했다. 설상가상으로, 마셜은 DIA국장 대니얼 그레이엄 중장을 만나 평가에 대해서 논의했을 때, 그레이엄이 DIA의 공식 입장과는 모순되게도 개인적으로는 마셜의 주장에 동의한다는 것을 알았다.[12] 이는 총괄평가가 국방장관 등 고위 관료들에게 유용하려면 부처 간 절차 및 모두가 동의할 수 있는 결과만을 내는 경향을 피해야 한다는 마셜의 시각을 뒷받침할 뿐이었다.

마셜은 당시 BDM사*의 직원이던 필립 카버에게 평가 검토를 의뢰했다. 카버의 시각은 마셜만큼 부정적이지는 않았다. 그러나 카버도 이 평가 결과에서 마음에 드는 점을 찾을 수 없었다. 특히 그가 이해할 수 없었던 점은 미군의 전력 수준에서는 예비군과 주 방위군이 빠져 있는데 소련군의 전력 수준에는 제2, 제3급 예비군 사단이 포함되어 있다는 사실이었다. 이것은 이 평가에 심각한 결함이 있다는 마셜의 판단을 뒷받침하는 것이었다. 또한 카버는 이 평가에 제4차 중동전쟁에서 이집트군과 시리아군이 사용한 소련제 최신 무기의 뛰어난 효율성이 무시되어 있다는 점도 알고 놀랐다.[13]

마셜이 NSSM 186 평가에 대한 우려를 요약한 각서를 슐레진저에게 써 보낸 것은 7월 말이었다. 마셜은 이번 평가가 아무리 좋게 봐도 부분적인 성공에 불과하다고 했다. 그는 CIA에게서 필요한 정보를 얻는 게 어려울 것은 예상했으나, 이만큼 어려울 줄은 몰랐다고도 털어놓았다. 이 평가는 소련군의 정량적 측면에 대한 이해도가 정보기관마다 크게 다르며, 최악의 사태를 예측함으로써 이러한 편차를 메우는 경향이 강

* 1959년에 조지프 V. 브래독, 버나드 J. 던, 댄 맥도널드에 의해 창립되었다. 현재는 노스럽 그러먼사의 계열사다.

하다는 것을 드러냈다. 그는 교육 및 보급 등의 문제에 대해서도 양질의 데이터를 얻고 싶으나, 현재로서는 그런 데이터를 거의 얻지 못하고 있다고 슐레진저에게 밝혔다.

또한 마셜은 이 평가가 해결되지 않은 문제들을 여럿 밝혀냈다고 지적했다. 그중 하나는 미육군과 해병대는 소련 육군에 비해 주요 무기체계 당 인원이 거의 두 배나 많다는 것이었다. 이는 미국제 장비가 소련제 장비에 비해 기술적으로 더욱 발전되었고, 지원 및 정비유지도 더욱 잘 받고 있으며 성능과 신뢰성이 더욱 뛰어나다는 방증이 될 수도 있다. 그러나 이번 평가에 참가한 정보기관과 군 조직들은 미·소의 전력 운용 방식의 큰 차이를 접하고도 그것이 과연 미국에 유리한지를 알아내지 못했다. 마셜은 또한 부처 업무단은 소련 육군이 미육군과 해병대에 비해 예비군을 더욱 빨리 동원해 전투에 투입할 수 있음을 발견했으나(이 점은 미·소 지상군 간의 또 다른 큰 차이점이었다), 이 발견의 중요성에 대해서는 의견 일치를 보지 못했음을 지적했다. 마셜의 각서는 이런 말로 끝이 났다. "총괄평가를 이런 상태로 놔둘 수는 없습니다."[14]

슐레진저는 각서를 읽은 후, 마셜을 불러 상황을 논하고자 했다. 이번 평가가 지독히도 부적절하다는 데에는 그도 마셜과 의견을 함께했다. 특히 두 사람은 이번 평가가 NATO가 우위를 점하는 데 이용할 수 있는 소련 지상군의 약점을 알아내는 데 완전히 실패했음도 발견했다.[15] 로프터스·골드해머·슐레진저 등과 함께 협력하며 일반적 조직행동과 소련의 조직행동을 연구한 마셜은, 소련군에는 약점이 없다는 평가보고서의 말을 도저히 납득할 수 없었다. 마셜이 훗날 관찰한 바에 따르면, 소련의 장단점을 더욱 균형 있게 평가한다면 소련에 대한 과대평가, 방어할 수 있는 진지를 버리는 것 같은 잘못된 선택, 미국 자원의 비효율적인 사용 등의 오류를 피할 수 있었다.[16] 그는 또한 상대방의 일처리 방법을 반드시 알아야 한다는 것을 배웠다. 즉, 전시 및 평시 군사력 사용의 심리학 및 정치학적 효과를 알아야 한다는 것이다. 그러나 이번 평가는 그 중요성이 수적 비교로 간략화될 수 없는 이런 정성적 요인을 대부분 무시했다. 마셜은 보고서 검토를 완료했을 때 슐레진저가 이렇게 말했다고 기억한다. "이 똥 같은 건 더 이상 보고 싶지 않아. 이제 더 중요한 일을 하자구."[17]

두 사람은 부처 간 절차나 정보기관, 군, 기존 분석 기관(OSD의 PA&E 등)의 개별적 노력으로는 적절한 총괄평가, 즉 소련에 맞서 다양한 분야에서 군사적 경쟁을 벌이는 미국의 상대적 입지에 대한 솔직하고 객관적인 분석이 불가능하다는 데에도 신속히 의견을 모았다. 따라서 마셜은 총괄평가를 새로운 분석 규칙으로서 개발해야 했다. 그리고 총괄평가국의 몇 안 되는 직원들이 적절한 평가를 위한 힘든 지적 작업 대부분을 수행해야 했다.

마셜은 국방장관이 결정하거나 영향을 미칠 수 있는 것 대부분은 먼 미래의 군대와 전투력 관련 문제라고 생각했다.[18] 만약 그렇다면 총괄평가는 가까운 미래에 있을 수 있는 전투의 결과만을 평가하려는 경향에서 벗어나야 한다, 그런 전투를 치르게 될 부대와 장비, 지휘관들은 이미 현재에도 필요한 위치에 있다. 따라서 국방장관이 그런 전투 또는 전역(戰役)에 미칠 수 있는 영향은 거의 없다. 그런 부분은 빠르게 또는 쉽게 변할 수 없다. 국방장관이 더 큰 영향을 미칠 수 있는 부분은 중장기적 미래의 미군의 특성이다. 국방장관은 그런 먼 미래에 주요 지휘관 및 참모가 될 장교와 지휘자의 선발에 영향을 미칠 수 있다. 그는 또한 최신 최첨단 군사력 관련 연구의 우선순위를 정할 수 있다. 실험적 무기체계를 양산할지, 몇 개나 만들어서 배치할지도 정할 수 있다. 이러한 결정이 군대의 전력 태세에 눈에 띄는 영향을 미치려면 10년 이상이 필요하다. 때문에 국방장관은 장래의 안보환경이 현재와 어떻게 달라질지를 미리 예측할 수 있어야 한다.

따라서 마셜은 총괄평가는 국방부 최고위 지도자들에게 다가올 위협, 또는 현존하며 악화될 위협을 알아내 경고하고, 미국이 현재 가지고 있거나 개발할 수 있는 기회와 이점을 알려주는 데 주력해야 한다고 자연스럽게 생각하게 되었다. 마셜은 "그러한 시각으로 조명하는 그러한 문제야말로 *전략경영 문제*이다. 총괄평가는 전역사령관이 눈앞에 닥친 문제를 해결하기 위함이 아니다"라는 점을 느끼게 된다.[19]

그렇다고 먼 미래에 초점을 맞춘 총괄평가가 오늘날의 군민 고위지도자에게 쓸모없다는 뜻은 아니다. 다만 이들은 마셜의 주 고객은 아니었다. 총괄평가는 국방장관을 위해 실시되어야 한다. 현존하는, 그리고 장차 다가올 가장 중요한 군사적 경쟁에 처한 국방부가 직면한 전략경영 문제 해결에 도움이 되어야 하는 것이다. 마셜과 그의 부하들은 경쟁 속에서 가장 어려운 문제 또는 가장 매력적인 기회 한두 가지를 조기에 발굴해 부각하고자 할 것이다. 이로써 국방장관이 적시에 결정을 내려 경쟁의 결과를 변화시킬 수 있도록 할 것이다.

이러한 식의 업무를 감당하기 위해, ONA는 국장이 미국 내 가장 재능 있는 개인과 조직(정부 이외의 장소 포함)에 지급할 수 있는 연구 예산이 있었다. 이는 마셜의 RAND 경험이 반영된 것이다. 특히 1950년대

RAND 최고경영진은 연구소의 업무를 도울 최고로 우수한 인재(외부 컨설턴트 포함)를 미 전국에서 찾아다녔다. 마셜은 기업 전략 영역의 사고방식을 배울 수 있는 것이야말로 이러한 방식의 가장 큰 장점이라고 보았다. 기업들도 자사의 장점을 이용해 시장 지배력을 높이고 경쟁사를 몰아내기 때문이다.

마셜과 슐레진저는 ONA의 총괄평가가 처방적이라기보다는 진단적이라는 데 동의했다. 이들은 소련과의 주요 군사적 경쟁 영역에서 미국이 현재 서 있는, 그리고 앞으로 5~8년 후 서게 될 상대적 입지를 알기 위해 노력할 것이었다. 그러나 마셜의 총괄평가국은 안보 문제를 해결하거나 기회를 이용하기 위한 군사적 능력에 대한 처방전을 쓰지는 않을 것이었다. 그런 결정은 국방장관을 비롯한 국방부 고위 관료들의 몫이었다.

슐레진저는 ONA가 국방부 내 다른 부서들과 조정 절차를 거치다가 평가에서 제 목소리를 내지 못하는 일을 막고자, 국방부는 물론 다른 어떤 정부 기관과의 조정도 없이 평가하여 국방장관에게 직보하도록 지시했다. 그럼으로써 ONA는 최상의 판단을 국방부에 전달할 수 있는 것이다.[20] 또한 총괄평가에는 일정표가 없었다. 빨리 평가하는 것보다는 정확하게 평가하는 것을 더 중요하게 여긴 것이었다. 마셜은 완벽한 평가를 위해 시간을 얼마든지 사용할 수 있었다. 그는 정규 일정표에 얽매여 주요 평가를 갱신할 필요가 없었지만 거의 언제나 기존 및 변화하는 군사균형에 대한 요약을 내놓고 국방장관이 지휘하는 특수 프로젝트를 지원할 준비가 되어 있었다.

총괄평가의 성격을 국방장관 한 사람만을 위해 ONA가 독자적으로 작성하는 개인 문서로 바꿈으로써, 원래 부처 간 협동으로 진행되던 국가총괄평가의 절차도 완전히 바뀌게 된다. 이렇게 슐레진저와 마셜은 총괄평가의 진화와 성장에 필요한 틀과 조건을 짜게 되었다. 슐레진저가 처음 만든 이 방식은 후임자인 도널드 럼스펠드와 해럴드 브라운에 의해 인정되고 높은 수준의 제도화가 이루어진다.[21]

마셜은 자신이 유용한 평가를 슐레진저에게 가까운 장래에 제공해 줄 수 있으리라고 보지 않았다.[22] 그는 소수의 부하 직원들만을 데리고 가파른 학습 곡선을 그리며 새로운 형태의 분석 방법을 개발해야 했다. NSSM 186 평가는 마셜이 원하는 형태의 데이터를 정보기관에만 의존할 수 없음을 입증했다. 다른 정보 출처를 알아봐야 했다. 그것 역시 시간이 걸린다. 마셜은 시뮬레이션과 모델링의 상태를 검토한 후, 그것들 역시 신뢰성 있는 전투 결과 판단 및 예측 도구로 사용할 수 없다는 결론을 내렸다. 따라서 다른 접근법이 필요했다. 가상 전쟁의 결과 분석은 정교하지만 엄청나게 비싼 시뮬레이션보다는, 숙련된 군사 실무자들이 진행하는 전쟁게임에 의존하는 편이 나았다.

그다음 슐레진저와 마셜은 어떤 평가에 최우선순위를 부여할지를 논의했다. 이들은 얼마 후 ONA가 처음에는 3개 영역에 집중하는 것이 좋겠다는 데 의견을 모았다. 그중 가장 우선시되는 영역은 미·소 간 전략핵 균형이었다. 마셜은 그 분야에서 수십 년 철저한 연구를 했다. 무엇보다도 소련의 핵무기는 미국의 생존을 끝장낼 수 있는 유일한 현실적 위협이었다.

두 번째로 평가할 대상은 NATO와 바르샤바조약기구 간의 군사력 균형이었다. 바르샤바조약기구는 소련과 동유럽 위성국가들이 맺은 군사동맹이었다.* 이것 역시 당연한 선택이었다. 소련 육군과 공군의 재래식 전력 대부분은 중부유럽의 NATO군과 대치하고 있었다. 그리고 소련군 증원 병력 대부분도 폴란드 바로 뒤의 소련 서부 군 관구에 배치되어 있었다. 이들 소련군은 서유럽에 분명히 위협을 가하고 있었다. 따라서 미국은 NATO 동맹국인 프랑스, 대영 제국, 서독을 방어해야 했다.** 만약 소련군이 서유럽을 정복한다면 미국과 소련 간의 전반적 군사력 균형은 소련 측에 우세하게끔 근본적으로 바뀌게 된다. 또한 중부유럽에서의 재래식 전쟁은 핵전쟁으로 확전될 가능성이 제일 높았다.

마셜과 슐레진저는 세 번째 영역을 미·소 간 해군력 균형으로 잡았다. 해군력 균형을 전략 기동 및 해외 전력 설계 능력으로 본다면, 미국의 군사력은 소련을 한참 능가하고 있었다.[23] 그러나 소련 해군의 우선순위는 갈수록 높아지고 있었다. 따라서 소련이 바다라는 새로운 '사업영역'으로 들어와 미국과 직접 경쟁을 벌일 확률 역시 높아지고 있었다. 마지막으로, 이러한 평가를 통해 마셜은 국경에서 멀리 떨어진 곳에 전력구축 작전을 벌이려는 소련의 시도를 고찰할 수 있을 것이다.

슐레진저는 마셜과 함께 이 세 가지 평가를 하기로 합의한 지 얼마 후, 한 가지 평가 영역을 덧붙였다. 슐레진저는 CIA국장 시절 소련의 군비가 경제에 미치는 부하에 대한 CIA의 판단에 동의하지 않았다. 그

---

* 바르샤바조약기구에는 소련 이외에도 불가리아, 체코슬로바키아, 독일민주공화국(통칭 동독), 헝가리, 폴란드, 루마니아가 있었다.

** 서독의 정식 국명은 독일연방공화국이다. 프랑스는 1966년 NATO의 단일군 지휘 구조에서 이탈했으나, NATO 회원국 자격은 유지했고, 서독에도 계속 병력을 주둔시켰다.

때의 경험을 되살린 슐레진저는 마셜에게, CIA에 부하 판단을 재고하라는 압박을 넣으라고 지시했다. 이로써 향후 군사력에 중점을 둔 일련의 미·소 투자균형 분석들이 나오게 된다. 미국 예산 범주를 기준으로 보면, 이는 연구개발, 획득, 전력 건설 등의 지출에 주안점을 두게 된다.[24] 마셜에게 이 평가는 미·소 전략핵 경쟁 같은 것의 기능적 균형도, NATO-바르샤바조약 간 경쟁의 지역적 균형도 아니었다. 진화하는 군 전력과 능력에 대한 양국의 자원 할당을 비교하는 것이었다.

슐레진저는 과연 소련의 군비 지출은 타당한 수준인지를 꼭 알고자 했다. 그 답을 알면 미·소 간 경쟁의 장기 예측이 가능할 것이다. 만약 소련이 미국의 절반밖에 안 되는 경제 규모와 GNP의 6~7퍼센트에 달하는 군비 지출로도 미국보다 더욱 큰 군사력을 보유하고 있다면, 미국의 장래는 암담했다. 그러나 ONA로부터의 압박에도 불구하고, CIA는 소련의 군비 지출이 GNP의 6~7퍼센트라는 주장을 1970년대 중반까지 계속했다.[25]

훗날 슐레진저는, CIA국장 시절 CIA 소속 경제학자들에게 소련 군비부하 문제의 대강을 다음과 같이 설명했다고 회고했다. "이 친구들(소련)을 좀 봐. CIA에서는 소련이 GDP 또는 GNP의 6퍼센트를 군사비로 사용한다고 하고 있어. 그런데 소련에서 생산한 이 많은 장비들을 좀 봐봐!… 소련인들은 기적의 노동자일까? 아니면 우리 분석에 뭔가 문제가 있는 것일까?"[26] 미국 경제는 소련 경제의 2배 규모였고, 양국 모두 GNP의 6퍼센트만 군사비로 사용한다면, 미국 국방예산은 소련의 정확히 2배가 되어야 했다. 그러나 소련의 군사계획 비용을 알아내려는 CIA의 시도는 정반대의 결론을 내놓고 있었다. 슐레진저가 부하 직원들에게 한 말을 들어보자.

> 우리는 1년에 전차 180대를 생산하고 있는데, 소련은 1년에 2,800~3,000대를 생산한다. 아마 전차 품질은 우리나라가 더 좋을 것이다. 하지만 소련의 군 장비 생산능력은 정말로 경이롭다. 미국의 연간 항공기 생산 수는 소련의 몇 분의 1밖에 되지 않는다. 물론 미국 항공기는 소련 항공기보다 더욱 우수한 전자장비를 달고 있지만, 그 압도적인 수적 우세를 보라… 소련은 달러로 환산했을 때 미국 국방예산의 160퍼센트를 쓰고 있다.… 산업 능력과 경제 활동의 큰 부분을 국방에 사용하고 있다.[27]

슐레진저와 마셜은 소련의 군비 증강이 소련 경제에 주는 부하가, CIA의 주장보다 더 크다고 생각했다. 소련에 기적의 노동자 같은 것은 없었다. 대신 GNP와 산업 기지 중 매우 큰 부분을 군비에 투자하고 있을 뿐이었다. 너무 많이 투자해서 다른 분야가 위축을 받을 정도였다. 당연히 그런 투자는 오래 지속할 수 없다. 핵심은 이것이었다. 만약 슐레진저와 마셜의 생각이 옳다면 시간은 미국의 편이라는 것이다. 위기에 빠지는 것은 미국이 아니라, 소련이라는 것이었다.

슐레진저는 CIA에 단 5개월만 근무했다. CIA 내부의 관료조직과 맞서 싸워 승리를 얻어내기 충분한 기간이 아니었다. 그러나 국방장관에 취임한 이후, 그는 CIA 정보 부국장 에드워드 프록터에게, 소련 GNP 중 지극히 작은 부분만 국방비로 사용된다는 CIA의 계속되는 주장을 전혀 믿을 수 없다고 개인적으로 털어놓았다.[28]

슐레진저와 마셜이 소련의 군비 부하를 재검토해보라고 CIA를 압박했지만, CIA의 경제학자들은 좀처럼 입장을 바꾸려고 하지 않았다.[29] 마셜이 계속 노력했지만, CIA는 슐레진저가 국장이던 시절에 내린 소련의 군비 부하를 재검토해볼 생각을 하지 않았다.[30] 그 후로도 냉전이 끝날 때까지, CIA는 소련 경제의 군비 부하는 마셜과 슐레진저의 생각보다 훨씬 적다는 주장을 고수했다.

마셜은 ONA가 주요 평가를 해야 할 미·소 군사력 경쟁의 4대 주요 영역에 대해 합의를 보았다. 이제 평가를 가장 잘 구성하는 방법을 정해야 했다. 그는 여러 차례의 반복 끝에 1976년, 미·소 간 균형을 찾기 위한 4개 섹션으로 이루어진 기본구조를 완성했다. 첫 번째 섹션은 기본 평가다. 기본 평가는 독자에게 조사할 경쟁의 개괄을 전달한다. 즉, 미국이 소련과의 군비 경쟁을 해나가는 방식은 무엇인가? 과거에 비해 미국의 입지는 개선되었는가? 현 상황으로 볼 때 미국의 입지는 앞으로 개선될 것인가? 등의 내용을 다룬다. 두 번째 섹션은 미·소 간 경쟁의 주요 비대칭성을 다룬다. 경쟁 때에 미국과 소련의 행위는 어디에서 큰 차이가 나는가? 이러한 비대칭성에는 목표·교리·전력 구조·전력 태세(기지 선정 등)·동맹국·보급·현대화 노력 등 다양한 것이 포함된다. 이러한 주요 비대칭성의 중요성을, 경쟁에 미치는 영향이라는 관점에서 분석 평가할 것이다. 세 번째 섹션은 기본 평가의 결과에 큰 영향을 줄 수 있는 주요 불확실성을 발견하고 논의한다. 마지막인 네 번째 섹션은 경쟁 중 문제가 드러난 영역과 기회가 드러난 영역을 찾아 언급할 것이다. 둘 다 중요성은 동일하며 미국의 경쟁 입지를 개선하기 위해 이용해야

한다.[31]

슐레진저는 마셜과 총괄평가국에 엄청나게 큰 자율성을 주었다. 이것이 국방부 및 정보기관으로부터의 완전한 독립을 의미하는 것까지는 아니었지만 말이다. 마셜은 평가를 수행하려면 국방부와 정보기관의 지원이 필요하다는 것을 깨달았다. 이들은 다른 곳에서 얻을 수 없는 데이터를 갖고 있었다. 예를 들어 CIA는 소련군 전투서열 정보의 메카였다. 핵무기·기갑군·비행연대·해군 부대 등 모든 소련군 부대의 전투서열 정보를 다 가지고 있었다. 달러로 환산한 소련 국방비 지출액 및 소련 경제 전체 규모 정보도 가지고 있었다. 미군 관련 정보 역시 마찬가지였다. CIA는 미군의 전투서열 변동 이력 정보를 다 가지고 있었다. 또한 개발 중인 신 무기체계의 향후 배치 모습에 대한 식견도 줄 수 있었다. 국방장관 슐레진저는 CIA국장 출신이었으므로, 마셜은 처음에는 슐레진저와의 가까운 관계를 이용해 원하는 정보를 쉽게 얻을 수 있으리라고 생각했다. 그러나 다른 대부분의 거대 조직처럼 CIA도 정보를 쉽게 공유하려 하지 않았다. 특히 비밀등급이 가장 높은 정보나, CIA에 불리한 분석을 뒷받침하는 정보일수록 더욱 그랬다.

마셜은 슐레진저의 지원을 간절히 원하게 되었다. 국방부식 표현으로 하자면 최고위층 지원이었다. 다른 정부부처에서는 ONA를 경계하고 있었다. 특히 ONA의 활동으로 자신들의 이익이나 영향력이 줄어들 거라고 여기는 부처일수록 더욱 그랬다. 마셜이 기존의 상식에 끊임없이 도전해 온 인물이라는 점도 이들의 불안을 더욱 키웠다. PA&E 등 OSD의 분석 조직, 그리고 육해공군의 일반적인 반응은 자신들도 총괄평가를 해왔거나 할 수 있다는 것이었다. 그들은 마셜이 하고자 하는 것이 필요 없었다. 특히 총괄평가 업무를 연례 국방부 예산기획 주기에 밀어 넣으려던 PA&E 체계분석가들이 이러한 시각이 심했다.

마셜과 슐레진저는 총괄평가를 통해 체계분석과 경쟁하고 싶지 않았다. 이들은 총괄평가를 통해 가까운 미래를 위한 무기체계 선택 같은 것보다 더욱 먼 미래의 군사적 문제를 더욱 포괄적으로 분석하고자 했다. 그러나 기존의 부처들은 이런 뜻을 이해하지 못했다. 만약 의심스러운 점이 있다면 마셜의 말을 들었어야 했다. 마셜은 총괄평가는 계획 권고 수립에 연관되어서는 안 된다고 단호히 주장했다. 총괄평가가 국방부 기획·계획·예산 절차에 흡수된다면 먼 미래를 내다보는 광범위한 시각을 잃어버리고, 가까운 미래를 위한 처방을 내리는 환원주의적 관점을 띠게 될 것이다. 그러면 체계분석과 다를 바가 없게 되는 것이다. 어떤 사람은 총괄평가가 통상 정보생산 절차를 따라해야 한다고 주장했다. 이는 기존의 국가정보를 평가하고, 미국과 그 동맹국을 경쟁국 및 적국에 비교해 균형 잡힌 객관적 평가를 하기 위해서는 독립적인 총괄평가단이 필요하다는 마셜·슐레진저·키신저·닉슨 등을 포함한 여러 사람의 믿음을 무시하는 주장이었다.

ONA는 이렇게 정부부처, 그리고 자칭 경쟁자 조직들로부터 차가운 시선을 받았다. 그러나 그 원인은 다른 부처들이 마셜의 의도를 똑바로 이해하지 못했기 때문이었다. 국방부를 포함한 여러 거대 조직에서는 언제나 새로운 방법론·절차·업무 방식을 사용하여 관료제도의 병폐를 고치려는 사람이 있다. 이런 시도는 거의 대부분의 경우 실효성이 없는 것으로 밝혀진다. 그리고 뿌리를 채 내리기도 전에 조직의 기존 방식을 엉망으로 만드는 경우가 많다. 이런 과거의 기억들을 알고 있으면서도 마셜의 의도를 모르던 관료들은 공포에 몸을 내맡기고 말았다.

마셜 본인도 비난을 받았다. 굳이 불신을 해소시키려 애쓰지 않았던 마셜의 태도가 비난을 받은 것이었다. 극소수의 예외적인 사례를 빼면 그는 총괄평가와 그 목적을 정의하려고 하지도 않고, 거기에 대한 자신의 시각을 설명하려 들지도 않았다. 1972년 보고서 「총괄평가의 속성과 범위」는 마셜의 개념을 상당히 명료하게 표현해주었다. 그러나 이 보고서는 널리 읽히지 못했다. 심지어는 마셜의 부하들도 읽지 않았다. 이 보고서는 2002년에야, 마셜 사무실의 바인더 속에서 발견된다.

마셜의 침묵은 도움이 되지 않았다. 그러나 그런 태도를 유지하는 데는 나름의 이유가 있었다. 그는 문자 그대로 새로운 분석 분야를 만들어내고 있었다. 얻는 것은 별로 없었고 많은 것을 잃어가면서도 그는 한계와 공식적 정의 속에 빠져들어, 나중에 후회할지도 모르는 총괄평가의 길을 가고 있었다.

마셜이 이런 스핑크스 같은 태도를 취한 데는 다른 이유도 있었다. 그는 독학을 통해 엄청난 것들을 배웠다. 따라서 그는 휘하의 군 장교와 민간인 직원도 독학을 통해 총괄평가의 상세한 방법론을 배울 수 있을 거라고 생각했다. 이런 태도는 마셜 휘하의 많은 군 장교를 크게 좌절시켰다. 군 장교들은 상세한 지침에 맞춰 명확한 임무를 수행하는 데 익숙한 사람들이다. 그렇게 편안한 임무수행 환경에서 자라난 사람들에게, 마셜은 대강의 지침 이외에는 아무것도 주지 않았다. 당하는 입장에서는 분석의 황무지에 내버려진 것 같은 느낌이었다.

마셜은 좋은 평가를 하는 것은 박사학위 논문을 쓰는 것과 비슷하다고 보았다. 박사논문 집필과 마찬가지로, 총괄평가 역시 딱 떨어지게 적용할 수 있는 '공식'은 존재하지 않는다.[32] 총괄평가를 하는 ONA 직원들에게는 평가 영역의 새로운 지평을 찾아 조사할 것이 요구되었다. 그리하여 기존의 지식체계에 크게 기여할 수 있는 새롭고 독창적인 시각을 제공하는 것이었다. 마셜의 군사 보좌관 중 한 명은 당시 느꼈던 좌절감에 대해 훗날 이렇게 말했다. "마셜은 자신이 모르는 가치 있는 이야기를 부하 직원들에게서 듣기를 원했다. 자신이 아는 얘기만 하는 부하 직원은 필요로 하지 않았다."[33]

마셜은 ONA 평가를 위한 분석틀을 개발하는 한편, 분석에 활용할 우수한 데이터도 필요로 했다. 정보기관과 군대가 제공하는 데이터의 한계에 실망한 마셜은 자신만의 데이터베이스를 개발하기 시작했다. 이를 위해 그는 BDM의 필립 카버를 고용, NATO와 바르샤바조약군의 이력을 데이터베이스화하는 작업을 맡겼다. 미·소 지상군에 대한 NSSM 186 I단계 평가 이후, II단계로 NATO와 바르샤바조약기구의 전술 공군력 비교 평가가 결정되었다. 카버는 이 평가의 분석 지휘를 맡기로 했다. 물론 I단계에 사용되었던 것과 같은, 부처 간 구조와 절차라는 부담이 있긴 했지만 말이다. 카버에게 배속된 부하 직원 중 대다수는 전역을 눈앞에 두고 있는 영관급 장교들이었다. 이들은 평가에 필요한 데이터 수집 업무와 분석적 관행에 익숙지 않았다. II단계 연구는 1974년 여름부터 시작되었으며 1975년 11월에 종료되었다.

카버는 민간인 하청업자 신분이었기 때문에, ONA의 로빈 피리가 전술 공군전력 평가를 감독하게 되었다. II단계 연구가 종료되어가자, 피리는 카버에게 BDM사의 젊은 분석관들을 ONA에 데려와서 군 장교를 대체하는 것이 어떻겠느냐고 제안했다. 장교들은 연구가 종료되면 이곳을 떠나기 때문이었다. 마셜 역시 이에 동의했다. 그리고 관료적 제약을 벗어나기 위해 유럽 군사력 균형에 대한 독립 연구에 예산을 사용하기로 했다.

마셜의 새로운 접근법은 '프로젝트 186' 혹은 P-186으로 불렸다. 186이라는 숫자는 NSSM 186에서 따왔다. P-186은 마셜의 총괄평가국에서 자금을 대고 운영하는 장기 연구 프로젝트로 설계되었다. P-186의 실제 실행 주체는 BDM의 카버가 될 것이었다. 카버는 평가를 지원할 소규모 팀을 조직하기 시작했다. 이제 부처 간 절차를 통한 평가는 더 이상 없을 것이었다.

P-186은 냉전이 끝날 때까지 계속되었다. 그 주안점은 중부유럽의 NATO군과 바르샤바조약군의 군사력 평가였다. 여기서 말하는 중부유럽에는 벨기에, 네덜란드, 룩셈부르크, 동독, 서독, 폴란드, 체코슬로바키아가 포함된다.[34] ONA는 많은 고찰을 통해 P-186을 만들고 지도했다. 가장 중요한 점은, 카버가 마셜에게 NATO군 및 바르샤바조약군 연구를 제공한다는 점이었다. 이 연구는 마셜에게 유럽 군사력 경쟁에 대한 새로운 시각을 제시할 것이었다. 미국 정보기관과 군이 제공하는 데이터의 빈약함에 실망한 마셜은 NATO 및 바르샤바조약군에 대한 독자적인 통합 데이터베이스를 만들기로 결정했다. 그리고 계약을 통해 데이터베이스 작업을 매년 계속하기로 했다. 마지막으로, 이러한 노력은 II단계 연구 중 국방장관 브리핑 후 카버와 슐레진저 간의 논의로 도출된 지침을 통해 알려졌다.

슐레진저는 평가에서 3가지를 원한다고 카버에게 말했다. 첫 번째로, 시간의 흐름에 따른 적군의 추세 데이터다. 이 데이터가 있으면 양군의 입지는 물론 군사적 경쟁의 변화를 알 수 있다. 이는 현 상황의 '기울기'만 봐서는 알 수 없는 부분이다. 추세를 고찰하면 소련이 시대에 따라 다양한 군부대 중 어느 것을 더 중시했는가를 알 수 있다. 그러면 소련의 의도와 전략 또한 알 수 있다. 두 번째로, 슐레진저는 미국 또는 NATO의 입지에 영향을 미치는 경쟁의 정성적 측면에 대한 감각을 얻고자 했다. 이는 단순한 전차·항공기·포·사단 등의 숫자만 가지고서는 알 수 없는 것이다. 이 두 가지는 마셜이 NATO군과 바르샤바조약군의 성격에 대해 새로운 시각을 얻기 위해 알고자 하는 바와 일치했다. 세 번째로 슐레진저는 더욱 의미 있는 전력 비교를 원했다. 예를 들어, II단계 평가에서는 NATO군과 바르샤바조약군의 공격용 항공기를 서로 단순 비교했다. 그러나 슐레진저는 이 항공기들의 능력을 상대편의 통합 방공망, 즉 전시에 실제로 맞닥뜨릴 적의 능력과 비교하고자 했다.[35]

NATO와 바르샤바조약기구의 재래식 전력과 전역 핵전력의 이력에 대한 데이터베이스 작업은 필수불가결한 토대였다. 슐레진저와 마셜도 알다시피, 양측을 동일한 시점(時點)에서만 비교하면 경쟁이 현재와 같은 형태가 된 경위도 알 수 없고, 장래에 어떤 형태가 될지도 알 수 없다. NATO군과 바르샤바조약군에 대한 P-186 데이터베이스는 1960년대 중반부터 1980년대 후반까지의 시기를 모두 다루게 되었고, 중부유럽 주둔 부대는 물론 유사시 미 본토와 소련 서부 군 관구에서 오는 증원 병력도 다루고 있었다. NATO와 바르샤바조약군의 동원 및 증원 능력도 자세히 다루고 있어 전쟁 개시 이전 동맹국들의 동원이 시작될 경우 전력 비율의 변화를 알 수 있다.

또한 슐레진저와 마셜이 의도한 바와 마찬가지로 NATO군과 바르샤바조약군 간에 작전적으로 더욱 의미 있는 비교를 구현했다. 예를 들어서 기갑부대와 대(對)기갑부대 간의 능력 비교, 재래식 항공타격 능력과 방공 능력 간의 비교 등이다.[36] 이로써 마셜과 부하 직원들은 양측의 군사력 균형에 대해 그 어떤 때보다도 더 정확히 알게 되었다. 예를 들어, 1개월간의 동원 기간 중 군사력 균형이 바르샤바조약군에 더욱 우세하게 기울어지는 기간이 며칠간 있다면, 미 국방장관은 이를 NATO의 약점으로 받아들이고 주의해야 하는 것이다. 소련군이 이 사실을 알고 있다면, 그런 시점을 놓치지 않고 공격을 시작하려 할 것이다. 그러면 전쟁 억제는 실패하는 것이기 때문이다.

데이터베이스 개발은 기념비적인 사업임이 입증되었다. 이상하게도 미국의 NATO 동맹국 데이터 획득은 바르샤바조약군 전력 판단보다도 더욱 어려웠다. 미국 정보기관의 동맹국에 대한 첩보 행위는 공식적으로 금지되어 있었다. 때문에 동맹국의 군 전력과 계획에 대한 세부 내용 데이터베이스는 만들 수 없었다. 게다가 키프로스를 놓고 벌이는 그리스와 터키 간의 분쟁도 있었다. 두 나라 모두 NATO 회원국이었지만, 두 나라는 서로를 적으로 여겼고, 자국의 군사정보 공유에 소극적이었다. 상대국에게 악용될 수도 있다고 보았기 때문이다. 따라서 두 나라는 평가가 곤란할 만큼 자국의 전력 데이터를 비밀화했다

결국, 마셜이 힘을 써서 유럽의 문을 열어야 카버의 팀이 제대로 평가가 가능했다. NATO의 자료보관소에는 미 국방부에도 없는 전투서열 이력 데이터가 있는 것이 드러났다. 카버 휘하의 분석관인 디에고 루이즈 파머는 이렇게 회상한다.

우리는 누구도 꿈조차 꿀 수 없을 만큼 엄청난 정보열람 권한을 가지고 있었다. 미국정부가 가지고 있는 소련·바르샤바조약기구·미국·NATO 관련 정보라면 뭐든지 볼 수 있었다.… 또한 중장에서 대장급 장교까지 폭넓게 접촉이 가능했다. 앤드루 마셜은 다양한 곳의 수많은 문을 열 수 있었다. 미국의 전쟁계획도 알 수 있었고, NATO의 방위계획 대강도 SACEUR (Supreme Allied Commander Europe, 유럽연합군 최고사령관) 등급에서부터 등급 불문하고 모두 볼 수 있었다. 또한 소련의 특별 데이터도 볼 수 있었다.… 폴란드군 대령 리사르트 쿠클린스키는 P-186의 얼굴 없는 직원이었다. 그는 1973년부터 1981년까지 8년간 큰 위험을 무릅쓰고 CIA에 엄청난 정보를 전해 주었기 때문이다.[37] 그 덕분에 미국은 바르샤바조약기구에 대해 폭넓은 시각을 가질 수 있었고, 마치 마법처럼 정보의 퍼즐 조각들을 맞출 수 있었다.[38]

마셜은 소련군과 바르샤바조약군, 그들의 군사비 지출에 대해 더 많은 정보를 얻고자 했다. 미국의 냉전 전략의 주안점은 전시 핵심 국익의 보전 뿐 아니라 전쟁의 억제에도 있었다. 미국의 적을 격퇴하기 위해서는 미국의 시각에서 군사력 균형을 보아야 했다. 그러나 전쟁을 억제하기 위해서는 적이 이 균형을 보는 시각을 알아야 했다. 따라서 소련정부의 이른바 '전력 상관관계' 계산법을 알아내는 것이 매우 중요하다.

이 때문에 마셜은 ONA 내에서 이른바 '소련 평가'를 실시하게 되었다. 그 주요 질문은 다음과 같다. 소련은 서방과의 군사력 경쟁을 어떻게 평가하고 있는가?* 소련은 ONA의 주요 균형 영역의 전력 상관관계를 평가하기 위해 어떤 기획상 가정·분석 수단·모델·기술적 계산·효율성 측정·기준·주요 시나리오를 사용하고 있는가? 이러한 평가 결과를 바탕으로 어떤 환경이 더해졌을 때 소련은 공격적 또는 위압적인 행동을 취하는가? 소련의 행동에 영향을 주기 위해 미국이 이용해야 할 기회를 알아내는 것도 총괄평가의 목적 중 하나다. 그렇다면 소련이 어떤 생각을 가지고 전쟁에 따르는 비용과 이득을 계산할지 아는 것은 매우 중요하다. 특히 유럽에서라면 더욱 그렇다.

이러한 문제에 대한 해결책을 찾던 마셜은 존 바틸레가를 찾았다. 그는 당시 캘리포니아주 라호이아에 본사를 둔 국방컨설팅 기업 '국제응용과학(Science Applications International, SAI)'의 직원이었다. 바틸레가는 정량적 분석이 전문이었고, 오리곤주립대학에서 응용수학 박사학위를 취득했다. 그는 베트남전쟁 중에 미육군에서 복무했고, 제대 후 미국 항공우주 대기업인 '마틴 매리에타'에서 엔지니어로 잠시 일했다. 그러다가 1969년 마틴 매리에타를 퇴직하고 SAI에 입사했다. 이곳에서 그는 CIA 전력평가분석반(Force Evaluation Analysis Team, FEAT)의 지부장 앨런 렘을 위해, '프로젝트 이거(Project Eager)', 즉 미·소 핵전력 평가를 위한 분석 방법과 컴퓨터 모델의 개발을 감독하게 된다.[39]

CIA 및 기타 후원자들의 자금 보조가 끊긴 후에도 마셜은 바틸레가의 '프로젝트 이거'를 계속 도왔다. 이는 시간이 갈수록 큰 이익을 주었다. 바틸레가의 팀은 소련식 운영 분석법은 물론, 소련이 군사력 경쟁 평가에 사용하는 기타 분석·모델링·시뮬레이션 방법에 대해 폭넓은 시

* 마셜은 네이선 라이츠의 도움을 받아 미국의 주요 동맹국의 군사력 경쟁 평가방식도 연구했다. 미국이 이들과의 동맹을 유지하고자 한다면 이들이 중시하는 군사력 균형의 측면, 이들이 중시하는 군사적 능력을 알아야 한다. 미국은 이러한 정보를 통해 동맹국과의 거래에서 무엇을 더 중요하게 여길지를 바로 정할 수 있다.

각을 획득했다.[40] BDM의 P-186의 경우, 바틸레가의 조직은 그 임무를 약 20년간이나 수행하면서 소련군이 서방과의 경쟁에서 자신들의 입지를 알아내고 평가하는 방식에 대한 정보 창고를 차렸다.

바틸레가는 카버와는 다른 부분의 퍼즐을 맞추고 있었다. 그것은 마셜이 불완전하고 일시적으로나마 풀고자 하는 부분이기도 했다. 군사력 경쟁은 그 특성상 역동적이라 끊임없이 변화하고 진화하기 때문이다. 바틸레가는 참조 자료를 정하는 나름의 조건을 가지고, 부하들과 함께 미·소 경쟁 전반은 물론, 특히 군사력 경쟁을 계산하는 소련의 시각을 얻고자 소련에서 집필한 자료, 특히 군사 자료를 샅샅이 뒤졌다. 이러한 방향의 연구를 통해 획득한 시각이 중요한 이유는 두 가지다. ①미국 고위 정책결정자들이 소련의 위압, 또는 공공연한 도발을 억제하는 법을 알게 해 준다. ②소련이 미국의 이익에 맞게 움직이게 하는 법을 알게 해 준다.

시간이 흐르면서 바틸레가와 그의 팀은 소련군식 평가와 미군식 평가 사이의 3가지 차이, 즉 비대칭성이 있음을 알아냈다. 첫 번째 차이는 용병술의 근본적인 차이에서 기인한다. 당연한 이야기일지 몰라도, 소련은 전쟁을 마르크스 변증법적 논리에 입각해서 본다. 바틸레가의 결론에 따르면, 소련은 전쟁을 객관적 법칙에 지배되는 과정으로 이해하고 있었다. 따라서 이러한 법칙을 이해하고 군사작전 기획에 그대로 활용한다면 전쟁에서 승리할 수 있다는 것이다. 이런 믿음을 지닌 소련군은 그 법칙을 찾아내려고 혈안이었다. 그들은 과거 전투와 전역을 열심히 연구하여, 승리와 패배의 요인을 알아내려고 했다. 소련군은 총참모부에서부터 이러한 요인들을 다양한 모델과 시뮬레이션에 적용시키고,

전투의 승리를 보증하는 과학적인 공식을 얻어내고자 했다.

이러한 방식 때문에 소련과 바르샤바조약기구는 객관적 전쟁 법칙이 정확하게 적용되도록 상의하달식 전쟁수행 구조를 취하고 있었다. 반면 미군과 NATO군은 정반대의 방식을 취하고 있었다. 이들은 전쟁수행을 과학이라기보다는 기술의 영역으로 보았다. 서구의 군 지휘관과 참모들은 인간의 신체적·인지적 한계에서 발생하는 전쟁의 '안개'와 '마찰'을 너무나도 잘 알고 있었다. 안개란 피할 수 없는 정보의 불확실성, 마찰이란 전투 상호작용의 태생적 비선형성을 의미한다. 그래서 서구 군인들은 전투의 성공을 보증해주는 특정한 공식을 찾기보다는, 기획 또는 의도한 대로의 작전수행 능력을 저하시키는 전쟁의 안개와 마찰을 필연적인 것으로 여겼다. 미군 역시 그러했다. 그들은 전쟁의 안개와 마찰을 굳이 없애려 들지 않았다. 대신 그 영향을 최소화할 수 있도록 초급장교와 하사관을 단련시켜, 변화하는 상황에 주도적으로 대응하고 판단할 수 있도록 한 것이다. 간단히 말하자면 하의상달식 방식이었다. 미군은 "전쟁의 모든 것은 간단하다. 그러나 가장 간단한 것은 어렵다"라는 프로이센 군사이론가 카를 폰 클라우제비츠의 말, 그리고 "적과 마주쳐서도 유효한 계획은 없다"라는 프로이센 장군 헬무트 폰 몰트케의 말을 금언으로 여기고 있었다.

바틸레가 혼자만 서구와 소련의 평가방식 차이를 알아낸 것이 아니었다. 미국 국방 지도부의 다른 이들도 비슷한 결론을 얻어냈다. 바틸레가의 연구팀만큼 소련의 작전 연구 문헌과 전력 상관관계 계산을 깊이 파고 든 사람들이 소수나마 있었던 것이다. 연구자들은 시간이 지나면서 소련군이 기획과 평가에 사용하는 규범·규칙·계산을 더 많이 발견하게 되었다. 이 모든 것은 1941~1945년 사이 벌어진 독·소전, 중동전쟁 등에서 얻은 경험적 데이터에 기반한 이론에서부터 나온다. 그러나 전력 상관관계가 압도적인 측이 이기지 못한 전투나 작전이 있을 경우, 소련은 다음과 같이 생각한다는 것을 바틸레가는 알았다.

> 소련은 결코 "우리의 이론이 틀렸어"와 같은 결론을 내리지 않는다. 대신 이런 결론을 낸다. "이런 결과를 끌어낸 힘의 차원을 몰랐던 거야. 틀린 건 우리의 지수(指數)야." 그러면서 그들은 역사분석을 반복한다. 그 상황의 진정한 힘의 차원을 알아내기 위해서다. 그리고서 거기에서부터 전력 상관관계의 시각으로 상황을 다시 특징짓는 결론을 낸다. 그리고 이러한 과정이 계속 반복된다. 소련정부에는 역사분석에 특화된 거대 군사 연구소가 있다. 이들이 역사 분석을 하는 제1목표는 언제나, 언제나 특정 분쟁 상황을 지배하는 객관적 전쟁 법칙을 알아내는 것이다. 그리고 처방적 능력으로 해석될 수 있는 힘의 차원을 정한다.[41]

바틸레가의 SAI 해외체계분석본부(Foreign Systems Research Center, FSRC)의 연구 덕택에 마셜의 부하 직원들은 미국과 NATO 동맹국의 시각이 아닌, 소련의 시각으로 본 소련의 장단점을 알고 평가할 수 있었다. 이는 NATO의 억제 전략에 매우 중요했다. 이 전략은 전력 상관관계에 대한 NATO의 고위 정책결정자의 시각이 아닌, 소련의 해석에 의지해야 하기 때문이다. 미국의 관점에서 볼 때, 이러한 분석은 어떤 군사적 능력을 구입해서 어떻게 조합해야 할지 결정을 내려야 하는 국방장관에게 매우 유용하다. 미국 고위 군사지도자들은 국방장관에게 자신들이 납득할 수 있는 크기의 위험을 무릅쓰고 미국 안보목표를 달성하기 위해 특정한 군사적 능력들의 조합을 지지하는 이유에 대해 자세한 정보를 제시할 수 있다. 그러나 이들은 소련의 의도에 관련된 질문에는 답할 수 없다. 예를 들면 "이런 군사적 능력들의 조합을 갖추면 소련이 일찌감치 전쟁을 단념하게 될 것인가?"와 같은 질문이다. 이러한 분석은 마셜도 바틸레가에게 한 이런 식의 질문에 답을 내는 데 유용하다.

카버의 P-186, 바틸레가의 FSRC 프로그램은 마셜의 평가국이 원하고 오랫동안 지원할 수 있는 장기 연구를 구현했다. 두 연구 모두 슐레진저가 국방부 전략경영을 위해 찾던 방식의 분석을 반영하고 있었다. 그러나 이들은 슐레진저가 물러간 후 한참이 지나도록 각광을 받지 못했다.

1975년 11월 2일 포드 대통령은 슐레진저를 국방장관직에서 해임했다. 키신저와의 견해차와는 별개로, 슐레진저는 여러 주요 문제에 대해 대통령과 의견 충돌을 일으켰다.* 두 사람은 국방예산 문제에 대해 불협화음을 일으켰다. 포드는 국방예산 증대에 반대했으나 슐레진저는 찬성했다. 포드는 의회 주요 인물들의 자만심을 공략할 필요가 있음을 잘 알고 있었으나, 슐레진저는 그렇지 못했다. 슐레진저는 멍청함을 용서치 않는 인물이었다. 그의 직설적인 태도는 의회 지도자들과 불화를 일으

* 1975년 5월 미국 화물선 마야궤스호는 캄보디아 공산당의 공격을 받았다. 이때 포드 대통령은 슐레진저에게 추가 보복 공격을 명령했으나, 슐레진저는 이를 실시하지 않았다고 한다. 따라서 포드와 슐레진저 간에 불화가 일어났다는 소문이 있다. 미군은 캄보디아의 군 기지와 연료저장소를 폭격하고, 마야궤스호 승조원을 구출했다. 이 과정에서 미군 41명이 전사했다. 이후 슐레진저는 더 이상의 보복 공격을 하지 않았다.

키곤 했는데, 포드에게는 바로 그 의회 지도자들의 지원이 필요했다. 그 외에도 다른 인격적 충돌도 있었다. 혹자는 "슐레진저는 대통령을 뵈러 갈 때도 셔츠 단추를 끝까지 채우지 않고 넥타이를 고쳐 맬 줄 모르는 사람"이라고 포드 대통령에게 이야기하기도 했다.[42] 당연하지만 정치 논리도 무시할 수 없는 부분이었다. 1976년 대통령 선거를 앞둔 포드는 이제 개각을 해야 할 때라고 느꼈다.

슐레진저의 후임자는 포드의 백악관 비서실장이었던 도널드 럼스펠드로 정해졌다. 신임 백악관 비서실장에는 리처드 체니가 임명되었다. CIA국장도 윌리엄 콜비에서 조지 H.W. 부시로 바뀌었다. 키신저 역시 무사하지 못했다. 그는 국무장관직을 유지하기는 했으나, 국가안보보좌관직은 브렌트 스코크로프트에게 내주어야 했다.

슐레진저가 국방장관으로 재직한 기간은 3년이 채 못 되었다. 그러나 그는 그동안 여러 가지 큰일을 해냈다. 그는 1973년 10월의 제4차 중동전쟁의 위험한 몇 주간을 잘 이겨냈다. 당시 소련이 제4차 중동전쟁에 직접 개입하겠다고 위협하는 바람에 미군에는 상급 핵 경보가 발령된 상태였다. 그는 또한 1975년 봄 북베트남군이 남베트남에 대규모 침공을 가해, 전격적으로 남베트남 정부를 붕괴시키고 남베트남 전토를 점령하는 동안 잔존 미국인들을 성공적으로 철수시켰다.

그러나 슐레진저의 영향력이 가장 컸던 분야는 아마도 핵전략이었을 것이다. 그는 미국의 핵전략을 유연화했다. 미·소 간의 핵 균형이 변화할 수 있음을 염두에 둔 것이다. 그로써 그는 상호확증파괴만을 유일한 선택안으로 여기지 않게 되었다. 상호확증파괴란, 소련이 미국을 핵공격하는 경우 미국 대통령도 전면 핵 반격에 돌입해 소련의 도시와 산업

지대, 핵전력을 타격한다는 것이다. 그리고 슐레진저는 국방부에 총괄 평가국을 설치하고 마셜을 그 국장으로 임명했다.

지금 와서 생각해 보면 슐레진저는 역대 국방장관 중 가장 유능한 전략가였는지도 모른다. 그러나 정치력이 가장 뛰어난 국방장관은 아니었다. 국방장관은 백악관·내각·의회·언론의 정치적 움직임에 끊임없이 주의를 기울여야 한다. 슐레진저는 자신의 신념을 국익에 맞게 조화시킬 생각이 없었다. 그리고 자신의 원칙을 정치적 편의와 타협시킬 생각도 없었다. 그 모습을 보면 마셜이 했던 이런 말이 떠오를 수밖에 없다. "우리가 여기 있는 건 기쁨이 아닌, 정보를 주기 위함이다." 국가안보에서만큼은 타협을 모르던 슐레진저의 길에는 친구가 없던 적이 많았다.

슐레진저는 의회와 사이가 좋지는 않았던 것 같다. 그러나 그가 사임할 때 상원은 그의 "뛰어난 직무 능력과 지적 정직성, 고결한 인격"을 적절히 강조하며 찬사를 보냈다.[43] 퇴임하는 슐레진저는 자신과 마셜이 미·소 간 전략 지정학적 경쟁의 진정한 상태에 대해 내린 결론에 비추어 볼 때, 미국의 앞날이 그나마 낙관적이라고 느꼈다. "나는 1941년 진주만에서 불타는 잔해를 보고 있는 정보장교 같은 심정으로, 이렇게 말하고 싶다. '우리는 이 전쟁에서 이길 것이다. 그러나 어떻게 이길지는 하느님만이 아신다.'"[44]

슐레진저가 퇴임하면서, 마셜은 자신이 곧 캘리포니아로 돌아가게 될 거라고 생각했다. 사실 그는 메리에게 국방부에서 1~2년만 일하겠다고 약속한 터였다. 그러나 럼스펠드가 마셜의 잔류를 희망하자, 마셜은 놀랐다.

럼스펠드는 국방장관 취임 당시 43세였다. 그때까지 미국 역사상 최연소 국방장관이었다. 그는 미·소 간 군사력 경쟁의 주된 요소를 평가하는 데 큰 관심이 있었다. 또한 마셜과 슐레진저가 의견 일치를 본 ONA의 역할과 기능도 기꺼이 받아들일 준비가 되어 있었다.[45] 마셜의 평가는 여전히 처방이 아닌 진단적 성격을 띨 것이다. 현재의 문제보다는 장기적인 관점에서의 미·소 간 경쟁에 중점을 둘 것이다. 그 결과물들은 럼스펠드에게 직보될 것이다. 총괄평가국은 관료적 인재 채용을 하지 않을 것이며, 국방부 내의 다른 부서와 타협하지도 않을 것이다. 마셜의 잔류를 원한 럼스펠드의 말은 총괄평가국의 입지를 완전히 굳히고 마셜이 국방부의 숨은 실력자이자 막후의 전략문제 자문으로 뿌리내리는 긴 여정의 출발점이 되었다. 결국 소련에서도 마셜을 펜타곤의 '노련한 추기경'이자, 가장 영향력 있는 전략가로 인정하게 되었다.[46]

6

총괄평가의 성장

1976~1980년

우리가 하는 일은 진단이지 치료가 아니다.
— 앤드루 마셜

슐레진저는 국방부를 떠났다. 그러나 그의 후임 장관인 도널드 럼스펠드와 해럴드 브라운은 마셜의 새로운 분석기법의 가치를 빠르게 인정했다. 마셜은 다년간의 노력 끝에, 애당초 생각했던 것보다도 더욱 길고 완벽한 총괄평가를 해낼 위치에 올라섰다. 마셜이 처음 국방부에 왔을 때 그의 주 임무는 슐레진저를 위해 총괄평가 기능을 만드는 것이었다. 럼스펠드 장관 휘하에서 마셜의 총괄평가국은 길고 분석적인 군사력 균형 보고서를 만들어냈다. 처음에 그런 보고서의 수요는 적었다. 훗날 슐레진저가 본 대로, 마셜은 매우 명석한데다 지식의 폭이 넓고 깊었다. 데이터를 주지 않아도 상황판단이 가능한 수준이었다.[1] 다른 사람들과는 달리 마셜은 자세한 배경 설명과 분석을 제공받지 않아도 슐레진저에게 미·소 경쟁의 여러 측면에 대해 중요한 시각을 전달할 수 있었고 또 그렇게 했다.[2] 이는 슐레진저에게 큰 도움이 되었다. 또한 마셜에게도 총괄평가를 누구보다도 잘 이해하는 데 도움이 되었다.

럼스펠드가 국방부 장관에 취임한 후, 마셜은 ONA의 평가에 더 많은 분석적 배경 및 세부 정보가 들어가야 한다는 것부터 알아차렸다. 슐레진저가 요구하지 않던 요소들이었다. 럼스펠드는 마셜 보고서의 좋은 고객임이 드러났다. 그는 스스로 생각하는 주요 균형에 대한 평가뿐 아니라, 중동·미국·소련의 동원력·데탕트·전략핵 경쟁의 미래에 대한 특별 분석도 요구했다.[3]

럼스펠드가 임기를 시작한 지 한 달이 간신히 지난 1975년 12월, 마셜은 그에게 전략핵·해군 전력·전력 기획·NATO-바르샤바조약기구 간 전력 균형 등에 대한 4~5쪽짜리 요약문을 보내기 시작했다. 예를 들어 전략핵 균형의 경우, ONA의 기본 평가에서는 미국이 1960년대 중반에 상당한 우위를 점했다고 보았다. 그러나 1970년대 중반 표준 정적(靜的) 측정을 적용해보자 소련과 미국 간의 핵전력 격차는 상당히 줄어든 것이 나타났다. 그럼에도 마셜은 미·소 전략 전력의 크기와 능력은 적절한 균형을 이루고 있다고 판단했다. 즉, 미 본토에 대한 소련 핵공격을 억제하기에 충분한 전략 전력을 미국이 갖추고 있다고 본 것이다. 그러나 그는 이러한 균형이 장차 바뀔 수 있음을 경고했다. 소련의 핵개발 프로그램이 더욱 역동적이며, 또한 자국의 군사력을 강화하려는 강력한 동기가 있기 때문이었다.[4] 마셜은 이러한 발전을 통해 소련은 언젠가 위기 상황에서 큰 우위를 차지할 것이며, 미국보다 더욱 우월한 전쟁수행 능력을 갖출 수 있을 것으로 보았다.[5]

마셜은 미·소 간 해군력 균형에 대해서는 덜 낙관적이었다. 이것 또한 소련에게 유리하게 변하고 있다고 보았다. 그는 이런 글을 썼다. "우리 해군 전력수준이 저하되는 것과 동시에, 소련 해군의 전력수준은 상승하고 있다. 이는 해군력 균형이 미국에 불리하게 변하는 원인이 되고 있다. 그러나 적어도 현재 미 해군은 전 세계 대부분의 지역에서 주어진 임무를 수행할 능력을 유지하고 있다. 비록 특정 상황에서는 심각한 손실을 당했지만 말이다."[6] 미·소 간 주요 경쟁에 대한 마셜의 기본 평가는 국방장관이 의회에 제출하는 연례 보고서 공개판의 한 섹션을 차지했다.[7]

이러한 짧은 각서를 제출하라는 요구를 제외하면, 럼스펠드는 취임 후 몇 달간은 ONA에 별 지시를 내리지 않았다. 그러다가 1976년 봄, 그는 마셜에게 임무를 부여했다. 그리고 PA&E에 마셜을 지원할 것을 명했다. 임무의 구체적인 내용은, 해군의 향후 5개년 함정건조 계획에 포함될 함종을 정하는 것이었다.[8] 이 분야에 대한 럼스펠드의 우려에 불을 지핀 원인 중에는 ONA의 미·소 해군력 균형 평가도 있었다. 이 평가에서 미·소 해군력 균형이 소련 측에 유리하도록 바뀔 거라고 전망했다. 특히 마셜은 소련 해군의 대함미사일 개발과 배치가 미 해군을 뛰어넘는 속도로 진행되고 있는 듯한 부분에 우려를 표했다.

럼스펠드는 해군 건함 계획에 대한 이해를 높이기 위해 토요일에 ONA와 PA&E가 브리핑하는 회의를 소집했다. PA&E의 브리핑에는 럼스펠드가 원하는 넓은 전략적 시야가 결여되어 있었다. 대신 이들은 여러 건함 대안의 비용효율에 집중했다. PA&E 브리핑이 절반 정도 진행되었을 때 럼스펠트는 브리핑을 중단시키고 이렇게 말했다. "신발 끈을 보는 건 이제 그만 둬. 눈을 들어 어디로 가야 할지를 봐야 하지 않나?"[9]

ONA의 브리핑은 럼스펠드의 사고방식과 통하는 점이 더 많았다. 발표 보고서 「해군에 대한 고찰(Thinking about the Navy)」에서 ONA는 이 문제를 전략적 맥락에서 다뤘다. 그리고 미국이 전 세계의 바다를 지배할 수 있는 대양 해군을 유지하고자 함을 명확히 밝혀야 한다고 권고했다. ONA의 보고서에서는 미국은 자국이 분명한 우위를 지닌 영역에서 소련과 경쟁해야 한다고 주장했다. 이런 영역 중 하나는 잠수함의 정숙성(靜肅性)이었다. 미·소의 적 잠수함 식별 및 추적 능력은 음향탐지에 크게 의존하고 있었다. 잠수함의 정숙성을 높일수록 식별과 추적은 어려워진다. 마셜은 미국이 소련에 비해 잠수함 소음탐지 능력이 월등히 높은 점에 주목했다. 그 이유 중 하나는 수중음향 감시체계(Sound Surveillance System, SOSUS)라는 명칭의 해저 센서망이었다. 잠수함의 정숙성과 음향탐지 능력의 향상에 집중하면 소련 해군과의 경쟁에서 큰 성과를 거둘 수 있을 것이라고 마셜은 제안했다. 소련 해군은 미 해군보다도 잠수함 전력에 더 큰 중요성을 부여하고 있었기 때문이다. ONA는 또한 유도기술에 높은 우선순위를 부여할 것도 제안했다. 이 역시 소련이 한동안 미국에 우위를 점하지 못할 영역이었다. 정밀유도 무기의 대량 사용이 전쟁터에서 이루어지려면 아직 10년은 더 기다려야 했지만, 마셜은 유도 기술에 엄청난 잠재력이 있음을 이미 알아보았다. ONA는 해상 재보급, 즉 항구로 복귀하지 않고 해상에서 작전 중인 함정에 연료 등 보급품을 공급하는 능력도 중시했다. 국방부식 표현을 빌리자면, 해상 재보급으로 해군은 전력 승수를 얻을 수 있다. 함대가 보급을 받으러 항구로 가느라 시간과 연료를 낭비하지 않으면서, 작전을 계속할 수 있기 때문이다.[10] 미국은 해상 재보급 분야에서도 소련을 크게 압도하는 능력을 갖추고 있었다. 마셜은 럼스펠드에게 이러한 우위를 계속 유지할 것을 촉구했다. 마셜의 해군력 경쟁 평가는 또한 PA&E의 평가에서 강조하지 않은, 함대를 이루는 군함과 항공기의 수와 종류까지도 언급했기에 더욱 주목할 가치가 있다.

「해군에 대한 고찰」을 마셜과 함께 작성한 이는 젊은 해군 중령인 제임스 로시였다. 그는 1975년 마셜의 부하 직원으로 들어왔다. 1976년에는 총괄평가국의 부국장까지 승진했다. 이는 그의 뛰어난 지적, 정치적 기술은 물론, 소련과의 경쟁에 대한 시각이 마셜과 매우 유사하다는 점 때문이었다. 로시는 뛰어난 지능과 지배적이고 저돌적인 성격을 동시에 갖고 있었다. 성격적인 면에서는 마셜과 여러 모로 정반대되는 사람이었다. 그러나 문학·철학·운영 분석학·경영학 등을 전공하여 마셜과 같은 부분도 있었다.

1973년 6월 로시는 미사일 구축함 USS 뷰캐넌함(DDG-14)의 함장으로 부임했다. 그의 함장 근무는 매우 성공적이었다. 그는 1974년 가장 뛰어난 태평양함대 소속 전투부대에 주는 알리버크 함대 트로피를 받았다. 그러고 나서 1975년 국방부 해군 참모총장실 체계분석요원으로 배치되었다. 이곳에서 그는 유럽에서 전쟁이 발발할 경우, 상선 호송대의 수를 늘려 소련 잠수함대의 통상파괴전에 맞서 대서양 횡단에 성공하는 방법을 연구했다. 이런 일에 질린 로시는 그곳에서 탈출하고자 마음먹었다.

로시는 마셜이 휘하에 둘 능력 있는 장교를 찾고 있다는 얘기를 들었다. 그는 마셜과의 면접을 신청했다. 마셜은 인터뷰 후 바로 로시를 채용했다. 시간이 지나면서 두 사람은 지적으로, 사적으로 절친한 친구가 되어갔다. 4반세기 후인 2001년 럼스펠드가 국방장관에 다시 취임했을 때, 럼스펠드는 마셜에게 전략검토를 맡아달라고 요청했다. 그때 마셜이 자신의 조수로 찾은 것이 제임스 로시였다. 전략검토가 시작되었을 때, 로시는 노스럽 그러먼의 전자센서 및 시스템 부사장을 맡고 있었다. 그리고 전략검토가 종료되었을 때는 공군장관을 하고 있었다.

럼스펠드는 「해군에 대한 고찰」에 긍정적인 반응을 보였다. 이에 마셜은 소련과의 장기 경쟁을 더욱 폭넓은 시각으로 다룬 전략 보고서를 작성하기로 했다. 마셜은 로시와 함께 「소련과 지속되는 정치-군사적 경쟁 중 군사 경쟁전략(Strategy for Competing with the Soviets in the Military Sector of the Continuing Political-Military Competition)」을 작성하여, 1976년 7월 럼스펠드에게 보냈다. 이 보고서에서 마셜은 소련이 전반적인 군사력 면에서 미국을 따라잡고 있으며, 미국이 국방예산을 크게 늘리지 않는 한, 미국에 불리한 이러한 추세는 계속될 것임을 입증했다. 그리고 럼스펠드도 그 점을 알아 보았다. 아이러니하게도, 더 많은 국방예산을 달라는 국방부의 압력이야말로 포드 대통령이 슐레진저를 해임하고 럼스펠드를 채용한 이유 중 하나였다.

1976년 대통령 선거와 총선이 눈앞에 보이는 상황에서 럼스펠드는 마셜의 평가를 받아들였고, 이는 키신저와의 불화를 낳았다. 키신저는 이런 불쾌한 진실을 공식적으로 인정하고 싶지 않았다.[12] 포드 대통령도 키신저 편에 섰다. 그는 베트남전쟁 패전에 분노한 유권자들에게, 미·소 군사력 균형이 소련 측에 유리하게 변해가고 있다고 말해봤자 어떤 정치적 이득도 없다고 생각했다.[13] 그러나 포드 대통령이 미국 측에 불리하게 변해가는 추세에 대해 입을 다문다고, 그 문제가 없어지는 것은 아니었다.

1976년 미·소 전략핵 균형은 상당한 논쟁을 낳았다. 행정부 내의 보수파는 CIA가 소련 핵미사일의 위협을 과소평가했다며 대놓고 비난했다. 예를 들어 CIA의 1974년도 국가정보판단인 NIE 11-3/8-74에 나온 주요 판단을 보면, 소련 지도자들은 핵전쟁을 억제하고 국력의 상징을 세우며, 데탕트를 지원하기 위해 강력한 전략 전력을 육성하고 있다고 나와 있다.[14] 이것이나 그 이전의 NIE에서 소련이 핵전쟁에서 승리하기 위한 군사력을 건설하고 있는지에 대한 논의는 없었다. 그리고 CIA를 비판하는 이들은 이 점을 매우 우려했다. 대통령 대외정보 자문위원회(President's Foreign Intelligence Advisory Board, PFIAB)의 요청에 따라, 당시 CIA국장이던 조지 H.W. 부시는 B팀 비교 분석(A팀에는 CIA 분석관들이 배치되어 있었다)을 5월에 시작하고, B팀의 팀장으로 하버드대학 교수이던 리처드 파이프스를 앉혔다.[15] 팀원들은 소련 핵전력과 계획에 대한 비밀 정보를 열람할 수 있었다. B팀에 브리핑을 해준 전문가 중에는 마셜도 있었다.

B팀의 평가 결과, 1970년대 초반에 나온 NIE 11-3/8 시리즈의 비교적 온건한 판단과는 달리, 소련은 *핵전력을 포함 전군의 확실한 전략적 우위를 얻기 위해* 노력하고 있는 것으로 나타났다.[16] 이러한 판단은 키신저의 시각과 정면충돌하는 것이었다. 1974년 모스크바에서 열린 기자회견에서 키신저가 던진 다음과 같은 질문은 유명하다. "도대체 전략적 우위란 무엇입니까? 그 우위가 있으면 뭘 할 수 있습니까?"[17] 이에 대해 1977년 파이프스가 한 대답은, 소련이 충분한 전략적 우위를 갖추

면 핵전쟁에서 이길 수 있다는 것이었다.[18]

냉전 후, 옛 소련 고위관료와의 대담을 통해, B팀이 소련이 자국 핵전력에 대해 갖고 있던 자신감을 과대평가했다는 사실이 밝혀지기는 했다.[19] 그러나 1970년대 중반 B팀 보고서는 미국 국가안보계 안에서 큰 논란을 몰고 왔다. B팀의 비관적인 결론은 럼스펠드도 지지하는 바였다. 그는 마셜에게 향후 10~15년 후, 즉 1986년~1991년 시점 미·소 전략핵 경쟁 상황을 예측해달라고 했다.

마셜의 답변은 1976년 8월 26일에 나왔다. 이 보고서는 그가 현재까지 직접 작성한 것 중 ONA 군사력 균형 보고서에 가장 가까운 문서다. 그때나 이후나 ONA의 평가보고서는 마셜의 부하 직원들이 작성했다. 이들은 평가보고서 작성에 상당한 재량권이 주어져 있었고, 마셜은 그가 원하는 바에 대해 큰 틀만 제시할 뿐이었다.

이 12쪽짜리 「전략적 균형의 미래(The Future of the Strategic Balance)」 보고서의 표지 메모에서 마셜은 정적 측정도 동적(전력 교환) 측정도 이 문제의 본질을 제대로 잡아낼 수 없음을 지적했다.[20] 즉, 이런 측정에 기반한 추론은 그 유용성이 제한적이라는 것이다. 미·소의 전략핵탄두 숫자, 대륙간 투발 수단의 숫자, ICBM의 탄두 탑재중량 등의 다양한 정적 측정을 통해 묘사된 잠재적 위험의 모습은 측정마다 사뭇 다르다. 그러나 이 모든 것은 가까운 미래에 군사력 균형이 미국에 불리하게 변할 것임을 나타내고 있다. 마찬가지로 미·소 간 전면 핵전쟁(미국 분석가는 하나같이 소련이 먼저 시작할 것으로 보았다) 모델링 결과 등의 동적 측정 역시 1976년부터 점점 위험이 커질 것임을 나타내고 있다.

핵 균형을 평가하기 위해 널리 쓰이는 계량적 분석법의 한계를 넘어서, 마셜은 다음과 같은 세 가지 판단을 제시했다.

- 소련은 미국의 확증파괴 능력을 약화시키기 위해 다수의 핵 프로그램을 가동한 것으로 보인다. 확증파괴 능력이란 미국이 소련의 핵 선제공격을 당한 후에도 소련에 파국적인 피해를 입힐 수 있는 능력을 말한다.[21]
- 장차 이 경쟁은 양국의 핵전력 신기술 도입으로 반드시 이어질 것이다. 그리고 미사일의 명중률과 파괴력 향상이 그 신기술의 기본을 이룰 것이다.[22]
- 미국은 소련이 미국과 동등한 핵전력을 갖추게 되는 것이 미·소 군사력 균형 전반에 미칠 수 있는 영향을 아직 체감도 판단도 하지 않았다.[23]

따라서 마셜은 각서에서 이러한 결론을 내렸다. "미국은 전략적 상황의 추세가 갖는 군사적 및 정치적 측면에 대한 대응방식을 생각해야 한다. 또한 미·소 전략 전력의 크기가 대략적인 평형을 이루는 상태에서 소련 핵전력과 경쟁할 더욱 효과적인 전략을 개발해야 한다."[24]

이러한 관측은 미·소 핵 경쟁에서 미국의 입지가 약화되고 있다는 마셜의 판단을 반영한 것이다. 우선, 군사력 균형의 정적 측정과 전력 교환 계산이 모든 것을 말해주지 않는다고 해도, 군사력 균형에 대한 대중의 인식이 이런 방식에 기반하고 있음은 부인할 수 없다. 그리고 대중의 인식은 중요하다. 미국 국내에서는 의회 의원들이 유권자들이 이런 간단한 정적 측정에 기반해 여론을 만들어내며, 국방력이 약화되어 적국에게 밀리는 것을 두려워하고 있음을 알고 있다. 또한 서독·일본·한국 등 핵을 포기하겠다고 다짐한 핵심 동맹국에게 핵우산을 제공해주는 미국의 능력은 미·소 핵 균형에 대한 인식을 기반으로 상당 부분 측정된다는 점도 그만큼 중요하다. 비록 그 인식이 정확하지 않을 수도 있지만 말이다.

이러한 정적 및 동적 측정이 전략핵 균형이 소련에 유리하게 기울고 있음을 알려주기 때문에, 다음과 같은 불쾌한 진실은 반드시 계산에 넣어야 한다. 첫 번째로 정적 측정의 경우, 소련은 탄도미사일의 투사 중량과 메가톤 환산치(핵탄두의 정격 폭발력 3분의 2를 TNT 메가톤으로 환산한 값), ICBM 및 잠수함발사 탄도미사일(submarine-launched ballistic missile, SLBM) 발사기 숫자 면에서 미국을 앞지르고 있었다. 동시에 마셜은 교환 계산 결과 미국의 사일로 탑재 ICBM의 취약성이 갈수록 높아지는 것 같아 우려했다.[25] 두 번째로, 소련의 ICBM 공격에 대한 미국 ICBM의 취약성이 높아지고, 또한 소련이 핵 교환 상태에서의 소련 경제의 생존성을 높여 놓는다면, 시간이 지날수록 미국의 상호확증파괴 능력은 상당 부분 약화될 것이다.[26] 만약 소련이 미국 ICBM 전력 대부분을 격파할 수 있다면, 미국의 대소 보복 능력은 시간이 갈수록 약화될 것이고, 이를 안 소련은 핵 선제공격을 가하려는 유혹을 느낄 수도 있다. 그리고 마셜이 보기에 가장 중요한 세 번째 불쾌한 진실은 이것이었다. 미국과의 군사 및 정치적 경쟁에 임하는 소련의 객관적 실력은, 미국 지도자들이 생각하는 것과는 다르다. 그러나 미국 지도자들은 이 사실을 아직 제대로 알지 못한 것 같았다. 그 결과 미국 지도자들은 소련이 핵전력 확장으로 더욱 큰 지정학적 이점을 얻을 수 있음을 무시하는 위험을 저지르고 있다. 또한 장기적으로 소련이 충분한 핵전력 우위를 얻어 선제 핵공격을 불사할 수도 있는 위험도 무시하고 있다. 미국 지도자들의 눈에 그렇게 보인다면 어쩔 수 없는 것이다.[27]

미국은 이러한 문제들에 어떻게 대처해야 할 것인가? 마셜은 여러 가지 특화된 제안을 내놓았다. 그러나 그중에서도 가장 중요한 것은 소련에게 막심한 재정적 부담과 힘든 선택을 강요하는 세심한 전략을 만들어내야 한다는 것이다. 그중에는 노후된 전략 전력에 대한 투자도 포함된다. 마셜은 럼스펠드에게 이런 글을 썼다. "체스 게임에서처럼 2~3수 앞을 내다봐야 합니다."[28] 그러나 그는 어떤 수를 둬야 할지에 대해서는 말을 아꼈다.

득표 집계 후반에 몰표가 나왔음에도, 포드 대통령은 1976년 대선에서 조지아 주지사 출신 지미 카터 후보에게 패하고 말았다. 포드는 꽤 근소한 차이로 졌다. 2퍼센트포인트 차이였다. 훗날 럼스펠드는 이를 두고, 충분히 뒤집어질 수 있는 결과였다고 말했다.[29] 카터의 선거 공약은 간단했다. "거짓말하지 않겠습니다." 워터게이트 사건과 베트남전쟁이 입힌 정신적 외상에서 아직 헤어나오지 못하던 당시의 미국인에게는 잘 먹혀든 말이었다.[30]

카터는 럼스펠드를 해임하고 그 후임 국방장관으로 해럴드 브라운을 임명했다. 브라운은 엄청난 학문적 배경과 국가안보 실무경험을 겸비한 인물이었다. 불과 21세 나이에 컬럼비아대학에서 물리학 박사학위를 취득하고, 1952년 캘리포니아주 리버모어에 위치한 로런스 방사능연구소에 입소했다. 1960년 이 연구소의 소장이 되었고, 1969~1977년에 걸

〈도표 2〉 1966~1976년 미 · 소 전략핵 전력 균형 변화 추세

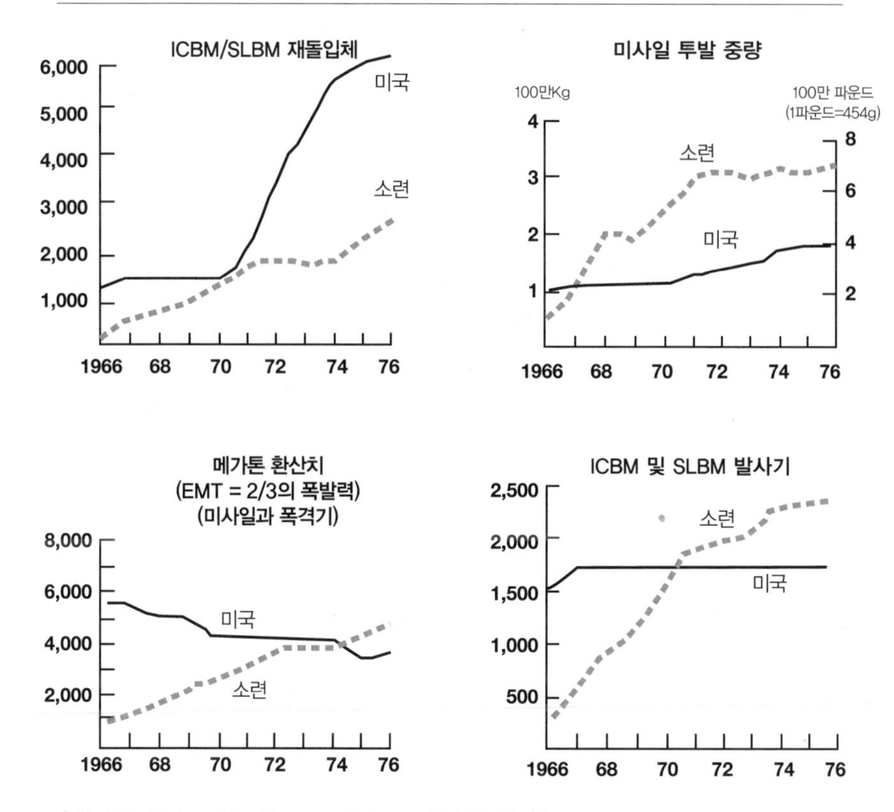

출처: CIA, National Intelligence Estimate 11-3/8-76, "Soviet Forces for Intercontinental Conflict Through the Mid-1980s," December 1976, in Donald P. Steury, *Intentions and Capabilities: Estimates on Soviet Strategic Forces, 1950~1983* (Washington, DC: Center for the Study of Intelligence, CIA, 1996), p.357.

쳐 캘리포니아공대 총장을 지냈다. 국가안보 실무경험 중에는 맥나마라 국방장관 시절이던 1961~1965년 사이 국방연구공학실장 역임, 1965년 10월~1969년 2월까지 공군장관 역임 등이 있다. 또한 그는 최초의 과학자 출신 국방장관이기도 하다.

대면해서 문제를 논하기 좋아하던 슐레진저·럼스펠드와는 달리, 브라운은 서면으로 보고받는 쪽을 좋아했다. 그는 장문의 보고서를 읽으면서 유용한 내용을 발견하면 자신의 시각과 견해, 지침을 여백에 써나갔다. 마셜과 로시가 1976년 럼스펠드 장관을 위해 작성한 「소련과 지속되는 정치-군사적 경쟁 중 군사 경쟁전략」 보고서 역시 마찬가지였다. 럼스펠드와 마찬가지로, 브라운은 마셜의 권고에 동의하는 경우가 많았다. 소련의 위협을 절대 경시해서는 안 되며, 군대와 마찬가지로 소련의 약점을 이용하기 위해 큰 노력을 기울여야 한다는 것이 그 골자였다. 물론 군대는 그러면서 더 많은 예산을 요구하지만 말이다. 미국이 소련에 맞서 주도권을 포기하지 않고, 이렇게 능동적으로 경쟁에 나선다면 소련 역시 이에 대응하지 않을 수 없다.[31]

여러 해가 지난 후, 마셜은 이 보고서를 경영 전략가인 리처드 루멜트에게 보여주었다. 당시 루멜트는 UCLA 교수였고, 민간 분야 경영전략 면에서 가장 영향력 있는 조언가였다.[32] 루멜트는 기업의 상대적 이점을 이용해 경쟁사에게 감당 못할 정도의 비용을 강요하는 전략의 근원적인 힘을 잘 알고 있었다. 그리고 마셜의 보고서에도 같은 전략이 있음을 알아보았다. 그는 훗날 이런 글을 남겼다. "마셜과 로시의 발상은 예산만으로 전력 균형을 맞추려던 1976년 당시의 논리의 맹점을 제대로 공격했다. 그들의 주장은 간단하다. 미국은 소련과 실질적인 경쟁을 해야 하며, 미국의 장점을 잘 살려 소련의 약점을 공격해야 한다는 것이다. 그 외에 복잡한 그래프·차트·어려운 공식·약어가 난무하는 쓸데없는 논의 같은 것은 일절 없다. 그저 발상과, 그 용법을 알려주는 지표 몇 가지가 나와 있을 뿐이다. 상황 속에 숨은 힘을 무서우리만치 단순하게 알려준 보고서였다."[34]

어찌 되었건 마셜은 럼스펠드 장관 재임 기간보다는 해럴드 브라운 장관 재임 기간(1977~1981)에 국방장관과 미국 전략에 더 큰 영향을 끼치게 된다. 브라운 장관 재임기는 ONA가 가장 활발하게 움직여 총괄평가를 완성한 때이기도 했다. 마셜은 이 4년 동안 브라운에게 11건의 총괄평가를 전달했다. 이는 1982~1991년간 재직한 세 사람의 국방장관(캐스퍼 와인버거·프랭크 칼루치·리처드 체니)에게 총괄평가가 8건, 1992~2001년간 재직한 세 사람의 국방장관(레스 애스핀·윌리엄 페리·윌리엄 코언)에게 4건 전달된 것과 비교되는 수치다.

해럴드 브라운은 국방장관에 취임할 때, 아무 망설임 없이 마셜의 직위와 총괄평가 프로그램을 존속시켜주었다. 그러나 브라운 장관은 OSD 직보 인원이 30명이 넘었다. 브라운 장관은 이것이 너무 많다고 생각했다. 그래서 그는 새 국방정책차관 자리를 하나 만들고(undersecretary of defense position for policy, USDP) 총괄평가국을 그 차관 아래에 두었다.[35] 이는 총괄평가국에 큰 영향을 주지 않았다. 브라운은 총괄평가가 국방부 내 다른 부서와의 협의 없이 자신만을 위해 작성되는데 동의했다.

역대 국방장관 중 총괄평가국의 성격을 가장 잘 이해하고, 그 진가를 인정했던 사람은 슐레진저를 제외하면, 아마 해럴드 브라운일 것이다. 20여 년 후 브라운은 마셜의 평가와 분석은 다른 국방부 직원들이 한 것과 확연히 달랐다고 회상했다. 그 주된 이유는 전제부터가 달랐기 때문이다. 마셜은 미국과 소련이 장기간의 경쟁을 한다고 보았으며, 그 승리는 미국의 상대적 우위에 있는 영역을 찾은 다음, 이것으로 소련의 상대적 열세나 약점인 영역을 공략함으로써 얻을 수 있다고 보았다. ONA

의 평가에서는 다음과 같은 질문들을 구체적으로 표현했다. 미국은 소련에 비해 어떤 점이 강점인가? 미국은 무엇을 하고 있는가? 미국이 강점을 사용해 약점을 상쇄하고 우위를 얻는 방법은 무엇인가?[36] 브라운은 마셜이 오랫동안 깨달아왔던 것이 무엇인지 분명히 알고 있었다. 즉, 국방부의 여러 관료제도와 권력 중추들은 예산을 더 많이 얻고, 자신들의 목소리를 높이기 위한 내부경쟁에 힘을 너무 많이 들이고 있었다. 그러니 ONA 총괄평가의 핵심이 되는 더 큰 전략적 질문을 냉정하게 탐구할 여력이 없는 것이다. 브라운은 마셜과 총괄평가국이야말로 자신이 원하던 장기 전략적 시각을 제시해주고 있다고 판단했다.

마셜이 1976년에 내놓은 B-1 폭격기 배치의 전략적 근거야말로 그 좋은 사례가 될 것이다. 마셜은 소련군 총참모부는 방공 전력에 집착한다고 주장했다. 1941년 6월 독일의 소련 침공 작전인 바르바로사 작전 개시 1주 만에 무려 4,000대의 소련 공군기가 손실되었기 때문이다.[37] 전쟁 이후인 1940년대 후반, 소련은 방공군(PVO 스트라니)을 별도로 창설, 세계에서 제일 조밀한 방공망을 구축하기 시작했다. 1950년대 후반 미국은 소련 영토에 U-2 정찰기를 날려보냈다. 이를 알게 된 소련군은 자신들의 취약성을 절감하고, 지역방공에 높은 우선순위를 부여하게 된다. 소련이 1945년부터 1960년대 초반까지 방공에 투자한 돈은 핵전력에 쓴 돈보다도 많다.[38] 따라서 핵무장이 가능하고 소련 방공망을 돌파할 수 있는 B-1 폭격기를 실전 배치한다면 소련은 11개 시간대에 걸친 장대한 국경선 모두에 지역방공망을 강화하느라 계속 엄청난 돈을 써야만 한다.

반면 미국은 그런 경향을 보이지 않았다. 1950년대 미공군과 육군은

〈도표 3〉 미국 대 소련 폭격기 방공 전력

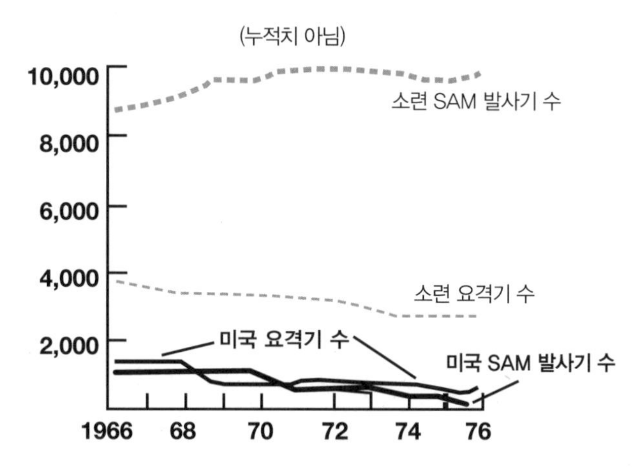

출처: NIE 11–3/8–76 in Steury, *Intentions and Capabilities: Estimates on Soviet Strategic Forces, 1950–1983* (Washington, DC: Center for the Study of Intelligence, CIA, 1996), p.357.

각각 요격 비행 대대와 지대공 미사일(surface-to-air missile, SAM) 포대를 배치하여, 수백 대에 이를 것으로 추정되는 소련 폭격기로부터 북미 대륙을 방어했다. 그러나 1960년대 후반이 되면서 소련의 폭격기 전력은 축소된 게 확실해졌다. 대신 소련은 ICBM 전력을 급격히 확장시켰다. 소련의 ICBM은 미공군의 요격기나 육군의 허큘리스 SAM으로 요격할 수 없으므로, 미국은 방공 전력 투자를 줄이기 시작했다.[39] 마셜이 B-1 배치를 지지한 것은, 그것이야말로 미국이 비교적 저렴한 비용으로 소련에 핵 위협을 계속 가할 수 있는 대안이었기 때문이다. 또한 소련은 그 폭격기를 막기 위해 B-1 배치의 유지 비용을 훨씬 뛰어넘는 엄청난 금액을 지역방공 전력에 투자할 수밖에 없다. 더구나 미국은 돈이 많이 드는 방공을 포기했기에 이런 비용 지출을 안 해도 된다. 따라서 미국은

소련의 막대한 국방비 지출을 최대한으로 이용할 수 있는 것이다.[40]

그러나 누구도 마셜의 조언을 귀담아듣지 않았다. 1977년 7월 카터 행정부는 B-1 프로그램을 취소시켜 국방 지도부를 놀라게 했다. B-52 폭격기에 공중발사 순항미사일(air-launched cruise missiles, ALCM)을 다는 편이 B-1보다 더 낫다는 것이었다. 대통령은 이렇게 하면 더 적은 비용으로도 B-1 수준의 소련 방공망 돌파 능력을 얻을 수 있다고 주장했다.[41] 그럼에도 ONA의 B-1 각서는 해럴드 브라운에게 깊은 인상을 준 경쟁전략적 사고가 훌륭하게 요약되어 있었다. 이 각서는 로널드 레이건 대통령이 취임하면서 다시 각광을 받게 된다.

마셜의 영향력은 카터 대통령이 국가안전보장회의 위원과 조직을 개편하면서 상당히 커졌다. 헨리 키신저는 국무장관 재임 시절 국가안보보좌관을 겸직하면서 외교 분야에 불필요할 만큼 큰 힘을 끼쳤고, 카터는 이를 바로잡고 싶었다. 키신저가 너무 큰 힘을 가졌기 때문에 닉슨은 물론, 포드까지도 대외정책 계통 내의 여러 상이한 관점들을 제대로 보지 못했을 거라고 카터는 우려했다. 그는 국가안보정책을 만들어내는 NSC 각료들의 출신 성분을 다양화시켜, 더욱 다양한 관점과 정보를 얻고자 했다.

폴란드계 미국인 정치학자 즈비그뉴 브레진스키는 대통령 선거 중 카터의 대외정책 주 자문이었다. 브레진스키는 데탕트 분위기만 믿고 미·소 군비 경쟁, 특히 핵군비 경쟁을 완화 내지는 억제하려던 닉슨과 키신저를 공개적으로 비판했다. 확실한 주장을 펴는 인재로부터 매일 조언을 듣고 싶어했던 카터는 브레진스키를 국가안보보좌관으로 선택했다. 대통령은 NSC의 주기능이 정책 조정 및 연구가 되어야 한다고 보았다. 취임 이후 카터 대통령은 NSC의 직원 수를 50퍼센트나 줄이고, 8개이던 NSC 내부 위원회도 2개로 줄였다. 살아남은 위원회는 정책검토위원회와 특별조정위원회 뿐이었다.[42] 브레진스키는 언제나 특별조정위원회의 위원장 자리를 맡았다. 그러나 정책검토위원회의 위원장은 보통 해당 정책과 가장 연관이 깊은 부서의 사람이 맡았다. 카터는 브레진스키에게 이 두 위원회 중 하나만 위원장을 맡게 했다. 그렇게 하면 브레진스키에게 정책 결정의 부담을 덜 지울 수 있을 거라고 카터는 생각했다.

카터는 또한 미국 안보 수요의 대규모 재평가를 하고자 했다. 취임 직후인 1977년 2월 중순, 그는 대통령검토각서/NSC-10(PRM/NSC-10), 「포괄적 총괄평가 및 군사력 태세 검토(Comprehensive Net Assessment and Military Force Posture Review)」에 서명했다. 이 각서에서는 두 가지 연구를 동시에 진행할 것을 명하고 있었다. 해럴드 브라운이 의장을 맡은 정책검토위원회에는 다양한 대안적 군사전략을 정의하고, 이들 군사전략을 뒷받침할 수 있는 대안적 군사력 태세를 구상하라는 지시가 주어졌다. 브레진스키가 의장을 맡은 특별조정위원회에는 동적 총괄평가를 통해 미국과 동맹국, 잠재 적국의 정치·외교·기술·군사력의 전반적 추세를 검토하고 비교하라는 지시가 주어졌다.[43] 두 연구의 초기 결과물은 1977년 7월 초에 완성되었다. 그러나 PRM/NSC-10 관련 작업은 1978년까지도 이어졌다.

마셜의 총괄평가국은 PRM/NSC-10 연구 두 건에 모두 투입되었다. 마셜과 로시는 브레진스키의 총괄평가를 위한 국방부 사무장 역할을 맡았다. 이 연구의 총책임자는 새뮤얼 헌팅턴이었다. 하버드대학 정치학자인 그는 브레진스키의 초빙을 받아 이 검토 작업을 감독하게 되었다. 헌팅턴은 미국의 민군 관계를 뛰어나게 분석한 책 『군인과 국가(*The Soldier and the State*, 1957)』로 유명해졌다. 그 후 1993년 그는 「포린어페어(Foreign Affairs)」지에서, 장차 서구국가-유교국가-이슬람국가 간의 문명 충돌이 국제 정치의 중심 문제가 될 것이라는 선견지명을 드러냈다.[44] 이 논의를 확장해 1996년에 그가 낸 책이 바로 『문명의 충돌(*Clash of Civilizations and the Remaking of the World Order*)』이다. 이들 책은 새뮤얼 헌팅턴의 정치학자로서의 탁월한 능력과 지명도, 길고 뛰어난 경력을 증명해 주는 상징물로 남았다.

헌팅턴의 조수로는 정치학자 리처드 베츠, 케서린 켈러가 배속되었다. 또한 브레진스키의 군사 자문인 육군 대령 윌리엄 오돔도 헌팅턴에게 배속되었다. 오돔 대령의 원 소속은 육군사관학교 사회과학과였다. 브레진스키가 이 평가에서 맡은 역할은 11명의 패널이 작성하는 보고서와 특별 분석에 기반하고 있었다. 이것만 봐도 이 평가의 규모를 짐작할 수 있다. 이러한 많은 보고서를 기반으로 헌팅턴·오돔·베츠·켈러가 300페이지 분량의 개요서를 작성했다.[45]

마셜과 로시는 헌팅턴, 오돔과 함께 PRM/NSC-10의 포괄적 총괄평가 부분을 담당했다. 다행히도 1977년 초 ONA는 미·소 전략핵 및 대잠수함전(antisubmarine warfare, ASW) 전력 균형에 대한 완전 평가를 해냈다. 브라운은 1977년 3월 말 전략 핵전력 평가를 검토하고, 꽤 마음에 들어했다. 그는 이 평가보고서의 요약문을 브레진스키에게 전달할 것을 제안했다. 이후 곧 브라운은 ONA의 ASW전력, 해상전력, NATO-바르샤바조약군 전력 균형 평가보고서의 요약문도 만들어 브레진스키에게 보내게 된다.[46] 마셜과 로시가 NSC 위원들과 나눈 대화에 따르면, 이러한 균형 평가는 브레진스키의 NSC 팀에게 매우 유용했다고 한다. 오돔은 마셜의 이야기에 보석과도 같은 전략적 가치가 있으며, 로시는 헌팅턴에게 전력 투사에 대한 새로운 시각을 제시했음을 알았다.[47]

PRM/NSC-10 전력 태세 검토도 OSD가 실시했다. 이 검토의 총책임자는 국방부 정책기획 차관보 린 데이비스, NSC 위원 빅터 우트고프였다. 검토의 목표는 국가 군사전략에 대한 카터의 정책 지침을 얻는 것이었다.[48] 1977년 6월에 완성된 브라운의 전달 각서에서는 이 태세 검토 덕택에 향후 10년간 미군 발전의 지침이 될 전략 개발의 가치를 인식할 수 있었다는 말이 나온다. 그러나 그는 이 연구에서 제시된 다양한 대안적 군사전략들이 미군 전력 구조 또는 전력 기획에 관한 결정을 내리는 데 충분한 기반을 제공했다고는 보지 않았다.[49]

마셜은 외부 관찰자로서 전력태세, 특히 미국의 국가목표 분석에 대해 비슷한 우려를 품고 있었다. 그는 오래전부터 미국의 국가목표는 단 한 번도 명확히 표현된 적이 없다고 주장해 왔다. 미국의 국가목표가 무엇인지에 대해서도 합의가 이루어진 적이 없다. 때문에 이 연구 역시 미국의 전반적 국가목표에 기반해 있지 않으며, 그것이 이 연구에서 부각된 한계 중 하나임을 지적했다.[50] 마셜이 자신의 우려를 보고서가 아닌 대화로 말했다면, 아마 이런 표현을 썼을 것이다. "어디로 가고 싶은지 모르면 아무 길로나 가게 된다."

전력 태세 및 포괄적 총괄평가 연구를 검토한 카터는 브라운이 전력 태세 권고안에 대해 갖고 있던 의구심을 인정하게 되었다. 대통령 훈령/NSC-18, 「미국 국가 전략(US National Strategy)」에서 대통령은 미·소 관계의 특징은 예측 가능한 미래에 서로 경쟁하면서도 협력하는 것이라고 결론지었다. 그러면서 높은 경제력, 기술력, 정치적 지지도와 같은 상대적 이점을 이용하는 것이 미국 국가전략임을 밝혔다. 군사적 측면에서 미국 핵전력은 미 국토와 미군, 동맹국, 그 밖에 미국정부가 미국에 중요하다고 인정한 대상에 대한 적의 공격을 억제할 수 있어야 하며, 만약 억제가 실패한다면 소련에 적절한 보복 공격을 가할 수 있어야 한다고 규정했다.[51]

카터는 이러한 판단에 입각해, 국방장관에게 핵 표적선정 연구를 실시할 것을 지시했다. 국방부 국제관계 차관보인 월터 슬로콤브와 마셜이 이 연구를 감독하게 되었다. 연구 지휘는 군축청 부청장인 리언 슬로스가 맡게 되었다. 표적선정 연구가 완료된 후, 마셜과 슬로콤브는 해럴드 브라운, 공군 장군 데이비드 존스와 일련의 회의를 통해 그 결론을 다듬었다. 이들이 알아낸 내용들은 백악관에 전달되어, 브레진스키와 오돔의 검토 및 편집을 거쳤다.

이 표적선정 연구는 대통령 훈령/NSC-59, 「핵무기 운용 정책(Nuclear Weapons Employment Policy)」으로 이어졌다. 카터는 이 훈령에 1980년 7월 25일 서명했다. PD/NSC-59는 단일통합작전계획(Single Integrated Operational Plan, SIOP)을 유지하고 있었다. SIOP는 소련과 그 동맹국 및 이들의 군대에 대한 사전 기획된 핵공격 선택안 모음이다.[52] 또한 PD/NSC-59는 시급히 핵운용 계획수립 능력을 갖추기를 요구하고 있었다. 이 계획에는 "전구(戰區)* 핵전력운용과 다목적 전력운용·전략 전력운용"이 통합된다. 이들의 목표는 SIOP 선택안이 적절하지 않다고 판단될 경우 전장 전역 목표와 기타 국가목표들을 달성하는 것이다.[53] 1970년대 초반 슐레진저는 소련의 핵 사용을 막아, 전면 핵전쟁을 막고, 미 본토의 피해를 줄이는 제한적 핵공격 선택안을 개발하고자 했다. 그러나 훗날 오돔이 강조했듯이, 소련 본토에 아무리 적은 수의 핵무기를 쓰더라도, 소련은 대규모의 핵 반격을 할 가능성이 높았다.

PD/NSC-59의 표적선정 방식은 더욱 근본적으로 바뀌었다. 그 목적은 억제력 증진이었다. 슬로스의 표적선정 연구 중, DIA는 소련이 전면 핵전쟁 때 지도부를 보호하기 위한 대형 시설을 완공했음을 알아냈다. 마셜을 비롯한 많은 이들은 백악관 측에 이 정보를 이용할 것을 촉구했다. PD/NSC-59에서는 이 의견을 받아들여, 핵공격을 피하기 위해 방공호를 만들어봤자 실전에서는 쓸모가 없을 것임을 소련 지도부에 확실히 전달하여, 억제력을 강화할 것을 지시했다.[54] 카터의 개정된 표적선정 정책은 소련 본토와 위성국가의 경제 사회적 기반시설 뿐 아니라, 소련 지도부까지 표적으로 삼았다. 브라운 장관은 PD/NSC-59에서, 이 점을 소련정부에 분명히 전달할 것을 지시했을 뿐 아니라, 여러 조항과 토론에서도 이를 분명히 밝혔다.[55]

또 다른 대통령 훈령인 PD/NSC-18에서는 소련과 본질적으로 동등한 태세를 유지할 것을 미국에 요구하고 있다. 또한 미국은 핵전력 면에서 소련에 뒤쳐져서는 안 된다고도 규정했다.[56] 그러나 카터의 이러한

---

* 전구(戰區, theater)는 군사작전의 물리적, 지역적 범위를 나타낸다. 즉, 군사전략목표를 달성하기 위해 전략임무가 수행되는 작전구역을 말한다—옮긴이.

고집은 끝없는 의문을 불러 일으켰다. 현재, 그리고 예측 가능한 장래에 미국 핵전력이 카터의 요구를 충족시키는지 알려면 어떤 분석 방법을 사용해야 하는가?

마셜은 예전에도 이러한 문제를 해결한 적이 있다. 1976년 8월에 작성해 럼스펠드에게 보낸 각서에서 그는 기존의 정적 및 동적 측정에 의존해서는 안 된다고 주장했다. 그런 측정법들은 미·소 핵전력의 상관관계 변화를 제대로 파악하지 못하기 때문이다. 미·소가 배치한 핵탄두·ICBM·SLBM·중폭격기 숫자에 대한 정적 측정은 전반적인 추세 정도나 지적할 수 있을까, 그 이상의 것들을 잡아내는 능력은 아무리 좋게 봐도 지극히 조악하다고 마셜은 생각했다.[57] 이는 정적 측정이 아무리 정밀해져도 마찬가지다. 탄도미사일의 투사 중량, 메가톤 환산치, 대군사적 잠재력 등을 정적 측정해도 똑같다는 것이다.* 그리고 핵 전면전 초기에 살아남을 수 있는 미국과 소련의 핵탄두 개수나 사망자 수 계산 같은 것은 너무 큰 복잡성과 불확실성을 무시하고 있다고 마셜은 생각했다.

마셜은 RAND의 조지프 로프터스와 협력한 덕택에, 소련이 전략핵경쟁을 평가하는 방식에 대해 미국 정보기관이 아는 게 별로 없다는 사실을 알았다. 만약 미국의 국가목표가 무슨 일이 있어도 소련의 핵공격을 막는 것이라면, 미국은 소련이 어떤 측정 및 계산 방법으로 핵전쟁의

* 대(對) 군사적 잠재력(Countermilitary potential, CMP)을 계산하는 방법은 무기의 폭발력을 정격의 3분의 2로 놓고, 이를 원형 공산 오차(circular error probable, CEP)의 제곱으로 나누면 된다. 따라서 다음과 같은 공식이 성립된다. CMP=폭발력$^{2/3}$/CEP^{2}. CEP는 정확성을 재는 단위로, 발사된 탄두 중 통계상 50퍼센트가 착탄할 걸로 예상되는 범위에 해당하는 원의 반지름이다.

위험을 평가하고 있는지 알아야 한다는 것이 마셜의 주장이었다. 그걸 아는 것이야말로 미국 억제전략의 목표이기 때문이다. 마셜은 미·소의 정책결정자들이 동일한 측정 방법을 사용하는 것 같지는 않다고 지적했다. 그렇지 않다면 미·소 양국이 제2차 타격 능력까지 갖춘 상황에서, 미국은 ICBM 전력 증강을 억제하는데 소련만 계속 늘려나가는 이유를 찾기 어려웠다.

1978년 국방과학위원회(Defense Science Board, DSB)가 로드아일랜드 뉴포트에 위치한 해군 전쟁대학에서 열린 하계 연구에서도, 위원 한 명이 이런 문제를 주시했다. 연구의 주저자는 브라운의 조언자였던 진 푸비니였다. 푸비니는 물리학자이자 전자공학자로, 제2차 세계대전 중 적군의 레이더를 교란시키기 위해 극초단파 기술로 미국 육·해군에 협력했다. 이후 1961년부터 그는 70억 달러에 달하는 미 국방부 연구개발 예산의 주 관리자가 되었다. 그리고 1963년부터 1965년까지는 국방차관보를 역임했다.

푸비니는 두 가지 문제에 대해 의견을 내달라는 요청을 받았다. 첫 번째는 군비 협력을 통한 NATO의 효율성 증진 문제, 두 번째는 미·소 전략핵 균형 상황 문제였다. 그는 참가자들을 4개 패널로 나눈 다음, 1개 패널은 NATO 문제를, 나머지 3개 패널은 전략핵 균형 문제를 논의하게 했다. 전략핵 균형 문제를 논의하는 3개 패널은 각각 핵 체계, 핵 관련 기술, 전략핵 균형의 인식과 척도를 고찰했다.

마셜은 이 중 맨 마지막 패널의 의장을 맡았다. 그의 패널은 전략핵 경쟁에 대한 미국의 인식과 분석 방법, 전략핵 경쟁에 대한 연합국의 인식, 핵 억제에 대한 소련의 인식, 억제가 실패했을 때 핵전력의 작전 성능 등에 대해 논의했다. 마셜 패널 소속 참가자들과 토론자들 중에는 월터 슬로콤브, 리언 슬로스, 존 바틸레가, 브루스 베넷, RAND 소속 프리츠 어마스, PA&E 소속 폴 울포위츠와 토머스 브라운, CIA 소속 앨런 렘과 세이르 스티븐스, 스탠포드대학 소속 헨리 로웬, 예일대학 소속 존 스타인브루너, 공군 연구분석실 소속 재스퍼 웰치 소장, 폴 니츠 등이 포함되어 있었다. 마셜과 로시를 제외하면, ONA 소속 인원은 공군 중령 프레더릭 자이에슬러, 피터 샤프먼이 있었다. 샤프먼은 1977년 ONA의 미·소 전략핵 균형 평가보고서를 작성했다.*

마셜의 하계 연구 패널은 미국의 핵 균형 분석에서는 전구 핵이나 중부유럽 등 해외 전구에 배치된 재래식 전력은 논외로 하고, 미·소의 대륙간 핵전력만을 비교했다는 점을 알아냈다. 반면 소련의 분석에서는, 소련 총참모부가 군사작전 지형 전구(Театр военных действий, 이하 영문 약자로 TVD)와 소련정부의 전략 지시에 맞춰 군사력 균형, 즉 전력 상관관계를 판단하는 경향이 갈수록 뚜렷해지고 있었다. 따라서 소련의 미·소 군사력 균형 평가에는 미국의 전략핵 균형 평가에서 고려하지 않던 요소들이 고려되어 있다는 얘기다. 이외에도 미·소 양국의 평가방식의 차이는 많았다. 어마스의 결론에서도 알 수 있듯이, "전략 및 핵전쟁에 대한 소련식 사고방식은 미국식과는 크게 달랐다."[58] 이는 소련의 군사력 균형 계산방식은 미국과는 다를 거라는 마셜의 오랜 믿음을 뒷받침해 주었다. 그러나 미국 전략의 주목적이 소련의 도발이나 위협을 억제하는 것이라면, 균형에 대한 소련의 시각을 가장 중시해야 한다. 또한

* ONA의 냉전 당시 평가 대부분과 마찬가지로, 1977년 전략핵 균형 평가 역시 현재까지 비밀에 부쳐져 있다.

마셜이 오랫동안 지적해온 대로, 미국의 국가목표는 모호했다.

설상가상으로, 핵군비 경쟁에 대한 정적 및 동적 측정은 지휘·통제·통신·정보(command, control, communications, and intelligence, C3I)의 취약성, 능동방어 및 수동방어, 위기가 길어져도 완벽한 핵 태세를 계속 유지할 수 있는 능력, 핵 임계점이 넘었을 때 국가 지도자들의 생존성 등 균형에 영향을 미칠 수 있는 중요한 요인들을 무시하고 있었다. "이러한 요인들을 고려하지 않고 어떻게 핵 균형을 제대로 평가할 수 있는가?"가 마셜의 지적이었다.

마셜은 결국 전쟁게임이야말로 정성적 및 결정적 요인들을 정량적 측정값과 통합시킬 수 있다는 토머스 브라운의 제안을 받아들였다. 브라운은 PA&E의 국방부 전략계획 부차관보였다. 마셜과 마찬가지로 그 역시 1960년대 RAND의 전략 및 전력평가(Strategy and Force Evaluation, SAFE) 게임에 참가했다. 전력 태세 기획 훈련인 이 게임은 10년 이상 진행되어 왔다. 브라운은 이 경험에 기반하여 적절히만 만들어진다면 이런 게임에 다양한 핵 위기 시나리오, 다양한 경보 시간, C3I의 약점, 타격 후 정보, 복구 능력 등의 다양한 주요 기획 요인을 통합할 수 있음을 강하게 느꼈다. 이 모든 요인들은 전통적인 핵 균형 평가에서는 대부분 무시되던 것들이었다. 브라운은 정밀한 전쟁게임이 미·소 핵전력 경쟁에 대한 더 나은 평가를 끌어내는 데 크게 기여할 수 있다고 믿고 있었다.

마셜과 브라운 외에도, 전략핵 균형 평가의 기존 측정과 방법론에 불만을 품은 사람들은 국방부에 얼마든지 있었다. 당시 공군 연구분석실장이던 재스퍼 웰치 소장도 기존 측정 방식의 부당성을 발견했다. 그는 자신의 조직이 전략 전력 문제를 다루는 진부한 방식에 분노했다. 결국 그는 연구분석실을 해체해버리고 말았다.[59]

1978년 DSB 하계 연구 이후 마셜은 패널의 발견 내용을 실행에 옮기기 시작했다. 그는 미·소 핵전력을 더 잘 비교 평가하기 위해서는 더 나은 전쟁게임 수단을 개발해야 한다는 공감대를 국방부 내에 일으키기 위해 주력했다. 마셜은 브라운과 함께 군의 주요 인사들의 지원을 받았다. 그 주요 인사들 중에는 리처드 로슨 장군(합동참모본부), 재스퍼 웰치 장군, 에드워드 '샤이' 마이어 장군(육군 작전기획 참모차장), 윌리엄 크로 제독(해군 기획정책작전 참모차장) 등이 있었다. 그래서 나온 아이디어는 RAND 같은 분석 기관들과 2~3건의 작은 계약을 맺어, 더 나은 전쟁게임 체계의 제작·조직·운영 방식을 고찰하게 한다는 것이었다. 이 일이 성공하려면 국방장관의 지원이 필요했다. 마셜은 1979년 4월의 각서에서, 이 일은 여러 해의 시간과 국방장관 특별 연구예산이 필요하다고 해럴드 브라운에게 통보했다.[60] 브라운은 바로 동의를 표했다. 그러면서 "이 일은 반드시 진행되어야 한다"는 말도 했다.[61]

RAND와 국제응용과학사(Science Applications International Corporation, SAIC, 구 약칭 SAI)는 이 새로운 분석도구 개발의 가장 치열한 경쟁자로 떠올랐다. 마셜은 RAND의 개념적 접근법이 자동화 소프트웨어 대 인간의 대결도 가능케 해주는 최첨단 인공지능의 통합도 측면에서 보았을 때 SAIC의 방식보다 더욱 혁신적임을 알았다.[62] 반면 미국의 전략핵 경쟁 평가방식 개선이라는 프로젝트의 주목적에는 SAIC의 방식이 더욱 어울린다고 보았다.[63] 그러나 선발 과정에 참여한 사람들 대부분은 RAND 방식을 더욱 선호했다. 마셜의 판단이 옳았지만, 그는 다른 사람들이 하자는 대로 따라갔다. 그리고 나중에 그 결정을 후회하게 된다.

그 결과 나온 것이 RAND 전략평가체계(RAND Strategy Assessment System, RSAS)였다. RSAS는 폐쇄형 모델로도 사용될 수 있으며 하나 이상의 인간 팀이 부분적 또는 완전 자율화된 환경에서 플레이할 수도 있는 분석형 전쟁게임 체계였다.[64] 마셜이 해럴드 브라운에게 다음과 같이 설명했다.

과거의 전략균형 평가에 대해 말했던 바와 같이, 현재 사용할 수 있는 분석방식의 한계 때문에 우리의 전략균형 분석 이해 능력도 한계가 있습니다. 한 가지만 들어봐도 현재의 분석은 대규모 핵전력 교환에만 치중하는 경향이 있습니다. 그런 일이 벌어지기 전에 나타나는 사건, 즉 위기, LNO(limited nuclear options, 제한 핵 선택), 국지전 확전 등에 대해서는 분석이 거의 이루어지지 않았습니다. 대규모 핵전력 교환 이후에 일어나는 사건, 즉 지휘통제 체계의 복구와 재편, 잔여 전략 전력의 활용 등에 대해서도 분석이 조금만 이루어졌을 뿐입니다. 물론 우리의 주목표는 전쟁 억제입니다만, 덧붙이자면 우리의 분석방식에는 소련의 관점이 적용되지 않았습니다. 소련은 미국과는 달리, 전략 전력에 별도의 특별 취급을 하지는 않을 가능성이 높습니다. 더구나 소련은 대륙간 전력 뿐 아니라 중거리 전력도 전략 전력으로 반드시 정의합니다.[65]

그러나 RSAS는 미국의 전략핵 균형 평가방식 개선이라는 마셜의 원목적에서 벗어나고 만다. RSAS 개발 초기부터 RAND는 재래식 전쟁에 주안점을 두었다. 1985년 RSAS에는 5개 전구의 세부 모듈이 들어가 있었다. 그 5개 전구는 다음과 같다. 북유럽(소련 서북 TVD), 중부유럽(소련 서부 TVD), 동남유럽(소련 서남 TVD), 서남아시아(소련 동남 TVD), 동북아시아(소련 극동 TVD)이다.[66] 이런 구조를 채택한 것은 지역 분쟁에 집중하겠다는 의미였다. 그러나 그 취지는 점점 흐려지고 프로젝트의 원 목적에서 벗어나게 되었다. RSAS의 사용자에는 총괄평가국 이외에도 합동참모본부의 전략 부장 및 전력기획 부장, 국방대학교, PA&E, 공군대학교, 해군 전쟁대학, CIA, DIA, 해군대학원, 육군 개념분석청, 미국 유럽사령부, 태평양사령부가 있었다. 이들 기관 대부분은 재래식 전쟁에 주안점을 두고 돈을 쓰는 곳이었다. 때문에 RSAS는 개발 과정에서 핵 전쟁보다는 재래식 국지전에 더욱 더 주안점을 둘 수밖에 없었다.

1985년 하반기 마셜은 RSAS를 제자리로 돌려놓으려 했다. 그해 12월 RAND의 RSAS 프로그램 팀장 폴 데이비스에게 보낸 편지에서, 마셜은 이 프로그램의 주목적은 세계 핵전쟁 문제를 해결할 수 있는 분석도구 개발임을 다시 한 번 분명히 밝혔다. 그러면서 이런 말을 덧붙였다. "개별 전구를 다룬 모델은 얼마든지 있습니다. 그러나 전쟁게임을 포함한 여러 분석도구에서는 세계전을 잘 다루지 않습니다. 이 때문에 저는 RSAS 개발의 최우선 목표를 전략핵 전쟁 분석에 두었습니다. 개별 전구에 대한 기존 분석방식의 단점을 극복하려면 모델링만으로도 충분합니다."[67] 그러나 마셜의 조언의 효력은 오래가지 못했다. 전구 모듈에 주안점을 두려는 여론은 총괄평가국장인 마셜도 막지 못할 만큼 강했기 때문이다.

당연한 얘기지만, 미·소 전략핵 균형에 대한 기존의 정적 및 동적 측정의 한계는 마셜이 NATO와 바르샤바조약군의 균형을 평가할 때도 그대로 나타났다. P-186이 BDM 필립 카버 휘하에서 ONA 연구 프로젝트로 바뀐 이후, 양군에 모두 적용되는 동일한 계수규칙에 기반해 적군 데이터베이스를 만드는 것이 최우선 과제가 되었다. BDM 필립 카버 팀은 이 단순해 보이는 임무가 실제로는 단순하지 않다는 것을 진작 깨달았다. 그러나 P-186은 서구 세계에서 제일 권위 있는 NATO-바르샤바조약군 데이터베이스를 만들어냈다.[68] 그 개발에는 카버의 팀을 냉전 종식 때까지 유지시킨 마셜의 인내와 의지가 크게 작용했다.

1978년이 되자 P-186은 NATO군과 바르샤바조약군 간의 비교 데이터를 충분히 획득, 중부유럽에 배치된 양군의 인력과 주요 무기체계에 대한 정량적 비교가 가능하게 되었다. 그리고 이 데이터는 ONA 최초의 NATO-바르샤바조약군 균형 상세 평가에 사용되었다. 이 균형에서 다루는 NATO군에는 서독·네덜란드·벨기에·덴마크·룩셈부르크 주둔 부대 및 프랑스 제1군이 해당된다. 바르샤바조약군에는 소련군·동독군·폴란드군·체코슬로바키아군으로 이루어진 바르샤바조약기구 중부지역군이 해당된다.

1978년 3월 평가에 나온 전구 수준 전력 데이터를 보면, 중부유럽 주둔 바르샤바조약군은 대부분의 범주에서 NATO군을 수적으로 압도하고 있었다. 주력 전차와 대전차 무기 면에서는 바르샤바조약군이 2:1의 수적 우위를 점하고 있었으며, 이는 NATO의 큰 고민거리였다. 그러나 전략 핵전력과 마찬가지로, 다양한 범주의 무기(주력 전차·야포·박격포 등)를 보유 숫자만 가지고 비교하는 것은 문제가 있었다. 첫 번째로 마셜도 잘 알고 있듯이 단일 시점에서의 정적 비교는 추세를 제시할 수 없다. 두 번째로 이러한 단순 비교는 개별 무기의 질적 차이를 무시하고 있다. 또한 장병 훈련도·전투 준비태세·보급·전술·교리·지휘·통제 등 전투 결과에 영향을 미칠 수 있는 변수를 무시하고 있다.

양군 무기체계의 정성적 차이를 무시하고 있는 이런 문제를 해결하기 위해, 1974년 육군 개념분석청(Concepts Analysis Agency, CAA)은 최초의 지상군 정성 측정 체계인 무기효과 지수/부대 가중치(Weighted Effectiveness Indices/Weighted Unit Values, WEI/WUV; '위우브')를 만들어 발표한다. 여기에서는 다음과 같은 9개 범주의 NATO 및 바르샤바조약군 무기체계의 WEI 점수를 객관적으로 평가했다. 소화기·병력수송 장갑차·전차·정찰 장갑차·대전차 무기·야포 및 로켓포·박격포·무장 헬리콥터·대공포가 그것이었다.[69] WEI/WUV의 원 목표는 현재의 전쟁 게임에 적용할 수 있는 점수를 만들어내는 것이었다.[70] 하지만 미군 1개 사단에 상당하는 개념적 WUV 계산에서도 알 수 있듯이 WEI는 적이

〈도표 4〉 1978년 NATO/WTO 중부유럽 지역 지상군 전력과 비율

	NATO군		바르샤바조약군		
	총계	중부유럽	중부유럽	총계	중부유럽 비율
육군 병력	1,328,300	736,300	1,014,000	1,887,000	1 : 1.4
중형 전차/중전차	14,100	8,300	16,400	35,700	1 : 2.0
경전차/ 정찰 장갑차	2,200	2,100	800	2,500	2.6 : 1
대전차 무기	7,100	2,900	5,800	15,500	1 : 2.0
대공 무기	7,900	4,400	5,300	14,700	1 : 1.2
지대지 미사일 발사기	310	280	390	1,520	1 : 1.4
전술 항공기	5,500	2,200	2,900	6,500	1 : 1.3

출처: OSD/NA, "The Military Balance in Europe: A Net Assessment," March 1978, p.46. 평가 작성: 육군 중령 Peter R. Bankson

〈도표 5〉 가상 미 전투사단에 대한 WUV 계산

무기 유형		무기 숫자	WEI	무기 수 ×WEI	범주 가중치	WUV
전차	M60A3	150	1.11	166.5		
	M1	150	1.31	196.5		
	전차 WUV 총계			363.0	94	34,122
공격용 헬리콥터	AH-1S	21	1.00	21.0		
	AH-64	18	1.77	31.9		
	공격 헬리콥터 WUV 총계			53.0	109	5,777
대공포	발칸	24	1	24.0	56	1,344
IFV	브래들리	228	1	228.0	71	16,188
대전차 미사일 (발사기)	TOW	150	0.79	118.5		
	드래곤	240	0.69	165.6		
	LAW	300	0.2	60.0		
	대전차 미사일 WUV 총계			344.1	73	25,119
야포 및 로켓 발사기	155mm 곡사포	72	1.02	73.0		
	8인치 곡사포	12	0.98	12.0		
	MLRS	9	1.16	10.0		
	야포 및 로켓 발사기 WUV 총계			96.0	99	9,504
박격포	81 mm	45	0.97	43.7		
	107 mm	50	1	50.0		
	박격포 WUV 총계			94.0	55	5,170
병력 수송 장갑차	M113	500	1	500.0	30	15,000
소화기	M16 소총	2,000	1	2000.0		
	기관총	295	1.77	522.2		
	소화기 WUV 총계			2522.2	4	10,088
				사단 WUV 총계		**122,312**

출처: US Congressional Budget Office, *U.S. Ground Forces and the Conventional Balance in Europe* (Washington, DC: US Government Printing Office, June 1988), p.15. IFV(infantry fighting vehicle, 보병전투차), TOW(tube–launched, optically tracked, wire–guided, 발사관발사 광학추적 유선유도식 대전차 미사일), MLRS(multiple launch rocket system, 다연장 로켓발사 체계)

보유한 장비의 가중치 측정에도 사용될 수 있다. WEI 값을 각 범주의 무기 숫자에 곱하고, 이를 범주 가중치에 곱하면 그 값을 모두 더해 중부유럽 주둔 NATO 및 바르샤바조약군 사단급(표 5 참조) 이상 부대의

WUV 총계를 낼 수 있다.

추세가 보이지 않는 문제를 해결하기 위해 ONA의 1978년 유럽 전력 균형에서는 1965, 1970, 1975, 1977년 중부유럽의 전구 WUV 총계를 다루었다. 이들 전구 WUV 총계는 1960년대 중반 이후 바르샤바조약군의 전반적 전력비 우위가 강해지고 있음을 보여주었다. 특히 주목해볼 부분은 NATO에 대한 바르샤바조약군의 화력 증강이었다. 1965년 바르샤바조약군의 야포·박격포·다연장 로켓포의 화력은 NATO WUV의 35퍼센트 수준이었으나, 1977년에는 80퍼센트 이상이 되었다.[71]

당연하게도, ONA와 P-186 사이에 WEI/WUV와 같은 점수제도의 유효성을 놓고 논쟁이 벌어졌다. 마셜은 WEI가 화력 점수에 기반한 것임을 알아채고, 1978년 분석과학사(The Analytic Sciences Corporation, TASC)에 NATO와 바르샤바조약군의 장비의 가치를 더욱 정확히 파악하는 점수 체계의 개발 연구를 맡기게 된다. WEI/WUV 계산에는 전투용 항공기가 포함되어 있지 않았으므로, 초기 TASC 전력비교 현대화 평가기법(TASC Force Modernization, TASCFORM)은 전투기·지상 공격기·요격기·폭격기에 점수를 매기는 데 주안점을 두었다.

좀 더 근본적으로 들어가면, 마셜은 과연 WEI/WUV, TASCFORM 등의 정성적 가중치 방법론으로 유럽과 다른 전구의 재래식 전력 균형을 더 잘 알 수 있는지 궁금했다. 이를 확실히 아는 방법으로는 과거의 전투에 WEI/WUV 점수를 적용했을 때 실제 전투 결과가 반영되는지를 알아보는 것이 있다. P-186은 WEI/WUV를 1940년 5월 독일군이 신속하게 진행해 대승을 거둔 프랑스 및 저지대국가 전역에 적용하여

〈도표 6〉 NATO/WTO 중부유럽 지역 WUV 추세

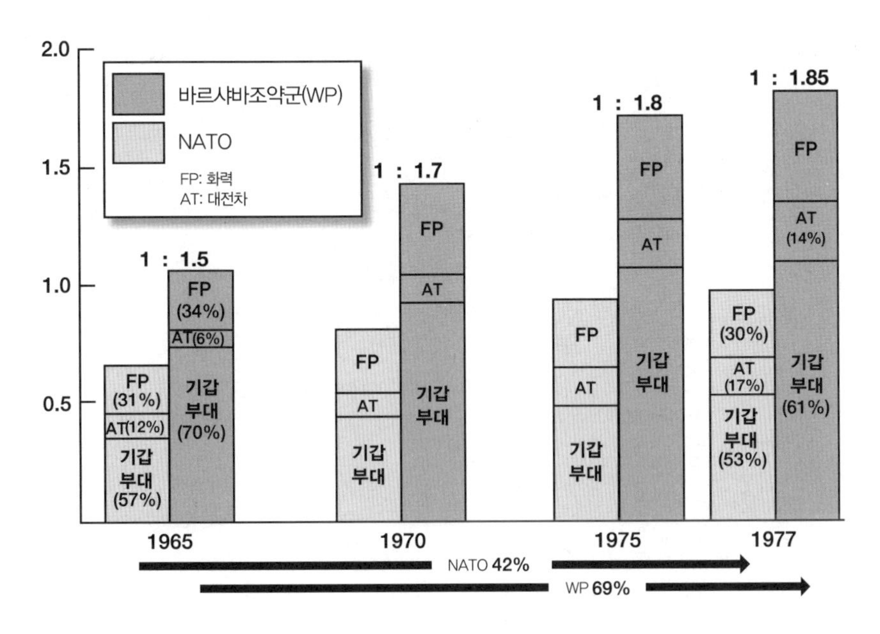

출처: OSD/NA, "The Military Balance in Europe: A Net Assessment," March 1978, p.52.

이 문제를 풀어보기로 했다. 그러나 당시 독일군과 연합군에 대한 전구 수준 정량적 비교로도 WUV 총계로도 이 전역이 독일의 일방적인 승리로 끝난 이유를 자세히 밝혀낼 수 없었다.

이런 부정적인 결과를 감안해, 카버의 BDM팀은 연구 방법을 고쳤다. 기갑부대와 대(對)기갑 체계, 연합군과 독일군의 화력지원 체계, 지상 공격기와 방공망 등, 실전에서 대면하는 체계 사이의 비교를 통해 더욱 유용한 결과를 얻어내려 한 것이다. 그러나 이번에도 전구 수준의 정량적 및 WUV 비교는 독일군의 작전이 왜 그리도 성공적이었는지 알려주지 못했다.

〈도표 7〉 1940년 5~6월 독일 서부 전역

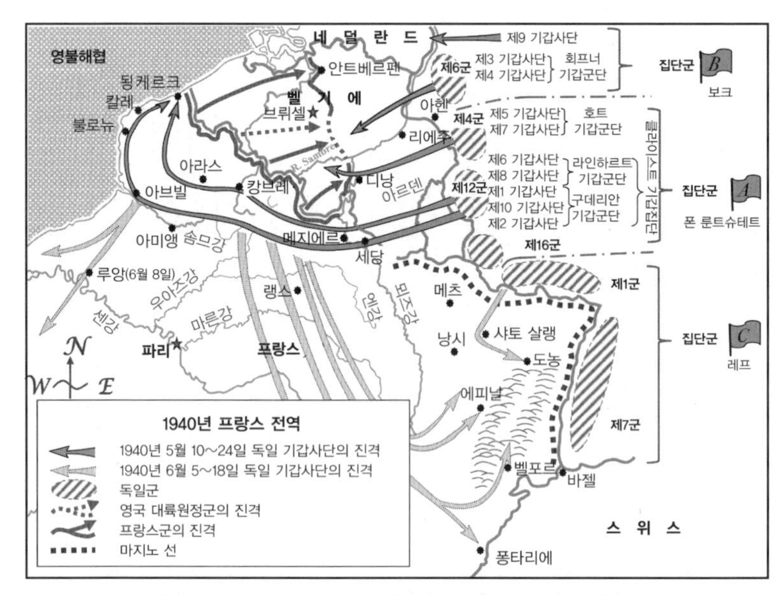

The German Campaign in the West, May–June 1940. Major General F.W. von Mellenthin, H. Betzler (trans), L.C.F. Turner (ed.) *Panzer Battles: A Study of the Employment of Armor in the Second World War* (Norman, OK: Oklahoma Press, 1955)

〈도표 8〉 1940년 5월 10일 연합군/독일군 전력의 정량적 및 WUV 비교

정량적 비교			
	연합군	독일군	비율
병력	3,368,000	2,758,000	**1.22**
사단	140	136	**1.03**
기갑사단	4	10	**0.40**
전차	4,098	3,227	**1.27**
대전차포	8,832	12,800	**0.69**
야포	13,326	7,700	**1.73**
병력 수송 장갑차	1,830	800	**2.29**
박격포	11,912	14,300	**0.83**
소총	1,160,000	900,000	**1.29**
기관총	112,100	147,000	**0.76**
항공기	1,649	3,124	**0.53**
대공 무기	4,232	8,700	**0.49**

WUV 비교			
비율	연합군	독일군	
1.03	1,046,697	983,750	전구 전반 WUV
1.39	56,5689	40,710	전차
0.41	53,745	132,080	대전차포
1.57	301,944	192,760	야포
2.29	7,320	3,200	병력 수송 장갑차
0.79	200,120	252,000	박격포
1.58	397,700	252,000	소화기
BDM은 CAA의 WEI/WUV 방법론을 이들 무기체계에는 적용하지 못했다.			

출처: Phillip A. Karber, Grant Whitley, Mark Herman, and Douglas Komer, *Assessing the Correlation of Forces: France 1940* (McLean, VA: BDM Corporation, June 18, 1979), BDM/W-79-560-TR, pp. 2-2 to 2-6.

그래서 BDM 분석관들은 기만·기습·전술·공중우세·지휘통제(command and control, C2)·지형 등의 작전적 요인들을 탐구했다. 이런 요인들은 정량적 분석이나 WUV 총계에서는 다루어지지 않았다. 그러나 전역의 결과에 중요한 역할을 미친 요인들이다.[72] 이러한 요인들에 대한 평가를 통해, 독일의 3개 집단군에는 정해진 임무가 있었으며, 이들이 마주한 적의 방어 방식은 각각 달랐다는 것이 드러났다. 이러한 관찰 내용을 염두에 둔 BDM 분석가들은 좀 더 하층적인 분석에 매진했다. 연합군 대 독일군의 사단 및 WUV 비율을 독일 3개 집단군 구역별로 나누어 계산한 것이다. 전선 동북부를 맡은 페도르 폰 보크 상급대장의 B집단군, 전선 중부를 맡은 게르트 폰 룬트슈테트 상급대장의 A집단군, 전선 남부를 맡은 빌헬름 리터 폰 레프 상급대장의 C집단군이 바로 그들이었다.

구역별 비교 결과 이 전역에 대해 오래전부터 알려져 있던 부분이 더욱 분명해졌다. 독일군의 슈베어푼크트(중점)는 중부의 아르덴 숲이었다. 연합군은 아르덴 숲으로는 전차가 통행할 수 없을 거라고 생각했다. BDM 분석가들은 WEI/WUV를 사용해, 독일 육군의 전투력 약 절반이 폰 룬트슈테트의 A집단군이 맡은 이 좁은 구역에 몰려 있었음을 알아냈다. 3개 집단군의 WUV 총계 계산 역시 전선 동북부와 남부의 독일군은 독일군과 연합군의 전체적 전력 비율보다도 훨씬 약했지만, 전선 중부의 독일군은 연합군보다 상당히 강했음이 드러났다. A집단군은 해당 구역의 연합군에 비해 3.1배나 많은 사단을 가지고 있었다. 여기에 WUV 점수를 적용하면 해당 구역의 연합군에 대한 A집단군의 전력 우위는 앞서보다 3분의 1이 더 높은 4.2배 이상이 된다.

BDM 보고서에서는 전구 수준 WUV 비교가 전역 결과를 잘 보여주지 못한다는 점을 인정하고 있다. 그러나 이 보고서에서는 낮은 단위의 집합체에 WEI/WUV 방법론을 사용할 경우 전역의 역동성, 초기 전개의 결함과 비대칭성의 파악은 물론 가능한 결과의 추론도 더욱 쉬워질 것이라고 말하고 있다.[73] 이러한 결론은 일견 고무적이었다. 미군이 WEI/WUV에 투자하고 P-186이 이러한 배점(配點) 방법론을 사용하면 전체 전구 중 적절한 일부분의 재래식 전력 균형에 대해 더 나은 판단이 가능하다는 것이기 때문이다.

하지만 한편으로 이 보고서는 중요한 의문 한 가지를 풀어주지 못했다. 1940년 프랑스 전역은 역사적 사건이므로, 그 결과가 다 알려져 있다. 그러나 냉전이 유럽에서의 재래식 전쟁으로 종결되는 상황은 양측이 모두 대비하고 있는 것이기는 했지만 아직 벌어지지 않았다. 1978년, 혹은 그 이후에 전쟁이 어떤 방식으로 벌어질지 누구도 모른다. 그렇다면 적절한 분석 수준으로 정량적 비교를 할 방법은 없다. 어찌 되었건, 이러한 연구 결과는 아직 그 결과가 나오지 않은 미래전을 확실히 예측

〈도표 9〉 1940년 5월 10일 전구별 사단 및 WUV 비교

	사단			구역 WUV		
구역	연합군	독일군	비율	비율	연합군	독일군
북서부 (폰 보크)	57	29	2 : 1	1.5 : 1	310,000	205,000
중부 (폰 룬트슈테트)	15	45	1 : 3	1 : 4.2	75,000	317,000
남부 (폰 레프)	44	19	2.3 : 1	1.7 : 1	238,000	136,800

출처: Karber et al., Assessing the Correlation of Forces: France 1940, pp.4-1, 4-6, 4-7.

하려면 적절한 분석도구가 필요하다는 마셜의 시각을 뒷받침해주었다.

마셜은 정적 배점 방법론으로 총괄평가에 유익한 시각을 얻을 가능성을 계속 모색했다. 1986년 그는 더욱 널리 쓰이는 재래식 전력 정적 지수들 간의 차이점과 공통점을 알아보는 연구에 CIA와 함께 투자했다. 이 지수에는 트레버 듀피의 정량 판단 모델에 나오는 WEI II, III·포괄적 무기효과 지수·TASCFORM·작전 살상력 지수 등이 포함된다.[74] 이 프로젝트의 목표는 1975년부터 1985년 사이의 NATO와 바르샤바조약군 전력 데이터를 골라 이에 다양한 배점 방법론을 적용, 시각을 얻는 것이었다. 의회가 다양한 배점 체계에 대해 갈수록 큰 관심을 보이는 것도 이 연구가 시작된 이유 중 하나였다.

이 ONA-CIA 프로젝트가 시작될 때, 마셜은 효율성 측정(measures of effectiveness, MOE)의 장단점을 모두 인정하고 있었다. "양군의 전력을 비교해본 경험으로 볼 때 MOE로는 총괄평가의 문제를 풀 수 없는 것이 분명하다. MOE는 장기적인 추세를 이해하는 데는 유용하다. 그러나 양군이 대결하는 군사작전의 결과를 예측하는 데는 쓸모가 없다. 반영하는 측면이 몇 안 되기 때문이다. 특히 역사적 사례를 보면 다른 변수들이 지배적인 역할을 하는 경향을 보인다."[75] 당시 WEI/WUV 방법론은 군과 합동참모본부에서 전구 전쟁게임에 매우 폭넓게 사용되고 있었다. 의회 직원들도 연례 국방예산 청구 내용 검토에 필요한 정적 전력 비교를 위해 TASCFORM 방법론을 제공해달라고 ONA에 요청했다.

마셜은 이런 부류의 배점 방법론이 유럽과 다른 전구에서의 군사적 균형을 정확히 평가할 수 있다고 보지 않았다. 그는 소련이 다양한 정량적 측정법을 개발하여 작전 기획 대 양군 간의 전력 상관관계 및 군과 전방 작전의 진행속도 계산에 사용한다는 것도 알고 있었다.[76] 1980년대 초 미국 정보기관은 소련식 MOE의 일부를 알아냈다. 덕택에 ONA는 이들을 TACSFORM 항공기 배점 방식, WEI 지상군 배점 방식과 비교해볼 수 있었다. 이러한 비교를 통해 미·소가 개별 무기의 가치를 판단하는 방식이 크게 다르다는 것이 드러났다.

예를 들어 같은 미국의 방어용 요격기라 하더라도 소련식 전투 잠재력 배점 방식이 미국 TASCFORM 방식에 비해 배점이 후했다. 반면 소련은 미국에 비해 타격용 항공기의 가치를 낮게 평가하고 있었다. 미국 주력전차 M60A2에 대해서는 소련이 미국보다 배점이 후했다.[77] 미·소 배점 체계 간의 이러한 비대칭성을 접한 ONA는 소련이 다양한 무기의 능력에 대해 갖고 있는 인식을 더 잘 알 수 있었다. 이는 1980년대 중부 유럽 군사력 균형에 대한 ONA 평가에 영향을 미쳤다. 정적 MOE는 분명 한계가 있었다. 그러나 총괄평가라는 측면에서 보면 가치는 있었다.

미·소 전략핵 균형 평가는 냉전기에 이루어진 평가 중 매우 훌륭한 것이다. 핵 억제가 실패할 경우, 미국의 생존이 위태롭기 때문이다. 유럽 전력 균형 역시 여러 면에서 그만큼 중요했다. 바르샤바조약군이 재래식 전쟁에서 승리를 거둘 경우 전면 핵전쟁으로 확전될 확률이 높기 때문이었다. 1970년대 후반 이 두 평가의 자세한 버전이 완성되었다. 그러나 마셜이 이 두 평가만큼이나 중요하다고 생각했던 평가가 있었다. 해럴드 브라운 국방장관 임기 중에 완성된 이 평가들은 심지어 더욱 성공적이었다. 이 중 하나는 해군 중령 제럴드 듄이 1978년에 완성한 미·

소 지휘·통제·통신(command, control, and communications, C3)에 대한 것이었다. 이 평가는 미·소의 전쟁 준비, 특히 유럽에서의 전쟁 준비에 큰 비대칭성이 있음을 보여주었다. 소련은 C3를 매우 중요하게 생각했다. 이들은 C3를 우선순위 높은 별도의 전쟁 분야로 여기고, 유사시 NATO의 전구~대대급에 이르는 C3 중 50퍼센트를 교란 내지는 파괴하기 위한 교리와 기획 절차, 체계를 개발했다. 또한 자군의 C3를 지키기 위해 NATO군에 비해 더 많은 예산을 투자했다.[78] 반면 미군은 C3에 대한 관점부터가 통일되어 있지 않았다. 미 국방부 역시 전시 C3 성능 평가에 대한 개념·참조체계·도구가 없었다.[79]

마셜과 듄은 1978년 C3 평가로 미군이 보완해야 하는 약점이 부각되었다고 생각했다. 그러나 펜타곤의 고급 군사 지도자들은 마셜처럼 생각하지 않았다. 물론 이 평가를 통해 단기적으로는 C3 연구가 크게 늘어나기는 했다. 그중에는 국방과학위원회 연구도 5건이나 있었다. 또한 미군 C3의 생존성을 높이기 위한 노력이 늘어났다. 전시 정보 우위의 중요성에 대한 사고도 자극했다.[80] 그러나 이런 다양한 연구 개발은 장기적인 성과를 올리지 못했다.

이 평가 이후 30여 년이 지난 현재, C3에 대한 미군의 생각은 아직도 전술수준 기술적 문제에 대부분 머물러 있다. 미래전에서 정보가 맡게 될 역할 전반에 대해서는 그리 깊이 생각해보지 않는다. 마셜은 현재도 미군에 전시 C3 및 정보·감시·정찰(intelligence, surveillance and reconnaissance, ISR) 체계의 중요성을 올바로 평가하는 개념과 참조체계·도구가 부족하다고 생각하고 있다. 이러한 우려는 1990년대 중반부터 중국군이 현대화되면서 다시 커졌다. 혹자는 냉전기 소련군은 정보화시대의 군대라기보다는 산업시대의 군대에 더 가까웠다고 말한다. 반면 현재 계속되는 중국군의 현대화 작업은 분명 정보화시대에 걸맞는 강군을 만들기 위함이다. 중국 인민해방군(PLA)의 지상 목표는 중국적 정보화 군대로의 변신이다. 이 목표가 얼마만큼 달성될지는 두고 봐야 할 것이다. 그러나 1970년대 말부터 현재까지 마셜은 미래전에서 정보의 중요성에 대해 계속 강조해 왔다.

1970년대 ONA가 수행한 가장 중요한 평가는 아마도 군 전력에 직접 주안점을 두지 않은 것일지도 모른다. 마셜이 국방부에 들어왔을 때, 슐레진저는 마셜에게 소련 군사계획이 소련 경제에 미치는 부하에 대해 재고하도록 CIA를 계속 압박하라고 지시했다. 1974년 마셜은 공군 소속의 경제학자 리 배지트 소령을 영입해, 달러로 환산된 소련의 군사비 지출을 좀 더 총괄적으로 조사하고자 했다.

1975년 9월 마셜과 배지트가 내린 잠정적 결론에 따르면, 소련의 군비 지출이 GNP의 6~7퍼센트 수준이라는 CIA의 주장과는 달리, 실제로는 10~20퍼센트라는 것이었다.[81] 그 후로 10년 동안 밥 고프·윌리엄 맨소프·랜스 로드·데이비드 엡스타인은 마셜을 위해 일련의 군사투자 균형 보고서를 집필했다. 이 보고서에서는 소련 군사계획의 간접비용을 열거하면서, 이들이 소련 경제 성장에 미치고 있는 부하를 지적했다. 이 간접비용에는 민방위·산업 동원 준비·이중목적 투자·소련 제국의 유지비가 포함된다.

소련 군사계획의 직·간접적 비용이 경제에 미치는 부하 비율의 분자를 이루고 있었다. 이로써 소련의 군사비 규모에 대한 의문은 풀렸다. 그리고 부하 비율의 분모에 대한 의문을 풀면, 소련의 경제 규모도 알 수 있게 된다. 마셜이 분모 문제에 처음으로 신경을 쓰게 된 것은 1979년의 일로, 소련에서 망명한 경제학자 이고르 비르만 때문이었다. CIA는 1970년부터 1983년 사이의 소련의 GNP는 미국의 50~60퍼센트 수준이라고 추산했다.[82] 그러나 나중에 알게 된 것이지만, 1970년대와 1980년대의 소련 경제 규모는 미국의 25퍼센트 수준을 넘은 적이 없었다. 소련의 실제 경제 규모는 CIA 추산의 절반밖에 되지 않았고, 실제 군사비 지출은 CIA가 추산한 소련의 직접비용보다 더 컸다. 그렇다면 소련은 경제 규모의 최대 30~40퍼센트를 군사비로 썼을지도 모른다는 추산이 가능하다. 더구나, 1980년대에 명백히 드러나듯이 소련 경제는 군사비 지출 외에도 중앙통제식 계획경제 특유의 비효율이라는 구조적 문제를 갈수록 심하게 앓고 있었다.

ONA의 군사비 투자 균형에서 파생된 이러한 시각의 중요성은 아무리 강조해도 지나치지 않다. 이는 소련의 군사비 부담에 대한 마셜과 슐레진저의 촉각이 처음부터 옳았음을 매우 잘 나타내고 있다. 그리고 키신저의 생각대로 시간은 소련의 편이 아니라 미국의 편이었다. 이러한 이해의 변화로 인해, 카터의 후임자인 로널드 레이건이 미국 군사력을 증대시킴으로써 미국은 냉전 승리의 문을 열게 된다.

1991년 소련의 붕괴를 초래한 미국의 군사력 증강에 대해 논하는 것은 이 책의 주제에서 좀 멀리 나가는 일이 될 것이다. 그러나 1980년대 후반 마셜은 사석에서 소련 경제는 미국 파산법 제11장에서 규정하는 파산 상태 코앞까지 왔다고 말한 바 있다. 소련의 군사비 부담을 정확하게 알고자 한 마셜의 바람은 ONA의 특권적 지위와 마셜의 오랜 임기 덕택에 실현되었다. 이로써 그는 눈앞에 닥친 문제뿐 아니라 먼 미래를 내다볼 수 있었고, 냉전의 마지막 10년간 자신이 미국 전략에 어떤 방식으로 가장 중요한 기여를 하게 될지 예측할 수 있었을 것이다.

7

냉전의 종말

1981~1991년

우리 일은 해야 할 것을 말하는 것이 아니라, 생각해야 할 것을 말하는 것이다.

— 앤드루 마셜

1980년 11월 4일, 미국인들은 지미 카터 대통령에 맞서 대선에 출마한 전 캘리포니아 주지사 로널드 레이건에게 몰표를 주었다. 선거운동 기간 레이건은 카터가 미국의 국방력을 약화시켜, 미군의 전쟁 억제력과 전투력이 위험한 수준까지 낮아졌다고 주장했다. 레이건은 미국이 핵군비 경쟁에서 안정적인 위치를 얻으려고 노력함에도, 소련은 엄청난 속도로 핵전력 현대화를 이룩해 나가고 있음도 지적했다.

또한 당시 중동의 정세도 레이건에게 표를 몰아주었다. 카터 대통령의 외교정책을 비판하던 사람들은, 미국의 오랜 우방이었던 이란 국왕 무함마드 리자 팔레비가 아야톨라 루홀라 호메이니가 이끄는 이슬람 급진세력에게 추방당한 사건을 지적했다. 그 결과 미국을 '대악마'로 부르며 끈질긴 적의를 표하는 지도자들이 이끄는 이란 이슬람공화국이

건국되었다. 설상가상으로, 이들은 이란 급진주의자들이 테헤란의 미국 대사관을 습격해 대사관 직원을 인질로 잡는 사태를 방관했다.

1980년 4월, 카터 대통령은 이 인질들을 구출하러 미군을 파견했으나, 작전은 대실패로 끝났다. 이란 내의 준비 지역으로 8대의 헬리콥터가 출발했으나, 이 가운데 작전이 가능한 상태로 도착한 것은 5대 뿐이었다. 작전취소 명령이 내려졌다. 그러나 철수하던 헬리콥터가 연료를 만재한 수송기와 충돌하면서 폭발과 화재를 일으켰고, 미군 8명이 전사했다. 파괴된 헬리콥터와 수송기 외에도, 미군 헬리콥터 5대가 더 방기되었다. 베트남전쟁 이후 미 국방부 예산은 대폭 축소되었다. 이 때문에 생긴 "미군이 허수아비 군대가 되었는가" 하는 두려움이 이 작전 실패로 인해 더욱 굳어졌다. 서류상으로는 완벽해 보이지만 병력들의 장비 상태와 훈련도는 형편없는 군대가 되었다는 것이다. 그 불과 4년 전 이스라엘군은 우간다 엔테베에 억류되었던 자국민 인질들을 성공적으로 구출해낸 터였다. 그에 비하면 미군의 이번 구출작전 실패는 더욱 참담하게 느껴졌다. "카터는 이스라엘군에게 이란 인질구출 작전을 맡겼어야 했다"는 농담까지 퍼져나갔다.

키신저는 미·소 핵군비 경쟁에 대해 비관적인 입장이었다. 또한 미군이 허수아비 군대가 되어간다는 우려스러운 징후들이 자꾸 나오고 있었다. 그러나 대통령직에 취임한 레이건은 세계 속의 미국의 입지를 더욱 긍정적으로 보았다. 그는 미·소 냉전을 사상과 경제 체제의 싸움으로 보았다. 소련 체제는 정치적으로는 변칙적이었고, 경제구조에도 결함이 있었다. 때문에 레이건은 소련 체제가 개방적인 대의 민주주의와 자유 시장경제 앞에 반드시 패할 수밖에 없다고 보았다.[1] 레이건의 소련에 대한 시각은 조지 케넌과 비슷한 점이 많았다. 두 사람 모두 소련 체제는 멸망의 씨앗을 내포하고 있으며, 그 씨앗이 잘 자라고 있다고 보았다.

마셜도 오래전부터 알고 있었다시피, 소련의 중앙통제식 계획경제는 자유 시장경제에 비해 자원 배분이 매우 비효율적이었다. 소련의 전체주의 정부는 개인의 의지를 억압하고 있었다. 개인의 의지야말로 사업가들이 위험을 감내하고 성공을 향해 도약하여 경제의 역동성을 높이는 데 필수적인데도 말이다. 이렇게 오랫동안 일부러 경제를 침체시켜 놓았기에, 소련 지도자들의 자원 배분은 갈수록 어려워졌다. 총을 만들어야 할 것인가, 버터를 만들어야 할 것인가? 무기를 만들어야 할 것인가 소비재를 만들어야 할 것인가? 그들은 군비를 선택했다. 그 결과 소련 인민과 경제가 받는 부하는 더욱 커졌다.[2]

그러나 레이건 행정부 내에도 미국이 냉전에서 승리를 거두리라고 믿는 사람은 적었다. 마셜은 소련이라는 야수의 몸 속에 경제 문제라는 질병이 커지고 있다고 확신했다. 그러나 그런 믿음은 미국의 정보계와 군 내부에 널리 퍼지지 않았다. 국방부의 고위 군사지도자들은 소련이 거의 무제한으로 군비에 투자할 수 있으리라고 가정했다. 그러나 결국 마셜의 장기 경쟁 체제 덕택에 미국 국방부는 마셜이 경쟁전략으로 부른 전략을 채택했다. 이 전략은 소련에 엄청난 군사비 지출을 강요하는 것을 최우선했다. 레이건 행정부의 국방비 증대와 맞물려, 미국과의 경쟁에서 승리하려던 소련 지도자들의 앞길을 가로막는 장애물은 1980년대 들어 그 어느 때보다도 강해졌다.

역사는 소련이 아닌 미국의 편을 들고 있다는 레이건의 믿음은, 그의 임기 초기에 나온 미국의 전략에서도 공식적으로 드러났다. 그가 1982년 5월 서명한 국가안보정책결정지시 32호(NSDD 32)에서는 미국의 세계 목표에는 갈수록 커지는 소련의 지배영역과 소련군 주둔 지역, 소련을 위해 활동하는 대리전 수행 세력, 테러 세력, 전복 세력과 이를 지원하는 소련의 비용을 줄이는 것이 포함되며, 한편으로는 기회를 틈타 소련 군사비 지출을 막고, 소련의 모험주의를 저지하며, 소련의 동맹 관계를 약화시키는 것이 포함된다고 적혀 있었다.[3] 이러한 기조는 1983년 초에 나온 NSDD 75 「미·소관계(U.S. Relations with the USSR)」에도 계승·발전되어 있다. 당시 NSC 위원이던[4] 리처드 파이프스가 초안을 작성한 NSDD 75에는 소련과의 관계에서 추구해야 할 3가지 목표를 설정했다. ①더욱 효과적인 경쟁으로 소련의 팽창주의를 저지하고, 시간이 지나 이를 철회하도록 한다. ②소련의 정치·경제 체제가 더욱 유연해지게 하고, 소련 특권 엘리트의 영향력은 축소시킨다. ③소련과의 협상을 통해 미국의 이익을 보전하고 강화하는 합의를 이끌어낸다.[5]

이러한 목표를 달성하고, 지난 10년 동안 약화되었던 미군의 전투 준비태세를 다시 강화하기 위해 레이건은 미군의 전투력을 높여야겠다고 생각했다. 그는 캘리포니아 주지사 시절부터 정치 동료였던 캐스퍼(캡) 와인버거를 국방장관에 임명했다. 와인버거의 국방 관련 경력은 제2차 세계대전 당시 더글러스 맥아더 장군의 정보참모 초급장교로 복무한 것 말고는 없었다. 그러나 그는 닉슨 행정부에서 요직을 맡았다. 연방거래위원회 위원장을 시작으로, 관리예산국장을 거쳐 보건교육복지부 장관까지 역임한 것이다. 관리예산국장 시절 와인버거의 별명은 '칼날 캡'

이었다. 무자비한 비용절감이 장기여서였다. 그러나 레이건에 의해 국방장관에 임명된 이상, 이제 그는 국방예산을 늘리기 위해 쉴 새 없이 노력해야 했다.

레이건은 특히 전략핵 균형에 관심이 많았다. 이 때문에 그는 1981년 10월 NSDD12에 서명, 카터의 결정을 뒤집고 B-1 폭격기 프로그램을 부활시켰다. NSDD12에서는 또한 선진 기술 폭격기(훗날의 B-2 스텔스 폭격기) 개발, 미 잠수함발사 탄도미사일의 정확성과 탑재 중량 증진, 더 크고 정확한 신형 지상발사 ICBM 배치 등을 명시하고 있었다.[6] 이러한 결정들은 NSDD75에서 중점을 두었던 사항들, 즉 미군의 재래식 전력 및 핵전력의 꾸준한 장기적 성장과 궤를 같이하는 것이었다. 해당 문건에서는 이러한 군사력 증강을 "소련에게 미국의 결의와 정치적 지구력을 납득시키는 가장 중요한 수단"으로 묘사했다.[7]

하지만 미국의 군사력을 강화하려는 이런 노력에도 불구하고, 늦어도 1983년 3월까지 레이건은 미국의 군사력이 소련보다 크게 뒤떨어져 있으며, 갈수록 더 약화되고 있다고 믿고 있었다. 그리고 바로 그 달, 레이건은 유명한 '스타 워즈' 연설을 통해 유사시 소련의 탄도미사일이 미국 본토를 타격하기 전 요격해 격추할 능력을 갖추겠다고 발표했다.[8] 그동안 소련은 핵전력을 증강해갔다. 특히 기지 선정에 관한 미국 국방 지도부에서의 긴 토론 끝에, 1986년 피스키퍼 LGM-118A ICBM 50발이 배치되기 시작했다. 그러나 피스키퍼 배치는 소련의 R-36MUTTH(SS-18) ICBM 308발의 배치에 비하면 수도 적고 시기도 늦었다. R-36MUTTH 미사일 한 발은 열핵탄두 열 발을 탑재하며 이 탄두들은 각각 다른 목표를 조준할 수 있다.[9] 모든 SS-18이 작전 가능상태가 된 것은 1983년으로, 피스키퍼 미사일의 첫 배치보다 3년이 빠른 시점이었다.

마셜은 해럴드 브라운 장관 시절의 총괄평가국의 활동에 대해 와인버거가 별 관심이 없다는 인상을 받았다. 와인버거는 미군이 소련군의 전력을 따라잡기 위해서는 소련 군사력에 대한 미국 군사력의 입지에 대한 세밀한 총괄평가가 필요 없다고 생각했다. 와인버거는 이전 정권에서 크게 약화되었던 미국의 국방력을 다시 강화하려면, 장병 급여·연구 개발·교육 훈련, 전투 준비 태세·신 장비 도입 등 모든 면에서 예산을 증대하면 된다고 생각했다. 슐레진저·브라운과는 달리, 와인버거는 국방분야에 경험이 적었고, 특히 군사전략은 더 잘 몰랐다. 마셜은 ONA의 잠재력을 끌어낼 수 있는 장관에게는 충분한 전략적 시각을 제공해 줄 수 있었다. 그러나 그런 능력이 없는 장관에게까지 그러기에는 서툴렀다. 그래서 마셜은 ONA의 활동을 와인버거에게 잘 설명하지 않았다.

대통령에 당선되어 정치적 권한을 얻은 레이건은 의회의 지지를 얻어 국방예산을 크게 늘리는 데 성공했다. 1985 회계연도의 국방예산은 1980 회계연도의 약 150퍼센트가 되었다. 와인버거는 너무 돈이 많아 곤란할 지경이 되었다. 이제 그의 문제는 모자란 돈을 잘 쪼개 쓰는 것이 아니라, 이 엄청난 돈을 잘 당겨쓰는 것이 되었다. 마셜의 총괄평가국이 별로 도와줄 건더기가 없는 일이었다.

와인버거는 1981년부터 1987년까지 국방장관을 지냈다. 그동안 그와 함께 일한 사람들에 따르면, 그는 총괄평가에 대해서도, 전략적 선택을 제한하는 자원의 한계에 대해서도 제대로 알지 못했다고 한다. 이 기

1979년 실시된 미 전략 공군 사령부의 전투 준비 태세 훈련인 '글로벌 실드 79'에서, 2발의 미니트맨 III ICBM이 20초 간격을 두고 캘리포니아의 반덴버그 공군 기지에서 발사, 마셜 군도 콰절레인 환초의 표적으로 날아가고 있다. ⓒ 미국국립문서보관소 정지 사진부. 사진 번호 6362313.

'글로벌 실드 79' 훈련에서 발사된 두 발의 미니트맨 III ICBM에서 분리된 미니트맨 III 마크 12 재돌입체 6발(비활성화 상태)이 서태평양 콰절레인 환초 인근의 표적에 접근 중이다. 미국은 1983년 레이건 대통령이 전략방위구상을 발표한 이래, 탄도미사일 방어에 1,500억 달러 이상을 투자했다. 그러나 미국의 미사일 방어 능력은 구식 탄도미사일 약간을 요격하는 수준에 그쳤다. 러시아군은 자국의 차량 탑재형 RS-24 야르스 중(重) ICBM이 세계의 그 어떤 미사일 방어망도 돌파할 수 있다고 주장하고 있다. ⓒ 미국국립문서보관소 정지 사진부. 사진번호 342-B-08-16-3-K69772.

간 마셜이 국방장관을 만난 횟수는 손으로 꼽을 정도였다.[10] 그중 한 번은 프레드 이클레의 요구로 1980년대 중반에 있었다. 당시 정책차관이었던 이클레는 와인버거가 ONA의 미·소 군사비 지출 균형에 대한 분석, 그리고 거기서 도출된 시각에 대해 알아야 한다고 생각했다. 당시 마셜은 소련 경제가 곧 심각한 문제를 일으킬 것으로 여겼다. 그리고 이클레는 국방장관이 그 심각한 문제에 대한 ONA의 시각을 알기를 원했다. 와인버거도 소련의 경제적 문제를 알고 있었다. 그러나 그는 소련의 군사계획이 소련 GNP의 큰 부분을 차지할 리 없다고 생각했다. 소련 노동자와 군인은 미국 노동자와 군인에 비해 훨씬 낮은 급여를 받고 있기 때문이었다. 이 회의 끝에 마셜은 와인버거가 경제를 잘 모른다는 결론을 내렸다.

마셜은 와인버거 이전에도 국방장관 3명을 모셨다. 그 경험에 비추어 봤을 때 와인버거 장관은 매우 실망스러웠다. 수년 후, 와인버거가 장관직에서 퇴임하자 전통에 따라 와인버거의 초상이 전임자들 초상 옆에 걸렸다. 우연히도, 이 초상들은 국방부 건물 A링에 위치한 마셜의 사무실이 있는 복도에 걸려 있었다. 초상의 제막식은 국방부의 공식 행사로, 마셜을 포함한 국방부의 고위 민간인 및 군인 직원이 참석해야만 했다. 그러나 어느 ONA 직원이, 마셜의 달력에 와인버거 초상 제막식 날짜가 표시되지 않은 것을 발견했다. 그 이유를 묻자, 마셜은 무뚝뚝하게 이렇게 답했다. "그 양반의 초상 제막식이 아니라 사형 집행이라면 갈지도 모르겠네."

ONA가 와인버거의 홀대를 받을 때, 프레드 이클레가 생명줄을 던져주었다. 그는 1981년 4월 착임 직후 최초의 국방기획지침(Defense

Planning Guidance, DPG)을 준비했다. 그 목적은 군의 연례 예산안 작성 시 따라야 할 정책 지침을 제시하기 위해서였다. 이클레는 마셜에게 DPG의 초안을 봐달라고 했다. 그때 마셜은 그 초안에, 소련의 약점을 이용하라는 말이 어디에도 없음을 알았다. 이클레의 제안에 따라 마셜은 소련에 미국보다 훨씬 더 큰 비용 부담을 장기간 지우는 데 우선순위를 두라는 내용의 지침을 작성한다. 이 내용은 그가 RAND에서 작성했던 보고서(R-862-PR)에 이미 나타나 있던 것이다.[12] 유감스럽게도 그의 주장은 이후의 DPG에서는 많이 변질되었다. 군에서 그러한 지침은 따르기가 너무 어려우며, 또한 이미 자신들이 어느 정도는 수행하고 있다고 주장했기 때문이다.[13]

마셜의 생각은 달랐다. 그는 미군이 소련의 장점을 부각시키고 약점은 무시하려고 든다고 여겼다. 그래야 소련의 위협에 맞서 싸운다는 명분으로 더 많은 예산을 요구할 수 있기 때문이다. 그래서 레이건 행정부 제1기에서는 소련의 약점을 이용한다는 전략이 미군의 큰 호응을 얻지 못했다. 그러나 레이건 행정부 제2기에서 이러한 전략이 와인버거의 경쟁전략구상이라는 이름으로 부상하자, 그동안 자신의 소신을 꾸준히 주장했던 마셜의 시각도 빛을 보게 되었다.

그동안 이클레는 ONA에 대한 와인버거의 무관심이 초래한 공백을 메우고자 했다. 그는 브라운 장관 시절 진행했던 총괄평가 대신, 여러 특수 프로젝트를 마셜에게 맡겼다.[14] 이클레가 ONA를 여러 특수 연구와 프로젝트에 주로 활용한 결과 국방부 훈령의 1985년도 개정판에서는 총괄평가국장의 책임을 명시하게 되었다. 이 새로운 훈령에서는 마셜과 총괄평가국을 국방부 정책차관의 직접 통제하에 두게 되었다.[15]

ONA가 국방부 정책차관 휘하로 옮겨간 것 외에도, 레이건 행정부에서 ONA의 기능 변화는 여러 가지 있었다. 해럴드 브라운 국방장관 시절 중앙정보국장을 역임한 스탠스필드 터너는 CIA에도 총괄평가 업무를 맡기고자 했다. 그러나 브라운은 이러한 제안을 거절했다. 정보계는 적 소련에 대한 분석에 매진해야 한다는 이유에서였다. 그리고 국방부의 업무와 계획에 CIA가 끼어들면 제대로 분석을 할 수 없다고 그는 보았다. 이러한 반응은 CIA와 국방부 간의 거리감을 조성했다. 그러나 레이건 행정부는 이 문제를 정면으로 돌파하고자 했다. 1981년 초 터너의 후임인 윌리엄 케이시와 와인버거는 국방부와 CIA 간의 협업을 위한 준비를 시작했다.

제2차 세계대전 중 케이시는 윌리엄 '와일드 빌' 도너번의 전략사무국(Office of Strategic Services, OSS)에서 일했다. OSS는 CIA의 전신이다. 그 이후 그는 국제 문제에 깊은 관심을 유지했다. 제2차 세계대전 이후 케이시는 사내 변호사와 벤처 투자가로 백만장자가 되었다. 닉슨 행정부에서 그는 증권거래위원회 위원장(1971~1973), 국무부 차관(1973~1974)을 역임했다. 레이건의 1980년 대통령 선거 당선에도 기여한 케이시는 그 보답으로 중앙정보국장 자리를 받았다.

국방부와 CIA 간의 협업을 위해 와인버거와 케이시는 국방장관과 중앙정보국장의 공동 지원하에 총괄평가를 진행하도록 결정했다.[16] 이러한 결정이 명문화된 것은 1981년 6월 국방차관 프랭크 칼루치가 서명한 각서를 통해서였다. 칼루치는 포르투갈 주재 미국대사를 역임한 전직 외교관으로, 터너 휘하에서 CIA 부국장도 역임했다.

레이건이 미·소 전략핵 균형에 신경 쓰고 있음을 감안해, 칼루치의 각서에서는 이 문제를 국방장관/중앙정보국장(secretary of defense/director of central intelligence, SecDef/DCI) 총괄평가에서 가장 먼저 해결할 과제로 규정했다. 이 각서에서는 마셜을 국방부 총괄평가의 총책임자로 정했다. 칼루치는 CIA 측 총괄평가 책임자로는 「국가정보판단(National Intelligence Estimates)」을 작성하는 국가정보위원회(National Intelligence Council, NIC) 위원장을 임명했다. 당시 NIC 위원장은 마셜의 옛 친구이던 헨리 로웬이었다. 그는 대니얼 엘스버그가 베트남전쟁에 대한 국방부 문건을 유출시킨 후 RAND를 떠났다. 같은 해 7월 마셜은 합동참모본부 의장 데이비드 존스 장군을 만나 합동 총괄평가에 대한 의견을 들었다. 마셜은 로웬도 만나 향후 계획을 짰다. 8월 말 로웬과 마셜은 대강의 내용에 대해 합의를 보았다.

1983년 11월에 공개된 이 평가 내용은 완성되는 데 2년 이상이 걸렸다. 진행이 복잡해진 것에는 이 합동 총괄평가에 참여한 CIA 측 분석관들이 NIE 11-3/8 「소련의 전략핵전쟁수행 능력(Soviet Capabilities for Strategic Nuclear Conflict)」 작성에 투입된 탓도 있었다. 이 문서는 총괄평가보다 먼저 작성되어 총괄평가를 지원하기 위한 것이었다. 또한 평가 초기 마셜이 발견한 두 가지 문제가 있었다. 이 문제들을 해결하려면 1990년대 초반의 소련 핵전력에 대한 기술적 설명과 정량적 예측 이상의 것이 필요했다. 전략핵 경쟁을 평가하고 전력 상관관계 관점을 표현하는 소련의 방식은 서구와 분명히 달랐다. 마셜은 CIA가 이 사항을 가급적 정확히 알아내주기를 바랐다.[17] 미국 전략가들이 전쟁 억제력을 강화하고자 한다면 핵 경쟁의 비용과 이점, 위험을 계산하는 소련의 방식을 알아야 한다는 것이 마셜의 논거였다. 마셜은 평가를 통해 주목해야 할 핵 경쟁의 문제가 모두 부각되기를 원했다.

마셜은 소련의 평가방식이 미국식과 상당히 다르다는 관점을 오랫동안 유지해 왔다. 시간이 지나 ONA의 소련 평가방식 연구가 진척되면서 마셜의 주장이 옳다는 것이 드러났다. 소련은 목표에 대해 놓는 전제, 중시하는 시나리오, 효율성 측정 방식, 주요 변수 강조 방식이 미국과 달랐다.[18] 심지어는 대기권 핵폭발 효과 평가에서도 이런 차이점이 나타났다. 미국의 핵실험 데이터는 고도를 높여가며 핵폭발을 진행하여, 그중 폭발 고도와 폭심지 지면에 미치는 폭발 과(過)압력이 모두 최대일 때를 알아내려 했지만, 소련의 핵실험 데이터는 그렇지 않았다.[19] 이러한 불일치는 아마도 소련이 전략핵무기 사용 시 공중 폭발보다는 지표 폭발을 선호했기 때문일 것이다. 또한 미국 분석가들에 비해 소련 분석가와 기획가는 지표 폭발 시의 지진파가 ICBM 사일로에 미치는 효과를 더욱 중시했다. 이는 미국 핵 삼지창의 한 축을 이루는 지상 발사 탄도미사일에 대한 초탄 무력화 성공률을 계산하는 데 큰 영향을 주었다. 마셜이 이러한 전략핵 경쟁 영역에서의 소련식 평가방식에 대해 더욱 깊은 이해가 필요하다고 고집한 것이야말로, 이 평가가 2년 이상 걸린 주된 이유였다.

SecDef/DCI 합동 총괄평가의 보고서는 무려 2권짜리의 두툼한 것이었다. 제1권에는 ONA 소속 미 해군 대령 찰스 피스와 소련전략전력담당 국가정보관 로런스 거슈윈이 주저자인 비교적 짧은 개요서가 들어갔다. 제1권은 핵전력에 대한 중요 판단이 들어가 있기 때문에 높은 등급의 비밀취급 인가를 가진 인원에게만 배포되었다. 해럴드 브라운만한 독서가는 아니었던 와인버거는 제1권을 검토하기는 했으나, 제2권에는 그리 많은 시간을 들이지 않은 것으로 보인다. 제2권의 분량은 350쪽 이상이며, 양군의 장래 대륙간 핵전력과 핵전쟁수행 능력에 대한 자세한 예측과 설명이 들어가 있었다. 제2권에는 민감한 정보가 덜 들어 있었기 때문에 더 많은 인원에게 배포되었다.

이 보고서의 전반적인 내용에 대해 마셜은 ONA가 만든 것 중 가장 성공적이었다고 평했다.[20] 1977년에 나온 ONA의 초기 전략핵 총괄평가는 소련식 평가방식에 대해 더욱 깊은 이해가 필요하다는 점을 지적했다. 그러나 소련식 평가방식이 미국식과 얼마나 다른지 자세히 보여주지는 못했다. 1983년 말까지, 미·소 핵 경쟁에 대한 소련의 인식과 평가방식에 대해 더 많은 것이 알려졌다. 이는 총괄평가의 성장을 위한 큰 발걸음이었다. 실제로 NIE 11-3/8-83의 주안점은 '전략 분쟁에 대한 소련의 전략·기획·작전 능력'이었고, 정보계에서는 이것이 소련 국가 지도자들의 실제 인식을 반영한다고 생각했다.[21] NIE 11-3/8의 이 버전은 1984년 3월까지 공개되지 않았지만, 여기 실린 소련식 평가에 대한 통찰 중 상당 부분은 SecDef/DCI 합동 총괄평가에 참가한 사람들이 열람 가능했다.

1983년도 SecDef/DCI 전략 및 전력평가는 현재까지 비밀이다. 그러나 이 시기 NIE 대부분은 공개되어 있다. 그리고 마셜이 이르면 1976년에 미·소 전략 균형에 대해 얻은 결론을 확증해주고 있다. 1983년 2월 NIE 11-3/8-82는 핵전쟁에 대한 소련의 의도에 대해 다음과 같이 평가하고 있다. "소련은 현재의 미·소 전략 관계에서, 양국이 서로 상대방의 선제공격을 감당하고, 상대방을 붕괴시킬 전략 핵전력을 지니고 있다고 믿고 있다. 소련 지도자들은 미국과의 핵전쟁은 가급적 피해야 할 파국이며, 그런 전쟁을 필연으로 여기고 있지 않다고 발언했다."[22] 그렇다면 소련은 어떤 경우 전쟁 억제가 실패하리라 보고 있는가? 거기에 대해 마셜과 소련의 관점은 일치했다. 유럽에서 정치적 위기로 발생한 NATO-바르샤바조약군의 재래식 전쟁이야말로, 미·소 간의 대규모 핵전쟁을 일으킬 확률이 가장 높은 사건이라는 것이다. NIE 11-3/8-83은 또한 "소련은 미국이 평시 태세에서 기습 핵공격을 일으킬 가능성을 상당히 낮게 보고 있으며, 미국 역시 소련이 그런 공격을 가할 가능성이 매우 낮다고 보고 있다"고 지적했다.[23]

마셜은 오랫동안 소련식 평가 및 분석 방법을 아는 데 역점을 두어왔다. 그러한 점을 감안하면 이러한 시각은 1980년대 초반 미국의 핵태세가 미 본토에 대한 소련의 핵공격은 물론 서유럽에 대한 소련 주도 바르샤바조약군의 재래식 공격을 저지하기에 충분하다는 점을 나타내주는 것이다. 마셜 역시 1970년대 후반에 비슷한 결론에 도달했다. 그의 전략핵 균형에 대한 관점은 소련이 미국보다 스스로의 입지를 더 박하게 평가하고 있으며, 따라서 전면 핵전쟁이나, 핵전쟁으로 확전될 NATO-바르샤바조약군 간 전쟁을 이용해 자신들의 목적을 이루기에는 자신감이 부족할 것이라는 판단을 반영하고 있었다.

즉, 1983년과 1984년 판 NIE 11-3/8에서는 소련이 전략핵전력 상관관계를 자신들에게 유리하게 바꾸기 위해 온 힘을 기울이고 있음을 밝혀냈다. 이는 결코 소련 지도자들이 미국에 맞서 핵전쟁을 벌이려는 뜻이 아니었다. 그보다는 소련의 국방 구조를 이루는 여러 조직들이, 소련 지도층이 정한 우선순위에 포섭되지 않는 나름대로의 노선을 따라 움직이고 있음을 반영하는 것이었다. 혹은 소련 지도자들은 자신들이 미국과의 전략핵 경쟁에서 우위를 차지했다고 믿고, 이를 이용해 미·소 경쟁의 다른 부분에서도 우위를 점하고자 할지 모른다고 마셜은 의심했다. 예를 들면 미국의 동맹국이 미국 핵우산의 가치를 의심하게 만들 수 있으리라 생각할지도 모른다는 것이다. 소련은 핵전쟁을 무릅쓸 의사가 없었다. 이 점은 이후 1991년, 소련군 원수 세르게이 아흐로메예프의 다음과 같은 발언으로 입증되었다. 그는 1984년부터 1988년까지 소련군 총참모장으로 재직했다. "소련은 핵 선제공격을 하려는 의도를 품은 적이 단 한 번도 없었습니다. 군사적 관점에서 볼 때 선제공격을 가하면 이길 확률이 높습니다. 그러나 핵전쟁이라면, 실질적인 관점에서 승자는 없습니다. 소련군 총참모부도 핵무기가 군사적 무기가 아닌 정치적 도구임을 확실히 알고 있었습니다."[24]

SecDef/DCI 평가 덕택에 마셜은 와인버거와 소통할 기회를 얻었다. 당시 마셜도 알고 있던 사실이었지만, 미국이 우위를 점하는 3개의 영역은 비밀로 처리되어 있어 평가에 포함되지 못했다. 그중 하나는 B-2폭격기였다. 1981년 10월 미공군은 B-2폭격기 개발과 양산을 결정했다. 이 항공기는 가장 뛰어난 소련 방공망도 돌파가 가능했다.[25] 두 번째 영역은 해군의 잠수함 탐지 및 정숙화 기술이었다. 예를 들어 1970년대 후반 미 해군의 원자력 공격잠수함이, 소련 측에 역탐지 당하지 않고 소련 '나바가'급(NATO 코드명 '양키')을 수주일 동안이나 추적한 적이 있다.[26] 나머지 세 번째 영역은 이 두 영역만큼이나 극비로 처리되어, 마셜의 직원들도 알 수 없었다. 마셜이 세 번째 영역을 알게 된 것도 와인버거의 직접 구두 고지를 통해서였다. 세 번째 영역을 들은 마셜은 이 세 영역에서의 우위 덕택에, 미국은 2권짜리 SecDef/DCI 합동 총괄

평가 보고서에 나온 것 이상으로 핵 균형에서 유리한 위치를 차지하게 되었다고 국방장관에게 말했다.[27]

합동 평가결과가 나온 후, 마셜과 로웬은 제2차 평가의 시작 여부를 논의했다. 로웬은 평가가 CIA 분석관들에게 너무 큰 부담을 지운다며 반대했다. 케이시도 와인버거도 찬성하지 않았다. 이로써 레이건 행정부의 국방부-CIA 간 합동 총괄평가 시도는 끝이 났다. 이후 레이건이 퇴임할 때까지 총괄평가는 슐레진저·럼스펠드·브라운 장관 휘하에서와 마찬가지로, ONA에서 실시하는 순수 국방부 업무로 남게 된다.

마셜을 포함해 와인버거 장관 시절 ONA에 근무했던 사람들 대부분은, 와인버거 장관이 ONA에 별 신경을 쓰지 않는다는 인상을 깊게 받았다. 이러한 인상은 아이러니했다. 와인버거와 칼루치가 처음에 신경 쓴 것은 다름아닌 전략이었기 때문이다. 레이건 행정부가 추가 국방예산의 할당을 위한 지침 전략이 없다는 외부의 비판에 맞서기 위해서였다. 칼루치와 만나 이 문제를 논의한 마셜은 군 장교도 외부인도 아닌 인원 5~6명으로 구성된 작은 핵심 그룹을 창설, 칼루치에게 직보하는 방식을 제안했다.[28] 와인버거는 마셜의 제안을 받아들여 1981년 국방대학교에 전략개념개발본부(Strategic Concepts Development Center, SCDC)를 창설했다. 그리고 초대 본부장으로 필립 카버를 임명했다. 이를 통해 카버는 와인버거와 합동참모본부 의장에게 직보할 수 있게 되었다. 또한 국방장관에게 필요할 수 있는 모든 정보를 열람할 수 있게 되었다.[29]

1970년대 초 이래 마셜과 가까운 사이였던 카버는 총괄평가를 상당히 많이 접한 상태였다. 카버는 와인버거의 전략참모로 2년간 근무하면서 마셜과 함께 ONA 전략과 유럽 군사력 균형은 물론, 비교 전략에 대한 마셜의 사고방식에 대해서도 이야기를 나누었다. 카버는 SCDC본부장으로 근무하면서, 이러한 부분에 대한 평가결과와 의견을 뒷구멍으로 와인버거에게 전달해주었다.

SCDC의 가장 민감한 프로젝트는 1983년 6월 2주간에 걸쳐 실시된 전쟁게임이었다. '당당한 예언자(Proud Prophet)'로 불린 이 전쟁게임의 시나리오는, 중동에서 발생한 분쟁이 유럽으로 확전되자, NATO와 바르샤바조약기구가 동원을 시작하고 1년이 경과되었다는 것이다. 이 전쟁게임에는 강도 높은 선제 핵공격이 나온다. 미군이 소련군의 핵전력을 선제 타격한 것이다. 또한 NATO-바르샤바조약기구 간 재래식 분쟁의 의도적 확전을 위한 NATO 교리의 결과, 유럽에 대한 소련군의 대규모 핵공격 등도 나와 있다. 이 전쟁게임은 결국 양편이 반드시 피하고 싶어하던 전면 핵전쟁으로 끝이 나게 된다. 양측은 원치 않았음에도 결국 동반자살하고 만 것이었다. 로버타 월스테터·그레이엄 앨리슨·마셜에게는 당연한 결과였다.

이 전쟁게임에는 300여 명의 선수가 참가했다. 그중에는 와인버거 장관과 합동참모본부 의장인 존 베시도 끼어 있었다. 그러나 그 사실은 전쟁게임을 진행한 카버와 소수의 SCDC 직원만이 알고 있었다. 게임 중 와인버거는 기존의 미국 군사전략을 실행하려고 했다. 이는 이전의 국방장관들이 전쟁게임에서조차도 감히 할 엄두를 못 내던 일이었다. 결국 와인버거와 베시가 전쟁의 수평적 확전과 제한된 핵공격을 요구하는 기존의 미국 전략을 충실히 실행한 덕분에, 게임 용어로 '뉴클리어 빅 타임'이 오고 말았다.[30]

이 게임에서는 청색군, 즉 미국/NATO군의 결정을 집약해 단일통합작전계획(Single Integrated Operational Plan, SIOP)을 실행했다. SIOP는 미 국방부가 전면 핵전쟁을 대비해 만든 목표 선정 계획이다. 게임에서 이 결정을 내린 것은 미국 대통령 역을 하고 있던 와인버거였다.[31] 국방장관과 합동참모본부 의장이 직접 전쟁게임에 참가하는 것은 전례가 없던 일이었다. 그리고 이 사실을 25년 동안 함구하라고 지시받은 사람들보다, 와인버거 본인이 이를 더 민감한 일로 받아들였다. 2008년이 되어서야 카버는 '당당한 예언자 83'의 막후에서 있었던 일을 공개적으로 말할 수 있었다.

와인버거가 이 전쟁게임을 민감하게 받아들인 이유는 유추하기가 어렵지 않다. 카버는 국방장관과 합동참모본부 의장을 위해 진행한 사후 강평에서 적색군(소련-바르샤바조약군)이 청색군(미국-NATO군)의 확전 선택안에 대한 대응을 보여주었다. 「워싱턴포스트」나 「뉴욕타임스」 등에 보도된 바에 따르면, 와인버거는 베시에게 이렇게 말했다고 한다. "우리 전략은 죄다 틀려먹었군." 미국 국방전략에 대한 절망적인 단념의 표시였다.[32] 미국 국방전략의 주요 요소에 결함이 있음을 와인버거가 알게 되었다. 이는 상당한 여파를 남겼다. 현재 예일대학 교수인 폴 브래컨은 당시 SCDC 직원이었다. 그는 이 전쟁게임에, 양군과 모두 대화가 가능한 중립적 관측자로 참가했다. 브래컨은 '당당한 예언자 83'으로 인해 와인버거 장관과 베시 장군이 미국 국방전략의 대변혁을 주도하게 되었다는 주장을 오늘날까지도 하고 있다. 이 대변혁에는 경보 즉시 발사, 재래식 전쟁의 수평적 확산, 전쟁 초기의 핵무기 사용, 보복성 핵 교환 등의 전략을 국방부 전쟁 기획에서 없앤 것도 포함된다.[33] 카버는

'당당한 예언자 83'에 ONA가 준 영향에 대해서는, 마셜이 이 게임에서 탐구된 문제들에 대해 1차적인 책임이 있다는 주장을 고수하고 있다.[34]

'당당한 예언자 83'에 참가한 와인버거를 제일 난처하게 만들었던 점은, 미국 냉전 국방전략을 실행할 경우 소련과의 전쟁 시 재래식 전쟁의 확전을 막지 못하며, 핵전쟁의 확전은 더더욱 막을 수 없다는 점이었다. 게다가 미·소 양국의 전쟁은 '핵 아마겟돈'으로 이어질 위험성이 매우 높았다. 물론 와인버거 이전에도 이런 결론을 낸 사람은 많았다. 그러나 전략적 문제는 아직 상존했다. 와인버거는 특히 유럽의 군사력 균형을 신경 썼다. 1983년 가을 유럽주둔 연합군 최고사령관 버나드 로저스 장군(미군)은 NATO가 재래식 공격을 당할 경우 비교적 짧은 시간밖에 버틸 수 없으며 그 이후에는 핵무기 사용 허가를 요청할 수밖에 없다고 밝혔다.[35]

와인버거는 이 발언의 의미를, 유럽 전쟁 발생 시 핵전쟁으로의 확전을 막기 위해서는 미군과 NATO군의 재래식 전쟁수행 역량을 강화해야 한다는 뜻으로 받아들였다. 따라서 그는 미국과 동맹국의 국방예산을 지속적으로 증가시키고자 했다. 카터 행정부의 마지막 국방예산인 1981 회계연도 국방부 총세출한도(total obligational authority, TOA)*는 경상 달러로 1,755억 달러였다. 이는 1985 회계연도에는 57퍼센트 증가한 2,762억 달러가 되었다.[36] 같은 기간 전략 핵전력 투자는 120억 달러에서 260억 달러로 2배 이상 늘어났다. 또한 재래식(다목적) 전력 투자

* TOA는 국방부가 당해 연도에 사용하도록 허가받은 금액이다. 국방부는 또한 예산과 지출 권한을 갖는다.

역시 70퍼센트, 470억 달러가 늘어났다.[37] 이는 미군 역사상 유례가 없는 평시 전력 증강이었다.

미국 군사전략에 대한 와인버거의 의견은 레이건 행정부 제2기에도 계속 유지되었다. 와인버거 장관은 소련이 서유럽을 침공하는 등의 비상 시 미국이 핵전쟁을 벌이지 않아도 되는 방법을 계속 탐구했다. 레이건 행정부를 비판하던 사람들은 이런 와인버거 장관의 속내도 모르고서, 와인버거가 레이건 행정부의 국방력 증강에 대한 전략이 없으며, 핵전쟁 수행 능력을 높이려 하고 있다고 비난했다.[38] 그러나 와인버거는 후자의 비난은 부당하다고 주장했다. "나만큼 핵무기 브리핑을 많이 받아보고 위기대응 훈련을 많이 해 본 사람이라면, 어떤 일이 있어도 핵전쟁은 반드시 피해야 한다는 데 이의를 제기할 수 없다."[39] 그러나 대체 무슨 수로 피한단 말인가? 특히나 '당당한 예언자 83'과 같은 상황에서라면?

와인버거는 그레이엄 앨리슨을 찾아갔다. 앨리슨은 당시 하버드대학의 케네디행정대학 학장을 역임하고 있었다. 이 문제에 대한 답을 찾는 것은 물론, 국방부의 국방전략을 '더 많이'라는 한 마디로 뭉뚱그리며 비판하는 국민 여론에 맞설 방법을 알기 위해서였다.[40] 1985년도 중반부터 앨리슨은 하버드대학에 근무하는 한편, 국방부에서 특별전략보좌관으로도 일하게 되었다. 와인버거 사무실 근처에 사무실을 배정받은 앨리슨은, 여름에는 1주일에 2~3일을, 가을학기가 시작된 이후에는 1주일에 하루를 출근하게 되었다.

마셜은 앨리슨과 20년간 알고 지내는 사이였다. 앨리슨이 1967년에 결혼했을 때, 마셜이 피로연을 열어주었을 정도로 절친한 사이였다. 또한 마셜은 앨리슨이 메이연구단의 청년 단원이었을 때 조언자를 맡아 주었다. 앨리슨이 국방부에 오자마자 마셜을 찾아 와인버거를 괴롭히는 전략문제 해결이 가능한지를 알아본 것도 당연한 것이었다. 마셜이 앨리슨에게 즉각 내놓은 답은, 이미 4년 전에 이클레에게도 내놓은 것이었다. 적에게 큰 비용을 부담시키는 경쟁전략이 그것이었다.[41]

와인버거는 이 아이디어를 신속히 받아들였다. 1986년 2월 의회에 제출한 연례 보고서에서 와인버거는 경쟁전략이야말로 레이건 행정부 잔여 임기 동안 국방부가 주력해야 할 주제라고 밝혔다.[42] 그리고 실제로도 그렇게 되었다. 1987년 11월 와인버거에 이어 국방장관으로 부임한 칼루치는 경쟁전략의 제도화를 계속 진행해 나갔다.[43]

경쟁전략 개념은 복잡하지 않았다. 미·소 간 장기 경쟁에 대한 마셜의 아이디어를 모체로 뻗어나온 것이었다. 가장 근본적인 질문은 이것이다. 미국이 계속되는 평시 경쟁에 더욱 효율적으로 임하려면 어떤 전략을 채택해야 하는가?[44] 이에 대해 마셜이 답을 내린 것은 1969년으로 거슬러 올라간다. 그해 그는 제임스 슐레진저에 이어 RAND의 전략연구부장으로 취임, 미국의 장기적(지속 가능한) 장점을 이용해 소련의 장기적(가장 극복하기 어려운) 약점을 공략하는 전략개발 업무를 맡았다.[45]

마셜과 마찬가지로 와인버거 역시 경쟁전략을 사용해 소련의 효율을 낮출 수 있다고 보았다. 더욱 구체적으로는 ①소련이 미국에 비해 훨씬 더 많은 자원을 투입해야 경쟁력을 얻을 수 있는 영역에서의 경쟁을 유도하고 ②소련이 미국에 덜 위협적인 능력을 기르기 위해 미국보다 훨씬 더 많은 투자를 할 수밖에 없는 여건을 조성하는 것이었다.[46] 물론 마셜은 10년 이상 이러한 전략을 채택할 것을 주장해 왔다. B-1 폭격기 프로그램 때처럼 말이다.

와인버거는 경쟁전략구상을 구현하기 위해 3개의 조직을 만들었다. 그중 최상위 조직은 경쟁전략위원회로, 위원장은 와인버거였다. 이 위원회에는 합동참모본부 의장, 각 군 장관 및 참모총장, 국방차관, NSA/DIA국장, 국방부 PA&E차관보가 위원으로 있다. 와인버거는 앨리슨을 경쟁전략운영단의 단장에 임명했다.[47] 이 운영단에는 마셜, 국방부 정책차관보, 국방부 국제안보차관보는 물론 국방부 획득국, 각 군 장관 및 참모총장, DIA국장의 대리인들이 단원으로 있었다. 그리고 경쟁전략구상의 일일 운영을 위해 1987년 6월 OSD에 경쟁전략사무국을 만들었다. 사무국장은 대령이 맡았다.[48] 이어 두 개의 부처 안에 태스크포스 조직이 창설되었다. 태스크포스I은 유럽에서의 중고강도 재래식 분쟁에서 이용할 수 있는 경쟁 기회를 조사했다. 태스크 포스I은 스마트 재래식 탄약, 광범위 센서, 전투 네트워크에 기반한 소련식 정찰 타격 복합체를 이용할 것을 큰 정책 목표로 제시했다.[49] 태스크포스II는 정밀 재래식 탄약과 장거리 체계에 기반한 비핵전략 능력을 조사했다.[50] 그러나 태스트포스II의 제안 내용은 너무 일반적이고 추상적이라 활동 방침으로 진지하게 생각해보기 어려웠다. 두 태스크포스가 제시한 내용은 미국의 강점을 활용한 것이었으나, 냉전 종결까지 성과를 내지 못했다.

와인버거의 경쟁전략구상은 바람직한 사고를 기반으로 하고 있었지만, 그 구현은 그만큼 어렵다는 것이 입증되었다. 국방부에서 각 군 본부와 합동참모본부는 경쟁전략에 대한 '분석에 의한 마비'적 접근법을 소리 없이 사용, 와인버거가 자신들의 예산 우선순위를 낮출지도 모르는 계획을 짜지 못하게 했다. 와인버거가 퇴임한 지 얼마 후 1988년

11월, 이들은 국방차관 윌리엄 태프트가, 경쟁전략운영단장이 경쟁전략 구상을 중단하게 하는 각서에 서명하도록 했다.[51]

이 각서가 나오게끔 한 문제점은, 경쟁전략 구현을 위해 특정 획득 프로그램 평가 임무를 맡은 전쟁게임위원회가 특별접근계획(special-access programs, SAP; 비밀 등급이 매우 높아 '흑색 계획'이라고도 불렸다)을 사용해 컴퓨터 기반 모델링과 시뮬레이션 분석을 해도 되느냐였다. 군은 이에 반대했다. 그리고 태프트의 각서에서는 레이건 대통령 임기가 끝날 때까지 경쟁전략 업무에 SAP 사용을 금하고 있었다. 이로써 전쟁게임위원회의 계획 제안은 실행하기에는 너무 일반적이고 추상적이 돼버렸다. 이러한 결과에도 레이건 행정부는 경쟁전략 이외에도 여러 가지 전략들을 사용, 미국의 기술적 우위를 이용하여 미·소 간 군사력 균형을 미국에 유리하게 바꾸고자 했으며, 소련정부는 이에 매우 큰 우려를 보냈다.

경쟁전략 외에도 소련을 압박한 것은 다름 아닌 레이건의 전략방위구상(Strategic Defense Initiative, SDI)이었다. 이 프로그램에 대한 마셜의 분석은 탄도미사일 방어가, 그 프로젝트를 실시하는 사람들의 주장보다도 더욱 큰 가치를 가지고 있음을 보여주었다. 그의 이러한 역방향 평가 능력은 ONA가 독립 연구를 위한 연구비를 상당히 많이 가지고 있기에 가능한 것이었다. SDI 초기에는 반대파와 찬성파를 가릴 것 없이, 탄도미사일 방어가 성공하려면 미국 본토로 날아오는 소련 핵탄두 거의 전부를 격추시킬 수 있어야 한다는 의견이 대세였다. 극소수의 열핵탄두만 미국 도시에 명중한다고 해도 엄청난 피해를 입을 수 있기 때문이다.

이러한 기준을 맞추지 못한다면, SDI야말로 엄청난 돈을 쓸데없이 탕진하는 짓일 뿐이라는 게 당시의 중론이었다.

그러나 마셜은 액면가만 보고 내린 이런 중론을 받아들인 적이 없었다. 그는 이 문제를 자신만의 시각으로 생각하고, 독자적인 결론을 내렸다. 1984년부터 그는 로스앨러모스 과학연구소의 가이 바라슈와 함께, 미사일 방어가 미·소 전략핵 균형에 미치는 영향을 공동 연구하기 시작했다. 바라슈는 새로 생긴 전략방위구상사무국(Strategic Defense Initiative Office, SDIO)에서 일하고 있었다. 이들의 연구는 다양한 미사일 방어체계 평가를 위한 세미나, 전쟁게임에 사용될 것이었다.[52] 이 전쟁게임은 부즈 앨런 해밀턴의 전략분석 시뮬레이션(Strategic Analysis Simulation, SAS)을 사용한 것으로, 마크 허먼(필립 카버의 BDM 시절 동료)을 비롯한 여러 사람들이 PC를 이용해 자동화했다.[53] 이 게임에서 찰스 피스는 마셜의 첨병 역할을 맡았다.

대부분의 관찰자들과 마찬가지로, SDI 게임의 플레이어들은 미국의 미사일 방어체계의 방어 효과가 90퍼센트 이상이 되어야 미·소 핵 관계에 상당한 영향을 미칠 수 있다고 보았다.[54] 소련 핵탄두의 10퍼센트만 못 막아내도 미국은 수백 발의 핵탄두를 얻어맞게 된다는 것이 그 전제였다. 이러한 전제를 탐구하기 위해, 미국 정보계의 소련 전문가들을 '적색군', 즉 소련군 역할을 맡은 가상 적으로 삼은 14건의 SDI 게임이 진행되었다.

청색군(미군)이 다층 방어를 통해 소련 핵탄두를 놓칠 확률을 10퍼센트까지 낮춘다면(즉, 미국으로 날아오는 소련 핵탄두 중 90퍼센트는 요격된다는 것이다), 미사일 방어가 없을 때에 비해 적색군의 전쟁 도발 가능성은 그

수위를 막론하고 모두 억제되었다.[55] 그러나 진정으로 놀라웠던 점은 바라슈와 피스가 소규모 전략 방어의 효과 기준점을 알아보기 위해 게임을 진행했을 때 나타났다. 그들은 SDI의 방어 효과가 15퍼센트만 되어도, 즉 유사시 85퍼센트의 소련 핵탄두를 놓치게 되어도 미·소 핵 균형에 근본적인 영향을 끼칠 수 있음을 발견했다.[56] 그 이유는 존 바틸레가가 밝힌 것과 마찬가지였다. 아무리 방어 효과가 낮다고 해도 공격자는 큰 불확실성을 강요받기 때문이다.

소련의 군사 이론과 실무는 핵전쟁 및 재래식 전쟁을 막론하고 매우 높은 임무 성공률을 요구했다. 전쟁게임에서도 적색군 플레이어들은 이러한 기획 원칙을 적용했다.[57] 결국 적색군 플레이어들은 미국의 미니트맨 ICBM 탄도미사일 전력보다 더 높은 임무 성공률을 얻기 위해 더 많은 핵탄두를 배치할 수밖에 없었고, 이는 소련군의 ICBM 전력을 탈진시켰다. 아무리 별 볼일 없는 미사일 방어체계라도, 지나치게 높은 목표를 강조하는 소련군식 기획 원칙과 맞물리면 소련 ICBM 전력을 '밑 빠진 독에 물 붓기' 상황으로 만들 수 있는 것이었다. 즉, 아무리 허술한 미국 미사일 방어체계라도 소련 측에 큰 전쟁 억제 효과를 발휘할 수 있다는 것이다.[58]

마셜의 다른 구상과 마찬가지로, 미사일 방어체계가 공격자 측에 더 큰 불확실성을 강요할 수 있다는 이러한 시각은 SDI를 둘러싼 공론에서 주류를 차지한 적이 없었다. 더구나 경쟁전략과 미·소 투자 균형 사례에서와 마찬가지로 마셜은 고급 정책결정자들에게 ONA의 평가에서 도출된 시각을 전해 주었을 뿐, 이들에게 어떤 방향으로 움직일 것을 강요할 수 있는 입장은 아니었다. 그는 정책결정자들을 물가로 인도할 수는 있어도, 이들에게 물을 먹여줄 수는 없었고, 이들 대신 생각해줄 수도 없었다.

ONA가 SDI 게임을 통해 발견해낸 내용들이 미사일 방어체계가 완벽을 지향해야 미·소 핵전력 균형에 영향을 미칠 수 있다는 주장을 논박하는 데 쓰이지 않은 이유는 수수께끼다. 흥미롭게도, 마셜의 평가는 미국 고위 정책결정자들의 논의에서 주류를 차지하지 못했으나, 정황적 증거로 볼 때 미국 미사일 방어체계를 보는 소련의 관점을 매우 잘 알아맞힌 것 같기는 하다. 소련도 미국과 마찬가지로, 미국이 건설하려던 미사일 방어체계의 한계를 잘 알고 있었다. 그 한계로 인해 격론이 발생하기도 했다. 그러나 그런 한계에도 불구하고, 소련은 1983년부터 붕괴될 때까지 SDI를 외교 및 비밀 임무의 가장 중요한 목표로 여겼다.[59]

그리고 1991년 소련이 붕괴된 후에도, 신생 러시아는 미국의 제한적인 미사일 방어체계에 대해 경계를 늦추지 않았다. 그 체계는 북한이나 이란 같은 나라의 소규모 핵공격조차 효과적으로 막을 수 없는데도 말이다. 더욱 최근인 2011년 2월, 신전략무기감축협정(New START)이 발효되자 당시 러시아 부총리이던 세르게이 이바노프는, 미국이 탄도미사일 방어체계를 만들려고 어떤 형태로건 시도한다면 러시아 역시 ICBM의 정밀도를 올려 더욱 높은 핵공격력을 갖추려 할 것이라고 말했다.[60]

특히 ONA 외부에서는 ONA의 외부 연구 계획과 형식적 균형 사이의 복잡다단한 관계가 잘 보이지 않았다. 그러나 마셜과 슐레진저가 초반에 알아챘듯이, 이러한 연구 계획은 마셜의 총괄평가의 성장을 위해 필수불가결했다. 그것이 없었다면 ONA의 평가는 공식 정부 데이터에만 의존했을 것이다. 그러나 마셜이 여러 차례 실감한 바와 같이, 공식 데이터는 거짓이거나 불완전하거나 틀린 경우가 많았다.

CIA와 ONA는 소련 군사력 건설계획이 소련 경제에 미치는 부하에 대해 논쟁을 벌였다. 이 논쟁은 아마도 공식 정보를 이용한 판단이 얼마만큼 틀릴 수 있는지를, 따라서 정부 외 기관의 독립 연구가 반드시 필요함을 보여주는 매우 중요한 사례일 것이다. 1970년대 ONA는 소련 GNP에서 군사비 지출이 차지하는 비중을 정확히 알아내는 데 주력했다. CIA가 본 소련 군사비는 ICBM·해군 전투함·조선소·해군 기지·전투기와 폭격기 및 그 기지·지대공 미사일 포대·전차, 장갑 전투 차량·군 장비의 설계국과 제조 공장 등 눈에 보이는 부분에 투자된 것만 따졌다는 것이 마셜의 관점이었다. 사진정찰 위성이 나온 1960년부터, 미국 정보계는 소련 군 장비 보유량을 비교적 정확히 알 수 있게 되었다. CIA는 소련이 공식 발표한 국방비 액수에 의심을 품고, 정확한 액수를 알기 위해 구성요소 접근법을 채택했다. 장비 단가에 장비 개수를 곱하면 총 비용이 나온다는 방식이었다.[61]

소련의 화폐 단위는 달러가 아니라 루블이기 때문에, 소련군 장비의 가격을 알아내는 것이 가장 어려운 문제였다. 타당한 루블-달러 환율을 정하는 것부터가 어려웠다. 미국의 달러 가치와는 달리, 소련의 루블 가치는 시장을 통해 결정되지 않는다.[62] 반면 군 장비의 수량 파악은 비교적 쉬웠다. CIA는 시간이 갈수록 소련군 전투서열 내 부대 숫자, 소련군 편성표, 소련군 부대의 장비 및 인원 보유량, 무기와 장비의 생산 속도를 파악하는 능력이 높아졌기 때문이다.[63] 1967년에는 CIA의 전략연구국(Office of Strategic Research, OSR)이 소련 국방지출 추산 책임을 맡고 있었다. 그리고 CIA 내의 또 다른 하부 조직인 경제연구국(Office of Economic Research, OER)이 소련 GNP 규모를 추산했다.[64] 두 조직이 업무를 나눠 맡고 있기 때문에 소련의 군사비 부하를 알아낼 책임을 둘 중 어느 조직이 맡아야 할지가 불명확했다. 그래서 OSR과 OER이 1981년 CIA 소련문제국(Office of Soviet Affairs, SOVA)으로 통폐합된 것 같다.

1983년 ONA 분석관 데이비드 엡스타인은 미·소 투자 균형에 대한 2권짜리 평가보고서를 완성했다. 엡스타인의 평가는 랜스 로드 소령과 퇴역 해군 대령 윌리엄 맨소프의 작업에 기반한 것이었다. 맨소프 대령은 1970년대 후반 로버트 고에게서 군사 투자 자료를 받았다. 이 평가에서는 CIA가 구성요소 방식으로 추산한 소련 무기체계 직접 비용을 대부분 인정했다. 그러나 소련의 생산 속도를 가지고 군사비 부하를 알아맞히기는 어려웠다. 1986년 CIA와 DIA의 추산에 따르면, 1974~1985년 사이 소련의 ICBM 및 SLBM의 획득 속도는 미국의 3배, 지대공 미사일의 획득 속도는 9배, 전차 획득 속도는 3배, 야포 획득 속도는 10배에 달했다.[65] 물론 미국의 무기체계는 소련의 동급 무기체계보다 훨씬 비쌌다. 그러나 소련의 놀라운 생산 속도를 보면, 소련의 군사비가 경제에 가하는 부하가 CIA가 생각한 14퍼센트 이하보다는 높다는 것이 분명했다. 사실 CIA는 과거에는 6.7퍼센트라고 생각했고, 14퍼센트도 그나마 거기에서 올려 잡은 것이었다.[66]

또한 간접 군사비의 출처는 최소 2개 있었다. 거기에는 소련군이 국방비 외의 방식으로 획득하는 자원, 또는 전시 수요를 충족시키기 위해 사용할 수 있는 자원이 포함된다. 마셜은 그 예로 아에로플로트 항공사의 여객기와 소련 상선단 소속 상선이, 전시 병력과 군 장비를 수송할 수 있도록 추가 비용을 들여가며 개조된 사실을 지적했다. 마셜은 또한 소련이 위성국가와 고객들에게 제공하는 경제 및 군사 원조의 비용도 지적했다. 이 비용은 다르게 표현하면, '소련 제국'을 지탱하기 위한 비용이었다.[67]

소련의 간접 군사비는 그 외에도 또 있었다. 2001년 봄 마셜은 파리에서 비탈리 V. 슐리코프 대령을 만났다. 그는 옛 소련 시절 소련군 총참모부 주요 기획과에 근무했다. 슐리코프는 당시 소련 군사지도자들이 대량의 전시 비축물자를 유지하기 위한 막대한 비용을 떠안았음을 폭로했다. 미국이 제2차 세계대전 때와 마찬가지로 완전 전시동원 체제로 들어가 군수 생산능력이 완전 가동되면, 소련도 그에 걸맞는 물량을 보유하고 있어야 한다는 논리에서였다.[68]

엡스타인은, CIA가 생각한 소련의 군사비 부하에는 이런 간접 군사비 지출이 빠져 있는 게 분명하다고 주장했다. 그는 이런 간접 군사비가 소련 GNP에서 차지하는 비율이 5~8퍼센트는 될 거라고 추산했다.[69] 냉전 이후 전 CIA 분석관인 노엘 퍼스와 제임스 노렌은 CIA의 과거 군사비 부하 추산치를 다시 계산해보았다. 그들은 1981년부터 1990년 사이의 평균 군사비 부하가 14.8퍼센트인 것으로 추산했다(1982년도 루블 고정가치 적용). 그리고 1981년부터 1989년 사이에는 경상가격을 사용했을 때 15.8퍼센트로 계산되었다. 1970년대의 군사비 부하는 1982년도 루블화 고정가치를 적용했을 때 16.8퍼센트로 나왔다. 따라서 퍼스와 노렌은 소련의 군사비 부하가 6~7퍼센트에 불과하다는 1970년대 초의 추산은 상당한 과소평가라는 점을 시인했다.[70]

그러나 또 다른 문제가 있었다. 분모, 즉 소련 경제의 실제 규모를 추산하는 일이었다. 이에 대한 CIA와 ONA 간의 의견 불일치는 더욱 심했다. CIA는 냉전 기간 내내 소련의 GNP가 미국의 55~60퍼센트라고 믿고 있었으나, 실상은 25~30퍼센트에 불과했다. 이고르 비르만은 이런 가능성을 마셜에게 처음 제시한 사람 중 한 사람이었다. 1974년 미국에 이민 온 비르만은 소련 공산당원이었고, 여러 소련 산업연구소에서 경제학자로 일했다. 그는 또한 소련에서 경제 문제에 관한 여러 책도 펴냈다.[71] 1970년대 초반 비르만은 공산당에서 문제를 일으켰다. 고스플란(국가계획위원회)*에서 강연을 하던 중, 소련 경제와 중앙집권적 경제계획에 비판적인 발언을 했기 때문이었다. 그 결과 그는 소련을 떠나기로 마음먹었다.

1980년대 초 비르만은 소련 GNP가 미국의 20~25퍼센트라고 주장했다. 이는 CIA의 추산치는 물론 서구가 소련 경제에 갖고 있던 상식과는 전혀 맞지 않는 이야기였다.[72] 그는 결국 CIA뿐 아니라 서구의 소련 연구자 및 경제학자들의 거센 비판을 받았다. 그러나 오랫동안 상식에 도전해 왔던 마셜은 언제나 세계의 실상에 대해 알고자 했다. 덕분에 그는 비르만의 주장을 진지하게 받아들이고, 그의 연구를 지원하는 몇 안 되는 사람 중 하나로 남아 있었다.

시간이 지나자 마셜과 비르만의 말이 옳음이 드러났다. 냉전 후 소련의 자료가 공개되면서 비르만의 분석이 대부분 옳았음이 증명된 것이다. 그러나 비르만조차 소련 경제에서 소련군이 차지하는 비율은 과소평가했다.[73] 1990년까지도 비르만은 소련 국방비가 GNP의 25퍼센

---

* Госплан(Gosplan), 러시아어 명칭 Государственный комитет по планированию의 약자.

트 이상이라고 주장해왔다.[74] 마셜 역시 1987년에 비슷한 수치를 제시했다. 그것은 「노비 미르(Но́вый Ми́р, 신세계)」지 1987년 2월호에 바실리 셀류닌, 그리고리 하닌이 공저한 기사 「교묘한 숫자」를 많이 참조한 것이었다. 이 기사의 저자들은 서구 세계가 소련의 경제 성장을 과대평가하고 있으며, 소련 경제는 실제로는 스태그네이션 상태에 빠졌다고 주장했다.[75]

비르만 외에도 소련 경제 규모에 대한 역방향적 시각을 가진 1980년대 연구자는 많았다. 헨리 로웬·찰스 울프·안데르스 아슬룬드·스티븐 마이어 등이었다.[76] 이들 모두는 마셜의 격려를 받았으며, 그중에는 총괄평가국의 자금 지원도 받았다. 이들 외부 연구는 소련의 GNP를 미국의 55퍼센트로 잡은 CIA의 추산은 완벽한 엉터리라고 여기던 마셜의 생각을 뒷받침해주었다.[77]

마셜은 미국 고위 정책결정자들에게 자신의 결론을 봐달라고 계속 요구했다. 그 와중에 마셜은 CIA 내에도 자신의 우군이 있음을 알게 되었다. SOVA보다는 마셜에 더 가까운 결론을 낸 사람들이 있었던 것이다. 그중에는 허버트 마이어는 물론, 윌리엄 케이시도 있었다. 케이시는 NIC의 특별보좌관 겸 부위원장으로 마이어를 채용했다. 마이어는 CIA에 들어오기 전에는 「포천」지의 부편집장이었다. 그의 전문 분야는 소련 경제였다. 그는 또한 소련여행 경험도 많았다. 1983년 하반기 마이어는 케이시에게 각서를 썼다. 소련 경제가 파국으로 치닫고 있다는 내용이었다. 소련의 연평균 경제 성장률은 2퍼센트가 안 되는데, 연평균 군비 증가율은 4퍼센트로 추측되니 도저히 감당이 안 된다는 것이었다.[78] 그 외의 주요한 SOVA 비판론자로는 로버트 게이츠가 있었다. 그는 케

이시 휘하에서 CIA 부국장으로 재직했고, 이후 CIA국장과 국방장관을 역임했다.[79]

결국 미국 정보계가 추산했던 1980년대 소련 경제의 군사비 부하는 실제의 절반밖에 안 되는 것이 드러났다. 1975년 CIA는 소련 GNP에서 군사비가 차지하는 비율이 6~7퍼센트라고 추산했지만 마셜은 10~20퍼센트라고 추산했다.[80] 1987년 마셜은 지난 10년간 소련 GNP에서 군사비가 차지했던 비율이 20~30퍼센트라고 추산했다.[81] 2001년 슐리코프의 폭로 이후, 마셜은 그 비율이 35~50퍼센트 사이였다고 결론지었다.[82] 미국 고위 정책결정자에게는 ONA와 같이 정보계의 영향을 받지 않는 사무조직이 없었다. 그리고 마셜처럼 분석과 사실을 중요시하는 분석가도 없었다. 때문에 이들은 소련의 군사비 부하를 알아내는 데 CIA의 문제점 있는 추산에만 의존할 수밖에 없었다.[83]

소련 군사계획이 소련 경제에 가한 부하 외에도, ONA는 여러 독립 연구주제에 예산을 지원했다. 소련은 1970년부터 소련 유태인에 대한 해외이민 제한을 일시적으로 완화했다. 이 덕택에 약 25만 명의 유태인들이 소련을 떠났다. 1970년대 중반 그중 상당수가 미국으로 왔다.

RAND의 젊은 분석가이던 엔더스 윔부시는 이들 이민자들이 소련군 내 민족적 요인의 역할은 물론, 그것이 전투력에 미치는 영향에 대한 유용한 정보를 줄 수 있을 것이라고 주장했다.[84] 그러자 마셜은 윔부시에게 이민자 인터뷰 계획에 대한 제안서를 작성할 것을 지시했다. 마셜은 완성된 제안서를 CIA와 DIA에 보냈다. 그러나 두 곳 모두 관심이 없었다. 이들은 소련 이민자로부터 나온 정보를 전혀 믿으려고 하지 않았다.

마셜은 이 연구를 직접 수행하기로 했다. 결국 200~250명의 이민자로부터 군 생활 경험을 인터뷰하게 되었다. 윔부시에 따르면, 이 연구를 통해 소련군 내의 민족적 요인뿐 아니라, 인적 요건·계급 간 폭력·음주 문제·정치적 시각에 따른 문제 등을 알 수 있었다고 한다. 그리고 이 연구가 종료되었을 때, 소련군 내부에 대해 이전과는 근원적으로 다른 시각을 갖게 되었다.[85]

소련군의 주력을 이루고 있는 징집병의 인적 수준은, 미 육·해·공군과 해병대의 주력을 이루고 있는 지원제 직업군인과 비교가 되지 못했다. 더구나 베트남전쟁 이후 미군은 더욱 실전적인 교육 훈련을 실시했다. 해군 전투조종사를 위한 '탑건', 공군 전투조종사들을 위한 '레드 플래그(네바다주 넬리스 공군기지에서 실시)', 육군의 국가훈련센터(캘리포니아주 포트 어윈에 위치) 등이 그것이었다. 그러나 소련은 이런 부분에서도 미국의 상대가 되지 못했다.

1980년대 중반 레이건 대통령은 제2기 임기 절반을 보냈다. 미국 의회는 1980년대 전반 국방예산의 대폭 증가를 지지해주었지만, 이제는 와인버거가 주장한 국방예산 증가율을 밀어줄 마음이 갈수록 줄어들고 있었다. 그 결과 마셜의 영향력은 커졌다. 특히 통합장기전략위원회(Commission on Integrated Long-Term Strategy, CILTS)에서 두드러졌다. 미 국방부가 CILTS를 창립한 것은 1986년 가을이었다. 이는 와인버거에게 전략이 없다는 비판 여론에 대한 대응 성격도 있었다.

CILTS의 위원장은 이클레와 앨버트 월스테터로, 둘 다 마셜의 오랜 친구였다. CILTS의 목적은 큰 추세를 도식화하여 향후 15~20년간 미국 방어전략에 영향을 미칠 미래 안보환경을 예측하는 것이었다. 또한 기술적·지정학적 긴급사태 예방에도 소홀하지 않았다.[86] 이 위원회의 위원 11명 중에는 즈비그뉴 브레진스키, 앤드루 굿패스터, 새뮤얼 헌팅턴, 헨리 키신저, 존 베시(전 합동참모본부 의장) 등이 포함되어 있었다. 위원회의 논의를 지원하기 위해 이클레와 월스테터는 4개의 업무단을 조직했다. 퇴역 육군 장군인 폴 고먼은 저강도분쟁을 조사했다. 프레드 호프먼과 헨리 로웬은 소련 주변부의 공세적·방어적 전력 투사를 연구했다. 찰스 허츠펠드는 기술 업무단의 단장을 맡았다. 마셜과 찰스 울프는 21세기 첫 10년간의 전반적 안보 상황을 예측했다.

마셜은 이 중 이클레·월스테터·호프먼과는 RAND에서, 나머지 인원과는 정부에서 함께 일했다. 1987년 당시 울프는 아직 RAND에 있었다. 허츠펠드는 1970년 마셜이 키신저의 특별국방자문단을 위해 실시한 첫 총괄평가에 감명을 받았다. 또한 마셜은 1970년대 초반, 미국과 소련의 전차병 훈련에 대한 총괄평가를 고먼과 공동으로 실시했다. 따라서 CILTS 위원장들과 그 업무단장들은 서로를 잘 알 뿐 아니라, 전략문제에 대해서도 매우 잘 알고 있었다.

이 위원회의 보고서인 「차등 억제(Discriminate Deterrence)」는 1988년 1월에 발간되었다. 더욱 자세한 업무단 보고서는 같은 해 10월에 나왔다. 마셜은 자신과 울프의 향후 안보환경 연구로 인해 두 가지 근본적인 문제가 도출되었다고 보았다. 우선, 업무단은 신기술 도래로 현존하는 전력의 효율이 증가했을 뿐 아니라 전쟁수행 방식도 혁신될 수 있다는 소련 측의 평가가 정확하다는 결론을 내렸다.[87] 이들의 발견은 「차등 억제」에도 반영되었다. 「차등 억제」에서는 "초소형 전자장치, 특히 센서와 정보처리 장치의 더욱 광범위한 이용, 그리고 스텔스 기술, 초정밀 재래식 무기, 발전된 표적 획득 기술은 전쟁수행에 혁신을 일으킬 것이다"라는 결론을 내렸다.[88] 이 결론의 의미는 소련 붕괴 이후 1990년대 내내 ONA 연구의 주안점이 되었다.

두 번째로, 1988년 미국은 여전히 소련을 장래의 주된 경쟁자로 여기고 있었다. 그리고 미·소 경쟁구도를 통해 미래를 본다는 오랜 습관 때문에 위원들은 근시안적인 관점을 갖게 되었다. 후일 마셜이 밝혔듯이 소련이 어떤 것을 갖고 있다는 사실은 가급적 대중에게 오래 숨겨야만 했다.[89] 실망스럽게도, 이클레는 「차등 억제」에서 소련이 매우 약하다는 마셜의 주장을 밝힐 생각이 없었다.[90]

마셜과 와인버거의 견해 차이, 그리고 ONA가 총괄평가에서 관심을 끊기를 바라는 이클레의 바람에도 불구하고 냉전 균형에 대한 연구는 1980년대 내내 진행되었다. 미·소 전략핵전력에 대한 국방부-CIA 합동 총괄평가 이후 2년이 지나, ONA 분석관 드미트리 포노마레프는 이 균형에 대한 개요서를 갱신했다.[91] 이것은 ONA가 세 번째로, 그리고 마지막으로 미·소 대륙간 핵전력 경쟁을 살핀 사례였다. 1984년 마셜은 와인버거에게 3개의 평가를 더 보냈다. 미·소 해상전력 균형, 전력 투사 균형, 동아시아 평가가 그것으로, 모두 스티븐 로즌이 실시했다. 셋 다 매우 긴 보고서였다. 와인버거가 완독할 만한 것들이 아니었다. 마셜은 와인버거가 뭔가 반응을 보이리라고는 기대조차 하지 않았다. 1986년 와인버거에게 전달된 NATO-바르샤바조약 군사력 균형 평가보고서 역시 비슷한 운명을 맞았다. 이것은 ONA가 냉전 기간 마지막으로 완성한 대규모 평가였다.

마셜은 와인버거 장관으로부터 ONA 평가에 대한 관심을 얻어내지는 못했다. 그러나 다양한 영역에서 벌어지는 군사적 경쟁에 대한 사고를 더욱 간접적인 방식으로 국가안보의 공론장에 내보낼 방법은 찾았다. 마셜의 이러한 간접적인 접근법은 유망한 젊은 학자와 분석가에 대한 그의 조언에서 특히 두드러졌다. RAND에서 마셜은 로버타 월스테터, 그레이엄 앨리슨 등의 연구자들의 조언자였다. 국방부에서도 그는 부하 직원들은 물론 ONA 계약 연구를 통해 알게 된 여러 사람들에게 계속 조언했다. 오랜 시간이 지나자 그의 친절한 조언을 듣고 총괄평가의 가치를 충분히 이해하며, 그 분석 방식을 국방문제 연구에 적용시키려는 사람들이 나오게 되었다.

ONA 내부에서는 이들을 뭉뚱그려 '성 앤드루 학당 동창회'라고 불렀다. 여러 해 후, 마셜은 ONA의 국장으로 재직하면서 가장 크게 기여한 바가 뭐냐는 질문을 들을 때마다 자신이 부하 직원들에게 끼친 영향을 꼽았다. ONA의 총괄평가 대부분은 비밀 처리되어 있다. 때문에 마셜의 조언을 받은 '성 앤드루 학당 동창회' 회원들이 진행한 외부 연구야말로, 현재로서는 총괄평가의 실질적 가치를 가장 잘 보여주는 창구 역할을 하고 있다. 또한 이들의 연구를 통해, 와인버거가 ONA의 균형 분석에 별 관심이 없었을 때조차 마셜이 미국전략 논쟁에 영향을 미쳤음도 알 수 있다.

'성 앤드루 학당 동창회'의 멤버 중 특히 탁월했던 3명이 있었다. 1970년대 후반 새뮤얼 헌팅턴이 마셜에게 소개해 준 인물들이었다. 그들의 이름은 엘리엇 코언, 에런 프리드버그, 스티븐 로즌이었다. 하버드 대학 출신인 이들은 새뮤얼 헌팅턴 최고의 수제자들이었다. 이들의 글은 군사적 경쟁에 대한 마셜의 사고방식과 시각을 이해하는 데 매우 유용하다. 이들 모두가 마셜의 총괄평가국에서 일했기 때문이다.

로즌은 1974년 하버드대학에서 박사학위를 취득했다. 초년 시절 로즌은 마셜에게 민간인 보조원으로 고용되었다. 몇 년 후 그는 ONA를 떠나 레이건 대통령 휘하 NSC의 정치·군사문제 부장으로 임명되었다. 이후 로드아일랜드 뉴포트의 해군 전쟁대학 교수를 지냈다. 로즌은 어떤 직위에 있건, 마셜이나 '성 앤드루 학당 동창회' 회원으로부터 멀리 떨어지지 않았다. 1980년대 후반 그는 마셜과 함께 미래 안보환경에 대한 CILTS 연구에 참여했다. 그리고 1991년 걸프전쟁 종전 후, ONA 출신 동료 엘리엇 코언, 배리 와츠와 함께 공군장관이 실시한 걸프전쟁 항공력 조사에 참가했다. 이후 로즌은 하버드대학의 비튼 마이클 카넵 국가안보 및 군사문제 교수에 임용되었다. 그는 여름 방학 기간 중 전문가 자문 1명을 데리고 해군 전쟁대학에서 열리는 ONA의 2주간의 하계 연구에서 마셜이 관심 있던 문제를 탐구하도록 했다. 마셜은 전쟁 성격의 불연속적 변화와, 그에 따른 군사혁신의 필요성을 평가하는 데 ONA의 역량을 투입했다. 여기에는 1990년대 초반에 나온 그의 책 『미래전에서의 승리(*Winning the Next War*)』가 영향을 주었을 것으로 보인다.

에런 프리드버그는 하버드에서 4년 동안 로즌과 같은 행보를 밟아 1978년 졸업했다. 로즌과 마찬가지로 그 역시 하버드에서 박사학위를 받았다. 프리드버그가 마셜을 처음 만난 것은 1979년 4월이었다. 당시 23세이던 프리드버그는 학회지 「대외정책(Foreign Policy)」지에서 인턴으로 일하고 있었다. 카터 행정부 NSC에서 장기기획부장으로 일하던 헌팅턴이 퇴임하고 하버드대학으로 돌아오면서, 프리츠 어마스가 후임 장

© 제임스 케글리

아 사진은 「워싱터니언(The Washingtonian)」지 1999년 4월호에, 제이 위닉 기자가 게재한 기사 '비밀 무기(Secret Weapon)'에 첨부된 것이다. 이 기사에서는 성 앤드루 학당 동창회의 회원들이, 국방개혁 구상의 일환으로 ONA를 국방부에서 국방대학교로 옮긴다는 윌리엄 코언 국방장관의 결정에 실망했다는 내용이 실려 있다. 위닉은 이러한 결정의 부당함을 다음과 같이 요약했다. "앤드루 마셜이 없으면 국방부는 큰 지혜를 얻을 수 없다. 그리고 누구나 국방장관을 상대로 사기를 치려들 것이다."

© 배리 와츠

로드아일랜드 뉴포트의 구 해군 전쟁대학 건물 앞에 선 1999년 ONA 하계 연구 참가자들. 뒷줄은 좌에서 우로 엘리엇 코언, 라이어널 타이거, 제임스 로시, 존 본셀, 앤드루 크레피네비치, 짐 칼라드, 스티븐 로즌, 칩 피킷, 앤드루 메이, 제프리 맥키트릭, 마이클 빅커스, 데이비드 스페인. 앞줄은 배리 와츠, 샘 탱레디, 앤드루 마셜, 다코타 우드.

기기획부장이 되었다. 그리고 어마스는 얼마 후 프리드버그에게 비밀 미 핵 교리 역사 연구를 맡겼다. 프리드버그는 일을 할 공간이 필요했다. 그래서 어마스는 마셜에게 ONA에 프리드버그의 업무 공간을 달라고 요청했다. 1987년 프리드버그는 프린스턴대학에서 강의를 시작하게 되었다. 1999년에는 정치 및 국제 문제 교수로 임용되었다. 로즌과 마찬가지로, 프리드버그 역시 학자와 공무원으로서의 경력을 동시에 가지고 있었다. 그는 2002~2005년 리처드 체니 부통령의 국가안보 부보좌관 겸 정책 기획부장으로 근무하기도 했다. 로즌과 마찬가지로 프리드버그도 마셜을 위해 일한 후로 마셜의 영향력에서 벗어나지 못했다.

1980년대 후반부터 프리드버그는 마셜이 매우 관심을 가진 문제의 해결을 위해 그 뛰어난 지력을 집중적으로 사용하기 시작했다. 그 문제란, 강대국들이 신흥국의 도전에 맞서 기존의 위치를 지키는 방법을 알아내는 것이었다. 프리드버그는 1988년에 낸 책 『지친 거인: 영국과 상대적 쇠락의 경험, 1895~1905(*The Weary Titan:Britain and the Experience of Relative Decline,1895~1905*)』에서도 이 문제를 다룬 적이 있다. 부제에서도 알 수 있듯이, 이 책은 20세기로 접어드는 시점에 영국의 상대적 국력 약화를 인지하고, 그 충격을 완화할 방법을 모색한 영국 정치인의 이야기를 다루고 있다. 10여 년 후 프리드버그는 신흥국의 도전에 맞서는 강대국이라는 주제를 또 다루게 된다. 마셜과 그는 장차 중국(중화인민공화국)이 미국의 패권에 도전할 수 있다고 여기고 있었다. 그래서 프리드버그는 중국이 장차 어떤 방식으로 자신들의 패권을 주장하게 될 것이며, 이에 대한 미국의 최상의 대응책은 무엇일지를 평가를 통해 알아보고자 했다.

헌팅턴의 제자 중 마셜의 주목을 끈 세 번째 인물은 엘리엇 코언이었다. 코언은 하버드대학 박사과정에 프리드버그, 로즌과 같이 학교를 다녔다. 로즌과 마찬가지로 코언 역시 해군 전쟁대학에서 전략을 가르쳤다. 1989년 부시 행정부 초기에 국방장관실 정책기획관으로 잠시 재직한 코언은 이후 정부를 떠나 존스홉킨스대학교 니츠 고등국제학대학원의 로버트 E. 오스굿 전략연구 교수로 부임했다. 프리드버그, 로즌과 마찬가지로 코언 역시 교육자 생활을 공직과 번갈아가면서 했다. 1991년 걸프전쟁 이후 코언은 공군장관 도널드 라이스의 요청으로 걸프전 항공력 조사를 지휘하게 되었다. 걸프전쟁에서 항공력의 실적을 평가하는 연구였다. 여러 권으로 나온 이 연구의 보고서는 제2차 세계대전 말에 나온 미 전략폭격 조사 이후 가장 뛰어난 통찰력과 공정성을 지닌 것으로 호평 받았다. 조지 W. 부시 대통령 집권 기간 코언은 국방장관 자문기구인 국방정책위원회로 돌아갔다. 2007년 코언은 국무장관 콘돌리자 라이스의 자문관으로 임명받아, 2009년 오바마 대통령 취임 때까지 재직했다.

코언은 박사학위를 받은 직후인 1983년, ONA에 배속되었다. 또한 졸업과 동시에 예비역 육군 소위로 임관한 그는 ONA에서 예비군 복무를 하게 되었다. 모든 신임 ONA 직원들이 그렇듯이 코언도 오자마자 공부하는 법부터 배웠다. ONA의 업무와 총괄평가의 분석적 방식에 대한 독학을 해야 했던 것이다. 그는 얼마 후 마셜에게 깊은 인상을 주었고, 그 후 수년 동안 ONA에 근무하면서 예비군 복무를 해결했다.

구체적으로 말하자면 1988년 초 「국제안보(International Security)」지에서 후원한 토론에 코언이 참가한 것이 그 계기였다. 베를린장벽이 무너지려면 2년도 채 남지 않은 시점이었지만, 당시로서는 냉전의 종식이 보이지 않았다. 그리고 서유럽에 대한 소련의 군사적 위협에 대해 이의를 제기하던 사람도 별로 없었다. 다만 그 위협의 강도에 대해서만 유의미한 규모의 토론이 벌어질 뿐이었다. 중부유럽의 군사적 균형 분석은 북쪽의 덴마크에서부터 시작해서 동서독 국경을 지나 서독-체코 국경에 이르는 선을 두고 대립한 양군의 전력을 중심으로 이루어졌다.

전시 소련의 군사교리는 바르샤바조약군을 신속히 서유럽으로 진격, 공군과 미사일 부대의 지원을 받는 고속 기갑부대를 중심으로 한 전격전 작전을 펼쳐 서독과 저지대국가들을 함락시킨다는 것이었다. NATO의 목적은 소련군의 신속한 승리, 광대한 영토의 상실, 핵전쟁으로의 확전을 막는 것이었다. NATO 동맹국이 재래식 전력으로만 이들 목표를 이룰 수 있다면, NATO는 훨씬 우월한 산업 역량 및 인구를 동원해 소련을 평화협상 테이블로 끌어낼 수 있다. 물론 NATO의 궁극적인 목표는 소련에게 유사시 막대한 위험을 부담해야 한다는 점을 인식시켜 전쟁을 하지 않는 것이다. 즉, 소련의 선제공격을 억제하는 것이었다.

「국제안보」의 기자들은 이 점을 염두에 두고, 중부유럽 군사력 균형 평가보고서를 의뢰했다. 3명의 뛰어난 학자인 조슈아 엡스타인·존 미어샤이머·배리 포센이 각각 보고서를 썼다.[92] 이들 모두 군사력 균형에 자신들의 평가를 나타내달라는 요청을 받았다. 이 세 사람은 평가를 진행하면서 대체적으로는 동일한 결론에 도달했다. NATO와 바르샤바조약군 사이의 군사적 균형은 NATO 측에 유리한 상태라는 것이 그 결론이었다. 왜냐하면 소련과 바르샤바조약군은 자신들의 전역 전략 달성에 필요한 돌파전을 수행할 전투력이 없기 때문이었다. 미어샤이머는 이렇게 말했다. "중부유럽 군사력 균형 평가에서 가장 주된 의문은, 소련이

NATO에 맞서 성공적인 전격전을 벌일 수단이 있는가이다. 이 의문에 대해서는 확실하게 답을 할 수 없다. 그러나 소련이 재래식 전력으로만 독일을 점령할 수 없다고 볼 근거는 충분하다."[93] 더구나, 그는 평가 결과 "상식과는 달리, NATO군은 독일 영토를 그리 많이 내주지 않고도 바르샤바조약군의 공세를 좌절시킬 수 있을 것이다"라는 결론을 내놓았다.[94]

포센은 더욱 낙관적이었다. 그는 자신의 평가를 보면 바르샤바조약군이 *압도적인* 정량적 우위를 차지하고 있다는 상식이 허구임을 알 수 있다고 주장했다. 그는 "NATO군은 중부유럽에서 바르샤바조약군에 맞서 싸울 능력이 충분하다. 수적 우세를 앞세운 바르샤바조약군이 NATO군을 신속히 패배시킬 거라는 예측은 매우 비판적으로 봐야 한다. *NATO는 바르샤바조약군의 공격을 저지하기에 매우 좋은 입지에 있다*"라고 주장했다.[95] 이와 마찬가지로 엡스타인 역시 "바르샤바조약군의 압도적 수적 우위는 철저한 분석적 기법으로 검증된 바 없다. 나의 보수적인 가정으로 봐도 바르샤바조약군의 수적 우위는 입증할 수 없다. *NATO는 바르샤바조약군을 저지할 물리적 수단을 갖추고 있다*"라고 적었다.[96]

이들의 의견 일치에도 불구하고, 이들이 게재한 기사는 세 필자 사이의 격한 논쟁을 불러일으켰다. 중부유럽의 군사력 균형상태에 대해 결론이 비슷하게 나왔음에도, 세 사람 모두 다른 사람의 방법론적 약점을 발견했다.[97] 무엇보다도 평가 결과의 가치는 그 결과를 도출하기까지 사용한 논의들, 그리고 그 논의를 뒷받침하는 근거에 있기 때문이다.

엘리엇 코언·제임스 로시·배리 와츠 등 '성 앤드루 학당 동창회' 멤버 3명 역시 필자들이 사용한 방법론에 심각한 문제가 있음을 알아챘다. 이들은 두 건의 기사를 통해 이에 대한 자신들의 생각을 밝혔다. 한 건의 기사는 코언이, 나머지 한 건은 로시와 와츠가 같이 집필했다.[98] 이들의 생각은 주요 군사력 균형 판단 문제를 다루는 마셜의 방식과 일치했다. 그리고 마셜이 지난 1966년의 보고서를 통해 나타낸, 상대적 군사력의 정확한 측정 방법론 개발에 따르는 문제에 대한 생각을 확증하고 있었다.

ONA에서 근무한 코언·로시·와츠는 총괄평가야말로 군사력 경쟁의 주요 영역에 존재하는 유리한 비대칭성을 알아내고 이용하며, 적에게 유리한 비대칭성의 효과를 약화시킬 방법을 찾는 데 유용하다는 점을 알고 있었다. 또한 총괄평가는 신뢰성 있는 데이터에 크게 의존하고 있었다. 이 업계에서도 데이터의 품질이 결과물의 품질을 좌우하는 것은 마찬가지였다. 또한 총괄평가는 정보계가 제공하는 양질의 데이터의 가치와 한계에 대해서도 잘 알고 있었다.

마셜은 석사논문에서 클라인의 경제학 모델의 심각한 문제점을 알아낸 이래, 줄곧 총괄평가를 다듬어 국가 경제 또는 전쟁 결과에 영향을 미치는 요인 등 매우 복잡한 현상의 움직임을 예측할 수 있는 모델로 만들어 왔다. 그리고 마셜의 총괄평가 접근법을 잘 아는 사람들이라면 "셀 수 있는 모든 것이 다 중요한 것은 아니며, 모든 중요한 것들을 다 셀 수 있는 것도 아니다"라는 금언을 알고 있다. 마셜이 부하 직원들에게 강조하던 이 말은, 여러 정치학자들이 군사력 균형의 주요 요소들을 계량화하다가 정성적인 무형 요인의 중요성을 놓칠 수 있음을 지적한 것이다. 코언·로시·와츠는 마셜의 지도를 받으면서 이 점을 비롯한 여러 마셜적 사고방식을 익히고, 그것을 통해 엡스타인·미어샤이머·포센의 평가를 비판할 수 있었다.

코언은 자신이 맡은 기사에서, 낙관주의자(엡스타인·미어샤이머·포센을 모두 일컫는 말이었다)들이 동맹의 단결력과 목표에 관한 동구와 서구 간의 정성적이고 근본적인 비대칭성을 평가 절하하고 있다며 비판을 시작했다. 그러한 비대칭성은 중부유럽에서 발생할 전쟁의 결과와 전력 균형에 큰 영향을 미칠 수 있는데도 말이다. 코언은 그 사례로 다음과 같이 지적했다. "소련과는 달리, 미국은 동맹국에게 전쟁 개전 일시, 동원 여부, 무기와 교리의 선택 등을 강제할 수 없다."[99] 그러나 바르샤바조약기구가 동원을 실시하자마자 NATO의 모든 가맹국들도 이에 맞서 바로 동원 실시가 가능한지 여부는 NATO와 바르샤바조약기구 간의 분쟁 결과를 크게 좌우할 수 있을 것으로 여겨졌다.

코언은 소련의 위성국가들, 특히 동독·폴란드·체코슬로바키아 군대의 신뢰도가 그다지 높지 않을 수도 있다는 낙관주의자들의 관점을 인정했다. 그러나 코언은 NATO군이 바르샤바조약군의 공세를 무력화시킨 이후 전쟁에서 승기를 잡아간다면, 이들의 신뢰도 문제가 부상할 가능성이 매우 크며, 이는 낙관주의자들이 확실히 매듭짓지 못한 부분임을 지적했다.[100] 코언은 낙관주의자들이 하나의 시나리오에서 평가에 필요한 정보를 얻고 있음도 지적했다. 그 시나리오란 군사력 균형이 바르샤바조약군에게 매우 유리해졌을 때에만 소련이 공격한다는 전제하에 양군이 기동 경쟁을 벌인다는 것이었다.

그러나 마셜은 이런 하나의 '고전적' 시나리오에 갇힌 평가를 인정하지 않았다. 마셜은 언제나 둘 이상의 시나리오가 있어야 주의를 기울였다. 그중 하나의 시나리오는 소련의 아프가니스탄 침공 직후인 1980년 1월 카터 대통령의 선언에서 언급되었다. 당시 카터는, 미국은 소련의 호전적인 팽창주의에 맞서 페르시아만을 방어하겠다고 밝혔다. 그렇다면 소련이 이란을 침공할 경우 미국은 과연 어떻게 대응해야 할지 의문이 생긴다. 미국정부는 유사시 NATO에 투입할 예정이었던 병력을 동원해 페르시아만으로 보내야 하는가? 만약 그렇다면, 그런 조치는 중부 유럽의 군사력 균형에는 어떤 영향을 미칠 것인가?* 소련이 유럽에서 바르샤바조약군을 앞세워 전쟁을 벌이기 직전에, 유럽에 미군이 덜 투입되게 하기 위한 양동작전으로 이란을 침공할 수도 있다는 우려가 제기되었다.

또 다른 대안 시나리오는 낙관주의자들이 꿈꾸던 이른바 '함부르크 점령'이었다. 여기서 바르샤바조약군의 목적은 NATO의 확실한 패배가 아니라, NATO 동맹체계에 정치적 균열이 발생될 정도의 영토 획득이다. 즉, 동독 국경에서 64킬로미터 떨어진 서독 대도시 함부르크를 점령하는 단기적이고 제한적인 공세만을 벌인다는 것이다. 이로써 NATO가 전쟁을 핵전쟁으로 확전시킬 위험도 최소화할 수 있다.[101] 실제로 바르샤바조약군은 NATO가 병력을 채 동원하기도 전에 함부르크를 점령할 수 있었다. 일단 함부르크가 점령되면 소련은 정전을 요청할 것이다. 거기에는 NATO가 핵전쟁의 위험을 무릅쓰고 함부르크를 굳이 탈환하기보다는 협상을 통해 전쟁을 끝내는 것을 선호할 거라는 계산이 깔려

* 1980년대 여러 미군 관료들은 소련이 중부유럽 작전용 병력을 쓰지 않고도 이란과 페르시아만을 침공할 수 있다고 보았다.

있다. 만약 소련의 정전 요청이 받아들여진다면, 한 나라라도 적의 공격을 당할 경우 나머지 모든 나라에 대한 공격으로 간주한다는 NATO의 취지는 거짓말이 된다. 이는 NATO 가맹국들, 특히 서독을 두려움에 몰아넣을 것이다. 이것으로 촉발된 정치적 균열은 소련에게 이용당할 수 있다.

코언의 비평은 동원 문제로 넘어갔다. NATO와 바르샤바조약기구 모두 전투 준비태세가 그리 많지 않은 병력을 동원해 전투부대의 전력을 상당히 높일 수 있다. 때문에 동원은 중부유럽 군사력 균형 평가에서 중요한 요소다. 3명의 낙관주의자들도 동원 문제를 언급했다. 비록 포센은 자신이 나머지 2명보다는 상황을 현실적으로 평가했다고 주장했지만, 코언은 NATO-바르샤바조약기구의 예비군 동원 및 이동 속도에 관한 포센의 가정 중 상당수가 NATO 측에 유리하게 짜여져 있음을 간파했다.[102]

코언은 양군의 동원 속도에 대한 포센의 편파적인 가정을 반박하는 한편, 소련은 동맹국에 동원을 강제할 수 있는데 미국은 그렇지 못하다는 점을 다시 지적했다. 코언은 그리고서 기습의 문제를 지적했다. 즉, 바르샤바조약군이 침공해 와도 NATO의 정보기관이 경보를 발령하는 데는 너무 많은 시간이 걸릴 수도 있고, 그 경보가 무시될 수도 있다는 것이다. 코언은 1968년 바르샤바조약군이 소련군·헝가리군·폴란드군 총 20만여 명을 동원해 체코를 침공했을 때, 유럽주둔 미군 총사령관이 그 소식을 정보참모가 아닌 AP통신의 기사로 제일 먼저 접한 사례를 들었다. 그는 1973년 10월 제4차 중동전쟁 때 이스라엘이 여러 번의 경보에도 불구하고 이집트와 시리아에게 기습 공격을 당한 사례 또한 지적

했다.[103]

코언은 "고위 정책결정자들이 정확한 정보를 덜 중요한 다른 정보들 사이에서 신속히 걸러낼 수 있을 거라는 가정은 위험하다"는 로버타 월스테터의 경고를 반복했다. 또한 여기에는 그레이엄 앨리슨이 『결정의 본질』에서 피력한, "개인과 조직은 상대방이 합리적으로 행동할 거라는 선입견이 있다. 그 선입견에 들어맞지 않는다면 유용한 정보라도 무시하곤 한다"는 관찰 내용도 덧붙일 수 있을 것이다.

1980년대 NATO와 바르샤바조약기구 간의 군사력 균형을 평가하던 마셜은, 양군이 사용할 수 있는 인력과 장비(전차 및 야포)의 질을 비교하는 것을 오래전부터 첫 번째 과제로 삼았다. 두 번째 과제는 평가를 통해 양군의 인력과 장비의 정성적 차이를 알아내는 것이었다. 예를 들면 미국 전차와 소련 전차의 화력·기동력·생존력의 차이라든가, 소련군 징집병과 미군 지원병의 질적 차이, 양군 간 지휘통제 체계의 질적 차이 등을 알아내는 것이다. 가장 중요한 세 번째 과제는 훌륭한 총괄평가를 통해 무형의 불확실한 변수들을 양군 간의 비대칭성과 통합하는 것이다. 무형의 불확실한 변수는 지리·기후·병참·경보 시간·기습·전투 준비태세 등이 포함된다. 비대칭성에는 훈련도·전술·군사교리·전역 전략·전구 목표 등이 포함된다.

이 중 첫 번째와 두 번째 과제를 해결하기 위해, 포센은 미육군의 WEI/WUV 방법론을 사용했다. 미어샤이머도 같은 방법론을 사용하면서 이런 주장을 했다. "상대적 재래식 전력을 평가하는 가장 좋은 방법은 부대의 모든 전투 역량을 계산에 넣는 것이다. 전투 역량에는 기동성·생존성·화력(치사율 포함) 등을 포괄한다. 지상군의 이러한 역량을 가장 잘 계산할 수 있는 방식은, 미 국방부가 지상군 부대 전투력 측정의 기본방식으로 쓰고 있는 기갑사단 상당 부대(armored division equivalent, ADE)이다."[104]

ADE는 표준 미국 기갑사단의 WUV 점수에 기반한다. 1개 미국 기갑사단의 WUV 점수 총계가 12만 점인데, 1개 소련 전차사단의 WUV 점수 총계는 9만 6,000점이라면, 이들 점수 총계를 미국 기갑사단의 WUV 점수 총계로 나눌 경우 미국 기갑사단과 소련 전차사단의 ADE는 각각 1.0과 0.8이 된다. 그러면 유럽 전구 전체의 양군 지상군에 이 ADE를 적용할 수 있다. 그럼으로써 NATO와 바르샤바조약기구의 지상군의 정량적 전력 비율을 구할 수 있는 것이다. 미어샤이머와 포센은 이 방법론을 사용해, 바르샤바조약군과 NATO군의 ADE 점수 비율은 1.2대 1이라는 결론을 내렸다.[105]

WEI/WUV 점수 체계를 처음 개발한 육군 개념분석국도, 실전에서 적군의 상대적 효율을 평가하는 수단으로서는 이 체계에 그리 후한 점수를 주지 않았다. 그러나 포센은 이 사실을 무시하고, NATO ADE에 1.5를 곱해(50퍼센트 인상) 전구 전력 비율을 조정했다. NATO는 바르샤바조약군에 비해 단위 부대당 인원이 1.2~2배에 달한다는 것이 그 이유였다.[106] 여기서 포센은 바르샤바조약군에 비해 NATO군이 지원 부대, 보급부대에 더 많은 투자를 한 점을 전구 전력 비율에 반영하고자 했다.

코언은 투입된 자원량을 상대적 군사 효율성의 적절한 척도로 삼는 포센 방식에 의문을 제기했다. 코언이 지적한 바에 따르면, NATO 보급부대는 바르샤바조약군의 보급부대보다 규모가 컸다. NATO 각국 정부가 자국 병사들에 대한 충분한 의식주 제공을 매우 중시하는 것이 그

원인 중 하나였다. 그러나 이는 전반적인 군사적 효율과 그리 큰 연관성을 보이지 않는다. 그는 또한 바르샤바조약군 부대의 장비와 예비 부품이 모두 소련 제품으로 통일되어 있는 반면, NATO 주요 국가 군대들의 장비는 국가별로 모두 다르기 때문에, 큰 군수 지원 문제를 발생시켜 불필요한 노력과 낭비를 초래한다는 점을 지적했다. 이런 점 때문에 투입된 자원량을 상대적 군사 효율성의 적절한 척도로 보기가 더욱 어렵다는 것이다.[107]

마지막으로, 마셜도 인정했다시피 전시 양군이 목표를 달성하고자 구사하는 군사 목적과 교리에는 큰 비대칭성이 있다. 이러한 차이는 양군의 병참체계에 상당한 영향을 미쳤다. 소련은 단기 전역으로 목표를 달성한다고 기획했다. 따라서 예비부품, 교체부품, 대규모 수리 시설의 수요가 NATO군보다 적을 수밖에 없다. 반면 NATO군의 주요 무기체계는 바르샤바조약군의 것보다 더욱 정밀하며, 작전 상태로 유지하기도 어렵고 비용도 많이 든다. NATO군은 또한 공격해 오는 적의 전력이 우세할 경우 저지해야 하며, 전쟁이 장기전으로 이어지는 부담을 감당하기 어렵다. 때문에 코언은 이런 결론을 내렸다. "NATO의 보급 및 조직 실무에 과연 이점이 있는지는 논의를 통해 알아내야 한다. 서구의 방식이 반드시 옳다는 가정은 성립할 수 없다. 특히 NATO의 화력 점수를 50퍼센트나 더 높게 준 것은 있을 수 없는 일이다."[108]

특히 주목할 부분은, 낙관주의자들의 평가에서 항공력은 비교적 덜 중시되고 있었다는 점이다. 항공력은 제2차 세계대전의 개전 이래로 재래식 전쟁에서 중요한 역할을 하고 있었는데도 말이다. 코언은 미어샤이머의 분석에서 항공력이 완전히 배제되어 있었음을 지적했다.[109] 포센 역시 항공력을 계산에 넣지 않았고, NATO의 항공력이 바르샤바조약군보다 우세하다고만 주장했다. 포센은 NATO 지상군이 바르샤바조약기구 지상군에 대해 충분히 경쟁력을 갖추고 있다고 평가했기 때문에, 여기에 항공력까지 더하면 유럽의 재래식 전력 면에서 소련이 전혀 유리하지 않다는 자신의 결론을 강화할 뿐이라고 스스로를 변호했다.[110]

코언은 이에 대해 이렇게 대답했다. 진정한 군사력 균형 총괄평가는 항공력을 지상군의 부가적 전투력으로만 여기는 낙관주의자들의 시각을 거부한다고 말이다. 그는 개전 초기 항공 작전에 관한 소련 공군 교리를 예로 들었다.[111] 소련은 1980년대 중반, 중부유럽에서의 재래식 전쟁 발발 시 NATO 공군은 바르샤바조약기구 지상군의 공세를 저지할 수 있는 가장 큰 위협이라고 결론지었다.[112] 따라서 소련은 NATO의 제1선 지상군뿐 아니라 NATO 공군을 타격할 전구 또는 전략 항공 작전을 개발했다. 소련은 개전 이후 불과 수 분 만에 전술 탄도미사일을 사용해 NATO 공군기지를 공격한다는 계획을 세웠다. 바르샤바조약기구의 공격기가 출격할 때까지만이라도 NATO 항공기가 날지 못하게 하려는 것이었다. 또한 화학무기 공격 및 특수부대 기습 공격으로 탄도미사일 공격을 지원, 대부분의 NATO 항공기들을 지상에서 파괴할 계획이었다. 물론 NATO도 지대공 미사일포대를 배치해 놓고 있지만, 전쟁의 혼란 속에서 NATO 공군기에 오인사격을 가할 우려가 있다. NATO 지휘관들은 소련의 초기 항공작전이 성공할 경우 바르샤바조약군 공세를 막을 능력은 사라져버린다고 여겼다. 이를 감안하면 낙관주의자들이 유럽 군사력 균형에서 항공력을 경시하고 있다는 코언의 비판은 지극히 타당한 것이다.[113]

전구 ADE 비율로 돌아와서, 양군의 전쟁 목표를 달성하기 위해 어떤 종류의 전력비 우위가 필요한지를 놓고 논쟁이 벌어졌다. 엡스타인과 포센은 NATO와 바르샤바조약군 간 동적 상호작용 재현을 위해 설계된 모델에 크게 의존하고 있었던 데 반해, 미어샤이머는 모델을 사용하지 않고, 대신 ADE로 특정된 전력 비율에 주안점을 두었다. 그는 "어떤 비율이 공격자의 결정적 우위를 나타내는지 정확히 말하기는 어렵지만… 중부유럽의 면적과 지형을 갖춘 전구라면 공격자 대 방어자의 전반적 ADE 균형이 2:1 이상으로 벌어질 경우 방어자는 큰 문제를 겪게 될 것이다"라고 결론지었다. 이어서 미어샤이머는 다음과 같은 경험칙을 주장했다. "전구 규모 전력 균형이 3:1 이상으로 벌어질 경우, 방어자가 신속히 패배할 확률은 매우 높다. 공격자는 다양한 돌파 구역으로 병력을 쉽게 집결시켜, 방어군이 아무리 잘 싸우더라도 쉽게 유린할 수 있기 때문이다."[114] 그러나 마셜도 알다시피, 군사 분석가 트레버 뒤피는 역사 속 571건의 지상전 데이터를 분석한 결과, 공격자와 방어자의 전력비가 3:1 이상 나더라도 어느 편이 확실히 이긴다는 보증은 안 된다는 것을 발견했다.[115]

미어샤이머의 동료인 조슈아 엡스타인과 배리 포센 역시 3:1 원칙을 버렸다. 또한 미어샤이머와는 달리, 방법론의 일부로 모델을 사용했다. 엡스타인은 이렇게 설명했다. "전구 수준 총괄평가를 위해 재래식 전력 균형을 가장 잘 평가하는 방법은 *동적 분석*이다. 철저한 동적 분석에서는 양군의 상호 소모, 보충 부대의 전투 유입 흐름, 시간의 흐름에 따른 전선의 움직임을 재현하기 위해 전쟁의 분명한 수학적 모델(형식적 이상화)이 사용된다."[116]

마셜과 마찬가지로 엡스타인도 국방부의 동적평가 모델을 비판했다. 그가 관찰한 바에 따르면, 영국의 박학한 공학자인 프레더릭 윌리엄 란체스터의 상호소모 공식이야말로 미 국방부와 그 하청업체, 주요 독립 분석가가 사용하는 모든 동적 모델의 핵심이었다.[117] 이른바 N제곱 법칙이라고도 불리는 상호소모 공식은, 란체스터가 제1차 세계대전 당시 주력함선 사이의 포격전에서 도출해 낸 것이다. 그리고 그 전제는, 전투의 결과는 시간 경과에 따른 사상자 발생률에 달려 있다는 것이다.[118] 그러나 전투의 승패를 결정하는 중요한 요인은 그것 말고도 여럿 있다는 것이 입증되었다. "사상자가 미미한 수준으로 났건, 감당할 수 없는 수준으로 났건 상관없이, 전투를 포기하고 패배한 사례는 얼마든지 있다."[119] 전력비와 마찬가지로, 역사 속 전투 결과 역시 사상자 발생률이 전투 결과를 좌우한다는 주장을 지지하지 않았다. 엡스타인은 여러 근거를 들어가며 이런 방식의 모델링이 불합리하다고 주장한 다음, 란체스터 이론의 단점을 보완하기 위한 적응형 동적 모델을 개발했다.

그러나 이 적응형 동적 모델도 나름의 문제점이 있었다. 성 앤드루 학당 출신 제임스 로시와 배리 와츠는 1990년 「전략연구저널(Journal of Strategic Studies)」에 기고한 기사에서 그 문제점을 지적했다. 그들의 결론에 따르면, 엡스타인의 모델은 두 가지 전제를 가지고 있었다. 첫 번째 전제는, 전투 결과는 투입 자원량의 변화에 직접 비례한다는 것이다. 즉, 전쟁에서 투입 자원량과 결과는 선형 관계에 있다는 것이다. 두 번째 전제는 전투 및 전역의 전반적인 역학 관계는 다양한 구성 요소의 역학 관계의 총합이라는 것이다. 즉, 전쟁에는 돌발 현상이 설 자리가 없다는 것이다. 로시와 와츠는 "엡스타인의 적응형 동적 모델 이면의 공식을 들여다보면, 그의 '재래식 전쟁 계산법'에 이 두 전제가 깔려 있음을 누구라도 알 수 있다"고 말했다.[120] 이들은 현실의 전쟁은 근본적으로 엄청난 비선형적 행위라고 주장했다.* 이 주장을 뒷받침하기 위해, 이들은 마셜이 강조하던 역사와 데이터를 가져왔다. 1943~1945년 대독 전략 폭격과, 1942년 4월 지미 둘리틀 중령이 이끈 B-25 폭격기들의 일본 본토 폭격에서 드러난 자원 투입량 결과 간의 불일치를 검토한 것이다. 후자의 경우 일본 본토에 입힌 타격은 미약했다. 그러나 신국(神國) 일본 본토가 공격을 받았다는 자체에 놀란 일본의 전략적 결정은 결국 1942년 6월 미드웨이 전투의 패전을 낳고 말았다는 점을 주목해야 한다. 미드웨이 전투에서 미국 항공모함은 1척이 격침된 반면, 일본 해군은 4척의 대형 항공모함을 잃고 말았다.[121]

엡스타인의 모델은 NATO군이 땅을 내 주고 대신 시간을 벌어 입지를 개선하려는 가상의 상황 속 역학관계를 알아내고자 했다. 그러나 이 모델은 앤드루 크레피네비치가 1977년 NATO 북부 집단군에 참모장교로 배속되어 야전 훈련에서 경험했던 바를 잡아내지 못했다.** 이 훈련이 진행되자 그는 다른 모든 NATO 지상군은 땅을 내주고 시간을 벌려고 하는데, 타국군 군단들의 방어층 사이에 마치 레이어 케이크의 한 층처럼 끼어 있던 서독군 3개 군단은 그러지 않으려고 하는 것을 목격했

---

* 전쟁이 비선형적이라는 사실은 전혀 새롭게 발견된 바가 아니다. 현대의 카오스 이론에까지 맥이 닿아 있는 것이다. 카오스 이론에서는 초기 조건의 작은 차이가 매우 큰 결과의 차이를 만들어낼 수 있다고 주장한다.

** NATO 중부 전선군은 북부 집단군(NORTHAG)과 중부 집단군(CENTAG)으로 구성되어 있다. 북부 집단군은 벨기에 · 영국 · 네덜란드 · 서독 군으로 구성되어 있으며, 덴마크에서부터 본 인근에 이르는 동서독 국경에 배치되어 있었다. 중부 집단군은 미군과 서독군으로 구성되어 있으며, 서독-체코 국경에 배치되어 있었다.

다.* 언젠가는 탈환할 수 있을 거라며 서독의 영토와 국민을 소련군에게 내주는 군사교리를 그들의 정치적 사고로는 받아들일 수 없었던 것이다. 그 결과, 훈련이 시작된 지 얼마 지나지 않아 NATO의 전선에는 여러 개의 큰 돌출부가 생겼다. 다른 모든 NATO군이 땅을 내주고 시간을 벌기 위해 전투 철수를 하는 가운데, 서독군 3개 군단만이 자국 영토와 국민을 지키겠다며 철수를 거부했기 때문에 벌어진 일이었다.

이를 목격한 크레피네비치가 예측한 전장 결정의 결과는 엡스타인이나 포센의 모델과는 전혀 비슷하지 않았다. 엡스타인 및 포센의 모델에서는 NATO 회원국들이 가장 높은 군사적 효율을 얻기 위해 합리적으로 행동할 거라고 분명히 가정했다. 즉, 관료적이고 조직적인 힘이 결과에 매우 큰 영향을 미친다는 것이다. 이는 30년 전 마셜이 동료들이 내놓은 소련 폭격기 기지 위치 예측을 검토하면서 도달한 결론이다. 로시와 와츠는 다음과 같은 점을 잘 지적해냈다. "인간이라는 요소의 개입만 놓고 따져봐도, 전투 상호작용과 과정이 언제나 선형적이라고 말할 수는 없다. 즉, 원인만큼의 결과가 언제나 나온다고 볼 수 없는 것이다. 따라서 분명한 선형적 수학공식으로는 이렇게 복잡한 상호작용을 다루기 위해 사용할 측정과 분석기법을 적절히 얻어낼 수 없으며 혼란스런 동적 체계만을 남길 뿐이다."[122] 와츠와 로시는 자신들의 생각을 요약하면서, 논의에 자신들의 조언자 마셜을 거론했다. "마셜은 정량적 측정법과 모델이 많아질수록, 어떤 분석적 문제라도 낡은 측정법과 모델을 그 적절성이나 타당성 여부를 따져보지도 않은 채 그냥 적용하는 풍조가

* 레이어 케이크라는 표현은 북에서 남으로 배치되어 있는 NATO 군단의 배치 모습에서 따온 것이다.

만연해지는 것을 우려했다."[123]

마셜은 엡스타인, 미어샤이머, 포센이 유럽 군사력 균형을 평가하기 위해 들인 공에는 박수갈채를 보냈다. 그러나 그 결과에 대해서는 냉담했다. 그는 이미 오래전인 1966년, 클라인 경제 모델에 관해 석사논문을 쓰면서, 아무리 많은 공을 들여 정밀하게 만들어진 분석 측정과 모델도 사실을 이길 수는 없다고 결론지었다. "적절하거나 유용한 군사력 측정 수단을 만드는 데 따르는 개념적 문제는 아직 드러나지 않고 있다. 적절한 수단을 정의하기는 어려워 보인다. 그리고 실제 상황을 예측하는 것은 더욱 어려워 보인다."[124] 엡스타인, 미어샤이머, 포센은 모두 마셜과 '성 앤드루 학당 동창회'가 이미 익숙했던 문제에 직면했다. 그리고 그들의 총괄평가 시도는 ONA의 냉전 균형에 비하면 미흡했다.

이 논의가 벌어진 지 1년 반이 지난 후, 동유럽에서 소련의 입지는 점차 약화되기 시작했다. 그리고 40년간에 걸친 냉전도 끝나게 되었다. 소련 공산당 서기장 미하일 고르바초프는 1988년 12월 UN 연설에서, 앞으로 2년 내에 소련군 병력 50만 명을 감축하겠다고 발표했다. 또한 동유럽 주둔 6개 전차사단을 본국으로 철수시킨 후 해체하겠다고 발표했다. 이로써 동유럽 주둔 소련군은 5만 명의 병력과 5,000대의 전차를 감축하게 되는 것이었다.[125] 1989년 11월에는 베를린장벽이 철거되었다. 그리고 1991년 12월 소련은 붕괴하고야말았다. 이러한 엄청난 국제적 상황 변화는 소련에 맞선 경쟁전략을 추구할 이유를 없앴다. 그리고 미국을 세계 유일의 초강대국 자리에 올려놓았다.

소련은 정치·경제적으로 붕괴되어 15개 독립 국가로 분열되었다. 이로써 소련과 경쟁해 오던 미국도 잠시 쉴 틈이 생겼다. 그러나 이는 결코 미국의 경쟁의 끝이 아니었다. 냉전이 종식된 지 몇 년 되지 않아 새로운 안보 문제들이 대두되었다. 그리고 마셜은 수년 전에 그러한 상황을 미리 예견하고 있었다.

어떤 일이 벌어진 후에야 "나는 이렇게 될 줄 알고 있었다"는 식으로 말하는 일부 사람들이 있다. 그러나 마셜은 결코 그렇게 "나는 소련이 1991년에 붕괴할 줄 알고 있었다"고 말할 만큼 자기중심적인 사람이 아니었다. 분명 그는 소련 경제가 파국으로 치닫고 있음을 수년 전부터 감지하고 있었다. 그러나 그는 소련이 언제 어떻게 붕괴할지 예언한 적은 없다. 1991년 걸프전쟁이 일어난 바로 그해, 소련이 신속하고 철저하게 붕괴하자 마셜도 놀랐다.

분명 소련의 붕괴에는 여러 원인이 있었다. 소련 엘리트들의 장래에 대한 자신감 결여도 분명히 그중 하나다. 제임스 빌링턴이나 피터 레더웨이 등의 소련 전문가들은 그런 현상을 1980년대 초반부터 인식하기 시작했다. 1986년 체르노빌 원자력 발전소 사고가 가져온 불안감은 불에 기름을 부었을 뿐이다.[126] 또한 고르바초프는 레이건의 SDI를 포함한 미국의 정책 목표가 소련의 경제적 탈진이었음을 정확히 지적했다.[127]

레이건 대통령의 국방력 강화는 소련을 압박하기 위한 것이었으나, 소련이 스스로 자국 경제에 가한 군사비 부하가 어느 정도인지 알아야 할 필요성도 인식시켰다. 마셜은 소련의 군사비 부하를 정확하게 맞췄다. 그로써 와인버거, 이클레 등에게 소련과의 장기 경쟁의 진행 상황과 전쟁 억제력에 대해 더욱 정확하고 의미 있는 평가를 할 수 있었다.

돌이켜보면, 1980년대는 ONA가 소련 평가에 대한 이해도를 크게 증진시키고, 또한 정밀유도 무기와 광역 감시, 자동화 지휘통제 체계가 결합되어 군사 경쟁의 양상을 일변시킬 수 있음을 예측한 시대였다. 여러 관점에서 볼 때 이러한 시각은 마셜이 국방부의 관료제도와 낡고 자기고양적이기까지 한 상식에 거침없이 도전한 끝에 얻어낸 것이다. 평생토록 세계를 움직이는 진정한 원리를 알고자 했던 마셜은 이러한 지적 경향까지 갖추어, 냉전의 마지막 10년간 자신과 ONA의 가치를 크게 높여놓았다. 그의 이러한 특징은 냉전 이후 급격히 변한 안보 상황에서도 매우 중요했다.

8

군사혁신

1991~2000년

향후 20년은 전 세계적 정치 · 군사 경쟁의 상황을 일변시키는 전환기가 될 가능성이 높다.
미 · 중 및 미 · 일 관계 관리는 군사-기술 혁명 경쟁과 마찬가지로
미국 전략에서 중요한 부분이 될 것이다.
— 앤드루 마셜

냉전의 갑작스러운 종말로 마셜과 ONA는 새로운 도전을 맞았다. 소련의 붕괴로 태어난 신생 러시아는 한동안 중요하게 여기지 않아도 될 것 같았다. 이로써 미국은 상당한 크기의 군사적 우위를 누리게 되었다. 동시에 ONA의 냉전 균형을 유지해주던 내부 논리도 소련과 함께 붕괴해 버렸다. 평가해야 할 주요 군사균형이 무엇인가 하는 의문을 놓고 밤새워 고심해 봤지만, 이는 즉시 확답을 얻을 수 없는 문제였다.

그러나 힘이 줄어든 러시아 연방이 소련을 승계하기 이전부터, 마셜은 이미 향후 수십 년에 걸쳐 안보환경이 변할 수 있음을 예측하고 있었다. 1987년 9월, 그가 이클레에게 보낸 각서에서는 그가 국방부 CILTS를 돕기 위해 찰스 울프와 공동으로 작업 중인 연구에 대한 내용이 있었다. 각서의 일부를 공개해 본다. "앞으로 20년 동안 세계는 급변할 것입니다. 중국의 부상과 군사-기술 혁명으로 인한 구조적인 변화는 이 위원회 또는 다른 업무단이 다룰 수 없을 만큼 벅찰 것입니다. 그들의 시선은 여전히 소련, 미·소 경쟁, 유럽 전구에 있는 것처럼 보입니다."[1] 마셜은 향후 수십 년에 걸쳐 미국 전략은 부상하는 중국 및 군사-기술 혁명으로 인해 변화하는 전쟁 양상에 대처하는 데 초점이 맞춰져야 한다고 이클레에게 제안했다.[2] 중국의 부상과 '군사-기술 혁명(military-technical revolution, MTR)'이라는 두 가지 문제는, 그 이후로 4반세기 동안 ONA의 연구를 지배했다.

1960년대 이후 소련 군사이론가들은 과학기술 발전이 군사혁신(revolutions in military affairs, RMA)을 초래할 것이라고 공개적으로 밝혔다. 1962년에 처음 나온 V.D. 소콜로프스키 원수의 서적 『소련 군사전략(*Soviet Military Strategy*)』에서는, 무전기로 연결된 항공기·전차·야포가 새로운 작전개념인 '전격전'을 구현하여 제2차 세계대전의 지상전에 혁신을 일으켰듯이, 현대 핵무기도 1950년대와 1960년대의 RMA를 촉진시켰다고 주장했다.[3] 1970년대 소련 군사이론가들은 자율형 정찰 타격 복합체, 장거리 고정밀 종말 유도 전투 체계, 신형 정성형 전자제어 체계 등이 또 다른 군사-기술 혁명을 불러올 것으로 내다보았다. 이러한 혁신의 공통된 특징은 사용군의 전투 잠재력을 극적으로 높여준다는 것이다. 또한 소련 군사이론가들은, 새로운 전투 방식을 가장 먼저 받아들이는 군대가 결정적 우위를 차지하게 될 것이라고 주장했다.[4]

마셜은 미 국방부가 소련인들의 이러한 주장에 동의하는지 여부를 매우 중요하게 여겼다. 그는 3가지 문제에 대해 깊이 생각했다. 첫 번째 문제는 미군도 향후 수십 년 이내에 전쟁 행위의 성격이 급변한다는 결론을 얻는다면, 그런 새로운 전쟁에서 경쟁력을 갖추기 위한 강도 높은 개혁이 필요하다는 점이다. 두 번째 문제는 설령 미 국방부가 새로운 MTR이 진행되고 있다는 소련의 주장에 동의하지 않더라도, 소련이 그렇게 생각하는 한 미국의 정책결정자도 소련의 위협이나 도발을 억제해야 할 때라면, 소련의 생각에 동의할 수밖에 없을 거라는 점이다. 세 번째 문제는 미래전에 대한 미국과 소련의 시각이 근본적으로 다르다면 상황이 나빠져도 미국이 국익을 보전하고, 소련이 군사 경쟁에서 큰 우위에 서지 못하게 하는 방법을 찾는 게 중요하다는 점이다.

마셜은 소련이 뭔가 믿는 구석이 있다고 생각했다. CILTS를 위해 진행한 미래 안보환경 연구에서 그와 찰스 울프를 비롯한 업무단은 신기술 출현이 전쟁에 혁신을 불러온다는 소련의 평가는 정확하다는 결론을 내렸다.[5] 마셜은 이를 염두에 두고, 많지 않은 연구예산을 쪼개어 전쟁의 혁신적 변화기에 나타난 군사혁신에 관한 역사 평가를 하려 했다. 그는 오하이오대학의 주요 군사 사학자인 윌리엄슨 머리와 앨런 밀릿에게 연구 용역을 주었다. 이들은 두 차례 세계대전, 그리고 큰 군사혁신이 이루어진 전간기(戰間期)의 군사 효율성에 대해 연구했다.[6] 지상전에서의 혁신을 선도한 것은 독일군이었다. 독일군은 기계화·항공·무선통신 기술의 발달을 이용해 '전격전'이라는 새로운 형태의 전쟁을 개발했다.

해전에서는 해군 항공의 발전으로 인해 제2차 세계대전 중 전함은 퇴조하고 항공모함이 강대국의 새로운 주력함으로 부상했다. 지상 발진 항공력 역시 1918~1939년 사이의 전간기에 크게 발전, 전략폭격이라는 완전히 새로운 임무를 만들어냈다. 영국은 적의 전략폭격에 맞서 전시 경제를 지키기 위해 현대식 센서와 통신 장비를 사용하는 통합형 방공망을 전개, 사상 최초의 현대적인 전투 네트워크를 건설했다. 그리고 나중에는 독일도 같은 것을 만들었다. 마셜은 이 연구에서 어떤 나라 군대는 전쟁의 큰 변화를 잘 이용하는데, 어떤 나라 군대는 그렇지 못하고 심하게 뒤처지는 이유를 알고자 했다.

비슷한 시기 그는 스티븐 로즌에게 군사혁신 문제를 연구할 것을 권했다. 로즌은 『미래전에서의 승리(Winning the Next War)』라는 책으로 상을 받았다.[7] 이 책에는 군사 제도의 혁신을 유발 또는 지연시키는 요인들에 대한 중요한 시각이 담겨 있었다. 마셜은 제임스 로시와 배리 와츠에게 역사 속 전투 및 전쟁 속에서 심사숙고 끝에 선택된 효율성 측정 방식(MOE)에 관련된 문제를 탐구하고, 그 결과를 판단해 볼 것을 제안했다. 마셜은 적절한 MOE를 찾는 것은 최상의 조건하에서도 어려우며, 전쟁 성격이 급변하고 경쟁이 심한 환경 속에서는 더더욱 어렵다는 것을 알고 있었다. 훗날 마셜이 앤드루 크레피네비치에게 MTR 평가를 맡긴 후, 로즌·로시·와츠의 연구는 크레피네비치의 평가에 필요한 중요한 시각의 원천이 되었다.

마셜은 ONA의 냉전 균형을 솜씨 좋게 감독했던 것과 마찬가지로, '성 앤드루 학당 졸업생'들에게 MTR 관련 연구주제를 제안하여 연구하도록 했다. 그러나 그는 이들에게 생각할 대상이나 얻어내야 할 결론을 대놓고 말하지는 않았다. 2000년대 초반 ONA에서 마셜의 오른팔이 된 '성 앤드루 학당 졸업생'인 앤드루 메이는 그 점을 이렇게 표현했다. "제가 기억하기로는 마셜은 제게 뭘 써야 할지, 뭘 생각해야 할지 말한

적이 한 번도 없습니다. 그는 내가 쓴 것 중에서 뭐가 잘못되었다고 말한 적도 없습니다. 그는 지극히 간접적인 방식으로 지도했을 뿐입니다."[8] 에런 프리드버그 역시 메이의 말에 동의했다. "훌륭한 선생님들이 그렇듯이 앤디도 결코 뭘 생각하라고 지시하지 않았습니다. 대신 자신이 생각하는 중요한 문제를 꺼내 사람들의 관심을 모으면서, 사람들이 유익한 방향으로 나아갈 때 그들을 격려했습니다."[9] 이러한 조언형 접근법은 매우 성공적이었다. 마셜의 친구 제임스 마치는 그 이유를 이렇게 분석했다. "똑똑한 사람치고 앞에 나서기 싫어하는 사람은 거의 없다. 그러나 앤디는 앞에 나서기를 싫어했다."[10]

냉전의 축소가 분명해지자, 마셜은 군사-기술 혁명이 진행 중이라는 소련의 관점을 미 국방부가 수용해야 하는지를 ONA가 평가해야 한다고 생각했다. 그는 크레피네비치에게, 이 평가는 기존의 냉전 평가와는 매우 다른 방식으로 진행되어야 한다고 말했다. 육군 장교였던 크레피네비치는 1986년부터 국방장관 참모로 재직하다가, 1989년 10월 ONA에 부임했다. 육사를 졸업한 크레피네비치는 하버드대학에서 위탁 교육을 받아 석사학위를 취득한 다음, 육사 교관으로 근무했다. 당시 그는 사회과학과에서 근무했는데, 이곳에는 훗날 마셜 휘하에서 일하게 되는 제프리 맥키트릭도 있었다.

크레피네비치가 1986년 와인버거 장관 참모로 영입된 데에는 그레이엄 앨리슨의 요청도 있었다. 당시 앨리슨은 하버드대학의 케네디행정대학 학장을 지내고 있었으며, 와인버거의 시간제 전략 자문으로 일하고 있었다. 앨리슨이 크레피네비치를 알게 된 것은 크레피네비치가 하버드대학에서 위탁 교육을 받을 때였다. 앨리슨은 크레피네비치가 국방장관을 도와 국방부 연례 의회 보고서를 작성할 수 있는 인물이라고 생각했다. 크레피네비치는 이후 와인버거의 또 다른 주요 연례 문건인 「소련 군사력(Soviet Military Power)」의 집필 책임을 맡게 된다. 이 문건은 소련의 군사력 증강을 요약하고 있었다. 와인버거가 크레피네비치에게 「소련 군사력」의 과년호에 대한 의견을 묻자, 그는 이 문건은 소련 측에 대해서만 주안점을 두고 있으며, 소련에 대한 미국의 상대적 입지 및 바르샤바조약기구에 대한 NATO의 상대적 입지를 독자에게 알려주지 못하고 있다고 지적했다. 분별력 있는 독자라도 이 문건만 가지고서는 미국과 그 동맹국들의 입지 개선 여부를 알 수 없다는 것이다.

크레피네비치는 「소련 군사력」에 총괄평가가 필요하다고 말했으며, 와인버거도 그에 동의, 크레피네비치를 ONA에 배속시켰다. ONA에는 맥키트릭이 마셜의 NATO-바르샤바조약기구 군사력 균형 관련 수석 분석관으로 일하고 있었다. 맥키트릭이 의회 의원들에게 한 유럽 군사력 평가 브리핑은 당시 상원의원이던 대니얼 퀘일의 주목을 받았다. 퀘일이 부통령이 되자, 그는 맥키트릭에게 자신의 개인 참모가 되라고 권했다. 그래서 맥키트릭이 갑자기 ONA를 떠나자 그의 후임자로 크레피네비치가 임명된 것이었다.

크레피네비치가 최신 「소련 군사력」의 집필을 마치고 ONA로 옮겨가기도 전에, 마셜은 1970년대 이래 소련에 주안점을 두고 총괄평가를 해 왔던 ONA가, 이전과는 다른 미래를 준비해야 한다는 것을 통감하고 있었다. 1989년 9월, 새 군사 조수로 크레피네비치를 맞아들인 그는 중부유럽의 군사력 균형에 대한 기존 평가는 크레피네비치의 일이 아님을 강조했다. NATO-바르샤바조약기구 간 군사력 균형에 대한 새로운 평가에는 새로운 구조가 필요했다. 그리고 그 새로운 구조는 장기적 추세를 더욱 중시하는 것이어야 했다. 마셜은 소련이 군사-기술 혁명을 논의하고 있다며, 앞으로 10~15년 이후를 내다보고, 이 변화의 시대를 정확히 읽어낼 것을 크레피네비치에게 당부했다.[12]

그 후로 몇 달간 크레피네비치는 군사혁신을 연구하는 한편으로, 마셜을 만족시킬 유럽 중부전선의 군사력 균형 평가의 개략적 구조를 고안했다. 운이 따라주었는지 마침 걸프전쟁이 일어나면서, 그는 미래의 군사혁신에 대한 상당한 데이터와 시각을 얻게 되었다. 1990년 8월 2일, 이라크의 독재자 사담 후세인은 이라크군에게 쿠웨이트 전면 침공을 명령했다. 이란과의 가혹한 8년 전쟁을 마친 지 불과 2년이 경과한 시점이었다. 이란 이라크전쟁으로 인해 이라크는 거액의 채무를 졌다. 쿠웨이트와 사우디아라비아가 주 채권국이었다. 사담은 두 나라에 채무 탕감을 요청했으나 받아들여지지 않았다. 이렇게 돈 많이 든 전쟁을 벌였는데도 채무와 갈수록 늘어나는 내정 불안 말고는 얻은 것이 별로 없자, 사담은 석유수출국기구(OPEC)를 위한 쿠웨이트의 석유 초과 생산을 비난하기 시작했다. 이것이야말로 또 다른 형태의 경제 전쟁이라는 것이었다. 1990년 봄과 여름에 걸쳐 긴장이 높아졌다. 사담 후세인이 원하던 만큼의 양보를 쿠웨이트에서 받아내지 못하자, 그는 이라크군에 침공 명령을 내렸다. 불과 이틀 만에 쿠웨이트군의 저항은 종식되었고, 쿠웨이트 전토는 이라크군에게 점령되었다.

전 세계는 신속히 이라크의 침공을 규탄했다. 사담의 오랜 후원자였던 소련마저도 이라크군의 쿠웨이트 철수를 요구하는 UN결의안 660호를 지지했다. 또한 당시 미국 대통령이던 부시는 외교 노력이 실패할 경우 이라크군을 무력으로 몰아내기 위해 다국적군을 조직하기 시작했다. 이라크군은 쿠웨이트 주둔 태세를 굳히고, 쿠웨이트·이라크-사우디아라비아 국경에 방어선을 건설하기 시작했으나, 다국적군 역시 국경지대에 대규모의 병력을 집결시키기 시작했다. 외교적으로 고립되고 압도적인 적군까지 마주하게 되었지만, 사담 후세인은 쿠웨이트가 이라크 영토라는 주장을 굽히지 않았다.

모든 외교적 노력이 실패로 돌아가자 1991년 1월 17일 미국 주도의 다국적군은 이라크에 맞선 사막폭풍 작전을 실시했다. 미군이 공세를 주도했다. 미 해군은 고정밀 토마호크 순항미사일로, 미공군은 정밀유도 무기(precision-guided munitions, PGM)를 탑재한 F-117A 스텔스 전투기로 이라크 방공망과 지휘통제 체계를 무력화했다. 이 전쟁은 대규모 적군을 상대로 스텔스 항공기가 대규모로 사용된 최초의 사례이자,[13] 전역 작전 및 전략 목표에 PGM이 대량으로 투발된 사례이기도 했다.[14] 불과 며칠 내에 다국적군은 이라크 상공의 제공권을 확보했다. 전쟁이 2주 차로 접어들자 이라크 항공기들은 전투를 포기하고 이란으로 피난가기 시작했다. 그 후로 6주에 걸쳐 이라크 영공에서 항공 전역이 계속되었으며, 2월 24일에는 다국적 지상군의 공세가 시작되었다. 이 합동작전으로 현대전 사상 가장 일방적인 전투가 벌어졌다. 다국적군이 쿠웨이트 영토에서 이라크군을 매우 신속히 몰아낸 이 지상전은 '100시간 전쟁'이라는 별칭을 얻었다. 2월 28일 부시 대통령은 전쟁 종결과 쿠웨이트 해방을 선포했다.

마셜을 포함해 많은 이들에게 걸프전쟁은 미국이 1980년대에 개발한 스텔스 항공기, PGM · 첨단 센서 · GPS 위성망의 사용을 통해 군사적 효율성을 크게 증진시킬 수 있음을 확증한 사건이었다. 걸프전쟁 이후, 소련 붕괴를 앞두고도 연구 중이던 소련 군사이론가들은 걸프전쟁이야말로 지휘통제 · 정찰 · 전자전 · 재래식 화력 투사의 완전한 통합이 처음으로 이루어진 사례이며,[15] 미군은 사상 최초로 정찰 타격 복합체를 전개한 군대라는 결론을 내렸다. 이는 엄밀한 의미에서 사실이 아니었다. 해당 구성 요소들이 전구에 있었기는 했지만 포괄적 전투 네트워크로 통합되지는 않았던 것이다.[16] 그러나 군사-기술의 발전이 미래전의 수행 방식을 근본적으로 바꿔놓을 거라는 증거는 갈수록 확실해지고 있었다.

사막폭풍 작전에서 나타난 미군의 성과는, 미군 고급 지휘관들이 베트남전쟁 이후 가지고 있던 변화에 대한 상식을 굳건히 해주었다. 걸프전쟁의 성공을 본 이들은 기존의 군사교리와 작전개념 · 조직 · 군사 체계를 굳이 바꾸려고 하지 않았다. 안 그래도 군대에는 이런 격언이 있다. "고장나지 않은 물건을 왜 고치려 하는가?"

그러나 더 먼 미래를 내다보고 있던 마셜의 반응은 달랐다. 그는 국방부 지도층이 "전쟁에 대한 현재의 접근 방식의 효용이 저하되고, 변화에 따른 이득이 확실히 나타나지 않는 한" 미군에 꼭 필요한 변화마저 이루어지지 않을 수 있다는 점을 염려했다.[17] 크레피네비치의 MTR 평가 진행에도 불구하고, 마셜은 향후 15~25년을 내다보는 정찰 타격 작전 경쟁 예측이 과연 타당한지 우려했다. ONA의 냉전 평가는 보통 5~8년 후의 미래만 내다봤기 때문이다. 그래서 마셜은 크레피네비치의 평가 구성 방법에 대해 압력을 넣기 시작했다.

마셜은 또한 ONA 외부의 의견과 조언에도 귀를 기울였다. 과거 ONA의 냉전 평가 때는 하지 않던 일이었다. 1991년 8월 그는 MTR 평가를 위한 최적의 접근법을 알기 위해 외부 전문가 회의를 주최했다. 엘리엇 코언·배리 와츠·칩 피킷·프랭크 켄들(OSD 전술전 프로그램 부장),[18] 공군 체크메이트 참모부장 존 워든 공군 대령(사막폭풍 작전 항공 전역 기획에 중요한 역할 담당) 등이 출석했다.[19]

마셜은 회의를 시작하며, 미국 장기경쟁 입지 평가의 잠재적 중요성을 강조했다. 미군이 MTR을 올바로 받아들인다면, 마치 전격전을 개발한 독일이 1940년 프랑스와 영국에 대해 우위를 얻은 것처럼 미래전에서 적에 대해 우위를 얻을 것이라고 그는 말했다. 그는 또한 미국은 정밀타격 시대의 초창기에 있다고 지적했다. 마셜은 전격전의 개발 단계로 비교하자면, 사막폭풍 작전에서 나타난 미군의 정밀타격 능력은 1920년대 초반의 전격전 수준과도 같다고 보았다. 크레피네비치는 아예 1917년 11월, 영국군이 최초로 전차를 대규모로 운용한 캉브레 전투 수준으로 보기도 했다. 또한 정밀타격 시대가 각 군의 '밥그릇'을 현저하게 위협할 가능성에 대한 논의도 이루어졌다. '밥그릇'이란 군대가 선호하는 계획과 전력을 지칭하는 미 국방부식 속어였다. 이들은 또한 MTR 방식은 국가마다 차이가 있으며, 따라서 크레피네비치의 평가는 미국과 경쟁하는 다양한 국가들의 사정을 반영해야 한다는 데에도 의견을 모았다. 마지막으로 마셜은 다른 평가 때와 마찬가지로, 이번 평가 역시 군대가 해야 할 일을 가르쳐 주는 게 아님을 모두에게 상기시켰다. 이번 평가는 어디까지나 진단적인 것이었다.[20]

그로부터 얼마 후, 마셜은 평가의 전반적 구조를 승인했다. 이 평가를 통해, 군대가 첨단기술을 통해 얻은 새로운 능력을 전개할 수 있을 때 비로소 MTR을 일으키는 절차가 시작됨을 주장할 것이었다. 그러나 진정한 MTR과 함께 따라오는 군사적 효율성의 비약적인 증진은 보통 새로운 능력뿐 아니라 새로운 작전개념(새로운 능력을 사용하는 방법)의 개발 및 새로운 조직 형태를 요구한다. 마셜은 이러한 형식이 통할 거라고 보았다. 그리고 크레피네비치에게 그해 연말까지 상세한 원고를 확보하는 것을 목표로 전반적 구조를 다듬을 것을 지시했다. 그는 1992년 하반기를 평가 완료 목표일로 설정했다.[21]

1991년 하반기가 되면 마셜의 MTR 평가에 대한 소문이 국방부 내에 퍼지게 되었다. 또한 마셜이 분석을 도울 다양한 군 장교와 민간 국방전문가를 찾는다는 말도 퍼지게 되었다. 마셜은 기존의 상식에 도전하는 것으로 유명한 인물이었고, 또한 국방장관에게 직보하는 인물이었다. 때문에 그는 얼마 안 있어 조언을 하겠다는 고급관료 다수의 방문을 받게 되었다. 그중에는 빅 라이스도 있었다. 그는 국방부 국방연구공학실(defense research and engineering, DDR&E)의 실장이었다. 라이스는 첨단기술 연구 분야와 공직 분야에 넓은 경험을 갖추고 있었다. 그는 프린스턴대학에서 박사학위를 받고, 유명한 MIT 링컨연구소에 재직했으며, 정부에서는 국방부 국방고등연구계획국(Defense Advanced Research Projects Agency, DARPA) 부국장을 지냈다.

라이스는 마셜과 크레피네비치를 그해 11월 중순에 만났다. 그는 정보기술의 급속한 발전을 설명했다. 마이크로프로세서의 연산능력 발전 속도에 대한 '무어의 법칙'도 거론하면서 말이다.[22] 라이스는 앞으로

10년 후에도 정보 관련 기술의 발전은 계속될 것이 거의 확실하다고 말했다. 그는 또한 전 세계적으로 인터넷 사용이 보편화되면서 사람들의 생활에 근본적인 변화를 몰고 올 것이며, 구체적인 것은 알 수 없지만 미국의 안보에도 큰 영향을 줄 것이라고 말했다. 라이스는 이러한 정보기술의 발달이야말로 군사-기술 혁명이라고 결론지었다.

마셜과 크레피네비치는 숙고 끝에, 라이스의 시각에는 동의할 수 없다고 결론지었다. 물론 정보기술은 그 자체만으로도 매우 중요하다는 점은 인정했다. 그러나 MTR은 여러 나라가 기술 발전을 이용하여 군사 경쟁에서 우위를 차지하는 방법에 관한 것이기도 하다. 이들은 미군이 정밀타격 시대에 제왕이 되기 위해서는 더 높은 수준의 기술적 발전과 하드웨어에 대한 적용이 필요하다는 시각으로 돌아갔다. 이들은 또한 새로운 방식의 전투를 가능하게 하는 새로운 작전개념과 군 조직 변화 또한 탐구해야 했다.

마셜과 크레피네비치가 출석한 MTR에 대한 DARPA 아이디어 회의에서도 이에 관한 시각이 나왔다. 장거리 정찰 능력의 비약적인 향상 가능성은, 정밀유도 무기의 사거리를 늘리며, 심지어는 이동 표적에 대한 명중률도 크게 높일 것이라는 얘기였다. 그 결과 새로운 형태의 전쟁은 숨는 자와 찾는 자 사이의 경쟁이 될 것이다. 경쟁 관계의 정찰 타격 복합체 간의 전쟁은 개별 체계뿐 아니라, 이 체계들을 연결해주는 네트워크, 즉 시스템 복합 시스템(system of system)으로도 싸우는 것이다.[23] 이러한 환경에서는 적에게 노출되어 표적이 되는 것이 매우 위험한 일이다. 특히 고정식 전력 요소라면 더욱 그렇다.

DARPA 세션 이후 마셜은 MTR에 대한 관점을 이야기할 고급 전문가단을 구성할 필요를 느끼게 되었다. 그는 퇴역 장군 에드워드 샤이 마이어, 퇴역 장군 폴 고먼, 퇴역 장군 돈 스태리, 윌리엄 오언스 제독, 존 워든 대령 등의 군사 지도자들에게 초청장을 보냈다. '성 앤드루 학당 졸업생'인 그레이엄 앨리슨, 엘리엇 코언, 칩 피킷, 제임스 로시, 스티븐 로즌 등도 영입했다. 그 외에 알 번스타인, 조니 포스터, 프랭크 켄들 등의 주요 민간인 국방전문가들도 영입했다.

고먼, 마이어, 스태리는 베트남전쟁기와 그 이후 허수아비 군대의 시절에서도 육군에서 가장 유능한 장군으로 인정받았다. 베트남전쟁 이후 고먼은 육군 국가훈련센터를 만들어 훈련의 혁신을 불러왔다. 마이어는 육군 역사상 최연소이자 최고의 참모총장이 되었다. 스태리는 1991년 걸프전에서 그 유용성이 입증된 공지전 교리에 맞는 육군을 만들어내었다. 이들 육군 장군들과 마찬가지로, 윌리엄 오언스 역시 해군 최고의 제독 중 하나로 인정받았다. 오언스는 1991년 걸프전쟁 기간 지중해에서 해군 제6함대를 지휘했고, 합동참모본부 부의장을 지냈다. 알 번스타인은 해군 전쟁대학의 전략학과장을 지내면서 이 대학을 미군에서 가장 인정받는 고등교육기관으로 탈바꿈시켰다. 참석자 중에 눈에 띄는 사람으로는 조니 포스터도 있었다. 그는 로런스 리버모어 국립연구소, 국방부 DDR&E, 국방과학위원회의장 등 여러 요직을 거치면서 국방과학계의 전설이 되었다.

결국 이 모임은 MTR 평가가 필요하며 ONA가 이를 우선적으로 진행해야 한다는 마셜의 의견을 지지하게 되었다. 정밀타격 기술이 발전할수록, 적에 대한 정보 우위 확보의 중요성 역시 커진다는 것은 갈수록 분명해졌다. 정보 우위를 하려면 전구 전체의 표적을 식별할 수 있는 체계 구조를 배치하여 정보를 원하는 모든 사람, 특히 무기를 발사하는 사람에게 신속·정확히 전달해야 한다. 이동 표적에 대한 감지에서부터 교전에 걸리는 시간은 크게 단축되어야 한다. 마지막으로 적이 이러한 능력을 갖지 못하게 하지 않으면 정보 우위를 달성할 수 없다.

마셜은 군과 민간의 고위 관료들을 만나는 것 외에도, 평가를 진행하기 위해 전쟁게임을 사용했다. 전쟁게임을 통해 NATO와 바르샤바조약기구 간의 전쟁 방식을 탐구한다는 발상은 미군이 1991년 걸프전쟁 때보다 더욱 성숙된 정찰 타격 능력을 보유할 거라는 가정에도 영향을 받았다. 사막폭풍 작전이 시작되기도 전에 마셜은 크레피네비치에게 P-186을 이 방향에 맞게 개편할 것을 지시했다. BDM에서는 중부유럽 전선의 상세한 시뮬레이션을 개발했다. 따라서 크레피네비치는 그들에게 고르바초프 대통령이 발표한 소련 지상군 철수 계획 및 걸프전쟁에서 등장한 원시적인 미국 정찰 타격 복합체의 개량판을 적용할 것을 지시했다.[24]

크레피네비치의 기본 시나리오에서는 소련이 동유럽에 배치했던 병력을 본토로 철수시키고, NATO군은 독일 통일 조약에 따라 옛 동독 영토에는 병력을 주둔시키지 않는다는 전제를 적용했다.[25] 이로써 NATO와 바르샤바조약기구 사이에는 큰 무인지대가 생긴다. 이런 설정을 한 것은 적과 수백 킬로미터나 떨어진 상태에서 전쟁이 벌어졌을 때 벌어지는 숨바꼭질 경쟁 평가를 구현함으로써, 전쟁에서 정보가 갖는 가치를 부각시키기 위해서다.

다른 전쟁게임과 마찬가지로, 이 전쟁게임의 결과도 절대적인 것으로 볼 수는 없었다. 어디까지나 참고용이었다. 마셜과 크레피네비치는 일방 또는 양측이 정찰 타격 복합체를 보유한 상태의 미래 유럽 전쟁의 결과를 예측하고자 하는 의도는 없었다. 대신 이들은 새로운 상황에 대한 시각을 얻고자 했다. 그리고 그들의 필요는 충족되었다.

나토는 전투 네트워크에 연결된 장거리 정밀타격 무기 면에서 바르샤바조약기구보다 명백한 우세에 있었다. 때문에 바르샤바조약기구가 ADE 면에서 오랫동안 누려 왔던 WUV 우위나, NATO에 비해 더 많은 전술용 항공기도 냉전 시대의 전쟁게임과는 달리 승리를 장담해주지 못했다. 양군의 배치 변화도 그 원인 중 하나였다. 과거의 소련군은 중부전선 전체에 빠짐없이 병력(전차·병력 수송 장갑차·자주포 등)을 배치했지만, 이번 전쟁게임의 소련군은 소련 서부로 모두 후퇴한 상태라, NATO군과 근접 전투를 벌이려면 수백 킬로미터를 달려와야 했다. 그리고 이 거리를 움직이는 동안에는 미군의 장거리 정밀타격 무기의 반복적인 공격을 당하게 된다. 이동하던 소련군의 수는 이 공격으로 크게 줄어들어, NATO군과 근접전이 가능한 병력은 극소수만이 남게 되었다. 미군의 종심 정찰 및 정밀타격 능력은 이 게임의 결과를 크게 좌우했다.

WEI/WUV 및 기타 냉전식 측정 방식은 이 BDM 시뮬레이션의 결과를 제대로 설명할 수 없었다. 따라서 정밀타격에는 새로운 효율성 척도가 필요하다는 것이 명백해졌다. 냉전 중 중부유럽의 주요 전투 잠재력 측정 수단은 기갑사단 상당 부대(armored division equivalents, ADE), 전술 전투비행단 상당 부대(tactical fighter wing equivalents, TFWE) 등이었다. BDM 시뮬레이션에서 ADE와 TFWE로는 한쪽은 정찰 타격 복합체의 파괴적 잠재력이 있는데 반대쪽은 없다는 사실을 반영할 수 없었다. 그리고 양측이 모두 이런 능력을 가지고 있고, 정보 우위력을 얻고 있다면 더욱 새로운 측정 방식이 절실해진다. BDM 시뮬레이션의 결과는 일부 주요 군사 프로그램에 낮은 우선순위를 부여해야 한다는 것을 나타내며, 군을 지배하는 문화 또한 바뀌어야 한다는 것도 나타냈다. 프랭크 켄들은 이를 실시했을 때 군에서 MTR에 대해 나타낼 저항은 엄청날 것임을 지적했다. 따라서 ONA의 MTR 평가가 종료되기도 전에, 새로운 전투 방식을 배우기 위해 필요한 변화에 대한 군의 반발은 극심할 것으로 예상되었다.

개혁에 대한 군의 반발을 예측한 마셜은 미군과 같은 큰 조직을 개혁하는 데 따르는 문제점을 생각해 보기 시작했다. 스티븐 로즌은 1988년에 이런 의문을 던졌다. "군 조직이 작전 방식의 대규모 혁신을 하는 시기와 이유는 무엇인가?"[26] 미래전을 대비해 전투 방식은 곧 바뀌어야 하지만, 사막폭풍 작전을 경험한 미군은 그런 개혁의 필요성을 크게 느끼고 있지 않았다. 이를 알아챈 마셜은 '성 앤드루 학당 졸업생'들과 다른 학자들에게, 로즌의 의문에 답하기 위해 역사 속 성공적인 군사혁신 사례들을 연구해줄 것을 요청했다.

로즌의 초기 연구에서는 군대가 꼭 전쟁에 지지 않더라도 개혁을 받아들일 수 있다는 결론이 나왔다.[27] 따라서 그는 1991년작 『미래전에서의 승리』에서, 군사혁신의 성공 또는 실패 사례 총 21개를 탐구했다. 이 중 10개는 특히 상세히 조사했으며, 그중 6개는 평시에 진행된 것이었다.[28] 마셜이 가장 흥미롭게 본 사례는 1918년부터 1941년의 전간기에 미 해군 항모 항공대의 발전이었다.

이 사례 연구의 중심 의문은 이것이었다. 이 기간에 미 해군은 항모 항공대 발전에 성공했는데, 미군보다 더 먼저 항공모함을 보유하고 이미 제1차 세계대전 때부터 항모 항공대를 운용한 영국 해군은 왜 제2차 세계대전 개전 시점에 미국은 물론 일본보다도 더 낙후된 항모 항공대를 갖고 있었는가? 로즌의 답은 "평시의 군사혁신은 존경받는 고위 군사지도자들이 혁신을 위한 전략을 짜고, 필요한 지적, 조직적 구성 요소가 준비되었을 때 일어난다"였다.[29] 좀 더 구체적으로 말하자면, "평시의 군사혁신은 전통에 충실한 고위 장교들, 즉 군대의 지배적 문화를 따르는 이들이 안보환경의 구조적 변화에 대응하면서, 새로운 전쟁 방식을 창안하는 하급 장교들에게 진급 기회를 열어 줄 때 가능하다"는 것이다.[30] 그는 또한 "혁신에는 인재와 시간·정보가 돈보다도 더 중요하다"고 주장했다.[31] 인재·시간·정보는 군에서 찾을 수 있다. 그는 "민간 정치 지도자들이 새로운 군사적 능력 개발에 중요한 역할을 차지할 걸로는 보지 않는다"고 주장했다.[32]

로즌의 결론은 분명했다. 미국이 정찰 타격 능력을 다듬고 새로운 형태의 전쟁에 군대를 적응시키려면 자원의 우위에만 기대서는 안 된다는 것이다. 군대는 군사혁신의 동력원이기 때문에, 전쟁의 성격이 크게 변할 가능성뿐 아니라 확률도 매우 높다는 사실을 그들에게 납득시키는 것은 중요하다. 그리고 군사혁신의 진행을 측정할 방법도 개발되어야 한다. 즉, 새로운 효율성 측정 방식을 개발하여, 미래전 능력에 대한 타당한 결정을 내리는 각 군에 적용시켜야 한다. 슐레진저가 1960년대 후반에, 로시와 와츠가 1991년에 주장했듯이 적절한 분석 측정법을 찾기란 쉽지 않다. 특히 고차원적이고 전략적인 문제에 대해서는 더욱 그렇다. 이 문제는 1990년대 초반의 마셜에게는 새롭지 않았다. 1950년대부터 알고 있었기 때문이다. 그러나 로즌의 혁신 연구, 로시와 와츠의 MOE 연구는 1991년 걸프전쟁의 승리에 도취된 미군에게 MTR을 수용하기가 어렵다는 것을 드러냈다.

1992년 7월 크레피네비치는 MTR 평가의 첫 버전을 완성했다. 이후 2000년까지 그의 보고서는 냉전 이후 미국과 해외의 국방 관련 논쟁에서 중요성을 더해갔다. 이 평가를 위해 마셜은 유익한 조언을 해주었으며, 또한 '성 앤드루 학당 졸업생'을 비롯, ONA의 많은 사람들이 도움을 주었다. 그러나 그중에서도 가장 도움이 된 것은 "가까운 미래에 MTR이 있을 것인가?"라는 전략적 문제에 접근하는 마셜의 지적 유연성이었다. 이 문제에 대해 그간 ONA가 냉전 기간의 주요 군사 경쟁을 평가하던 것과는 완전히 다른 방식을 사용한 것이다.

MTR 평가에서 건드린 첫 번째 문제는 'MTR은 무엇으로 이루어져 있는가'였다. 크레피네비치의 글을 인용해 본다.

> 군사-기술 혁명은 신기술의 군사 체계 적용과 혁신적인 작전개념 및 조직적 적응이 동시에 일어나 군사작전의 성격과 수행 방식을 근본적으로 바꿀 때 일어난다. 따라서 이러한 혁신의 특징은 다음과 같다.
>
> 기술적 변화
>
> 군사 체계 진화
>
> 작전 혁신
>
> 조직 적응

> 이러한 요소들이 결합되면 군사적 효율성과 전투 잠재력의 극적인 발전을 초래한다. 신 군사-기술 시대로의 전환은 지정학적 환경과 군사-기술 경쟁의 속성에도 영향을 받는다.[33]

평가에서는 현재의 MTR이 성숙되어, 새로운 전쟁 방식을 배우게 된 군대는 이전 10~20년 전에 존재했던 MTR 이전의 군대에 비해 10배 이상의 군사적 능력 향상을 나타낼 것이라고 말했다.[34]

1990년대 초반에는 마셜도 크레피네비치도 20세기 후반의 군사-기술 혁명이 어떻게 전개될지 정확히 알지 못했다. 역사를 돌이켜 보면 어느 정도의 단서는 보였지만 말이다. 미국 남북전쟁 당시처럼, 경쟁 당사국들 모두가 혁신적 기술 및 체계의 도입과 완벽한 이용에 소극적이고 느린 모습을 보일 수도 있었다. 남군과 북군은 마치 나폴레옹 시대마냥 개활지에서 싸우는 쪽을 고집했다. 그러나 전쟁 말기 버지니아주 피터스버그에서 벌어진 전투는 이후 제1차 세계대전 서부전선의 참호전 양상과 크게 다를 바가 없었다. 또는 경쟁 당사국 중 한쪽만이 혁신 기술을 인지하고 그 잠재력을 이용해 결정적인 군사적 우위를 획득할 수도 있다. 제2차 세계대전 초반 전격전을 활용한 독일처럼 말이다. 또는 경쟁 당사국이 모두 혁신 기술을 제대로 활용할 수도 있다. 1945년 이후 핵무기와 탄도미사일을 개발한 미국과 소련처럼 말이다.

MTR 평가에서는 군 조직의 변화를 인정하게 되면 우주·항공·육상·해상 작전 간의 경계가 흐려지고, 그 융합도가 높아져 대부분의 작전이 다차원적 속성을 띠게 될 것이라고 말했다.[35] 이로써 우주를 군사작전을 수행 및 지원하는 주무대로 이용할 수 있다. 강대국 군대들은 항공우주 작전(우주 체계를 무인기나 순항미사일 등의 장거리 항공 체계와 결합)과 다양한 센서를 사용하는 완전히 새로운 형식의 군사작전으로 이득을 볼 수 있을 것이다. 이러한 발전은 LOS(가시선) 사격에 대한 비LOS 사격 비율의 증가로 이어지게 된다. 정보 우위에 성공하고 이용할 수 있는 쪽은 적과의 직접 접촉을 가급적 기피하기 때문이다.[36]

1992년 평가에서는 향후 20년간 미군이 정밀타격 능력과 정보 네트워크 분야에서 큰 발전을 이룩할 것임을 매우 정확하게 예견했다. 그러나 그렇다고 미국이 계속 군사혁신을 선도할 거라는 보증은 되지 못했다. 크레피네비치는 1993년 7월 이 상황을 다음과 같이 평가했다.

> 지난 1991년 걸프전쟁에서 혁신은 작전적 수준에서는 어느 정도 일어난 듯하다. 시험 운용된 다양한 체계와 네트워크는 종심 타격 구조(deep-strike architectures, DSA), 정찰 타격 복합체(옛 소련 용어)를 처음으로 구현하여, 통합작전의 엄청난 잠재력을 보여주었다. 그러나 정찰·감시·표적 획득(reconnaissance surveillance target acquisition, RSTA) 전투 피해 평가·무기체계를 위해 개발된 네트워크들의 통합은 아직 이루지 못했다.[37]

특히 마지막 부분은 걸프전쟁 이후 미군의 상태를 나타내고 있다. 이동 표적을 거의 실시간으로 타격하기 위한 센서 및 정밀타격 요소의 전투 네트워크 통합은 1990년대 초반의 예측에 비해 훨씬 어려웠다. 아프가니스탄이나 이라크 등지에서는 적 게릴라와 테러리스트를 상대하는 특수부대나 공격용 항공기 등 전통적인 무기체계의 전투 네트워크 통합이 상당 부분 진척되었다. 그러나 현재도 미군은 이 문제를 해결하기 위해 연구 중이다.

미국이 이제까지 이만한 위치를 누릴 수 있었던 것은, 다른 어떤 나라도 정밀타격과 전투 네트워크 분야에서만큼은 미국에 대적할만한 기술과 자원 개발 의도가 없었기 때문이었다. 불과 지난 10년 동안에만 중국이 장거리 센서, 고정밀 탄도미사일 및 순항미사일에 기반한 반(反)접근 지역거부(anti-access/area-denial, A2/AD) 능력을 개발하고 정보화 작전을 추구하면서 서태평양의 미국 전력 투사 부대에 큰 장애물이 되고 있다.[38] 그러나 중국의 A2/AD 능력과 MTR 기술 및 무기가 지역 한정으로 유효한 데 비해 미국의 정밀타격 능력은 세계 어디에서나 유효하다. 따라서, 미국 외에 다른 어떤 나라도 미국과 동일한 정밀타격 능력을 보유한, MTR의 진정한 성숙기는 아직도 오지 않았다는 것이 마셜의 일관된 관점이었다.[39]

그럼에도 불구하고 1992년 MTR 평가는 미국이 오랫동안 추구해 온 해외 전력 투사 방법에 대한 도전이 커지고 있음을 꽤 일찍 지적했다. 제2차 세계대전 당시 유럽과 태평양, 한국전쟁 당시 한국, 베트남전쟁 당시 남베트남과 태국, 1991년 걸프전쟁 당시 사우디아라비아와 쿠웨이트에서 미국이 구사해 온 전력 투사 방법은 모두 같았다. 적의 공격에서 비교적 안전한 항구와 항공기지를 통해 미군을 작전 전구에 전개한다는 것이다. 그리고 병력이 충분한 규모로 결집되면 전방기지에서 지상군과 공격용 항공기를 출동시켜 공세 작전에 나선다는 것이다. 2003년 제2차 걸프전쟁에서 사용된 방식도 기본적으로는 이것과 같다. 그러나 이 평가보고서에서는 A2/AD 위협이 대두되고 있음을 예측하면서, 이런 전력 투사 방법의 위험성을 다음과 같이 경고했다.

이러한 방식은 군사혁신이 성숙되면서 크게 바뀌어야 할 것이다. 몰타·싱가포르·수비크만·클라크 항공기지·다란 등에 있는 대단지형 전방 기지는 갈수록 자산이 아닌 부채가 될 것이다. 그 이유는 간단하다. 제3세계가 다수의 장거리 타격 체계(탄도미사일·크루즈미사일·고성능 항공기 등)와 정밀타격 무기(스마트 폭탄·핵폭탄·화학탄·생물학탄 등)를 획득하면, 이런 기지들은 기가 막힌 표적에 불과하기 때문이다.[40]

따라서 자국 내 기지에 미군 주둔을 허용한 나라들이 미국에 도발하지 못하게 억제하려면 잠재적인 적을 억제하는 것보다는 이런 해외기지들의 갑자기 드러난 취약성을 이용하는 쪽이 효과가 더 크다. 그 나라 국민들은 제3세계의 커가는 군사력 앞에 인질이 되는 불편하고 원치 않는 상황을 맞게 될 것이기 때문이다. 이러한 해외기지들은 해당 지역 미국 우방국들을 위한 보험이 되기보다는 불안의 근원이 될 것이다. 분쟁 상황에서는 안정을 제공해주기보다는 분쟁 일방 또는 양측의 선제공격을 부추길 것이다. 이들 기지에 있는 자산이 기지를 떠나기 전에 적이 미국에 선제공격을 할 수도 있고, 미국이 잠재 적국의 장거리 타격 능력을 제거하기 위해 이 기지를 이용해 적에게 선제공격을 할 수도 있기 때문이다.[41]

이 평가보고서는 적국 본토 인근에서 작전하는 해군 전력에 대해서 다음과 같은 점을 지적했다.

전방 전개 해군 전력은 전방 기지가 미래에 가져다 줄 부채를 상쇄할 수도 있을 것이다. 그러나 현 시점에서 볼 때는 일부만 상쇄 가능하며 그 효과도 그리 오래가지는 못할 것이다. 기존의 항공모함 기동 부대나 수상함 전단은 강행 돌파 작전에 필요한 첨병으로 쓰기에는 기동성도 은밀성도 없다.[42]

이 외에도 여러 문제들이 ONA의 1992년과 1993년 MTR 평가에서 드러났음에도, 20여 년이 지난 현재에도 미군은 아직까지 해결책을 찾지 못해 고민하고 있다. 미공군은 갈수록 취약해지는 소수의 해외기지에 배치해 둔 단거리 전투기와 전투 폭격기에 과도하게 의존하고 있다. 해군 역시 단거리 공격기를 탑재한 항공모함을 전력 시현과 투사의 주력으로 쓰고 있다. 중국이 첨단 A2/AD 능력을 증진시켜나가는데도 이런 미군의 조직적 성향은 변하지 않고 있다. 마셜은 이미 1987년에 중국을 미국의 다음 주요 경쟁자로 지목했다. 이러한 관측은 대규모 조직에서 혁신을 일으키기가 매우 어렵다는 것을 증명해주고 있다.

ONA의 1992년 MTR 평가는 미국의 여러 경쟁 국가들이 추구하는 전쟁방식의 변화가, 미군이 추구하는 것과는 다를 수 있다는 가능성을 제시했다. 첫 번째 가능성은 미군이 향후 10년 이상 장거리 재래식 정밀타격 수단의 상당한 우위를 점할 가능성이었다. MTR의 전개방식을 예측한 이 평가보고서를 읽은 윌리엄 오언스 제독은 전장에 대한 주도적 인식이라는 개념을 내놓았다. 후일 '전장공간의 주도적 인식(dominant battlespace awareness, DBA)'으로 이름이 바뀐 이 개념에서는 북한만한 지역 내에 있는 적의 모든 정보를 거의 완벽하게 알려주어 전쟁의 안개를 없애주는 미국형 '시스템 복합 시스템'을 구상했다.[43] ONA는 DBA 탐구를 위한 다수의 전쟁게임과 시뮬레이션을 실행했다. 그러나 이러한 노력들은 해답보다는 의문을 더 많이 만들어냈다.[44] 설상가상으로, 마셜과 크레피네비치가 일찍이 알아차렸듯이, 미국의 장거리 정밀타격 능력의 압도적 우위는, 이 새로운 전쟁 방식으로 미국에 맞설 수 없는 적국들이 미국의 우위를 상쇄하기 위해 핵무기 개발에 탐닉하게 하는 부작용을 불러왔다.[45]

MTR이 가져올 수 있는 두 번째의 가능성은 미국에 대적할 수 있는 정밀타격 능력을 갖춘 경쟁 국가가 출현할 가능성이다. 마셜이 1993년에 말했듯이, 이 경우 장거리 정밀타격 능력은 MTR을 이용할 수 있을 만큼 발전된 군대의 주요 작전 방식이 될 것이다. 또한 해상과 우주에서 전력 투사의 주된 수단이 될 것이다.[46] 즉, 강대국 사이의 미래전은 정찰타격 복합체 간의 원거리전이 주력이 될 것이며, 정보 우위를 확보하는 것이 전투의 결과를 더욱 강하게 좌우할 것이라는 얘기다.

또 다른 가능성도 있다. 미국의 약소한 적국들이 미군의 압도적인 정밀타격 능력 우위를 상쇄하기 위해 덜 정밀한 대안을 내놓을 가능성이다. 크레피네비치는 이런 유형의 적국들을 '격투가 국가'라고 불렀다. 냉전 시대의 최첨단기술과 비재래식 전략 및 작전개념을 결합시키고, 전략적 목표 달성을 위해서라면 부수 피해나 환경오염 등의 일방적인 피해마저도 감내할 의지를 지닌 제3세계의 적국을 염두에 둔 개념이었다.[47] 격투가 국가들은 자신의 목표를 달성하기 위해 어떻게 할 것인가? 크레피네비치의 말을 인용해 본다.

그들은 전략의 사회적 차원을 강조하여 도발 계획을 추진할 것이다. 즉, 미군의 효과적 전투력 사용을 방해할 수 있는 미국적 사회·문화를 이용한다는 것이다. 구체적으로 말하자면, 도발 행위의 강도를 낮추고 그 실행방식을 애매모호하게 하여, 테러리즘·정부 전복 행위·게릴라전 같이 보이게 한다는 것이다. 미국의 군사적 반응을 유도하지 않으면서도 도발 행위를 하는 것이 그 목표다.[48]

초기에 제시한 MTR 이용의 실마리로 감안하건대, 1992년 MTR 평가는 이런 종류의 적이야말로 미군이 앞으로 10~20년 내에 직면할 가장 강력한 위협이 될 것이라고 판단했다. 그리고 그 예측은 결국 아프가니스탄·이라크·우크라이나에서 현실이 되었다.

1992년 MTR 평가를 처음 받은 사람은 당시 국방부 정책차관이던 폴 울포위츠였다. 그의 반응은 고무적이었다. 울포위츠의 지지를 업은 마셜은 이 평가보고서를 국방부 지도층의 실세들에게 보냈다. 국방장관 리처드 체니, 합동참모본부 의장, 육군 및 공군 참모총장 등이었다. 마셜은 이 평가가 엄청난 저항과 논쟁을 불러올 거라고 생각했다. 그러나 막상 사람들이 미군이 혁신적 변화의 시기에 있다는 것을 인정하는 것을 보고 놀랐다.[49] 이 반응에 고무된 마셜은 크레피네비치에게 새로운 평가 및 군사혁신 연구를 진행할 것을 지시했다. 새 버전의 평가는 1993년 말 또는 1994년 초에 나오는 것이 목표였다. 사람들로부터 더 많은 반응을 듣기 위해, 마셜은 크레피네비치에게 워싱턴 DC 이외의 국방 관련 장소에서도 MTR 평가를 통해 발견된 내용들을 발표할 것을 지시했다. 그해 가을 크레피네비치는 하버드대학 샘 헌팅턴 올린 센터, 캘리포니아주 몬테레이의 해군대학원(Naval Postgraduate School, NPS), 로스앨러모스 국립연구소 등에서 강연했다. 마셜과 마찬가지로 크레피네비치를 만난 사람들은 MTR이 가능하다는 데 대체적으로 찬동했으며, 여러 유용한 조언을 했다. NPS 학회의 MTR 강연을 들은 헌팅턴은 크레피네비치에게 격투가 국가 현상을 좀 더 넓은 시각에서 바라볼 것을 요구했다. 이러한 관점은 데니스 블레어 해군 소장도 같았다. 당시 그는 합동참모본부의 J-8부에 있었다. 새로운 군사적 능력과 비재래식 전쟁에 대한 평가가 그 임무였다.

빅 라이스는 마셜에게 군사혁신의 측면을 탐구하는 고위급 회의를 소집할 것을 권했다. 1992년 11월 10일, 마셜과 크레피네비치는 아나폴리스에 갔다. 다음 날 회의가 소집되었다. 회의 날 저녁 식사 자리에서 마셜은 MTR 평가에 대한 반응이 고무적이었다면서, 이제 군사혁신이 가능한지 여부는 더 이상 문제가 되지 않으며, 군사혁신의 이용 방법을 고민해야 한다고 말했다. 그러나 용어는 골칫거리였다. 크레피네비치는 해군 전쟁대학에서 MTR을 강연할 때 '군사-기술 혁명'이라는 용어를 사용했다. 그러나 평가에서도 강조했듯이 MTR에서 가장 어렵고 중요한 부분은 기술이 아니라 새로운 군사 체계에 맞는 적절한 작전개념을 개발하고 이를 가장 잘 전개할 수 있는 전력 조직을 만드는 것이었다. 1993년 여름부터 마셜은 이 때문에 '군사-기술 혁명' 대신 '군사혁신(revolution in military affairs)'이라는 표현을 쓰기 시작했다.

11월 11일 회의의 주안점은 대규모 조직의 혁신이었다. 마셜은 신속하게 변화하는 환경에서 경쟁에 앞서나가려 분투하는 산업계 지도자들을 초청했다. IBM의 제임스 맥그로디 박사, AT&T의 리처드 로카 박사, 선 마이크로시스템즈의 아이반 서덜랜드 박사, 제록스 코퍼레이션의 로버트 스핀래드 박사 등이었다. 이들과 함께 국방부의 고위 군사지도자들도 참석했다. 마셜은 누구보다도 이들 군사지도자들에게 강력한 혁신 프로그램의 필요성을 확실히 납득시키고 싶었다. 공군 대표로는 공군 참모총장 메릴 맥피크 장군이 왔다. 해병대 대표로는 차기 사령관 내정자이자 당시 전투발전 사령관이던 찰스 크룰랙 중장이 왔다. 육군 대표로는 육군 참모차장 데니스 레이머 장군이 왔다. 그 역시 차기 육군 참모총장 내정자였다. 레이머 장군과 함께 온 존 틸럴리 소장은 육군 참모차장 내정자였다. 이 밖에도 해군 중장 윌리엄 오언스, 해군 소장 데니스 블레어가 왔다. 그 외에도 폴 울포위츠, 빅 라이스 등 OSD 주요 직원들도 왔다.[50]

마셜은 평가에 대한 반응이 놀랄 만큼 좋았다며 회의를 시작했다. 군사-기술 혁명이 오랫동안 모두를 힘들게 할 것인데도 말이다. 그는 이 평가를 통해, 앞으로 초점을 맞춰야 할 여러 영역이 드러났다고 말했다. 그 영역들은 장래의 경쟁국가 평가에서부터 컴퓨터 시뮬레이션을 통한 가상 전쟁게임과 개선된 개인 및 부대 훈련지원 가능성 탐구에 이르기까지 다양했다. 그러나 가장 중요한 것은 제도적 혁신 방식을 알아내는 것이라고 마셜은 말했다. 그는 여기에 각 군의 전쟁대학들이 중요한 역할을 해낼 것이라고 기대했다. 그러면서 이번 평가에서는 과거의 혁신적 변화가 맞닥뜨렸던 가장 큰 도전은 기술적인 것이 아닌 지적인 것이었음을 지적했다.[51]

빅 라이스가 군사혁신을 지원할 수 있는 첨단기술에 대해 운을 띄우자, 산업계 인사들은 자신들의 영역에서 진행된 혁신을 이야기했다. 맥그로디는 혁신을 임계점에 비유하는 것으로 이야기를 시작했다. 물은 온도가 섭씨 0도 이하로 내려가야 그 상태가 얼음으로 급속히 변화한다는 것이다. IBM에서 정보기술 발전 역시 이러한 임계점에 도달했다. IBM의 독점 기술은 한때 그 회사의 경쟁력의 원천이었으나, 이제 다른 회사 기술이 널리 보급되어 그 우위가 퇴색되어 가고 있었다. 그렇다면 IBM은 무엇으로 경쟁력 향상과 차별화를 이루어야 하는가? 맥그로디는 응용이 답이라고 말했다. 모두가 기술을 사용할 수 있게 되면, 그 기술을 응용하는 방식이 성패를 좌우한다는 것이다.

맥그로디는 출석한 군사지도자들에게 질문했다. 어떤 기술을 어떻게 강조하고 싶은가? 그는 혁신에 성공한 기업은 큰 위험을 감내하려는 조직이 있었음을 지적했다. 위험을 감수하지 않으면 변화도 없다. 맥그로디는 많은 조직들이 위기 때문에 변화를 강요당하지 않는 한 변화하지 않는다고 결론지었다. 이는 특히 큰 승리를 거둔 군대에 딱 들어맞았다. 특히나 군대는 기업과는 달리 지속적인 실전 상태에 놓이기가 쉽지 않으며, 따라서 기업과는 달리 시장의 반응을 계속 받지도 않기 때문이다.

맥그로디 다음에는 로카가 이야기를 이어받았다. 로카는 새로운 경쟁 환경을 정의하는 효율성 측정 방식에 대해 생각해 볼 필요성을 강조했다. 이는 자신들이 시도하는 것이 무엇인지부터 확실히 알아보는 것부터 시작한다고 그는 말했다. 우리의 목표는 무엇인가? 여기서 스스로에게 이런 질문을 할 수 있다. 성공의 기준은 무엇인가? 그는 AT&T의 사례를 들었다. 전화 시장에서의 독점적 지위를 잃고, 유력한 경쟁자들과 경쟁하게 된 이 회사는 문화 충격에 빠져들었다. 독점 시절 AT&T는 고

객으로부터 창출해내는 이익이 아니라, 고객 수를 극대화할 수 있는 일반 서비스 제공을 성공의 기준으로 삼았다. 그러다가 독점 체제가 붕괴된 후 일부 중역은 과거의 모델을 버리고 새로운 사업 모델을 채택하는 정신 자세의 변화에 실패했다. 이들은 또한 새로운 성공의 기준 역시 받아들이고 따르지 못했기에 회사를 떠날 수밖에 없었다.

로카에 이어 서덜랜드는 창조적 파괴의 필요성을 강조했다. 그는 혁신에는 창조적 파괴가 필요하다고 보았다. 그는 혁신을 추구하는 군대에서 성공의 주된 기준을 두 가지로 보았다. 혁신을 위해서라면 군대의 일부를 없애거나 파산시켜도 좋다는 의지, 그리고 군대 내의 '항체'들에 맞서 혁신을 해나가려는 사람들을 보호하고 진급시키려는 선구안이 그것이다. '항체'는 현 상태를 통해 이익을 얻으며, 현 상태의 변화를 막으려는 조직원들을 가리키는 표현이었다.

마지막으로 강연한 사람은 스핀래드였다. 그는 맥그로디의 주장을 뒷받침하기 위해 자기 회사의 사례를 들었다. 컴퓨터 업계에서 IBM이 그러했듯이, 복사기 업계에서는 제록스가 한때 독점적 지위를 차지했다. 또한 제록스는 어느 회사보다도 많은 연구개발 예산도 가지고 있었다. 그러나 제록스는 혁신 기술을 갖춘 경쟁사들의 공격을 받아 시장 점유율이 20퍼센트까지 떨어졌다. 나중에 점유율을 40퍼센트까지 회복하기는 했지만 말이다. 스핀래드는 로카가 말한 지점을 언급하면서, 제록스는 독점적 지위를 잃기 시작하자 성공의 기준을 크게 바꾸었다고 말했다. 과거 제록스는 비용 최소화, 다양한 제품 제원 구현 등을 중시했다. 그러나 이제는 시장 도달시간이 독립 변수가 되었고, 제품 제원이나 비용은 종속 변수가 되었다.

오전 휴식 이후, 군사 지도자들의 발표 시간이 되었다. 그들의 시각 역시 MTR 평가의 주제와 전반적으로 일치했으며, 산업계 인사들이 혁신에 대해 한 강연과 어긋나는 부분은 없었다. 산업계 인사들은 군사 지도자들의 이야기를 듣고 그리 깊은 인상을 받지 못했다. 예를 들어 서덜랜드는 정보기술의 발전에 대한 군인들의 순진한 반응을 보고 놀랐다. 2000년경에는 성냥갑만한 카메라가 나올 것이며, 센서나 무기 등의 화물을 실어나르는 원격 조종 로봇 쥐가 나올 것이라는 기술 예측에 대한 반응 말이다. 군은 대체 이런 신기술을 어떻게 이용하고자 하며, 어떻게 방어할 생각인가? 서덜랜드는 2000년이 되면 컴퓨터의 성능이 1992년의 1,000배가 될 거라고도 말했다. 군대는 정보기술의 발전에 대한 일반론에서 벗어나, 이러한 발전을 군대에 유리하도록 이용할 방법을 모색해야 한다고도 말했다. 즉, 창조적 파괴를 일으켜 조직 내에서 승자와 패자를 나누고, 패자는 퇴출해야 한다는 것이다. 마치 과거에 낡은 기병대를 퇴출시켰듯이 말이다.

발표가 마무리되면서 마셜은 기업 중역들이 군 지도자들에게 혁신에 대한 또 다른 시각을 주었다는 느낌을 받았다. 또한 한때 가장 강대하던 조직이더라도, 기술 발전의 격동기에는 뒤쳐져 하류로 전락할 수 있다는 강력한 경고를 주었다고 생각했다. 그러나 여기 모인 장성들은 그저 혁신에 대한 입에 발린 칭찬을 하고 있는 것인가, 아니면 새로운 전쟁의 시대에 맞춰 군대를 개혁할 의지가 충만한 것인가? 육군 참모총장 고든 설리번 장군 같은 일부 고위 군사지도자들은 이후 마셜과 함께 MTR 관련 업무를 실제로 진행했다. 그러나 참모총장의 도움을 받고 있는 상태에서도 군 전체의 방향을 근본적으로 바꾸는 것은 지극히 어려웠다.

1992년 대통령 선거로, 군대의 혁신을 추구하려는 마셜의 노력에 대한 국방부 내의 반발은 더욱 커졌다. 아나폴리스 회의 8일 전, 빌 클린턴 후보가 당선되었고, 조지 H.W. 부시 대통령은 1기 만에 퇴임하게 되었다. 행정부 교체로 인해 국방부 주요 문민 지도자는 물론, 군 간부 일부도 교체되었다.

11월 말 클린턴 당선인은 내각을 구성했다. 국방장관으로는 하원 군사위원장이던 레스 애스핀을 임명했다. 애스핀은 의원 시절 국방전문가로 유명했다. 1991년 걸프전쟁 이후 그는 RAND 직원 여러 명과 함께 냉전 이후 미국 국방 태세를 짜는 엄청난 일을 했다. 그중에는 테드 워너도 있었다. 워너는 이후 국방전략 및 위협감소 차관보가 되었다. 미래의 미 국방 수요를 예측하는 자리였다. 애스핀은 다년간 마셜에게 여러 번 접촉해 군사전략과 정책 관련문제 해결에 도움을 요청했다. 마셜은 언제나 도움이 되었다. 그리고 두 사람은 친구처럼 가까운 사이가 되었다.

애스핀과의 절친한 관계에도 불구하고 마셜은 애스핀이 밝힌 국방 우선순위가 우려스러웠다. 신임 국방장관은 가까운 미래의 위협을 중시하는 기획을 원했다. 애스핀은 이것이야말로 급격하게 줄어드는 국방예산이 더 이상 줄어들지 못하게 하는 유일한 방법이라고 믿었다. 냉전이 종결되면서 클린턴 대통령과 의회 의원들은 국방예산의 대폭 감축을 통해 '평화 배당금'을 만들자는 논의를 했다. 당시의 미군은 세계 최강군이었다. 그러나 그 자리를 유지하기 위해서는 새로운 시대에 적응해야 했는데, 애스핀이나 그 최측근들은 그런 생각을 하지 못했다. 이 문제를 해결하기 위해 1993년 1월 마셜은 MTR 평가보고서 사본을 애스핀에게 보냈다. 또한 신임 국방부 정책차관 월터 슬로콤, 국방부 정책기획차관보 자리를 제안받은 그레이엄 앨리슨 등에게도 보냈다.

애스핀은 신속히 상원 승인을 얻어, 클린턴 대통령 취임 다음 날인 1993년 1월 21일 국방부에 입성했다. 그는 얼마 후 정책적 및 개인적 도전에 직면해야 했다. 그중에는 "동성연애자에게도 군 문호를 개방하겠다"는 클린턴 대통령의 공약에 관련된 것도 있었다. 이 문제는 많은 논란을 불러일으키며 그해 12월까지 갔다. 그러다가 애스핀은 "묻지도 말고 말하지도 말라"라는 정책을 승인하기에 이르렀다.[52] 이로써 동성연애자들도 자신의 성적 지향성을 밝히지 않는 한 미군에 복무할 수 있게 되었다. 이로써 클린턴의 선거 공약은 지켜졌으나, 문제는 전혀 해결되지 않았다.

또한 애스핀은 유고슬라비아의 붕괴와 냉전 종식으로 발생한 발칸반도 위기와도 직면했다. 유고슬라비아는 붕괴되어 여러 개의 신생 국가로 쪼개졌다. 그중 하나는 1992년 1월에 건국된 다민족 국가인 보스니아 헤르체고비나 사회주의 공화국이었다. 그러나 세르비아 정부의 후원을 받아 독자적인 국가를 세웠던 보스니아 세르비아인들은 이 나라를 인정하지 않았다. 결국 둘 사이에는 전쟁이 벌어졌다. 크로아티아인들과 이슬람교도들은 적에 비해 화력이 너무 모자랐다. UN결의안에 따른 무기금수조치도 그 원인 중 하나였다. 무기금수를 지지하는 영국·프랑스·러시아와 대립하고 싶지 않았던 클린턴 대통령은 무기금수조치 해제에 나서자는 두 건의 의회 결의안에 거부권을 행사했다. 그러나 인도적 지원은 승인했다. 그리고 나중에 알려진 바에 따르면 비밀 군사지원 역시 승인했다.

이러한 정책적 도전 외에도, 애스핀은 국방장관 임기 초기에 큰 건강 문제로 인해 운신의 폭이 좁아졌다. 그는 임기를 시작한 지 한 달밖에 되지 않은 1993년 2월, 심각한 심근경색을 일으켜 며칠간 병원에 입원했고, 3월에는 심장박동 조정기를 이식했다.

이러한 단기적 문제들과 그 전개를 감안하면, MTR과 군사혁신에 대한 마셜의 생각은 그 우선순위가 밀릴 수밖에 없었다. 그는 이 사실을 3월 중순에 알게 되었다. 애스핀이 하원 군사위원회에 있던 당시, 애스핀의 보좌관을 지냈던 클라크 머독이 MTR 평가에 대해 논하고 싶은 게 있다며 마셜을 불렀을 때였다. 신임 OSD 정책기획실장이 된 머독은 중기 및 장기 기획 책임자였다.

머독은 둔감하기로 유명했다. 그리고 마셜과의 대화에서도 예외는 아니었다. 그는 마셜의 MTR 평가가 초기에는 좋은 반응을 얻었지만, "대부분의 사람들은 MTR에 대한 당신의 의견에 동의하지 않는다. 우리의 잠재적 경쟁국들을 보라. 그들이 MTR에 돈을 쓰지 않을 것이다"라고 얘기했다. 국방부 주요 지도자들 대부분은 물론 미 의회도 미 국민도 가까운 시일 내에 미국의 군사적 지배에 대한 큰 도전이 있을 거라고 생각하지 않는다는 것이었다. 그리고 국방의 미래를 생각하는 사람들조차도, 전간기가 아닌 걸프전쟁을 냉전 이후 미군의 기반으로 생각하고 있었다. 그날 일정을 끝내면서 머독은 마셜에게 이런 말도 했다. "MTR 평가보고서에 적혀 있는 내용은 지금 사람들이 신경 쓰고 있는 보스니아나 소말리아 사태를 해결하는 데 전혀 도움이 안 돼요." 이에 마셜은 "미국은 MTR의 잠재력을 이용해야 미국보다 작은 나라들에 대한 결정적인 우위를 확보하고, 동급인 나라들이 미국에 대해 경쟁을 하는 것을 막거나 단념시킬 수 있을 것"이라는 평소의 주장을 되풀이했다.

머독은 마셜에게, ONA가 국방장관에게 직보하지 않고 그레이엄 앨리슨을 통해 움직인다면, 마셜의 주장에 대한 의견을 좀 더 제대로 들을 수 있을 거라고 말하며 면담을 마무리했다. 애스핀은 앨리슨이 준 것을 읽고 있지만, 곧 있을 국방예산의 대규모 감축에 대해서도 매우 신경 쓰고 있다고도 말했다. 마셜이 앨리슨을 움직여 MTR 문제는 장비 교체나 추가 투자를 요하는 것이 아니며, 본질적으로 지적인 문제라는 내용의 각서를 애스핀에게 보낼 수 있다면, 애스핀을 움직일 수 있을 거라고 말했다.[53]

이후 마셜은 크레피네비치에게, 머독이 제안한 각서 초안을 써 달라고 했다. 특히 MTR의 전략적 중요성에 대한 강조 내용을 넣어서 말이다. 머독은 그 각서 초안을 보고서, 애스핀의 마음을 움직이려면 최근 걸프전쟁에서의 발견 내용을 MTR과 엮어야 한다고 말했다. 이 각서는 가까운 미래에 항공력을 강제 수단으로 사용, '격투가 국가'들의 도전에 대한 대응방법을 강조해야 한다고도 말했다.[54]

그 후 마셜은 크레피네비치에게 테드 워너를 만나라고 했다. 당시 테드 워너는 새 행정부의 국방전략 및 계획 검토를 책임지고 있었다. 이는 공식 용어로 전면적 검토로 불렸다. MTR에 대한 머독의 관점은 확고했다. 워너는 크레피네비치에게 자신은 ONA의 더욱 경제적인 방식의 가까운 장래의 지역분쟁 해결 및 평화유지 활동 연구에 관심 있지 MTR에는 별 관심이 없다고 밝혔다.[55]

이후 크레피네비치·워너·머독 간의 일련의 회의가 있었다. 매번 이들의 회의는 열기를 더해갔다. 한번은 머독이 크레피네비치에게 군사혁신은 국방부에서 정할 문제라고 말했다. 그러자 크레피네비치는 미국의 군사혁신은 미국 국방부에서 정할 문제이지만, 다른 나라의 군사혁신은 다른 나라에서 정할 문제라고 답했다. 머독은 의회가 애스핀에게, 국방 예산의 대규모 추가 감축을 막으려면 국방부가 가까운 장래의 위협 처리에 최우선순위를 둬야 한다고 주장했던 사실을 크레피네비치에게 상기시켰다. "위협에 기반한 접근법만 먹힙니다"고 머독은 덧붙였다. 머독은 MTR이 저강도 분쟁에서 유용하리라고 여기지 않았다. 머독은 그 사례로, '아프리카의 뿔(Horn of Africa)'에서 질서 유지를 위해 활동하는 미군이 겪고 있는 문제점을 언급했다. "소말리아에 파병된 우리 해병대한테 MTR이 무슨 소용이예요?" 크레피네비치는 마셜이 직면한 문제를 잘 알고 있었지만, 머독의 반발도 잘못된 선택이라 여겼다. 이 회의의 과제는 가까운 장래의 필요에 대비하는 것, 그리고 곧 닥칠 전쟁 방식의 격변에 대비하는 것, 이 둘 중에 하나를 고르는 게 아니었다. 두 가지 모두 해결할 방법을 찾는 것이었다.

어느 회의 도중 크레피네비치는 워너와 워너의 부하 직원들에게 자신의 연구 상태에 대해 브리핑했다. 이때 크레피네비치가 공군의 합동감시 및 표적공격 레이더체계(joint surveillance and target attack radar system, JSTARS)와 같은 체계들은 MTR이 진전되면 취약해질 거라고 말하자, 워너는 의심스럽다는 반응을 보였다. 크레피네비치가 말하고자 했던 점은, 모든 지상받진 항공기는 사거리에 상관없이 표적까지 정확히 유도되는 정밀유도 무기에 취약해진다는 것이었다. 워너는 수십 년간 운용되도록 설계되고 큰돈을 들여 생산된 체계가 그런 문제를 겪을 수 있음을 받아들이기 힘들어했다.[56] 결국 그도 MTR 평가의 논리적 타당성을 인정하긴 했으나, MTR이 가져올 문제는 먼 미래의 일이라고 주장했다.

크레피네비치도 군사혁신의 규모와 범위로 볼 때, 혁신의 영향이 퍼지는 데는 많은 시간이 걸릴 것이라는 데 동의했다.

그로부터 20년간, '가까운 미래'와 '먼 미래'에 대한 사고의 균형을 맞추는 데 따른 긴장은 사라지지 않았다. 심지어 미군의 압도적인 우위가 사라져가고 있었는데도 말이다. 여러 고위 민간 및 군사 지도자들은 격변할 전쟁에 대비할 필요성을 머리로는 인정했다. 그러나 1990년대 대부분의 기간 국방예산은 줄어들고 있었다. 게다가 발칸반도·아이티·소말리아 등에서 반복되는 위기를 처리해야 했다. 또한 인도와 파키스탄이 신흥 핵무장국으로 대두됨에 따라, MTR이 불러올 먼 미래의 문제보다는 현재의 문제가 더 중요해졌다. 현재의 문제를 더욱 중시하는 이런 경향은 9·11 테러 이후에도 계속되었다. 미국은 수십만 명의 병력과 1조 달러 이상의 전비를 아프가니스탄·이라크를 비롯한 세계 각지에서 벌어진 테러와의 전쟁에 투입해야 했던 것이다.

1993년 5월 마셜과 머독은 다시 만났다. 머독은 좋은 소식을 가져왔다. 애스핀이 MTR 평가를 읽고 가치있게 여겼다는 것이다. 국방장관은 이 평가 내용을 어떻게 행동으로 옮길지를 알고 싶어 했다.

마셜은 적어도 가까운 미래에는, 나아갈 방향을 정하는 것은 군대가 정해야 할 지적 문제라는 입장을 반복했다. 군사혁신이 불러올 문제에 대한 최상의 해결책을 정하기 위해 여러 적절한 구상을 따를 수는 있겠지만, 지금 당장 큰돈을 들일 일은 아니라는 것이다. 머독은 마셜을 MTR 전쟁게임과 시뮬레이션을 위해 자금을 요청할, 안전한 관료적 위치에 둬야 한다고 생각했다. 또한 마셜이 고위 지도자들을 상대할 수 있도록 고위 감독기관을 만들고, 마셜의 의견이 관철될 경우 그를 지원해 미군이 군사혁신에 더욱 높은 우선순위를 부여하게끔 할 생각이었다.

애스핀으로부터 더 강한 지지를 이끌어내기 위해, 마셜은 국방부에서 두 번째로 높은 관료인 윌리엄 페리 차관을 만났다. 공학자이자 수학자인 페리는 카터 행정부에서도 국방부 연구공학 차관보를 맡았다. 페리가 차관보에 있을 당시 항공기의 레이더 피탐지율을 크게 낮추는 스텔스 기술은 큰 발전을 이루었다. 그 덕분에 페리는 '스텔스의 아버지'라는 별명으로 자주 불렸다. 1970년대 후반 그는 DARPA 공격저지(Assault Breaker) 프로그램을 시작했다. 이 프로그램은 페이브 무버 레이더와 미사일, 종말 유도 자탄을 사용하여 정찰 타격 작전의 기술적 타당성을 시연하고자 했다. 공격저지의 성공으로 인해 NATO는 후속부대 공격 작전개념을 채택하게 된다.

첫 MTR 평가가 완료된 직후인 1992년 8월, 마셜은 당시 생존해 있던 모든 역대 국방연구공학실 실장들을 모아 회의를 열었다. 여기에 참석한 페리는 기술혁신에 대한 높은 우선순위 부여와 제도화가 필요하다는 마셜의 주장을 지지했다. 또한 이 평가에서 나타난 문제들이 타당하다는 마셜의 의견에도 동의했다. 그러나 페리는 군사혁신의 상당 부분이 이미 실현되었으며, 그 뿌리는 자신이 카터 행정부 해럴드 브라운 국방장관 휘하에서 진행했던 스텔스 기술과 공격저지 연구에 있다고 여기고 있었다. 마셜은 MTR이 걸음마 단계라고 생각하고 있었으나, 페리의 의견은 정반대였던 것이다.[57] 페리는 1992년 8월 모임에서 마셜을 공개적으로 지지했으나, 애스핀 장관의 부하로서 대규모 혁신의 필요성은 느끼지 못했다. 1994년 2월 국방장관에 취임한 페리는 여전히 스텔스, 정밀타격 체계, JSTARS, GPS, 고성능 훈련용 시뮬레이션 등을 MTR이 거의 완성된 증거로 여기고 있었다.[58] 국방부의 문민 지도자나 군에서 군사혁신의 필요성을 진지하게 느낀다면, 마셜은 이런 인식부터 바로잡아야 했다.

1993년 7월 말, 크레피네비치는 갱신된 MTR 평가를 완료했다. 마셜은 이 평가를 읽어보고, 주말에 걸쳐 구술을 통해 각서를 작성했다. 이 각서에서 그는 MTR 진행에 대한 자신의 느낌을 말했다. 또한 국방부 수뇌부에 대한 실망감도 드러냈다. "많은 사람들이 현재 군사혁신이 진행되고 있다고 믿는 것 같다. *그러나 그러한 믿음이 가져올 중대한 결과를 예측할 줄 아는 사람은 극소수다.*"[59] 마셜은 이 각서에서 페리와 획득 및 기술 차관보 존 도이치가 군사혁신의 가능성에 꽤 흥미가 있는 것 같다고 말하면서, 그들을 포함한 다른 최고위 관료들이 우리가 이미 전쟁의 대규모 혁신의 초기에 접어들었다는 것을 납득할 경우 해야 할 일을 더욱 자세히 적어 놓았다.[60] 또한 적어도 혁신의 초기에는 지적인 문제가 가장 중요하다는 자신의 확고한 소신을 다시 풀어놓았다.

작전개념상 가장 적절한 혁신 방법을 찾아내는 것, 현재 입수 가능한 기술과 앞으로 10여 년 내로 나올 기술을 최대한 이용할 수 있도록 조직을 변화시키는 것은 모두 지적인 임무다. 이 지적인 임무들을 가장 먼저 최선을 다해 해내는 것이야말로 가장 중요한 목표다. 새로운 작전개념과 조직개념에 대한 투자와 실험이야말로 현재 입수 가능한 기술과 앞으로 20년 내에 나올 기술들을 이용하기 위해 우리가 향후 수년간 주안점을

뒤야 할 가장 중요한 것이다.[61]

마셜은 미국이 군사력 면에서 엄청난 우위를 지니고 있음을 인정했다. 그러나 그는 또한 격변의 시대에는 그런 엄청난 우위도 신속히 무력화될 수 있음도 알고 있었다. 아나폴리스 회의에 온 기업가들은 한때 업계를 지배하던 자신들의 회사가 경쟁 환경이 바뀌면서 순식간에 지배적 입지를 잃었음을 털어놓았다. 그리고 역사 속 군사혁신에 대한 수많은 연구를 통해서도, 지배적인 군사적 우위가 단시간에 사라질 수 있음이 드러났다. 1918년 당시 가장 발전된 해군 항공부대였던 영국 해군 항공대나, 제2차 세계대전 직후 미국의 핵 독점 상태가 그 좋은 실례다. 그는 각서에서 이런 의문도 던진다.

> 우리는 어떤 전략을 취해야 하는가? 장래 주요 위협 발생 가능성을 생각해야 하고, 그런 위협의 발생을 늦출 방법을 생각해야 한다. 또한 위협이 발생했을 때의 대처법은 무엇인가? 현재의 우위를 지키기 위한 방법은 무엇이 있는가? 오늘날 미국이 누리고 있는 우위의 대부분은 작전개념과 조직 혁신에 대한 뛰어난 발상에서 나온 것이다. 앞서가는 작전개념과 조직 구성을 갖추면 미래 신기술과 무기체계에도 오랫동안 적응할 수 있다. 그러나 한편으로 작전개념에 대한 좋은 발상이 있어야 올바른 체계를 설계할 수 있다.[62]

마셜은 현재 대두되고 있는 군사적 경쟁 중 그가 특히 중요하다고 여기는 경쟁들의 여러 측면도 언급했다. 우선 첫 번째 측면으로 장거리 정밀타격 능력의 영향력이 커지는 점을 언급한 다음, 두 번째 측면으로 정보전의 대두를 통해 큰 변화가 일어나는 것 같다고 말했다.[63] 그는 정보전이 특히 미국에게 큰 도전이 될 것이라고 지적했다. 미국의 모델링과 시뮬레이션은 지휘·통제·통신 네트워크의 급격한 발전을 이제껏 제대로 잡아내지 못했기 때문이었다.

마지막으로 1993년 7월 MTR 평가에서 나타난 문제들을 거론하면서, 마셜은 MTR 제1단계에서 미군이 직면한 단기 및 중기적 주요 군사적 문제는 갈수록 대두되는 적의 A2/AD 능력과 저강도 분쟁에 맞선 전력 투사와 평화 유지라고 주장했다.[64] 그 이후 MTR 제2단계에서는 단일 주요 국가, 또는 국가 연합이 미국에 도전할 가능성이 있다고 내다봤다.[65] 세월이 흐르자 그의 예지력이 매우 뛰어났음이 입증되었다.

마셜과 ONA는 이후 몇 년에 걸쳐 미군에 군사혁신의 잠재력 탐구를 촉구하는 데 깊이 관여했다. 그리고 이런 일을 한 곳은 ONA만이 아니었다. 1993년 9월 국방장관 레스 애스핀은 RMA에 대한 국방부 구상을 승인했다. 이듬해 2월에는 후임 국방장관이 된 페리가 업무조정단을 만들었다.[66]

RMA의 가능성을 탐구하기 위해 5개의 태스크포스가 창설되었다. 각 태스크포스별 업무 주제는 ①제병 협동 및 기동 ②종심 타격 ③해군의 전방작전, 위기 예방 및 대응 ④저강도 분쟁 ⑤장기 혁신의 독려와 제도화였다. 마셜은 ⑤번 태스크포스의 장(長)을 맡았다. 그의 목표는 군사혁신을 막는 장애물의 돌파였다.[67] 이 임무는 그는 물론 부하 직원들의 기력을 급속히 소진시켰다. ONA가 냉전 기간 중 했던 것 같은 군사력 균형 평가는 이제 거의 할 시간이 없게 되었다.[68] 무엇보다도 미군에 RMA의 다양한 측면 탐구를 위해 노력할 것을 미군에 강요했다.

마셜 역시 군사혁신에 대한 학문적 연구를 계속 독려했다. 1996년 그의 후원을 받은 윌리엄슨 머리와 앨런 밀릿은 『전간기의 군사혁신(*Military Innovation in the Interwar Period*)』이라는 책을 냈다. 두 차례 세계대전 사이의 전간기에 전쟁수행 방식의 주요 변화를 조사한 결과물이었다. 머리와 밀릿은 마셜과 함께 여러 개별사례의 교훈을 심도 있게 연구한 다음, 마지막 장에서 총괄평가와 마찬가지로 어떤 방법론이나 법칙으로도 혁신의 성공 여부를 장담할 수 없다고 결론지었다. 평시의 군사혁신은 관료 제도를 제대로 작동시킬 수 있는 선견지명 있는 리더와 상당한 행운이 크게 작용한다 해도 대단히 부수적인 노력으로 취급받기 일쑤다.[69] 경영적 관점에서 볼 때, 민주 정부와도 같은 진정한 혁신이 제대로 된 절차로 여겨질 확률은 매우 희박하다. 하물며 고위 국방관료들의 엄격한 관리와 통제를 받을 확률은 더욱 낮다. 사실, 혁신에 내재된 혼란스러움(진행이 지지부진한 경향도 포함해서)을 없애려는 시도는 혁신을 없애는 가장 확실한 방법이기는 하다.[70]

합동참모본부 부의장을 지낸 윌리엄 오언스 제독이야말로 1990년대 중반 RMA를 가장 크게 지지한 고급 장교일 것이다. 1986년 골드워터-니컬스 국방부 개편법으로 인해 합동참모본부 부의장은 군사소요특별위원회인 합동소요감독위원회(Joint Requirements Oversight Council, JROC)의 위원장을 겸하게 되었다. 그리고 오언스는 이 위원회를 통해 합동군 관점에서 RMA 문제를 해결하고자 했다.[71] 그러나 마셜과는 반대로 오언스는 필수 작전개념과 조직 적응이 아니라 기술이 RMA의 기본이라고 생각했다. 오언스는 다음 3개 분야의 기술 발전을 강조했다. ① 센서 및 ISR(intelligence, surveillance, and reconnaissance, 정보감시 정찰), ② C4I(command, control, communications, computers, and intelligence, 지휘·통제·통신·컴퓨터·정보), ③ 정밀타격 능력이 그것이었다. 이들이 다가올 '미국형 RMA'의 핵심이 된다는 것이었다.[72]

오언스는 이러한 관점을 갖고 군사혁신을 지원했다. 그로 인해 1996년 7월 당시 합동참모본부 의장이던 존 섈리캐슈빌리 장군은 『합동 비전 2010(*Joint Vision* 2010)』이라는 책을 펴냈다. 이 책은 장차 미군이 '시스템 복합 시스템(system-of-system)'의 잠재력을 끌어내어 전장 공간에 대한 주도적 인식을 획득, 상호작용형 상황도를 통해 관심 지역 내 아군 및 적의 작전에 대해 더욱 정확한 평가를 할 것이라는 개념과 비전을 밝히고 있다.[73] 오언스는 DBA가 전쟁의 안개를 없애 줄 거라고 믿었지만 『합동 비전 2010』은 그런 주장까지는 싣지 않았다. 대신 DBA가 상황인식 능력을 개선하고, 반응 시간을 단축하며, 전장 공간을 더욱 투명화하겠지만, 전쟁의 안개와 마찰을 완전히 없애지는 못할 거라는 좀 더 조심스러운 주장을 담았다.[74]

마셜은 『합동 비전 2010』에 대해 의견을 말한 적이 없다. 그러나 크레피네비치와 와츠는 이 책이 기술에만 초점을 맞추었으며, 다른 나라 군대들이 미군의 우위를 상쇄하기 위해 시도할 경쟁 방법에 대해서는 적지 않았음을 지적했다. 와츠는 특히 기술로 전쟁의 안개와 마찰을 적어도 대부분, 경우에 따라서는 완전히 없앨 수 있다는 오언스의 관점 때문에 짜증이 났다.[75] 그는 군사 이론가 카를 폰 클라우제비츠의 "전쟁의 마찰은 전쟁의 타고난 속성이다"라는 주장을 발전시켜 매우 긴 보고서를 썼다.[76] 실제로 NATO의 1999년 세르비아 개입에서부터 미국의 아프가니스탄전쟁과 이라크전쟁에 이르기까지 기술이 클라우제비츠가 말한 전쟁의 마찰을 없앴다는 증거는 사실상 나오지 않았다.

그래도 어쩔 수 없었다. 마셜은 더 이상 RMA의 서술을 제어할 수 없게 되었다. 윌리엄 페리가 「포린어페어」지에 RMA에 대한 관점을 게재한 지 4년이 지난 후, RMA는 작은 산업으로까지 성장했다. ONA의 1992년 MTR 평가는 분명 RMA 관련 논의를 시작했고, 그 정의가 무엇인지 밝혔지만, 이제는 미국의 안보계 내에서 저마다 내놓은 나름대로의 해석이 과잉 상태였다. 오언스 같은 사람들이 나름대로의 RMA를 정의해서 내놓은 것이었다. 각 군은 RMA 문제를 해결하기 위한 대안을 개발하면서, 마셜이 주장한 노선으로 나아가기 위해서보다는 냉전 이후의 예산 감축 속에 자군의 기존 프로그램과 예산을 지키기 위해 RMA의 용어와 구호를 더욱 잘 써먹곤 했다. 국방 컨설팅기업들도 이걸 사업기회로 여기고 스스로를 RMA 전문가로 선전하고 다녔다.

마셜은 처음에 국방부 고위 지도자들이 MTR 평가를 봐주기를 바랐으며, 갈수록 더 많은 사람들이 이 평가를 봐주기를 바랐다. 그 점을 감안할 때 자칭 RMA의 선구자인 마셜에게 이런 현상은 근본적인 문제였다.[77] 그는 자신의 일은 MTR에 대응하는 법을 각 군에 알려주는 것이 아니라고 주장했다. 즉, 군대가 적용해야 할 작전개념, 구입해야 할 무기체계, 배치해야 할 부대 편성 같은 걸 자신이 알려줄 필요는 없다는 것이었다. 마셜은 훗날 이렇게 말했다. "저는 '여기 정답이 있다'는 식의 말을 매우 경계합니다. 사실 저는 최상의 방식을 찾아내어야 할 책임감을 느끼는 이들은 군의 장교단이라고 생각합니다. 그 사람들 말고는 그걸 할 사람도 없구요. 장교들은 그 일을 하기에 최적의 위치에 있습니다. 또한 RMA에 대한 책임감과는 별도로 자신이 이끄는 부하에 대한 책임감도 있는 사람들입니다."[78]

마셜의 생각대로 각 군이 RMA 수행의 최종 책임을 진다면, 마셜과 ONA는 어떻게 해야 자신들이 원하는 방향으로 군대의 시선을 돌릴 수 있을까? 이를 위해 마셜은 1990년대 ONA의 역량을 전쟁게임 지원, 사례연구 지원, RMA에 대한 전문적 및 학술적 집필 지원에 투입했다. 이러한 방법은 상당한 발전을 불러왔다. 물론 마셜이 원하던 수준에 비하면 한참 미흡했지만.

마셜은 얼마 안 되는 예산을 사용해 군사 학술지 「계간 합동군(Joint Forces Quarterly)」에서 RMA 에세이 대회를 열기도 했다.[79] 그는 전간기 미 해군 항모 항공부대의 발전에 대한 연구를 지원하기도 했다. 그리고 톰 혼, 노먼 프리드먼, 마크 맨델스의 뛰어난 연구 성과에 감동했다. 뛰어난 ONA 직원인 해군 중령 얀 반 톨은 이들의 연구 결과를 요약 정리하였다. 마셜은 이 요약문을 자신이 마음속에 담고 있던 것의 사례라며 다른 사람들에게 보여주었다.[80] 반 톨은 ONA에 배속된 다른 해군 장교인 제임스 피츠사이먼즈와 함께, ONA가 후원하는 RMA 워크숍과 전쟁게임에서 도출된 결론들을 갈수록 더 철저히 연구하게 되었다. 1995년 중반 이들은 효과적 전투 네트워크 핵심부의 데이터 융합 문제는 오언스 제독이 말한 전장 공간에 대한 주도적 인식을 달성하고 이용하기 위한 선결 과제라는 결론을 내렸다.[81]

ONA의 RMA 워 게이밍에는 마이클 빅커스의 공로도 컸다. 전직 육군 특수부대 장교였던 그는 CIA 담당관을 거쳐 2011년에는 미 국방부의 정보 차관보가 된다.[82] 빅커스는 뛰어난 신체에 1급 전략가의 두뇌가 결합된 드문 인재였다. 1980년대 후반 그는 아프가니스탄에서 소련 점령군에 맞서 싸우던 현지인 무자헤딘 게릴라를 지원하는 미군 요원으로 활동했다. 미국의 무자헤딘 지원 사업은 성공을 거두었으며, 이는 이후 책 『찰리 윌슨의 전쟁(*Charlie Wilson's War*)』으로도 널리 알려졌다.[83] 빅커스는 이후 CIA를 떠나 존스홉킨스대학교 니츠 고등국제학대학원에 가서 엘리엇 코언의 지도를 받아 석사학위 과정을 밟았다. 이때 그는 크레피네비치가 가르치던 총괄평가 과목도 수강했다. 빅커스는 이 과목 기말 보고서 주제로 군사혁신을 골라 연구했다.

1993년에 낸 이 보고서는 크레피네비치를 크게 감동시켰다. 크레피네비치는 이 보고서를 마셜에게도 보여주었으며 마셜 역시 감동했다. 그래서 빅커스는 ONA에 인턴으로 들어가게 되었다. 빅커스는 마셜과 토론을 하면서, RMA가 성숙되었을 때를 위한 일련의 전쟁게임을 만든다는 발상을 하게 되었다. ONA의 MTR 평가에서 묘사된 바와 같이, 미국과 그 주요 경쟁국들이 모두 장거리 정밀타격 능력을 갖게 되었다는 것이 전제다. 빅커스는 이 게임에 '20XX'라는 이름을 붙였다. 이런 게임 속 상황이 적어도 21세기 초반에는 오지 않을 것 같았기 때문이었다. 그는 전략예산평가본부(Center for Strategic and Budgetary Assessments, CSBA)를 위해 이 게임을 실행했다. CSBA는 크레피네비치가 육군에서 제대한 직후인 1995년 창립한 싱크탱크였다.[84]

마셜은 RMA에 대한 혁신적 사고를 독려하고자 연구원 프로그램도 만들었다. 유망한 젊은 장교들에게 MTR 관련 문제를 체험시키려는 의도였다. 국방장관 전략연구단(Secretary of Defense Strategic Studies Group,

SecDef SSG)과 국방장관 연구원 프로그램이 이런 프로그램에 속했다. 이런 프로그램의 필요성을 처음 제기한 것은 마셜과 로빈 피리였고 얼마 후 오언스 제독도 합세했다. 피리는 과거 해군 참모총장 전략연구단(Chief of Naval Operations' Strategic Studies Group, CNO SSG)을 운영했다. 오언스 제독도 청년 장교 시절 이 연구단의 일원이었다. CNO SSG는 제독이 될 가능성이 매우 높은 중견 장교들을 매년 엄선해 받아들였다. 1년간의 교육과정 중 이 장교들은 해군 지도부에게 중요한 전략문제의 평가를 맡게 된다. 또한 해군 고급 지휘관들을 만나 해당 문제에 대한 식견을 배우게 된다. 연말에는 발견 내용을 해군 참모총장에게 보고한다. 이 프로그램의 주목적은 좋은 평가를 만들어내는 것이 아니라, 장교들의 정신 교육이라고 오언스는 말했다. 이제까지 익숙하던 작전적·전술적 사고가 아닌, 전략적 사고를 하는 법을 가르치는 것이었다. 이 발상이 마음에 들었던 마셜은 페리 장관을 설득해 자신만의 전략연구단을 창설했다.

마셜은 한 발짝 더 나아가, 페리에게 국방장관 연구원 프로그램을 만들 것을 제안했다. SecDef SSG와 마찬가지로 이 프로그램은 전군에서 엄선된 소수의 장교들을 학생으로 받았다. 그러나 SecDef SSG와 다른 점은, 이들이 민간 기업에 파견되어 신기술 등장과 경쟁 판도의 변화가 빠른 환경에서의 전략 기획을 배운다는 것이다. 즉, 이들은 군대 조직과 마찬가지로 역동성과 불확실성이 심한 환경 속에서 전략 기획을 하고 있는 기업에 파견되는 것이다.

페리 장관은 1995년 9월 SecDef SSG와 국방장관 연구원 프로그램을 승인해 주었다.[85] SecDef SSG 프로그램은 페리의 후임자인 윌리엄 코언

장관 시절에 막을 내리고 말았다. 그러나 국방장관 연구원 프로그램은 아직 명맥을 유지하고 있다. 또한 이 프로그램을 수료한 장교들의 장성 진급률은 엄청나게 높다.

1996년, RMA 관련 논의가 본격화되자 마셜은 냉전 이후 안보환경에 맞는 ONA의 장기적 성격에 대해 생각하게 되었다. 그는 1997년 말까지는 ONA가 국방부의 혁신을 유도하고, 그 이후에는 전통적인 총괄평가에 시간과 힘을 다시 쓸 수 있을 거라고 생각했다.[86]

이는 마셜이 1972년 소련과의 장기 경쟁 평가를 위해 개발한 총괄평가 개념의 내구성과 큰 관련이 있었다. 즉, 그러한 개념이 과연 냉전 이후 시대에도 타당성이 있는가 하는 문제인 것이다. 마셜은 잠재적 경쟁 국가들의 불확실성과 국가목표의 모호성이 약간 증가했으나, 장기 경쟁 체제는 여전히 적절하며, 그가 키신저의 NSC 산하 총괄평가단 단장 시절 개발한 분석 체제 역시 적절하다고 판단했다.[87] 마셜은 또한 "아시아의 중요성이 갈수록 커질 것"이라는 1980년대 후반부터의 믿음 역시 아직 유지하고 있었다. RMA에 대해서는 이렇게 생각했다.

잠재적 RMA는 중요하다. 그러나 RMA가 일으킨 총괄평가적 문제와 의문을 해결해야 한다. 좀 더 폭넓은 분석에 기반해보건대, 그러려면 각국 군대 간의 핵심 경쟁 영역을 주시할 필요가 있다. 여기에는 정밀타격 무기와 정보전이 포함된다. 그러나 또 다른 영역도 생각해봐야 한다.

전력 투사의 위력은 무기, 특히 화생방 무기의 발전으로 매우 강화되었다. 이러한 전력 투사야말로 매우 중요한 문제다. 가까운 미래에 미군

내에 전력 투사에 주안점을 둔 여러 RMA가 실시될 확률은 높다. 미군은 소수의 화생방 무기를 보유한 중소국가를 상대로도 신기술과 신작전법을 사용해 더욱 효과적으로 싸울 수 있을 것이다. 그러나 그보다 먼저 아시아에서 더 큰 경쟁 국가가 등장할 것이다. 중국은 그럴 가능성이 특히 높은 국가다.[88]

마셜은 RMA 관련 문제에 계속 촉각을 곤두세우는 한편, 1990년대 후반부터 ONA의 주안점을 중국에 두기 시작했다. 그는 이미 1987년 프레드 이클레에게 보낸 각서에서, 중국을 또 다른 장기 경쟁상대로 예측한 바 있다. 또한 대량살상 무기와 핵무기를 포함한 첨단 군사-기술의 확산에도 주의하기 시작했다. 마셜이 1990년대 초반에 희망한 대로 군사혁신이 미 국방전략의 핵심을 차지하지는 않았지만, 2000년에 마셜은 미래전의 성격에 대한 논의 조건을 정하는 데는 성공했다. 그러나 마셜은 잘 정의된 국방전략이 없다는 데 실망했다. 그게 있어야 국방부 고위 지도자들이 국방부와 군을 장기 전략 운영하는 데 유익한 총괄평가를 할 수 있었다. 그의 실망은 클린턴 퇴임 후 등장한 조지 W. 부시 행정부에서도 계속되었다.

9

아시아태평양으로의 전환

2001~2014년

총괄평가의 기능은 최고 지도자들에게, 이들이 더 관심을 가져야 하는 문제에 대한
솔직하고 사려 깊으며 편견 없는 진단을 제공하는 것이라고 생각한다.
우리가 처한 상황으로 보건대, 우리의 최고 지도자들은 앞으로 더 많은 문제에 시달릴 것이다.
— 앤드루 마셜

21세기의 첫 10년 동안 마셜의 사생활에는 큰 변화가 있었다. 2004년 12월, 오랜 암 투병을 하던 메리 마셜이 타계한 것이다. 앤드루 마셜과 결혼한 지 50년이 좀 넘은 시점이었다. 둘 사이의 금슬은 좋았다. 메리가 매우 똑똑했고, 누구나 첫눈에 그렇게 평가할 수 있어서였다. 앤드루 마셜과 마찬가지로, 메리 마셜 역시 들을 가치가 있는 이야기와 그렇지 못한 이야기를 정확히 구분할 수 있었고, 후자에는 구태여 시간을 들이려 하지 않았다.

타계 당시 메리가 살던 집은 워터게이트 단지 인근 버지니아 애비뉴의 임대 아파트였다. 그들 부부가 1972년에 잠시 살 걸로 예상하고 들어왔던 곳이었다. 마셜 부부는 언제나 로스앤젤레스의 집으로 돌아갈 계획을 갖고 있었다. 그러나 워싱턴에서 수십 년을 지내다 보니 메리도 워싱턴의 풍경에 정이 들어갔다. 그녀는 특히 이곳의 직물 박물관을 매우 좋아했고, 이 박물관의 회원제 프로그램도 여러 해 참가했다. 앤드루 마셜은 입버릇처럼 내년이면 캘리포니아로 돌아가겠다고 했지만, 그 약속은 결국 지켜지지 않았다.

마셜은 그리 오래 홀로 지내지 않았다. 친구들의 설득에 못 이긴 그는 앤 스미스와 저녁을 먹었다. 앤 스미스 역시 남편과 사별했다. 이들은 국무부 인근의 포기 보텀 지하철역에서 만나, 마셜이 좋아하던 프랑스 음식점에 걸어갔다. 식사 내내 이야기는 앤이 주도했고, 결국 앤은 다음 번 만남에서는 앤드루 마셜의 얘기를 듣고 싶다고 말하게 되었다. 그녀는 자신과 마셜 사이에 공통점이 많다는 것을 알게 되었다. 둘 다 중서부에서 나고 자랐고, 잉글랜드계였다. 종교도 같았다. 앤이 1940년대 후반 무용을 배우러 대학을 자퇴한 후에는 둘 다 시카고의 미시간 애비뉴에서 활동했다. 식사 후 앤과 함께 지하철역으로 걸어가던 마셜은 앤에게 다음 저녁 식사나 사교 모임에 같이 가주지 않겠냐고 요청했고, 앤은 이를 수락했다.

몇 주일 후 그는 앤에게 함께 프랑스를 여행하자고 했다. 여행 계획을 좀 변경해야 하긴 했지만, 노르망디 해변에도 가보지 않겠냐고 물었다. D-Day 당시 미군이 유럽 대륙에 처음으로 발을 들인 곳이다. 앤은 반대했다. 그곳에 가면 울 것 같다며 마셜을 당혹케 했다. 마셜은 노르망디 해변에 이미 다섯 번을 갔지만, 끈질기게 권했다. 노르망디에서 싸우다 죽은 미국인들은 마셜과 앤의 세대이며, 이들에게 경의를 표해야 한다는 것이었다.

앤은 결국 노르망디에 가긴 했지만, 2006년 11월 마셜과 결혼한 이후

© 배리 와츠

2006년 12월, 결혼 피로연에 나온 앤드루 마셜과 앤 스미스 마셜.

© 국방장관실

2006년 12월 14일, 국방개혁에 앞장선 공로로 국방부 우수 복무 민간인 상을 마셜에게 수여하는 도널드 럼스펠드 국방장관. 드미트리 포노마레프는 이 행사에서 참가자들의 기립박수를 받은 사람은 마셜 혼자뿐이었다고 전했다.

였다. 결혼 직후 마셜은 결국 메리와 함께 살던 버지니아 애비뉴 아파트를 처분했다. 그는 국방부에서 남쪽으로 수 킬로미터 떨어진 알렉산드리아 프린스 스트리트에 있는 앤의 아파트로 이사 갔다. 그리고 근처의 아파트 한 채를 빌려 자신의 많은 장서를 보관하는 용도로 썼다. 그 아파트 단지는 킹 스트리트 지하철역에서 몇 블록 떨어져 있었다. 덕분에 1977년 지하철 청색선이 개설된 이후 줄곧 지하철로 출퇴근하던 마셜은 계속해서 지하철을 이용해 출퇴근할 수 있게 되었다.

21세기에도 마셜은 냉전 시대에 했던 총괄평가 방법으로 돌아갈 최상의 방법을 계속 연구했다. RMA를 무시하겠다는 것이 절대 아니었다. 1992년형 MTR 평가보다는 냉전기 전력 분석 쪽에 더 가까운 분석을 하겠다는 것이었다. 그러나 어떤 경쟁 국가를 상대로 어떤 종류의 평가를 해야 하는가? 수천 발이나 되는 핵무기를 갖추고 미국과 오랫동안 경쟁하던 국가가 하루아침에 사라져버렸다. 1972년 마셜은 총괄평가의 성격을 미국 및 동맹국의 군사적 입지를 소련 및 소련 동맹국과 정밀하게 비교하는 것이라고 밝혔다. 그러나 이제 소련은 사라졌고 그만한 큰 경쟁 국가는 보이지 않는다. 그렇다면 유용한 비교라는 걸 과연 할 수는 있는가? 그리고 국방부 최고 의사결정자들에게 가장 유익한 평가란 어떤 것인가?

전면 핵전쟁을 막아야 한다는 지상 과제가 있던 1970년대 초반, 슐레진저와 마셜은 전략핵, 유럽 해군 전력, 군사비 지출 균형을 냉전 당시 주요 평가 대상으로 하는 데 본능적으로 동의했다. 냉전 이후의 안보환경에서는 굳이 정밀한 총괄평가 없이도 미군이 충분한 우위를 누리고 있음을 입증할 수 있었다. 특히 사담 후세인의 이라크처럼 열등한 적과의 재래식 분쟁에서는 더더욱 압도적이었다. 그것이 바로 1991년 걸프전쟁, 1999년 세르비아전쟁, 2001~2002년의 아프가니스탄전쟁, 2003년의 이라크전쟁이 반복해서 남긴 확실한 배움이었다.

그러나 ONA의 미래를 생각하기 시작한 마셜은, 최고 의사결정자들에게 기존의 또는 대두될 문제를 부각시키는 것만큼이나, 그들이 보고 싶어하는 기회를 보여주는 것 또한 총괄평가의 중요한 목표라고 생각했다. 지난 냉전 시대에도 그랬듯이 말이다.[1] 그는 또한 1960년대 후반부터의 장기 경쟁 체제가 아직도 유효하다고 생각했다. 변한 것은 미국 외부의 안보환경뿐이었다.

1996년 ONA의 향후 운영을 생각하던 마셜은 향후 평가할 만한 주제들을 시험적으로 제안해보았다. 장차 유럽보다는 아시아가 미국의 안보에 더 중요해질 것으로 보였다. RMA의 발전 역시 계속 중요한 주제가 될 것이었다. 모든 무기의 확산은 미국의 해외 전력 투사에 분명 도전이 될 것이었다. 그리고 등소평의 경제 개혁으로 인해 중국은 신흥국이 되었다.[2] 그러나 ONA의 향후 주요 연구과제와 방향을 정하려던 그의 시도는 RMA 관련 문제를 계속 ONA가 받아들이면서 좌초되었다.

1999년 10월 마셜은 미래 총괄평가 문제로 돌아왔다. 이번에는 직원을 데리고 2일간 국방부 밖에서 회의를 했다. 그러나 장래 어떤 주제를 골라 평가할 것인지, 어떻게 하면 가장 잘 평가할 것인지에 대해서는 뾰족한 답이 잘 나오지 않았다. 사실 이 회의에서 오간 말 대부분은 마셜이 1996년 내놓은 각서에서 실시한 관측 내용을 벗어나지 못했다. 그 관측 내용은 미국의 시선은 유럽에서 아시아로 옮겨갈 수 있으며, RMA

의 발전은 미래의 전쟁 방식을 크게 바꿔놓을 것이며, 첨단 무기, 특히 핵무기의 확산은 계속된다는 것이었다. 향후 ONA의 나아가야 할 바에 대해 좋은 의견이 좀처럼 나오지 않자, 마셜은 다음 날 일정보다 서둘러 회의를 폐회시켰다.[3]

이듬해 봄 마셜은 미래 총괄평가의 성격에 대한 생각을 정리하기 위한 또 다른 시도를 했다. 그는 당시 미국은 그 어떤 나라보다도 우월한 군사력을 지니고 있으며, 특히 재래식 군사력의 우위는 더욱 분명하다는 점을 지적했다. 비록 미국 지도자들이 딱히 군사적 우위를 추구하지 않는다 해도, 이는 분명 포기하기 어려운 장점이다.[4] 이러한 관측을 통해, 그는 미래의 ONA 평가는 경쟁 환경의 예상되는 변화, 특히 미국의 군사적 우위를 약화하거나 상쇄시킬 수 있는 변화에 중점을 두어야 한다고 보았다. 중국·러시아·이란 등의 국가들은 이미 공식 발표나 문서를 통해 미국의 입지를 약화시키고자 하는 욕구를 강하게 드러내었다.[5]

이러한 생각의 연장선에서, 미국은 주요 군사적 경쟁에서 그 어떤 국가보다도 뛰어난 면모를 보여야 하며, 이런 상태를 가급적 오래 유지해야 할 필요성이 제기된다. 이를 위해서는 OSD와 미군이 전략적으로 중요한 군사적 경쟁이 무엇인지에 대해 의견 일치를 보아야 한다. 그리고 그러한 경쟁 분야는 비교적 소수여야 관리가 편하다. 동시에 국방부 지도자들은 가치가 떨어지는 군사적 능력이 무엇인지 알아내고, 그런 능력 영역에는 투자를 줄여야 한다. 마지막으로, 가치가 높아지는 군사적 경쟁 영역에서는 적절한 투자를 통해 조기에 우위를 확보 내지는 유지해야 한다.

마셜은 ONA의 장기 연구 과제의 재평가를 주기적으로 시도했으나,

2002년 하반기까지는 이렇다 할 방향을 정하지 못했다. 그리고 2003년 봄, 미국이 이끄는 다국적군이 이라크 침공을 준비하고 있을 때 그는 향후 10년간의 ONA의 역할과 임무에 관한 하루짜리 워크숍을 개최했다.[6] 이 워크숍에서 그는 여러 개의 결론을 얻었다. 첫 번째 결론은 ONA는 다른 국가안보 기구에서 생각하지 않는, 미국의 안보에 중대한 영향을 줄 수 있는 미래의 여러 측면을 연구하는 데 더 큰 노력을 들여야 한다는 것이었다. 그렇게 될 때까지 ONA는 발전된 정밀타격 능력 관련문제, 통제되지 않는 핵확산 문제에 대한 분석을 계속할 것이다. 그리고 두 번째 결론은, 미래 안보환경을 지배할 군사적 경쟁 영역을 알아내고, 이러한 경쟁에서 미국이 지배적인 위치를 차지할 방법을 알아내야 한다는 것이었다.[7]

그러나 2004년 중반이 되어서야 마셜은 공식적으로 ONA에 새로운 장기 연구주제를 주었다. 그는 평가해야 할 3개의 주요 균형을 찾아냈다. 첫 번째는 아시아의 군사적 균형이었다. 중국의 융성을 막을 필요성을 강조하며, 이 균형에 대해 지역적 평가를 할 필요가 있었다. 두 번째는 A2/AD 환경에서의 전력 투사기능 평가였다. 세 번째는 베트남전쟁 이후 크게 발전한 사실적 전투 훈련에서의 미국의 우위가 얼마나 지속될지에 대한 평가였다.[8] 이러한 균형 영역에 그는 다음 요인들에 의한 안보환경의 변화를 예측하는 일련의 연구를 추가했다. 그 요인들이란 수중전 기술·생명공학·인문과학·지향성 에너지무기·러시아 인구감소·자연 재해(아시아의 AIDS 창궐 등) 등이었다. 그는 또한 치안 유지 및 안정화 작전, 이슬람 세계에 널리 퍼져 있는 친족 사회에 대한 이해, 미국의 장기 경제전망 등의 신 영역에 대한 연구지원 가능성도 언급했다.[9]

냉전 이후 ONA가 가야 할 방향을 정한 마셜의 이번 결정에는 여러 심사숙고가 배어 있었다. 첫 번째로, 마셜이 오랫동안 유지해 왔던 생각인 "답을 찾기 전에 질문부터 똑바로 하는 게 중요하다"가 ONA의 이들 향후 과제에도 반영되어 있었다. 두 번째로는 1972년 총괄평가를 처음 개발했을 때 짰던 체제를 냉전 이후 안보환경에 맞게 적응시키는 것이었다. 하나의 거대한 경쟁 국가에 초점을 맞춰야 했던 냉전 시대와는 달리, 이제 미국은 더욱 복잡한 세계에 발을 내딛었다. 특히 알카에다 테러리스트들이 여객기를 공중 납치해 국방부와 세계무역 센터를 들이받은 2001년 9월 11일 이후에는 더더욱 말이다. 마지막으로 생각하고 반영했던 점은 9·11 테러 이전 몇 달간 마셜이 수행했던 국방전략 검토의 실망스러운 결과물들이었다.

도널드 럼스펠드가 조지 W. 부시 행정부의 국방장관으로 임명되어 국방부에 다시 돌아온 직후인 2001년 초, 럼스펠드는 마셜에게 미 국방전략 검토를 실시할 것을 지시했다. 럼스펠드의 첫 국방장관 임기 동안 그와 마셜은 서로를 존경했다. 그 점을 감안한다면 럼스펠드가 마셜에게 그런 임무를 맡긴 것도 자연스러웠다.

마셜이 이 임무를 맡았을 때의 환경을 보면 럼스펠드가 생각하는 마셜의 가치가 어느 정도였는지를 더 잘 알 수 있다. 럼스펠드는 자신의 집무실로 마셜을 불러내지 않았다. 대신 그는 국방부 구내 고위 간부식당으로 마셜을 초청했다. 럼스펠드는 후일, 국방부 내의 다른 사람들에게 자신은 마셜의 사고, 특히 전략적 사고의 가치를 매우 높게 평가한다는 점을 알리고 싶었다고 적었다.[10] 럼스펠드는 또한 마셜이 점심 식사를 하면서, 언제나 그랬듯이 국방부의 관료주의는 변화를 거부한다고 경고했던 것도 상기했다.

부시 대통령 취임 후 2주가 지난 2월 3일 토요일 아침, 마셜은 미국의 군사적 지배력을 가급적 오래 유지한다는 발상에 기반한 국방전략 검토를 시작하고자 제임스 로시와 배리 와츠를 만났다. 마셜의 선임 군사자문인 해군 대령 칼 해슬링거, 그리고 ONA를 위해 일하던 컨설팅기업 SAIC사의 직원인 제프리 맥키트릭과 앤드루 메이 역시 곧 이 작업에 합류했다.

검토는 신속하게 진행되어 2월 말이 되자 미국의 우위를 계속 유지해 나가기 위한 국방전략의 목표 4개가 도출되었다. 미국이 매우 지배적이고 유리한 지리 전략적 입지를 유지한다는 전제하에서였다.

1. 가급적 오래 미국의 (핵심적) 군사력 우위를 유지해 나갈 것.
2. 미국의 지배적 입지를 이용해 긴 평화를 유지할 것.
3. 미국이 전쟁에 참전한다면, 전쟁의 규모와 사용되는 수단의 종류는 가급적 작게 할 것. 또한 전략적 완충 지대와 동맹국들을 이용해, 미국 본토와 가급적 멀리 떨어진 곳에서 전쟁할 것.
4. 대규모 또는 미국과 대등한 수준의 경쟁 국가의 출현을 억제할 것.

당시로서는 이러한 목표가 매우 분명하고 확실한 것으로 여겨졌다. 그러나 이 전략 검토는 얼마 못 가 초점을 잃기 시작했다. 2월 마셜은 전략 검토를 논의하고자 국방차관 폴 울포위츠를 만났다. 이 자리에서 마셜은 럼스펠드 장관을 비롯한 많은 사람들이 '지배적'이라는 말을 좋아하지 않는다는 얘기를 들었다. 표현을 고치라는 얘기가 OSD 정무관들 입에서 계속 나왔고, 그럴 때마다 보고서의 명확성은 떨어져갔다. 해슬링거와 메이는 이런 지침에 따르면서, 또한 보고서 내용을 부시 대통령에게 발표하기 위한 슬라이드도 만들어야 했다.

2001년 3월 21일 럼스펠드와 마셜은 대통령 앞에서 전략 검토를 발표했다. 브리핑은 럼스펠드가 실시했다. 해슬링거는 이 브리핑이 국방부 내의 누구의 바람보다도 더 잘 진행되었다고 평했다. 발표는 90분간 진행되었다. 대통령은 꽤 흥미 있어 했고 예리한 질문들을 던졌다. 그리고 결국 부시는 현재까지의 작업 결과를 보니 매우 기쁘다고 말하면서, 럼스펠드와 마셜에게 전략개발을 계속하라고 독려했다.[12]

부시의 일부 질문에 대해, 럼스펠드는 마셜에게 의견을 말할 기회를 주었다. 마셜은 실험 그리고 미래에 대해 창의적 생각을 할 수 있는 뛰어난 젊은 장교들과의 만남이 중요하다고 강조했다. 대통령은 자신도 많은 장교들과 이야기해 봤지만, 미래에 대해 혁신적인 생각을 하는 사람들은 많이 보지 못했다고 말했다.[13]

그러나 전략 검토에 대한 각 군 참모총장의 반응은 대통령만큼 호의적이지 않았다. 이들은 럼스펠드와 마셜의 대통령 브리핑이 있던 주, 계속 수정증보가 이루어지고 있던 보고서 사본을 받았다. 그러자 초기 보고서에 대해 의견이 나왔고, 그 의견에 기초해 미국이 우위를 지니고 있으며 그 우위를 계속 유지해야 할 주요 영역의 사례를 알려달라는 요청이 나왔다. 그래서 각 군 참모총장들에게 전달된 버전의 검토 보고서에는 5개의 후보 영역을 열거했다. 제공권·수중전·우주전, 로봇공학·현실적 전투 훈련이 그것이었다. 이 목록 선정은 꽤 예시적이었다. 즉, 미국이 앞으로도 계속 우위를 차지하기를 원하는 군사적 경쟁의 영역들 중 일부만을 시험적으로 선정한 것들이었다. 마셜은 이 목록이 최종적인 것이 아니라고 계속해서 주장했다. 그러나 이 버전의 전략 검토가 참모총장들 사이에서 회람된 이후 칼 해슬링거는 육군 참모총장실에 가서 당시 육군 참모총장이던 에릭 신세키 장군에게 기계화된 지상군을 주요 경쟁 우위 영역에 넣지 않은 이유를 설명해야 했다. 얼마 안 있어 다른 참모총장들 입에서도 비슷한 소리가 나오기 시작했다. 자신들이 중요하다고 생각하며 무슨 일이 있어도 지키려는 영역 수십 가지를 거명하면서 왜 이게 보고서에 없냐고 따지게 된 것이다. 국방부 관료주의에 대해 잘 알고 있던 마셜이 관료주의에 의해 어이없게도 기습을 당하게 된 것이다.

이 시점에서 일을 관료주의적으로 가장 쉽게 해결하려면, 각 군에 주요 군사적 경쟁 영역을 직접 작성하라고 하면 된다. 그러나 그렇게 할 수 없는 이유가 있었다. 우선 욕구와 수요에 비해 자원은 언제나 유한하다는 엄연한 현실은 미 국방부도 예외가 아니라는 점이다. 우위 기반 전략은 각 군에게 어떤 군사적 경쟁 영역이 향후 10~15년간 가장 중요해질 것이며 가장 큰 투자를 받을 가치가 있는지 힘들여 고르게 하기 위해 설계된 측면도 있었다. 그리고 또 한편으로는 미 국방부가 가치가 떨어지는 군사적 경쟁 영역들을 골라 지원 축소와 포기를 해야 하기 때문이기도 했다.[14]

두 번째로 가장 우선순위가 높다는 영역을 수십 개씩이나 포함하고, 거기에 점수를 부여하는 식의 목록을 만드는 것은 매우 가치 없는 행위라는 점이다. 1976년 마셜과 로시는 국가에 따라 능력이 다르므로, 미국만의 특화된 능력을 사용해 경쟁 우위를 달성하는 것도 미국의 장기적 전략일 수 있다고 주장했다.[15] 그러나 이들은 또한 기업과 마찬가지로 국가 역시 특화된 능력이 수십 개씩이나 있을 리는 없다는 점을 잘 알고 있었다. 기업 전략가인 C.K. 프라할라드와 게리 해멀은 기업의 사례를 다음과 같이 지적했다. "세계 시장을 지배하는 기업들의 경우, 주요 능력은 5~6개를 넘지 않는 경우가 많다. 그러나 20~30개의 능력을 자랑하는 기업은 그중에 핵심능력이 뭔지 제시하지 못할 가능성이 매우 높다."[16] 미국의 4군이 중요하다고 생각하는 모든 전쟁수행 영역과 역량 중 몇 분의 일이라도 보고서에 다 적는 것은, 전략적 선택을 제외한 모든 것을 다 하려는 것과 별 차이가 없다. 그 결과물은 통일된 전략이라고 볼 수조차 없다.

이러한 현실을 인식한 마셜은 보고서에 주요 군사적 경쟁 영역이 9~10개 정도만 나와 있어도 이해할 것을 각 군에 권했다. 거기에 모두가 동의할 수 있다면, ONA가 앞으로 평가해야 할 영역을 고르는 문제도 풀릴 수 있다. 주요 군사력 경쟁영역 목록은, 고위 정책결정자들이 군사력 경쟁에 임하는 미국의 대응방식을 알고자 하는 영역이었다. 경쟁 국가들이 미국의 수준을 따라잡았을 때, 경쟁 국가들이 정체되어 있을 때, 경쟁 국가들이 뒤처졌을 때의 대응방식을 알아야 하는 영역이었다. 또한 미국이 주요 경쟁에서 입지를 강화하는 방법, 큰 의미 없는 경쟁을 중요한 것으로 착각하지 않을 방법 역시 알아야 했다.

전략 리뷰에서 마셜은 간략한 주요 경쟁 목록에 대한 각 군의 동의를 얻어내지 못했다. 그러나 그는 노력을 중단하지 않았다. 9·11 테러 이후에도 마셜은 의견 일치를 얻어내기 위해 여러 시도를 했다. 2002년과

2003년 그는 칩 피킷에게 국방장관 ONA 하계 연구를 맡겼다. 주제는 '위협 기반에서 능력 기반으로의 기획 패러다임 전환을 위한 국방 포트폴리오'였다. 2005년 앤드루 메이는 또 다른 하계 연구를 주도했다. 이번의 주제는 주요 군사력 경쟁이 아닌, 미국의 우위의 근원이었다.

이러한 노력 중 어느 것도 간략한 주요 경쟁 목록에 대한 각 군의 동의를 얻어내지 못했다. 눈앞의 아프가니스탄전쟁과 이라크전쟁에 정신이 팔리고, 자신들이 원하는 계획과 예산을 사수하고자 혈안이 된 미군은 대통령이 찬성하던 국방전략 개발에 저항했다. ONA가 제안한 선택 투자 후보 영역 목록은 큰 논란을 몰고 온 나머지 결국 마셜의 전략 검토보고서 최종본 본문에는 이 목록이 삭제되고 부록에만 보이게 된다.[17]

또한 9·11 테러와 함께 시작된 이런저런 일들 때문에 럼스펠드는 우위 기반 국방전략의 발전에 쓸 시간과 에너지가 모자랐다. 9·11 테러 얼마 후 아프가니스탄의 탈레반을 상대로 한 항구적 자유작전이 실시되었다. 2003년에는 이라크 차례였다. 2002년 UN 안전보장이사회는 결의안 1441호를 통과시켰다. UN무기사찰단에게 협조하여, 대량살상무기(weapons of mass destruction, WMD)를 완전히 제거했고, 더 이상 만들지 않겠음을 증명할 것을 이라크에게 요구하는 내용이었다. 여러 차례의 요구에도 불구하고 이라크 독재자 사담 후세인 대통령이 이 결의안의 수용을 거부하자, 수개월 후 미국 주도의 다국적군이 이라크를 침공했다. 불과 3주간의 작전 끝에 사담 후세인 정권은 붕괴됐다.

제2차 걸프전쟁이라고도 불리는 이 이라크 자유작전으로 인해 미군과 다국적군은 이라크에서의 장기 게릴라 전투에 발이 묶이게 되었다. 마치 아프가니스탄전쟁에서처럼 말이다. 마셜이 2001년 2월 말에 내놓은 전략 대강에서는 "미국이 참전한다면, 전쟁의 규모와 사용되는 수단의 종류는 가급적 작게 할 것. 또한 미국 본토와 가급적 멀리 떨어진 곳에서 전쟁할 것"이라고 했다.[18] 항구적 자유작전과 이라크 자유작전은 물론 미국 본토에서 멀리 떨어진 곳에서 실시되었다. 그러나 부시 행정부는 전쟁의 규모를 작게 억제하지도 못했고, 사용되는 수단의 가짓수를 한정하지도 못했다. 특히 이라크전쟁의 경우, 사담 후세인을 축출하고 이라크 전토를 정복한 이후의 장기적 결과를 처리할 계획이 너무나도 부실한 상태에서 전쟁이 시작되고 3주간의 대규모 전투를 치렀다.

이라크 자유작전 개시 불과 2일 전, 와츠는 마셜에게 국방부 고위 정책결정자들이 2001년부터 논의된 우위 전략 또는 미국이 비교 우위를 갖고 있는 특정 영역에 대한 집중 투자 전략을 수용할 징후가 보이는지를 물었다. 마셜은 그렇지 않다고 대답했다.[19] 이라크가 게릴라가 판치는 무법 지대로 변해가기 시작하자, 국방부 고위층은 이라크 문제에 더 많은 시간과 정력을 쏟아붓기 시작했다.

로버트 게이츠가 럼스펠드에 이어 국방장관이 되던 2006년 11월, 이라크의 상황은 국민 대다수를 이루는 시아파와 소수 수니파 간의 내전 중이었다. 여기에 알카에다는 물론, 심지어 이란 비밀요원들까지 참전하고 있었다. 군의 뿌리 깊은 변화에 대한 저항과, 계속 길어지는 아프가니스탄과 이라크전쟁이 마셜의 전략 형성 노력을 무위로 돌려버렸다. 2001년 전략 검토의 최종 분석은 큰 조직의 사고방식과 우선순위를 근본적으로 바꾸기가 엄청나게 어렵다는 것을 알려주는 우화가 되고 말았다.

경쟁 상황에서 좋은 전략을 만드는 것은 결코 쉽지 않다. 경쟁 상대방은 이쪽과 매우 다른 결과를 원하고 있으므로, 양측 사이의 상호 작용을 예측하기가 매우 어려운 것도 그 이유 중 하나다.[20] 냉전 이후 여러 행정부의 국가안보 및 국방전략 개발 노력도 예외는 아니다.

2001년 전략검토 이후, ONA의 주된 연구 주제는 다음 두 가지였다. 중국의 융성과 RMA의 성숙이었다. 특히 RMA 관련해서는 정밀타격 무기의 발전으로 인해 생긴 문제들이 주였다. 총괄평가적 시각에서 볼 때, 중국의 융성과 재래식 정밀유도 무기의 확산은 매우 밀접한 연관이 있었다. 중국의 장거리 정밀타격 능력이 발전할수록, 서태평양의 군사력 균형은 중국에 유리해진다. 그만큼 중국이 해당 지역의 미국 동맹국이나 우방국을 도발할 가능성도 커진다.

중국은 제3국의 개입을 막기 위해 A2/AD 능력을 키우려고 했다. 이는 1990년대 중반부터 시작된 중국군의 전면적 현대화 노력의 일환이었다. 그러나 중국군의 현대화와 A2/AD 능력 증진이 미 국방부의 골칫거리가 되기도 전부터, 미국 정가에서는 중국의 경제 부흥에 대한 대응책 마련을 놓고 뜨거운 논쟁이 벌어지고 있었다. 그 논쟁의 시발점은 1992년 3월 「뉴욕타임스」에 실린 국방부 국방기획지침(Defense Planning Guidance, DPG)의 비밀 문건이었다.[21] 1991년의 걸프전쟁과 소련의 급작스런 붕괴로, 미국의 정책결정자들은 소련의 힘을 억제해야 하던 시절은 끝났으며 미국이 역사적 전환점을 맞았음을 확실히 알게 되었다. 이는 1990년 8월 2일 애스펀연구소에서 한 부시 대통령의 연설에서도 드러난다. 당시 그는 1995년까지 미군 현역 병력을 25퍼센트 줄이겠다고 발표했다. 유감스럽게도 냉전 이후 안보 전략을 수립하려던 부시의 노력은 같은 날 벌어진 이라크의 쿠웨이트 침공에 파묻혀버렸다.

1991년 걸프전쟁이 종결되고 나서 백악관이 발표한 국가안보 전략에서는 미군의 기지 전력을 일종의 덤으로만 언급하고 있었다. 냉전 이후를 대비한 국가안보정책과 국방전략을 더욱 포괄적으로 수립해야 했다. 이 문제를 해결하기 위해 국방장관 리처드 체니와 정책차관보 폴 울포위츠는 울포위츠의 부차관보인 I. 루이스 '스쿠터' 리비에게, 부시 행정부의 애스핀연구소 발언 및, 1991년 3월에 발표한 국가안보 전략 이후를 대비한 국방 기획 지침을 만들 것을 지시했다.

리비를 비롯해 신전략 초안 작성에 참여한 많은 사람들은 트루먼 행정부의 봉쇄정책 입안과, 아이젠하워 행정부의 대규모 보복전략 입안 과정을 눈여겨보았다. 트루먼 행정부의 「NSC 68」(봉쇄), 그리고 아이젠하워 행정부의 NSC 162/2('새로운 관점'과 대규모 보복)를 낳은 솔라리움 훈련은 미국 역사의 주요 분기점에서 대전략을 세우는 데 크게 공헌했다. 리비를 포함한 여러 사람들이 1992년에 작성한 DPG는 미국 외교정책의 극적인 분기점에서, 정부 관료들이 한 걸음 물러서 전략적 사고를 시도한 세 번째 사례였다.[22]

2월 18일자 DPG 원고의 일부를 발췌해 실은 「뉴욕타임스」의 1992년 3월 8일자 기사가 몰고 온 후폭풍은 그러한 큰 의미를 짚어내지 못했다. 이 기사를 쓴 패트릭 타일러 기자는 제목과 첫 문장을 통해, 이번 DPG에서 제안한 국방전략의 주목적이 "서유럽·아시아·옛 소련 지역에서 또 다른 경쟁 초강대국의 출현을 막는 것"임을 강조했다.[23] 그러나 대단히 사려 깊은 비평가들조차도, 이 발언을 가리켜, "융성하는 중국 앞에서 세계적 헤게모니를 지키겠다는 비현실적 시도"라고 지적했다.[24] 즉,

부시 행정부의 미국은 세계 경찰을 자임하며 동맹국 및 우방국과의 집단 안전보장을 기피하겠다는 뜻으로 DPG가 해석된 것이다.

DPG의 이후 버전은 유출되지 않았다. 그리고 그것들은 이런 해석과는 갈수록 거리가 먼 내용을 담고 있었다. 예를 들어 3월에 체니에게 전달된 버전에는 미국의 이익에 매우 중요한 지역에 적대적이고 비민주적인 정권의 출현을 막고, 그럼으로써 미국과 그 동맹국의 이익에 대한 세계적 위협의 부활을 더욱 확실히 막아주는 미래 안보환경 조성에 필요한 미국과 동맹국의 노력을 강조했다.[25] 그로부터 9년 후인 2001년 9월에 나온 미 국방부 「4년 주기 국방검토보고서(Quadrennial Defense Review, QDR)」에서는, 더욱 안전한 미래 안보환경을 만들기 위한 미국의 정책 목표 중 하나로, 적국이 미국 또는 그 동맹국과 우방국의 이익을 위협하려는 계획 또는 작전을 실행하지 못하게 한다는 발상이 담겨 있었다.[26] 그 외에 다른 세 가지 정책 목표로, 미국의 동맹국과 우방국에 대한 안전 보장, 미국의 국익에 대한 위협과 강압의 억제, 억제의 실패 시 적국에게 결정적인 패배를 입히는 것이 들어 있었다.

이러한 목표 전략과 정책을 통해 잠재 적국이 미국에 맞서 군사적 경쟁을 못 하게 단념시킨다는 개념은 전혀 새로운 것이 아니다. 마셜의 2001년 전략 검토의 핵심은 미국이 군사적 우위를 유지해야 장기간 평화를 유지할 수 있다는 것이다. 그러나 그 이면에 숨은 개념, 즉 잠재 적국들이 미국에 맞서 대규모 군사적 도전을 할 수 없는 안보환경을 만든다는 개념은 그보다 훨씬 더 오래된 것이다. 2001년 QDR에서 밝힌, 상대로 하여금 군사적 경쟁을 단념케 한다는 전략 목표의 기원은 1980년대 중반 와인버거의 경쟁전략 채택에서까지 찾을 수 있고, 거기서 또 다시 소련과의 장기 경쟁체제를 언급한 마셜의 1972년 RAND 보고서까지 거슬러 올라갈 수도 있다. 1992년 2월 DPG 원고 유출은 분명 잠재적국의 군사적 경쟁 시도를 막자는 전략 제안에 대한 논쟁을 일으켰다. 이 전략은 옳다. 그러나 세계 경찰로서의 미국 이미지는 심각한 정치적 반발을 불러일으켰다.

1992년 DPG로 인해 발생한 논란이 계속되는 동안, 마셜은 평소와 마찬가지로 다른 누구보다도 먼 미래를 내다보고 있었다. 아직 미개척 상태의 시장이었던 중국은 1990년대는 물론 2000년대 초반까지 많은 미국인을 유혹했다. 그 미국인들은 중국의 가능성에 홀린 나머지, 중국이 미국의 지위를 위협할 수 있는 동아시아의 주요 군사 경쟁국이 될 수 있다는 가능성을 무시했다. 반면 마셜은 중국의 실제 사고와 행동에 집중했고, 당대의 '상식'은 무시했다. 또한 그는 중국의 장기목표·전략 풍토·역사·중국군의 전투력 증강에 관한 데이터, 그리고 경험적 연구에 집중했다.

에런 프리드버그가 2000년에 밝힌 바에 따르면, 이미 진행되고 있는 미·중 전략 경쟁의 여러 측면을 냉정하게 보는 것이야말로 중국의 융성에 대응하는 통일적 장기 전략에 관한 마셜의 출발점이었다.[27] ONA의 연구가 중국에 대응하는 미국의 전략을 결정지었다고 하기는 어렵다. 그러나 적어도 표면적으로 보면, ONA의 연구는 중국에 대응하는 미국 전략의 큰 틀을 짜는 데 기여했다. ONA의 MTR 보고서가 군사혁신에 관한 논의의 틀을 잡은 것과 마찬가지 방법으로 말이다. 1990년대 말 ONA는 중국이 미군의 아시아태평양 지역 전력 투사를 저지할 목적으로 A2/AD 능력을 전개하기 시작했음을 경고한 미 정부 최초의 조직이었다. 아시아태평양 지역은 미국의 안보에 매우 중요한 지역으로 간주되어 왔다. 2002년 마셜은 럼스펠드 장관에게 보낸 각서에서, 미국 국방전략은 국방부 내의 관심을 아시아로 돌릴 필요가 있다고 지적했다.[28] 같은 각서에서 그는 장차 중국이 장기적으로 시도할 악의적인 군사적 도발의 유형을 예측하고, 이 예측 내용을 각 군별 및 합동 전쟁게임, 교육 훈련 프로그램(통상 광역 해군-공군-특수전 부대 훈련 포함)에 적용할 것을 미군에 지시하라고 권했다.[29]

그 이후 미·중 경제안보 검토위원회는 중국의 융성이 국가안보에 미치는 영향에 대한 일련의 연례 보고서를 펴냈다. 이들 보고서에는 또한 중국군이 서태평양에서 구사하는 지역통제 전략에 대해서도 다루고 있었다.[30] 결국 2012년 버락 오바마 대통령은 아시아태평양 지역에 대한 미국의 태세를 재조정할 것을 지시했다. 이는 마셜이 MTR 때와 마찬가지로 다시 한 번 미 정부의 대부분의 사람들보다 더 먼 미래를 내다보았음을 확실히 의미한다.

마셜이 1970년대 초반부터 해냈던 총괄평가들은 현재까지 비밀 처리되어 있다. 1978년 유럽평가와 1992년 MTR 평가는 예외다. 그러나 냉전 종식 이후 실시된 중국의 경제개발과 전략 풍토·정밀타격 능력의 발전·핵무기의 확산 등에 대해 실시된 ONA 외부 연구 대부분은 비밀해제되었다. 이들을 포함한 여러 영역에 대한 ONA의 연구는 2000년 이래 다양한 군사적 경쟁에 대한 마셜의 시각을 넓혀 주었다.

냉전 기간 ONA가 가장 큰 성공을 거둔 연구 영역은 존 바틸레가의 해외체계연구본부의 소련 운영분석 문서의 번역과 연구가 가져온 장기적 효과다. 이러한 연구의 연장선을 통해 미·소 경쟁에 대한 소련식 평가와 미국 및 NATO식 평가의 차이가 드러나면서 소련 군사전략·교리·기획·기술적 계산에 대한 체계적인 시각이 길러졌다.[31] 냉전이 종식된 이후, 마셜은 바틸레가에게 연구본부의 목표를 중국 연구로 재설정하고, 마이클 필스버리 같은 연구가들의 중국 전략 풍토에 대한 연구에 자금 지원을 계속할 것을 지시했다.

마셜은 중국의 사고방식이 소련의 사고방식보다도 미국 측에 더욱 이질적일 것이라고 보았다. 그렇게 볼만한 이유는 충분했다. 그리고 공개된 문헌에 대한 연구를 통해 중국의 정치 및 군사 지도자들의 사고방식을 엿볼 수 있었다. 마셜은 1970년대 초반부터 필스버리의 중국 연구를 독려하고 지원했다. 필스버리의 그 연구는 두 부분을 모두 조명했다. 1995년, 중국 인민해방군의 군사과학연구원(미 국방부의 국립국방대학과 같은 조직)은 대서양위원회의 대표단을 베이징에 초청했다.* 당시 이 위원회의 연구원이었던 필스버리는 귀국길에 중국 단행본 및 군사전문지 100여 권을 가지고 귀국했다.[32] 물론 필스버리는 중국군 장교들은 보안 문제상 현대의 군사 문제에 대한 글을 쓸 수는 없다는 얘기를 듣고 있었다. 그러나 미래전에 대해서는 자유롭게 쓸 수 있었다. 그 연구 결과가 1998년에 나온 『미래전에 대한 중국적 시각(*Chinese Views of Future Warfare*)』이다. 이 보고서에는 필스버리가 1995년에 입수한 미래전에 대한 중국 문헌 중 그가 엄선한 것들의 번역문과 요약문이 실려 있다.

---

* 대서양위원회는 1961년에 창립된 비당파적 싱크탱크로, 북미와 유럽의 정치 · 경제 · 안보 전문가들의 연구 협력을 증진시키기 위함이 그 목적이다.

『미래전에 대한 중국적 시각』에는 RMA에 대한 글도 실려 있다. 이것들 중 두 편은 마셜이 미래전을 고민하고 있음을 거론하고 있다.[33] 왕 푸펑 소장이 쓴 글을 인용해 본다. "미국 국방부의 앤드루 마셜은 정보화 시대로 인해 군사혁신이 벌어질 것으로 믿고 있다. 마치 15세기에 대포가, 150년 전에 등장한 기계가 군사혁신을 일으켰듯이 말이다."[34] 왕은 중국이 이제부터 직면할 정보전에 적응하고 승리를 얻는 방법이야말로 중국군이 진지하게 연구해야 할 중요한 문제라고 결론을 지었다.[35]

중국군이 이 문제를 철저히 연구해 나름의 결론을 냈다는 증거는 이제 분명히 드러났다. 중국 군사이론가들은 정보화 전력이 수행하는 정보화 전쟁을 새로운 형태의 전쟁으로 결론지었다.[36] 그 결과 중국 지도층은 확고한 의지를 가지고 중국에 '정보군'을 창설했다. 이 군대는 국지전에서 훨씬 우월한 정보로 적을 압도할 수 있으며, 심지어 다른 부분에서 거의 대부분이 우세한 미국 같은 나라를 상대로도 승리를 넘볼 수 있다.[37] 특히 중국군은 정보화 전쟁에 대한 포괄적 이론을 개발했을 뿐 아니라, 최근 참모본부에 의해 이 이론에 맞춰 조직 개편도 단행했다.[38]

물론 마셜과 크레피네비치는 전쟁의 정보적 측면이 전투 결과를 갈수록 크게 좌우하게 될 것이라는 결론을 이미 1990년대 초반에 내놓았다. 그렇다면 적에 대한 정보 우위를 확립하는 것이야말로 작전술에서 매우 중요한 부분이 될 것이다. 이러한 요지를 담은 마셜의 1993년 발언은 중국군이 아닌 미군에게 한 것이었다. 그러나 필스버리의 연구는, 중국이 RMA에 대한 마셜식 정의를 수용했음을 확실히 보여주고 있었다. 필스버리는 1998년에 내놓은 『미래전에 대한 중국적 시각』의 후속편에서, 중국 국제전략연구원의 선임자문인 왕 전시가, RMA에 대해

ONA의 MTR 평가와 동일한 정의를 내렸음을 지적했다.[39]

중국이 RMA에 대한 마셜식 정의를 수용한 건 사실이다. 그러나 그렇다고 정보화 작전에 대한 중국적 시각이 사이버 및 정보 작전에 대한 미국적 시각과 동일하다는 뜻은 아니다. 오히려 21세기 정보화 전쟁에 대한 중국 문헌은 중국 전국시대(기원전 475~기원전 221년)의 치국책을 다룬 문구와 체계에 크게 의존하고 있었다.[40] 중국군이 이 시대에서 배운 교훈 중에는 약탈적인 패권국의 손길을 피해 국력을 증진시키는 방법, 전쟁을 피할 수 없을 경우 특정 분야의 강점을 이용해 싸우기 전에 이미 이기는 방법 등이 있다. 물론 그 특정 분야에는 정보도 포함된다.

전국시대의 교훈을 오늘날 미국을 상대로 쓸 수 있다는 사고방식도 미국인의 시각에서 보면 놀랍지만, 중국과 미국의 군사 사상 및 전략 풍토의 차이는 그 이상으로 깊다. 마셜은 프랑수아 줄리앙의 중국적 사고방식 및 전략 분석을 특히 감명 깊게 읽었다. 줄리앙의 글 일부를 인용해 본다. "중국적 사고방식에서는 결코 현실과 분리되어 있되 현실에 영향을 주는 이상적인 형태, 원형적 형태, 순수한 본질의 세계를 상정하지 않는다. 중국적 사고방식은 여러 요인 사이의 상호 작용이 일으키는 정해져 있고 연속적인 절차를 현실의 전체로 여긴다. 상호 작용을 일으키는 요인 중 가장 유명한 것이 음(陰)과 양(陽)이다. 음양은 서로 정반대이지만 상보적으로 작동한다."[41] 또한 그는 전국시대와 21세기를 관통하는 중국의 전략적 사고를 다음과 같이 설명한다. "고대 중국 전략의 핵심에는 두 개념이 쌍을 이루고 있다. 상황 또는 형태를 의미하는 '형(形)'이 첫 번째다. '형'은 사람의 눈에 보이는 형체를 이루어 나간다. 그리고 이와 균형을 이루는 두 번째 개념은 '식(式)'이다. 식은 형에 의

해 암시될 수 있으며, 기호에 맞게 구현될 수 있다."[42] '식'은 현재 또는 미래에 이용할 수 있는 유리한 입지의 달성으로 볼 수도 있다. 이러한 개념은 마셜의 경쟁 우위 확보 개념과 상당히 유사하다. 하지만 미국식 전략적 사고에는 '식'에 기반한 중국적 시각을 찾아보기 어려웠다. 특히 새로운 군사적 능력에 대한 가치평가 영역에서는 더욱 그랬다.

미국식 세계관과 중국식 세계관의 차이를 고려하여 필스버리의 중국적 전략 사고 연구를 지원한 마셜의 행동은 ONA의 장기 연구의 연장선에 있었다. 실제로 이는 냉전 당시 소련식 평가 이해를 위한 ONA의 활동과 궤를 같이 했다. 마셜적 접근법의 특징은 필스버리를 비롯한 여러 연구자들을 통해 중국적 전략 사고 및 풍토를 이해하려 했다는 점이다. 그 연구자들 중에는 바틸레가의 해외체계연구본부, 재클린 뉴마이어 딜의 장기전략단, 허드슨연구소의 로랑 무라위크, 프린스턴대학의 에런 프리드버그 등이 있었다.

마셜은 프리드버그의 조언자였으며, 또한 '성 앤드루 학당 동창생'들을 통해 미국 전략에 미묘한 영향을 주었다. 1970년대 후반 마셜은 ONA에 프리드버그의 업무 공간을 주어, 기밀 해제된 미국 전략 교리 역사를 연구하게 하면서, 동시에 NSC 및 ONA의 컨설턴트로 일하게 했다.[43] 당시 프리드버그는 정부에서 하버드대학에 위탁 교육을 보낸 박사과정생이었다. 1986년 그는 1895~1905년간 세계 최강대국이던 대영제국의 상대적 위상 하락을 주제로 학위논문을 완성했다. 이 논문은 2년 후 『지친 거인(*The Weary Titan*)』이라는 제목으로 일반에 출간되었다.[44] 서문에서 그는 마셜이 이 연구의 단초를 제공했다고 밝혔다. 그리고 그 외에도 자신의 수많은 연구 주제가 마셜로부터 직·간접적인 영향을 받

아 설정된 것이 기쁘다고 밝혔다.[45]

이 책이 나온 지 20년이 지나 프리드버그는 『패권경쟁(*A Contest for Supremacy: China, America, and the Struggle for Mastery in Asia*)』이라는 책을 출간했다. 프리드버그는 헌사에서 이 책을 자신의 지적 성장에 가장 큰 영향을 준 두 사람인 앤드루 마셜과 새뮤얼 헌팅턴에게 바친다고 밝혔다.[46] 프리드버그가 『패권경쟁』을 집필하게 된 계기는 클린턴 행정부에서의 경험이었다. 당시 그는 미국 정보계의 중국 경제개발·정치적 안정성·전략적 의도·군사력 평가를 검토해 달라는 의뢰를 받았다. 그는 예전에는 미·중 경쟁구도가 현실화될 가능성이 매우 낮다는 근거 없는 낙관적 사고를 하고 있었다. 그런 경쟁구도는 상상하기조차 두려운 일이라고 생각했다. 그러나 이 경험을 통해 자신의 생각이 비현실적이었음을 깨닫게 되었다.[47] 프리드버그는 2000년, 미국이 중국과 전면적이고 강렬한 지정학적 경쟁구도에 놓이게 될 확률은 매우 높다고 주장했으며, 그 주장은 2011년에 와서 더욱 널리 받아들여지게 되었다.[48]

프리드버그는 냉전 이후 중국이 미국과 다른 국가를 상대하기 위해 수립한 대전략을 다음 3문장으로 요약했다.

- 세계적 헤게모니 싸움을 기피한다.
- 중국의 종합적 국력을 높인다.
- 점진적인 발전을 해나간다.[49]

표현상의 차이는 다소 있지만, 중국 지도자들은 손자같은 중국 군사 이론가들의 관점을 받아들여, 싸우지 않고 아시아태평양 지역 헤게모니를 얻고자 했다. 그러나 전쟁을 피할 수 없다면, "싸우기 전에 이긴다"는 것이 중국군의 계획이었다. 적의 가장 약한 부분(경혈이라고도 부른다)을 적시에 정확히 타격할 수 있는 비밀무기, 숙달된 정보화 작전 등을 통해서 말이다.[50] 특히 미국과 같이 더욱 높은 수준의 기술력을 보유한 적이라면, 중국군 이론가들은 정보 전쟁에서 승리해야 "싸우기 전에 이긴다"고 여기게 되었다.

중국군은 유사시 미 해군과 공군이 중국 해안 근처에 전력 투사를 어렵게 하기 위해 A2/AD 능력을 키웠다. 이 능력은 앞서 말한 중국 전략의 3대 요소를 뒷받침해 주었다. 중국의 A2/AD 능력에서 제일 특징적인 부분은 중국군 제2포병(第二砲兵, 중국군 미사일 운용부대; 2016년부터는 화전군火箭軍으로 불린다—옮긴이)의 고정밀 지상발사 탄도미사일의 보유량이 갈수록 증가한다는 것이다. 현재 1,100여 발을 보유하고 있다고 추산된다. 이 미사일 부대는 대만은 물론 일본 가데나 항공기지, 괌의 앤더슨 공군기지를 타격할 수 있다. 현재 개발 중인 둥펑(東風, DF)-21D 대함 탄도미사일(anti-ship ballistic missile, ASBM)이 실전 배치되면, 서태평양에서 작전 중인 미국 항모전단 등의 이동 표적도 타격할 수 있다. 그러나 제2포병의 미사일도 중국군의 A2/AD 능력을 이루는 일부에 불과하다. 그 외에도 중국 근해·해안 지역·영공에 대한 적의 접근을 거부하기 위해 초수평선(over-the-horizon, OTH) 레이더, 훙치(紅旗, HQ)-9 지대공 미사일, 실시간 표적 추적용 해양감시 위성, 첨단 요격 전투기, 잠수함, 충돌 자폭식 대 위성 무기, 무선 주파수 교란기, 사이버 무기, 지상발사 레이저 등을 장비한 것이다. 이것들을 모두 종합적으로 보면, 그 의도는 미국의 전투 네트워크 및 정밀타격 전력의 무력화 내지는 파괴라는 것을 알 수 있다. 전투 네트워크와 정밀타격 전력은 ONA의 1992년 평가에서 밝힌 RMA의 주요 요소다.

중국은 이러한 능력을 축적하면서, 동시에 다른 나라에도 이런 능력을 수출하고 있다. 때문에 미국의 주요 경쟁 국가들은 자체적인 A2/AD 전력을 보유하여 통행금지 구역을 만들고 있다. 통행금지 구역이란 미국이 지난 제2차 세계대전 이래 사용했던 군사력 투사 방법, 즉 해외기지와 전방배치 원정 부대를 사용하기 어렵고 위험한 곳을 말한다. 물론, 아시아태평양 지역에서 미국의 명운이 걸린 중대한 분쟁이 벌어진다면 미국 정책결정자들은 아무리 큰 인명 및 금전적 손실이 있더라도 그런 통행금지 구역에 군사력을 투사할 것이다. 그러나 마셜이 반복해서 경고했듯이, A2/AD 능력의 보급은 미국의 오래된 전력 투사 방식에 갈수록 큰 장애물이 되고 있다.

중국 등 강력한 정찰 타격 능력을 지닌 국가들을 상대로 장래에 전통적인 전력 투사를 한다는 것은 어떤 의미인가? 그리고 이는 세계 속 미국의 역할에 어떤 의미인가? 이는 마셜이 언제나 우선적으로 생각하던 의문들이었다. 그리고 군 및 OSD의 민간인에게 전쟁게임과 워크숍, 연구를 통해 제시하던 의문이기도 했다. 이러한 부분에 대한 마셜의 끊임없는 문제제기는 분명 미국의 국방전략에 영향을 주었을 것이다. 미공군과 해군은 중국의 진화하는 서태평양 개입 저지 전략을 보고, 언젠가는 공군 또는 해군 단독으로는 중국의 A2/AD 능력에 맞서 전력을 효과적으로 투사하지 못하는 날이 올 거라는 결론을 내렸다. 이러한 가능성 때문에 미국 공군 및 해군은 중국의 A2/AD 위협을 상대하기 위해 공해전 작전개념을 발전시켰다. 해군 참모총장 조너선 그리너트 제독과 공군 참모총장 마크 웰시 장군은, 공해전은 미국 전력 투사 부대에 대한 적의 위협을 분쇄하기 위한 것이라면서, 그 구체적인 방법으로 "우선 적의 지휘·통제·통신·컴퓨터 정보 감시정찰(command, control, communications, computers, intelligence, surveillance, and reconnaissance, C4ISR) 체계를 교란하고, 적의 무기 발사기(항공기·함정·미사일 발사대 등)를 격파하며, 마지막으로 이미 발사된 무기도 격파하는 것"을 들었다.[51] 공해전 개념은 ONA의 1992년 MTR 평가에서 내다본 정찰 타격 복합체의 부조화도 넓은 의미에서 묘사하고 있었다. 그리고 공해전은 미군이 A2/AD 위협을 막기 위해 개발하고 있는 합동 작전 접근 개념의 일부다.

이러한 전개에 대한 마셜의 관점은, 아마도 그가 2008년 어느 만찬 좌담회에서 '국제문제에 관한 시카고위원회' 소속 사업가들에게 해 준, '2030~2040년 미래 안보상황에 대한 평가'를 주제로 한 강연에 가장 분명하게 드러나 있을 것이다. 그는 첫 번째로 분명한 사실부터 이야기했다. 미래 안보상황은 인구 추세, 경제성장 격차, 기술 발전 등에 의해 결정될 것이라는 점이다. 그는 두 번째로, 미국이 직면한 3개의 장기적인 문제가 있다고 말했다. 이슬람 극단주의자와의 장기전, 중국의 융성과 예상보다 빠른 중국군 현대화, 이란의 핵보유 가능성이었다. 많은 사람들은 이란 핵보유로 인해 정치적으로 불안정한 중동 국가들에 핵보유 도미노를 불러일으킬 수도 있다고 생각했다.[52] 마셜이 세 번째로 지적한 것은 미래 안보환경에 대한 잘 드러나지는 않은 또 다른 시각이 있다는 것이다. 미국은 거대한 변화기에 있었다. 이 변화의 지정학적 측면은 유럽·러시아·일본의 상대적 쇠락과 중국(어쩌면 인도까지도)의 융

© 배리 와츠

2008년 3월 28일, 총괄평가의 과거와 현재, 미래를 주제로 열린 학회의 만찬 장면. 이 학회의 참석자 대부분은 마셜이 선발했다. 참가비는 보고서 제출로 대신했다. 좌에서 우로 제임스 로시, 프레드 자이에슬러, 미에 오지에, 마이클 필스버리, 앤드루 메이, 찰리 피스, 게리 듄, 존 바틸레가, 앤드루 마셜, 마크 허먼, 라이어널 타이거, 드미트리 포노마레프, 제이미 더난, 랜스 로드(더난 뒤), 칼 해슬링거, 필립 카버, 얀 반 톨, 찰스 울프(반 톨 앞), 배리 와츠, 엔더스 윔부시(와츠 뒤), 스티븐 로즌, 에런 프리드버그, 데이비드 엡스타인, 제임스 슐레진저, 디에고 루이즈 파머, 윅 머리, 제프리 맥키트릭, 칩 피킷.

© 크리스 그린버

2008년 12월 10일 백악관에서 조지 W. 부시 대통령이 마셜에게 대통령 시민훈장을 수여하고 있다.

성으로 볼 수 있다. 동시에 전쟁 방식 자체도 장거리 정밀타격 능력의 발전과 취약성이 높은 인공위성의 군용 이용 증가, 수중전의 중요성 증대, 사이버 위협의 증대, 미국의 우위를 위협하는 핵무기 등 첨단 무기의 확산 등으로 근본적인 변화를 겪고 있다.[53] 그리고서 마셜은 묻는다. 미국은 이러한 변화에 어떻게 대비하여야 하는가? 미국의 장기 전략은 무엇인가? 유감스럽게도 과거 트루먼 행정부의 봉쇄정책 개발이나 아이젠하워 행정부의 대규모 핵 보복 정책 채택 때와 비교해 보면, 현 시대의 효과적 장기 전략수립은 갈수록 커지는 미국의 약점인 것 같다. 마셜은 더욱 치열한 지적 작업이 필요하다는 결론으로 이야기를 맺었다.

국방부 정책결정자들은 마셜의 시각을 진심으로 받아들이게 될 것이었다. 60년 이상 관련 문제를 관찰해 온 마셜은 뛰어난 전략적 사고력은 물론 먼 미래를 내다보고 상황을 간결하게 파악하는 신비한 능력을 드러내 보였다. 매우 불확실한 상황이더라도 그는 주위의 다른 누구보다도 그 상황을 확실하게 꿰뚫어 보았던 것이다. 그가 오랜 세월 동안 미국의 전략에 끼친 영향은 그가 실시한 총괄평가 개발 및 실무에 밀접하게 연관되어 있다. 그가 미국의 전략에 끼친 영향은 실질적이었지만 대부분은 간접적이었다. 그러나 총괄평가는 언제나 처방이 아닌 진단을 목표로 했다. 마셜의 목표는 국방장관에게 현존하는 전략적 문제나 기회에 대처하는 방법을 알려주는 것이 아니었다. 총괄평가를 통해 그러한 문제나 기회를 조기에 예고함으로써, 국방부 지도자들이 충분한 시간을 갖고 대처할 수 있도록 하는 것이었다.

1973년 10월 마셜이 국방부에 온 이후 오늘날까지 많은 변화가 있었다. 또한 1953년 1월 트루먼 대통령이 특별평가소위원회를 만든 이래 오늘날까지 지정학 및 군사-기술면에서는 더 큰 변화가 있었다. 그러나 국가안보환경·미래의 전쟁·다양한 군사적 경쟁의 상태에 대해 근본적인 문제를 던질 의지와 능력을 갖춘 총괄평가 조직의 가치는 퇴색되지 않았다. 오늘날 미국이 처한 안보환경의 복잡성을 감안하면, 훌륭한 총괄평가의 가치는 오히려 그 어느 때보다도 높다고 하겠다.

결론

나의 가장 큰 업적은 부하 직원들을 가르치고 영향을 준 것이라고 생각한다.
— 앤드루 마셜

미국과 관련된 장기 군사경쟁에 대한 마셜의 사고와 평가는 미국의 국방전략에 미묘하지만 지울 수 없는 영향을 반세기나 끼쳤다. 그가 개발한 총괄평가는 원래는 냉전 시대이던 1970년대 초반 미 · 소 간 경쟁에 주안점을 두고 있었다. 그러나 그가 NSC를 위해 개발한 개념 체제는 군사혁신, 중국의 융성·첨단무기 확산 등의 문제를 평가하는 데도 유용하다는 것이 입증되었다. ONA는 이 모든 영역의 전략적 문제와 기회를 미리 찾아내 국방장관을 비롯한 국방 고위 관료들에게 예보하여, 경쟁 국가에 대해 상대적 우위를 얻고자 했다.

이 책의 저자들을 포함해 마셜과 오랜 세월 친밀하게 지냈던 사람들은 그의 독특한 품성은 물론 뛰어난 지성에 큰 매력을 느꼈다. 그는 인물·장소·행사·전략 및 미래 안보환경의 주요 문제에 대해 비상한 기억력을 지니고 있었다. 그런 그의 회상은 여러 기록과 비교해봐도 틀리지 않는다. 마셜의 기억력은 놀랄 만큼 정확했다. 그는 뛰어난 기억력 덕택에 여러 국가안보 문제 사이의 연관성을 찾을 수 있었다. 이것은 오늘날의 가장 뛰어난 국방분석가들도 잘 찾아내지 못하는 것이다.

마셜의 또 다른 독특한 장점은, 고위 국방관료들에게 전략적 문제나 기회에 대한 구체적인 대응 방안을 말하기를 꺼린다는 점이다. 그는 영향력 있는 배후의 조언자로 남기를 원했다. 그것은 스스로의 존재를 숨기는 겸손한 성품 때문이었다. 국가안보계에는 자존심이 '텍사스만큼' 이나 큰 사람들도 드물지 않다. 그러나 그런 사람들도 모두 경험적 사실에 대해 냉정한 판단을 내릴 수 있고, 공공 단체의 구호와 가정(假定)에 대해 도전할 의지가 있다. 마셜은 분명 미국의 국가안보에 영향을 줄 수 있는 주요 전략적 문제에 대해 대부분의 사람보다 훨씬 멀리까지 내다볼 수 있는 사람이었다. 그러나 거대한 자존은 없었다.

마셜은 RAND와 국방부에서 스스로를 드러내지 않고 겸손하게 생활했을 뿐 아니라, 거대한 조직도 좋아하지 않았다. ONA는 결코 큰 조직이 아니었다. 비서관 등 지원 요원까지 합쳐도 20명을 넘어본 적이 없다. 그러나 오랜 세월 수십 명의 사람들이 ONA에서 일하며 이득을 보았다. ONA가 40여 년간 존속하는 동안, 마셜의 휘하에서 다양한 재능을 가진 인원 약 90명이 근무했다. 그중 다수가 국방부 또는 다른 기관의 요직을 거쳤다. 제21대 공군장관을 지낸 제임스 로시가 대표적이다. 그 외에도 엘리엇 코언, 에런 프리드버그, 랜스 로드 장군, 스티븐 로즌, 데니스 로스, 마이클 빅커스 등이 있다.

마셜은 부하 직원들에게 세세한 지침을 주지 않았다. 그는 평가 방법에 대해 가르치기도 꺼렸다. 그가 1972년 NSC에 제출한 각서 「총괄평가의 속성과 범위(The Nature and Scope of Net Assessments)」에서는 그가 구상했던 총괄평가의 개념이 분명히 명시되어 있었다. 즉, 기존의 정량적 분석 체제의 단점을 보완하는 더욱 뛰어난 분석 체제인 것이다. 그러나 그가 이 각서의 사본을 들고 NSC를 떠나 국방부에 갔던 1973년, 그는 이 각서를 부하 직원들에게 보여주지 않았다. 그걸 가지고 부하 직원들에게 총괄평가에 대해 설명하지도 않았다. 그는 연구와 데이터의 중요성을 강조하고, 평가의 개요에 대해 묻는 것 이상의 말을 잘 하지 않았다. 1970년대와 1980년대 마셜은 "환경을 둘러보는 것" 정도의 애매한 표현으로만 총괄평가를 설명했다. 이는 총괄평가의 실체를 이해시키는 데는 역부족이었다. 특히 작전에 맞춰 주어진 임무를 수행하는 데 익숙했던 군 출신 직원들에게는 더욱 그랬다.[1]

「총괄평가의 속성과 범위」가 마셜 사무실의 바인더 속에서 결국 발견되었던 2002년, 배리 와츠가 처음 가졌던 의문은 자신이 ONA에 부임한 1978년 이래 이제까지 왜 그걸 보지 못했는가였다. 마셜은 평소와 같은 짓궂은 미소를 지으며 이렇게 답했다. 자신은 그 각서를 보고 싶어하는 모든 이들에게 다 보여주고 싶었다는 것이다. 그러나 그 각서의 존재를 아는 사람은 없었고, 따라서 그걸 보여달라고 한 사람도 없었다. 마셜이 이 각서를 어떤 부하 직원에게도 보여주지 않은 것은, 자신의 발상에 대한 겸손함도 작용했다. 하지만 더 큰 이유는 교육적인 목적이었다. 마셜은 부하 직원들이 스스로 총괄평가를 배워나가기를 원했다. 마셜이 여러 해에 걸쳐 엄격한 독학과 지적 자기반성을 통해 총괄평가를 만들었듯이 말이다.

그렇다고 마셜이 신입 직원들에게 평가 영역만 주고, 일을 어떻게 하건 내버려뒀다는 뜻은 아니다. 그는 총괄평가관들이 평가 내용을 작성하기 전에 반드시 균형에 대한 개요부터 작성하도록 했다. 그리고 그는 이 개요조차도 한 번에 만족하는 법이 좀처럼 없었다. 개요를 10여 번이나 고쳐 쓰고서야 마셜이 평가 방향이 올바르다며 진행을 허락하는 일은 드물지 않았다. 그리고 그 이후에도 평가보고서 원고를 읽어본 후, 원고를 폐기하고 새 개요로 처음부터 다시 해 오라고 말했다.

그러나 마셜이 부하 직원들에게 간결하고 명확한 지침을 내린 적도 많았다. 1980년대 초반 그는 스티븐 로즌을 ONA로 영입하여 동아시아 평가를 맡겼다. 평가의 개요에 대해 이야기를 한 로즌은, 이제까지 다른 곳에서도 받았던 자신의 업적에 대한 찬사를 마셜도 해줄 줄 알았다. 그러나 마셜의 반응은 다음과 같은 지극히 간결한 이야기뿐이었다. "그럼 어서 가서 연구를 시작하라구" 그리고 이런 말도 덧붙였다. "자네는 해결책을 계속 제시하는군. 해결책은 필요 없어. 문제가 뭔지 말해봐."[2]

마셜은 철저한 연구와 문제의 속성 파악을 매우 중시했다. 이는 총괄평가 개념의 핵심이 되었다. 이는 마셜의 또 다른 성향, 즉 올바른 질문을 던지는 것을 중시하는 것과도 연결되어 있다. 이 점에서 그의 시각은 다른 당대 최고의 사상가들과 달랐다. 예를 들어 RAND 수학부 부장이던 존 윌리엄스는 1954년에 나온 「향후 10년(The Next Ten Years)」의 저자들인 브로디·히치·마셜이 답을 확실히 하기 위해 질문을 더욱 중시한다는 점을 혹독하게 비판했다. 「향후 10년」은 RAND의 전략 핵전력 연구방향을 탐구한 보고서였다. 윌리엄스는 질문보다 답을 훨씬 더 중시했다. 그러나 마셜은 이에 절대 동의하지 않을 것이다. 고등 전략적 선택이라는 문제를 해결하려면, 무수한 불확실성을 피할 수 없다는 것이 마셜의 시각이었다. 마셜이 슐레진저 장관 시절 총괄평가국장이 되고 난 후, 그는 진단을 넘어 처방까지 내려고 애쓰다가는 균형 잡히고 객관적인 분석을 할 수 없다고 보았다. 그는 그보다는 올바른 질문을 던지는 데만 주력하고, 처방은 다른 사람에게 맡기고자 했다. 질병 치료에 다시 비유하자면, 마셜은 당대의 탁월한 전략 진단의사였다. 그가 미국 안보의 질병을 누구보다도 빨리 발견해냈기 때문에, 고위 정책결정자는 올바른 국방 우선순위를 작성하여 이 질병에 대한 적절한 처방을 할 수 있었던 것이다.

올바른 질문은 총괄평가에 대한 마셜식 접근법의 핵심으로 오늘날까지 남아 있다. 그뿐 아니라 당대의 가장 뛰어난 사람들 역시 올바른 질문을 가장 중요시했다. 노벨 경제학상 수상자 로널드 코스가 2013년에 타계했을 때, 「이코노미스트(The Economist)」는 다음과 같은 말로 그의 부고를 시작했다. 올바른 질문을 할 줄 아는 코스의 능력에 관한 글이었다. "현명한 사람들의 일은 어려운 질문을 하는 것이다. 매우 현명한 사람들의 일은 쉬워보이지만 어려운 질문을 하는 것이다. 80년 전 어느 젊은 영국 경제학자는 기업이 존속할 수 있는 이유를 알고자 했다. 그리고 그 질문에 대해 그가 얻은 답은 그때나 지금이나 매력적이다." 기업이 존속하는 이유는 업무를 사내에서 처리함으로써 시장으로 가는 거래 비용을 줄이거나 없앨 수 있기 때문이다.[3]

대공황 시대에서부터 시작해 제2차 세계대전, 시카고대학, RAND, 닉슨 행정부의 키신저 NSC를 거쳐 결국 ONA에까지 도달한 마셜의 긴 지적인 여행에는 쉬워보이지만 어렵고 중요한 질문들이 함께했다. 그중 일부를 소개해본다.

- 다양한 군사적 경쟁 영역에서 경쟁 국가에 대한 미국의 상대적 입지를 평가하기 위해서는 어떤 측정 방식 · 교환 계산 · 전쟁게임 · 시나리오 · 분석 방법론을 쓸 수 있겠는가?
- 소련이 목표에 대해 세운 가정 · 중시하는 시나리오 · 효율성 측정 방식 · 중요시하는 변수는 미국과 다른가?
- 왜 소련은 인간과 조직행동에 관한 합리적 행위자 모델의 예측과는 다른 전략 핵전력 관련 선택을 했는가?
- 합리적 행위자 모델보다 허버트 사이먼의 제한된 합리성과 대형조직(민간 기업 등)의 행동에 관한 개념이 소련의 전략적 선택을 더 잘 이해할 수 있는 체제인가?
- 인류학 · 행동학 · 진화 생물학은 분쟁과 전쟁이 인간의 본성이므로, 국제 관계에서 제거되기 어렵다는 주장을 지지하는가?
- 소련과의 장기 경쟁 중 미군의 태세 결심은 군비 경쟁의 안정성보다 미국의 장점과 소련의 약점을 이용하여 미국의 경쟁력과 경쟁 효율을 높이는 데 주안점을 두어야 했을까?
- 소련과 미국의 GNP를 비교할 수 있는 방법은 무엇인가? 소련 군사계획이 소련 경제에 미친 부하를 알아볼 수 있는 방법은 무엇인가?
- 정밀유도 무기 · 광역 센서 · 컴퓨터화된 지휘통제가 20세기 후반 군사혁신을 불러올 거라던 소련의 주장은 옳았는가?
- 정밀타격 기술의 성숙이란 어떤 것인가? 미국의 전통적 해외전력 투사 방식을 제약할 수 있는가?

- 중규모 국가들도 A2/AD 능력을 구사하여, 미국이 해당 지역에 개입하기 어렵게 할 수 있다면, 미국 지도자들은 세계 속 미국의 역할을 재검토해야 할 것인가? 혹은 미국은 새로운 역량과 작전개념 · 기술 혁신을 통해 미군의 통행의 자유를 회복할 것인가?
- 냉전 이후 핵무기의 역할은 바뀌었는가? 제2차 핵시대는 제1차와 무엇이 다른가? 재래식 정밀타격 무기의 사용과 핵무기 사용 사이의 억제선은 좁아지고 있는가?
- 미군과 그 외 모든 서구 국가 군대에게 중국의 융성은 무엇을 의미하는가?
- 중국과 미국 간의 군사력 균형 평가방식의 차이는, 과거 냉전 시절 소련군 총참모부나 현재 러시아와 미국 간의 군사력 균형 평가방식의 차이보다 큰가 작은가?
- 중국 군사 이론가들은 적보다 풍부한 정보를 갖는 것이 미래의 위기와 분쟁에서 우위를 차지하는 데 갈수록 중요해질 것이라고 생각한다. 이 생각은 과연 옳은가?
- 냉전 기간 중 세계적 정치 · 군사 경쟁은 미국과 소련에 의해 진행되었다. 세계는 3~4개 패권국이 주도하는 다극화 시대로 가고 있는가? 그렇다면 그런 현실은 전략적 안정성에 무엇을 의미하는가?

이들은 모두 심도 깊은 질문이다. 그리고 특이하게도, 마셜은 이런 질문을 한두 번 하는 게 아니라 거듭거듭 물어보았다. 이런 질문이 미 국방부 최고 지도자들에게 연관이 있을 거라는 믿음에서였다. 그는 이들 간단해 보이는 질문들의 답을 지침 없이 찾아다녔다.

마셜의 총괄평가 개발은 그가 1949년 시카고대학을 떠난 이후 추구해왔던 여러 지적 주제와 연구의 소산이다. 그가 몇 년 동안이나 논의했던 이들 지적 주제들 중, 가장 먼저 언급하는 일이 가장 많았던 것은 국가안보 결정에서 자원의 제약이 갖는 중요성이었다. 자원의 제약은 엄연한 현실이다. 그러나 최근 민간과 군의 지도자들은 이 현실을 망각하고 있다. 목표를 수단과 버무려서 말하는 풍조가 득세하고 있기 때문이다. 히치와 맥킨이 1960년에 한 유명한 말과 마찬가지로, 인간의 욕구에 비해 자원은 언제나 제한적이며, 따라서 인간의 선택안을 제한한다.

마셜은 RAND에서의 초년 시절부터 경제가 국방전략을 제한할 수 있음을 인정했다. RAND의 원래 목표는 공군의 대륙 사이 핵전력의 대체 전력 태세가 갖는 군사적 가치 평가였다. 이런 판단을 내리려면 다양한 대안들의 비용과 효과뿐 아니라, 이들 대안들이 소비하는 공군의 자원 지분까지 계산해야 한다는 점을 RAND의 경제학자들은 일찌감치 알고 있었다. 공군의 다른 임무와 책임을 실현 불가능하게 만들 만큼 너무 큰 지분을 차지하는 대안은 비용 대 효과가 아무리 뛰어나더라도 채택할 수 없다. 이러한 거시 경제학적 제약이 있기 때문에, 1950년대에 전략공군사령부가 구입해 운용할 수 있던 폭격기와 급유기의 대수에는 한계가 있을 수밖에 없었던 것이다. 이후 자원의 제한은 중폭격기, 지상발사 대륙간 탄도미사일, 잠수함발사 탄도미사일 사이의 균형을 강요했다.

이러한 균형을 맞추려면, 결정 기준에도 선택이 필요하다. RAND의 경제학자들은 이를 기준 문제라고 불렀다. RAND 초기, RAND를 주름잡고 있던 공학자들은, 공군의 대안적 핵 태세를 결정하는 기준을 정할 때 공군의 요구에 비해 총 자원이 언제나 제한적이라는 사실을 무시하는 경향이 강했다. 히치와 경제학자들의 결정 기준 연구는 RAND의 분석에 제한된 자원이라는 현실을 제대로 반영하려는 목적이었다. 그러나 60년이 지난 현재에도, 미국의 국방전략에 투입되는 자원의 한계를 고려하지 않는 국방 분석가들을 쉽게 볼 수 있다.

소련의 전략핵 프로그램 역시 자원의 제한을 받고 있었다. 때문에 이 문제는 미국이 소련의 전략 핵전력을 예측하는 데도 연관이 있었다. 소련의 전략 핵전력 예측은 1950년대 마셜과 로프터스의 주된 관심사였다. 현실적으로 보자면 소련 핵전력을 예측하려면 소련이 부담해야 할 자원 균형을 계산에 넣어야 한다. 물론 뭐든 말로는 참 쉽다. 1953년 CIA가 5인 위원회를 창설해 소련 군비 예측을 시작한 것도 이 문제를 풀기 위해서였다.[4] 그러나 소련의 군사비 부하 정도에 대해서는 냉전이 끝나는 그 순간까지 의견 일치가 이루어지지 않았다.

1950년대 소련의 군사비 부하 문제를 생각하던 마셜과 로프터스는 과도한 군사비 부하가 소련 경제구조의 소비 또는 투자에 모두 악재로 작용할 것임을 내다보았다. 그러나 그들은 소련의 군사계획이 소련 경제에 미치는 부담의 크기까지는 아직 예측하지 못했다. 나중에 밝혀진 일이지만 1980년대의 소련 군사비는 GNP의 40퍼센트에 육박했다. 그리고 이렇게 과도한 군사비야말로 소련 경제는 물론 소련 자체의 붕괴까지 몰고 온 주원인 중 하나였다. 그러나 흥미롭게도, 냉전 말기에조차 미군 최고위 지도자 가운데 일부는 소련은 자원의 제약 없이 군비에 투자한다고 생각했다. 이것은 마셜도 목격한 사실이었다. 루 앨런 장군의 사례가 그 좋은 예였다. 앨런 장군은 핵물리학자 출신으로, 1978년부터 1982년까지 미공군 참모총장을 역임했다. 앨런 장군은 소련에 큰 비용을 부담시키는 미국 전략의 타당성을 의심했다. 그는 소련은 미국이 가하는 전략적 문제 해결을 위해 얼마든지 예비 자원을 투입할 수 있을 거라고 생각했다.[5] 그러나 소련의 실태는 마셜이 더 잘 알고 있었다. 경험에 기반한 꾸준한 지적 노력이 있었기 때문이다.

자원의 제약은 루블이나 달러 등 화폐 단위로도 측정할 수 있지만, 그보다도 더 미묘한 영향력을 끼쳤다. 1970년대 후반 마셜은 머리 페슈바흐의 소련 인구학 연구를 지원하기 시작했다. 1982년 페슈바흐는 1964년에는 67세이던 소련인 남성의 기대 수명이, 1980년에는 61.9세로 떨어졌다고 발표했다.[6] 선진국이라는 소련에서 유례가 드문 남성 수명단축이 일어났다. 서구의 소련학자들은 인플루엔자·알콜 중독·엉망인 의료체계 등을 그 원인으로 꼽았다. 그러나 마셜이 보기에 이는 거시경제적 자원의 제약이 심각하다는 확실한 증거였다.

마셜의 두 번째 지적 주제는 로프터스와의 협업 중에 도출되었다. 바로 적에 대한 이해의 중요성이었다. 여기에는 오랜 시간 동안 적이 크게 변화할 가능성에 대한 이해도 포함된다. 이를 위해서는 평시(위기나 전시가 아니라) 적의 전력 태세에 영향을 줄 수 있는, 다양한 이해관계자들에 의한 점진적 의사결정을 제약하는 관료적·예산적·역사적 요인을 평가해야 한다. 좋은 총괄평가는 전력 태세 결정에 영향을 줄 수 있는 여러 권력 중추들의 수요와 목표는 물론 적의 전략 풍토도 계산에 넣어야 한다. 냉전 중 대부분의 미국 측 분석은 소련의 전력 태세 결정이 완벽한 정보를 보유하고 목표에 대한 내부 이견이 없으며 효용 극대화를 원하는 합리적인 중앙 권력에 의해 이루어진다는 가정을 깔곤 했다.

그러나 기업은 물론 군대 등의 대규모 조직이 이렇게 움직이기는 쉽지 않다. 대규모 조직은 크기가 크고 복잡하다. 때문에 하나의 중앙 권력이 모든 중요한 문제에 대해 최적의 결정을 내리는 데 충분한 시간과 정보를 확보하기가 어렵다는 것을 마셜과 로프터스는 알았다. 그러나 그것이 바로 소련의 의사결정에 대한 합리적 행위자 모델이 세우고 있는 가정이었다. 이러한 합리적 행위자 모델에 기반한 의사결정 관점은 쉽게 오류를 저지르는데다, 최악의 상황을 가정한 분석을 수용하여, 소련을 실제 이상으로 강대하게 보이게 하는 냉전 특유의 완곡 어법을 낳고말았다.

대부분의 서구 국방분석가는 합리적 행위자 모델을 신뢰하고 있었다. 마셜도 그 점은 염두에 두고 있었다. 또한 마셜은 체계분석과 게임이론이 고등 전략적 선택에 필요한 만족스러운 기반을 마련해주지 못했다는 것도 알고 있었다. 체계분석의 경우, 제임스 슐레진저는 최고위 전략 목표 또는 효용 선호의 상당부분은 외부에서 강요된 것임을 정확히 지적했다. 이 때문에 고등 전략 선택에 대한 체계분석의 응용 가능성은 제한된다는 것이다.[7] 또한 슐레진저는 확실한 기술적 기반이 아닌 과학적 헛소리에 기반할 경우, 억제·확증파괴·통제된 핵전쟁·피해 억제·복지 혜택 등의 목표를 달성하는 데 실패하고 만다는 것이 문제의 본질임도 강조했다.[8] 게임이론의 경우, 전략적 선택의 복잡한 문제에 대해 답하는 능력 면에서 볼 때, 전쟁은 이런 수단으로 효용을 얻기에는 너무나 복잡하다는 것이 마셜의 판단이었다.[9]

체계분석과 게임이론의 한계에 직면한 마셜은 모든 장기 군사적 경쟁에서는 적의 평가방식은 물론 약점과 성향까지도 철저히 이해하는 것이 매우 중요함을 깨달았다. 소련의 사례를 들면, 소련은 지역방공에 매우 집착하는 성향을 보인 바가 있는데, 왜 그러는지를 알아야 했다. 바로 이때문에 그는 국방부 ONA 국장 시절 프로젝트 이거, 존 바틸레가의 해외체계연구본부에 투자하고, 엔더스 윔부시의 이민자 인터뷰 프로젝트는 물론 페슈바흐의 소련 인구학 연구, 이고르 비르만의 소련 경제 연구를 지원한 것이다. 마셜은 소련 엘리트들의 인식과 평가방식도 알고자 했다. 여기서 그는 사회학자 블라디미르 슈라펜토크 등의 소련 출신 미국 이민자는 물론, 미국인 소련 전문가들의 영향을 받았다. 그에게 영향을 준 미국인 소련 전문가로는 조지워싱턴대학의 피터 레더웨이·우드로 윌슨 국제센터의 제임스 빌링턴·듀크대학의 블라디미르 트레믈 등이 있다. 이 연구자들과 이들의 연구 노력은 미·소 양국 관료와 학계 간의 인식과 평가방식 차이에 대한 마셜의 이해 증진에 기여했다. 특히 정밀유도 무기와 스텔스 기술 등 미국의 이점을 이용해, 2선 부대 또는 후속 부대와 지역방공에 의존하는 소련식 전술을 무력화하고자 한 캐스퍼 와인버거의 경쟁전략구상은 소련식 인식과 평가 방법을 이해하고자 한 ONA의 지속적인 연구 노력의 가장 확실한 적자(嫡子)였다.

좀 더 넓게 보면, 마셜은 제한된 합리성이 미국과 잠재 적국의 전략적 선택에 적용되었음을 깨달았다. 제한된 합리성이란 대안을 만들어내고 정보를 처리하는 데 필요한 문제 해결 관행과 인적 능력의 한계다. 그러므로 냉전 당시 양측의 의사결정 개인 및 조직의 역량은 제한된 합리성에 의해 제약을 받았던 것이다. 제한된 합리성을 알면 ONA의 1992년 군사-기술혁신 평가가 비밀로 취급되지 않고, 영관급 장교 및 군무원·국방장관실·정보계의 활발한 참여를 통해 진행된 이유도 알 수 있다.

거대 조직의 근본적 변화가 매우 어렵다는 것을 알고 있던 마셜은, 영관 장교들과 분석관들에게 20세기 말 군사혁신의 용어와 개념을 가르치는 것을 추구했다. 물론 그는 미군이 정밀타격 전쟁과 정보화 전쟁에 대비해 준비해야 할 구체적인 내용을 처방하는 것이 자신의 일이라고 생각해 본 적이 없다. 그런 내용은 평가에 참여한 영관 장교들이 더 높은 자리로 진급한 후에 정해야 할 바라고 그는 생각했다.

그의 이력을 관통하는 세 번째 주제는 군사적 경쟁에 대한 사고의 틀 짜기였다. 우선 군사적 경쟁에는 행위자가 있다. 가장 큰 규모의 행위자는 국가다. 그러나 조직적 행위자 관점에서 볼 때, 국가의 전략적 선택에 영향을 주는 좀 더 작고 구체적인 행위자와 조직에 대해 생각할 필요가 있다. 미국의 경우, 영향력 있는 행위자로는 대통령·의회·국방부·합동참모본부·육해공군, 좀 더 좁히자면 전쟁을 직접 수행하는 개별 직군(잠수함 승조원·전투 조종사·특수부대원 등)들이 있다. 이러한 행위자들이 가진 장점·단점·자원 접근성·이권·행동 양상 등은 모두 다르다. 이들 역시 목표는 물론, 목표 달성을 위한 전략을 가지고 있다. 그리고 그 전략은 그들의 역사와 경험·문화에서 뻗어나온 것이다. 이러한 요인 중 일부는 다른 것들보다 빠르게 바뀔 수 있다. 의도 및 기술은 눈 깜짝할 새에 바뀔 수도 있다. 그러나 인구·경제 성장률 차이·기후 등은 변하는 속도가 느릴뿐더러, 행위자의 의도대로 변하지도 않는다.

또한 행위자 또는 국가는 국제안보환경 속에 묻혀 있다. 국제안보환경은 냉전·제2차 핵시대·러시아 실지 탈환 정책·중국의 융성 등이 될 수 있다. 각국은 이러한 맥락 속에서 오랜 시간을 들여 다양한 목표를 설정하고, 단독으로 또는 다른 나라와의 연합을 통해 이 목표를 달성하고자 한다. 물론 경쟁의 지리전략적 맥락도 어떤 때는 매우 빠르고 격하게 변한다. 거의 모든 이들을 놀라게 했던 1991년의 소련 붕괴가 그 좋은 사례다. 그러나 좀 더 넓게 보면 이러한 체제 속에서 경쟁 국가들은 완벽히 대칭적으로 다룰 필요가 있다.[10] 물론 행위자를 국가에만 국한시킬 이유도 없다. 알카에다 등의 테러리스트 조직과 그 지부와 분파들은 갈수록 중요한 행위자가 되어 가고 있다. 1950년대 이후 급속히 발전한 과학기술은 헌신적인 사람들로 이루어진 소규모 조직이 국가나 사회에 가할 수 있는 파괴력을 크게 높였기 때문이다.

마셜의 지적 여행을 관통하는 네 번째 주제는 장기 경쟁체제적 시각에서 발생하는 특유의 문제들이 갖는 중요성이었다. 장기 경쟁체제는 그가 슐레진저를 이어 1969~1970년 동안 RAND 전략연구부장으로 재직하면서 개발한 것이었다. 장기 경쟁체제는 이전에도 비슷한 선례가 있었다. 특히 조지 케넌의 소련행위 근원 분석이 그 좋은 선례였다. 이 분석을 통해 봉쇄의 지도 원리가 도출되었다. 그러나 마셜은 미·소 경쟁관계를 장기 경쟁으로 보는 시점을 부활시키자 그로 인한 시각의 변화를 겪어야 했다. 이때까지 미·소 전략핵 균형에 대한 표준 분석은 억제에 당장 필요한 소요의 정량화, 그리고 억제 실패 때 미국이 감당해야 할 인명 및 재산피해 예측에 주안점을 두고 있었다. 이런 관점을 갖고 있던 미 국방부의 정책결정자와 전략분석관들은 매우 좁은 범위의 전력 태세와 계획 선택에만 신경 쓰는 경향이 있었다. 그러나 양측이 오랜 군사적 경쟁 기간 추구했던, 계속 변화하는 목표에 대해서는 신경을 덜 썼다. 마셜은 미국 전략가들이 장기 경쟁체제를 이해해야 시야를 넓힐 수 있음을 깨달았다. 양측의 핵전력 균형을 계산함으로써 억제의 정량화를 시도하던 것에서 벗어나, 적과의 관계를 평시의 일련의 움직임으로 이해함으로써 소련에 대해 미국의 우위를 노려야 한다는 것이다. 이러한 시각은 미국이 오랫동안 상대적 우위를 점하고, 소련의 고질적인 약점을 이용할 수 있는 영역에 초점을 맞추어, 소련 측에 과중한 비용을 부담시키거나 미국과의 경쟁을 효율적으로 수행할 수 없게 만드는 데 주안점을 둔다. 마셜의 회고에 따르면, 와인버거의 경쟁전략구상 이후 그는 미·소 전략핵 균형뿐 아니라 여러 국방 문제에서 장기 경쟁체제를 어렵잖게 발견할 수 있었고 이러한 문제들을 보는 시각을 일변시킬 수 있었다고 한다. 장기 경쟁체제는 이후 총괄평가를 위한 마셜적 접근법의 중심이 되었다.

마셜의 이력을 관통하는 다섯 번째 지적 주제는 인간행동의 비합리적 측면에 관한 고찰이다. 생명체는 최적의 결정보다는 대충 적당한 결정을 더 선호하도록 진화되었다는 허버트 사이먼의 결론이 이 주제의 발단이 되었다. 마셜과 로프터스 역시 소련이 자국 전략핵 전력과 관련해서(폭격기 기지 위치선정 등) 최적이라고 볼 수 없는 결정을 내리는 것을 발견했다. 이런 발견은 허버트 사이먼의 주장을 뒷받침해주었다. 인간행동에 대한 합리적 행위자 모델·효용 극대화 모델로는 도저히 설명할 수 없는 사실이었던 것이다.

인간 의사결정에 대해 결론을 내린 마셜은, 당시 늘어나고 있던 기업행동 관련 문헌 연구를 시작했다. 그리고 기존 체계분석의 한계를 초월하고자 1960년대에 조직적 행동 연구를 시작하기에 이른다. 인간행동의 진화적 기원에 대한 다양한 문헌을 읽고, 슐레진저와 해당 주제를 공동 연구한 것도 이러한 사고의 흐름을 뒷받침해주었다. 마셜이 읽은 문헌 중에는 로버트 아드리의 『텃세(*The Territorial Imperative*)』도 있었다. 이후 마셜은 인류학자 라이어널 타이거를 통해 아드리를 만나게 된다. 라이어널 타이거는 마셜의 뉴포트 하계 연구의 단골 참가자였다. 마셜은 인간행동에는 비합리적인 요소가 태생적으로 내재되어 있다고 생각했다. 라이어널 타이거와 로빈 폭스가 공저한 『제국적 동물(*The Imperial Animal*)』도 그런 생각을 뒷받침해주었다. 이 책에서는 인간이 진화하면서 게놈에 뚜렷한 행동 경향이 각인되었다고 주장했다.[12] 타이거는 인간을 '생각하는 동물'이 아닌 '행동하는 동물'로 주장했다. 생존을 위해 신속하고 빈틈없는 선택을 하는 능력이 인간행동을 지배하고 있다는 것이다. 인간이 비합리적인 동물이라는 또 다른 근거는 불확실한 상황하에서의 판단을 연구한 대니얼 카너먼과 아모스 트버스키가 제시했다.[13] 이들은 통계학을 잘 아는 경험 많은 연구자들도 복잡하고 불확실한 문제에 직면하게 되면 확률 문제에 대해 직관적인 판단을 내리는 오류를 범하는 경향이 있음을 알아냈다.[14] 마셜은 이런 모든 증거를 감안하여, 인간이 평화롭고 폭력 없는 미래를 얻을 확률은 거의 없다시피 하다는 폭스의 결론에 동의하게 되었다.[15] 폭스가 1991년에 내린 결론에 의하면, 전쟁은 노예제도와 같이 불법화할 수 있는 제도가 아니며, 치료할 수 있는 질병이 아니라 인간의 자연스러운 본성의 일부였다.[16] 따라서 마셜도 전쟁을 인간 본성의 일부로 받아들이게 되었다. 군사력의 사용은 통제할 수는 있으되 완전 배제할 수는 없는 것이었다.

마셜의 일반평가 및 총괄평가 분석 방법에 영향을 미친 여섯 번째 지적 주제는 미래 예측의 어려움이었다. 총괄평가는 미래를 내다보고, 앞으로 나타날 전략적 문제와 기회를 예보하여 경쟁에서 우위를 차지하기 위한 활동이었다. 그럼에도 불구하고 마셜은 실제 분쟁의 전략적 결과나 군사적 경쟁의 진행 방향을 예측하기는 불가능하다는 생각을 오래전부터 해왔고, 지금까지 버리지 않았다. 간단히 말해 불확실성이 너무 많기 때문이다. 물론 고위 지도자들은 정확한 미래 예측을 원한다. 그러나 미래는 결코 예측할 수 없다는 냉혹한 현실에 직면할 뿐이다.

경제학자 더글러스 노스가 적었듯이, 내일의 움직임을 결정할 내일의 일을 오늘 미리 알 수 없는 것이 인간사의 현실이다. 또한 노스는 세계는 근본적으로 비균일적(nonergodic)이라고 보았다. 즉, 미래 결과에 대한 통계적 시간 평균이, 과거 결과에 대한 통계적 시간 평균과 다를 확률이 대부분의 사람들의 생각보다도 크다는 것이다.[17] 장기 경쟁의 예측 불가능성에 대한 가장 확실한 증거는 천체물리학에도 있다. 뉴턴 역학에서는 행성의 움직임이 시계의 움직임처럼 질서 정연하다고 보았지만 이제 그런 주장은 틀렸음이 드러났다. 항성 주변을 도는 행성의 움직임은 사실 무질서하다. 때문에 1억~2억 년 정도 지난 면 미래의 행성 궤도 예측은 컴퓨터 모델로는 전혀 해낼 수 없다.[18] 그리고 천체물리학과 마찬가지로, 전략과 국제 문제 역시 하룻밤 사이에 크게 격변할 수 있으므로 정확한 예측이 불가능하다.

미래 예측의 불확실성을 없앨 수 없다는 점을 염두에 둔 마셜은 미국이 직면할 문제와 기회를 총괄평가로 예측하는 3가지 구체적 방법을 수년에 걸쳐 개발하고 제시했다. 첫 번째로 수년~수십 년 후까지의 미래의 여러 측면 중, 어떤 측면은 다른 측면에 비해 더욱 확실히 예측 가능하다는 것이다. 인구학·장기 거시경제 추세(경제 성장률 격차 등)·일부 기술 등이 그것이다. 특히 기술의 경우, 알카에다의 세계무역센터 및 국방부 자폭 테러 4년 전인 1997년에 마틴 슈빅은 다음과 같은 점을 지적했다. 인명살상 기술은 금융·통신·물류기술의 발전과 맞물려 1950년대 이래 크게 발전하였고, 따라서 소규모 그룹(훈련도가 높고 동기부여가 잘 된 10~20명 정도의 규모)의 파괴력도 기하급수적으로 증가하였다는 것이다.[19] 따라서 경제 규모가 크고, 강력한 군대와 대량살상 무기를 갖춘 국가라도 대규모의 살상과 파괴로부터 안전할 수 없게 되었다는 것이다.

두 번째로 시나리오 사용은 가치 있다는 점이다. 단, 시나리오는 예측이 될 수 없다. 대신 정책결정자들이 여러 가지 미래의 모습을 상상하고, 그런 상황 또는 문제에 대한 대응 방법을 구상하게 하는 도구로서 유용하다는 것이다. 여기서 마셜은 피에르 왁이 미래학자 허먼 칸의 이론을 수용해 시나리오 접근법을 만들어냈고, 이 시나리오 접근법을 사용한 로열 더치/셸사의 중역들이 제4차 중동전쟁 이후 4배로 급등한 유가에도 경쟁기업에 비해 더욱 잘 대처할 수 있었던 점을 지적했다.[20] 마셜은 왁이 만든 시나리오 기획이야말로 급변하는 상황에서 불쾌한 진실을 잡아내는 타당한 방법이라는 관점을 고수했다. 피터 슈워츠도 말했듯이, 시나리오는 불확실성이 매우 큰 세계에서 먼 미래를 내다볼 수 있게 해 준다.[21]

세 번째로, 마셜은 1950년대부터 전쟁게임을 고등 전략문제 탐구의 유용한 도구로 여기기 시작했다. 1950년 RAND 수학자인 메릴 플러드와 멜빈 드레셔가 처음으로 죄수의 딜레마를 발표했다. 죄수의 딜레마는 게임이론의 기본적인 문제로, 공통의 목표를 향해 협력해야 함에도 그럴 수 없는 두 사람을 다루고 있다. 마셜은 플러드가 RAND 생활 초기에, 인간의 게임 능력이 매우 뛰어나다는 점을 알아챘으며, 잘 만들어진 게임을 통해 형식적 게임이론의 닫힌 수학적 해법에서 벗어나 타당하고 유효한 상황 대응 전략에 대한 시각을 증진시킬 수 있음을 알아냈다고 회상했다.[22] 플러드의 관찰로 인해 1950년대 RAND에서는 통찰력 있는 게임 여러 개가 진행되었다. 허버트 골드해머는 정치 및 위기 게임의 초기 혁신가였다. RAND의 전략 및 전력평가(Strategy and Force Evaluation, SAFE) 게임은 미국과 소련의 전력 태세 기획 때 대체 예산안을 탐구하기 위해 사용되었다.

마셜은 계속 전쟁게임에 자금을 지원했다. 전략 경쟁자들이 특정 상황에 적응하는 방식을 자세히 알기 위해서였다. 이 특정 상황은 보통 잘 자리 잡힌 추세와 단절 가능성이 상존하는 시나리오를 통해 묘사되었다. 1980년대 중반 ONA의 전략방위구상(Strategic Defense Initiative, SDI) 시리즈 게임이야말로 전략적 시각을 제공한 시나리오 기반 전쟁게임의 성공 사례였다. 이 게임을 통해, 완벽과는 거리가 먼 수준의 탄도미사일 방어책이라도 미·소 핵 균형을 안정화시킬 수 있음이 드러났다. 소련 기획자들은 높은 수준(90퍼센트 이상)의 명중률을 요구했다. 때문에 아무리 허술한 미국 미사일 방어망이 있다 하더라도 소련 기획자들은 미국 ICBM 부대에 더 많은 탄두를 조준할 것이다. 자신들이 미국 3원 전략 핵전력(nuclear triad; 지상발사 탄도탄·잠수함발사 탄도탄·장거리 폭격기로 이루어지는 핵전력—옮긴이)의 한 개 다리를 완벽히 부러뜨릴 수 있다는 자신이 없기 때문이다. ONA의 SDI 게임은 이 점을 잘 보여주었다.

마셜의 이력을 관통하는 마지막 지적 테마는 그의 성격을 반영하고 있다. 국방부 같은 거대 조직 내에서의 자신의 성취를 예상할 때는 겸손해야 한다는 깨달음이 바로 그것이다. 군과 합동참모본부·OSD·의회가 국방 문제에 관련해 벌이는 활동과 선택은 잘못되었다고까지는 할 수 없어도 이상적인 것과는 거리가 먼 경우가 많은 것이 어쩔 수 없는 현실이다. 마셜은 이런 말을 했다. "한 사람이 막을 수 있는 바보짓에는 한계가 있다." 어쩌면 그가 한 말 중에서 가장 유명한 말일 것이다. 이것은 국방 조직의 문제적 행동의 예방 가능성에 대한 그의 생각을 잘 나타내 주는 발언이라고 하겠다.

ONA의 평가 대부분에는 높은 비밀등급이 매겨져 있으며, 국방장관에게만 열람되기 위해 작성된 것들이 많다. 때문에 지난 40년간 국방부 내에서도 마셜의 ONA에 대해 제대로 아는 사람이 없었다. 게다가 마셜은 대중들에게 노출되는 것을 싫어했고, 계속 진화하는 분석 방법에 대해 정의 내리기도 싫어했다. 때문에 마셜의 측근조차도 총괄평가에 대해 말해보라면 그저 "마셜이 하는 일"정도로밖에 말할 수 없었다. 국방부는 물론 전략 연구계 내에서도 ONA의 실체와 마셜의 업적에 대해 끊임없는 의문이 제기되고 있다.

아마도 마셜의 업적 중 가장 두드러진 것은 1970년대와 1980년대 소련 군사계획이 소련 경제에 가하는 부하의 추산이었을 것이다. 이것은 슐레진저가 마셜에게 탐구를 지시한 최초의 연구 주제 중 하나이기도 했다. 슐레진저는 마셜에게, CIA는 소련의 군사계획에 투자되는 금액이 소련 경제 총생산량의 6~7퍼센트에 불과하다고 주장한다며, CIA가 이 주장을 재고하도록 할 것을 지시했다. 만약 CIA 경제학자들의 주장이 정확하고, 소련의 중앙 기획자들 역시 '기적의 노동자'라면, 시간이 갈수록 소련은 장기 경쟁에서 미국보다 유리해진다. 그러나 만약 슐레진저와 마셜이 옳았다면, 장기 경쟁에서 유리한 쪽은 미국이다. 때문에 이는 전략 개발에 중요한 연구였다.

마셜은 소련의 군사비 부하를 근본적으로 재검토해볼 것을 권했으나 CIA 경제학자들은 냉전이 종식될 때까지 이를 거부했다. 물론 1976년 5월 CIA는 별안간 소련의 군사비 부하 추산치를 11~13퍼센트로 올려 잡았다.[23] 그러나 1987년까지도 CIA와 DIA는 소련의 군사비 부하 추산치가 1980년대 초반 소련 GNP의 15~17퍼센트에 불과하다는 입장을 고수했다.[24]

마셜은 이 문제를 결코 놓지 않았다. 공식 발표에 계속 의문을 제기했다. 1975년, 마셜은 소련의 군사비 부하가 CIA 추산치의 약 2배는 될 거라고 판단했다.[25] 1988년 그와 데이비드 엡스타인은 간접 군사비와 소련의 해외 제국에 대한 지출을 빼도 소련 GNP의 약 32~34퍼센트가 군사비로 지출될 거라고 추산했다.[26] 훗날 그들의 추산은 CIA의 추산보다는 더욱 정확했음이 드러났다. 마셜의 작은 ONA는 소련 군사비와 소련 경제 규모에 관한 외부 연구를 지원함으로써, 소련의 군사비 부하를 미국 정보계보다 더욱 정확히 추산해 국방부 고위층에게 보고할 수 있었다.

ONA의 소련 군사비 부하에 대한 장기 연구는 또 다른 결과를 몰고 왔다. 1970년대 중반 ONA의 군사비 투자 평가를 본 럼스펠드는 소련의 국방예산이 미국보다 더 많다고 생각하게 되었고, 이러한 추세를 뒤집으려면 미국의 국방예산을 늘릴 필요가 있다고 여겼다.[27] 이후 로널드 레이건 행정부하에서 마셜의 소련 국방예산 연구는 1980년대 중반, 소련에게 과중한 비용 부담을 지우기 위해 경쟁전략을 채택하기로 한 와인버거의 결정에 영향을 주었다.

마셜이 미국의 전략 사고에 크고 오래가는 영향을 확실히 끼친 두 번째 영역은 군사혁신 관련 논의의 장려였다. 소련은 군사혁신, 즉 정밀유도 무기 광역센서·컴퓨터화된 지휘통제의 발전이 전간기 당시 구상된 전격전, 항공모함 탑재 해군 항공대, 전략 폭격만큼 미래의 전쟁을 확실히 바꿔놓을 것이라고 믿고 있었다. ONA는 이러한 믿음이 과연 옳은 것인지에 대한 논의를 시작했다. 또한 마셜과 그의 부하 직원들은 관련 논의를 위한 용어 정립은 물론, 정찰 타격·A2/AD·공해전 등의 작전개념도 제시했다. 이러한 용어와 개념들은 미국과 그 외 국가의 국가안보 관련 논의의 중심이 되었다.

마셜은 RMA를 평가할 때도, 다른 때와 마찬가지로 과감한 방향전환 능력을 보여주었다. ONA를 기존의 냉전 균형 분석에서 탈피하여, RMA라는 새로운 주제에 몰입시킨 것이다. 균형 분석은 여러 군사 경쟁에서 소련에 대한 미국의 입지를 평가하기 위한 것이었다. 반면 MTR 평가는 뭘로 봐도 균형 분석이 아니었다. 그것은 국방부 관료에게 군사혁신이 진행 중임을 알리기 위한 시도였다. ONA의 1992, 1993년 MTR 평가가 냉전기 평가와 다른 또 다른 차이점은 비밀 처리되지도 않고, 방호 소요 구분시설인 ONA 내부에서만 폐쇄적으로 작성되지도 않았다는 점이다. MTR 평가를 이전의 냉전 시대 평가와 대충만 비교해봐도 마셜이 보기 드물 정도의 유연한 사고방식과 개방성을 가지고 새로운 가능성을 받아들였음을 알 수 있다. 그런 모습을 보일 수 있는 개인이나 조직은 흔치 않다.

MTR 논쟁으로 촉발된 국방개혁이라는 문제는 아직도 우리 곁에 있다. 2001년에 다시 한번 국방장관에 취임한 럼스펠드는 첫 연례 의회 보고서에서 이렇게 주장했다. 알카에다의 9·11 테러 공격에도 불구하고, 미군의 개혁은 필요하다는 것이었다. 21세기 미국이 직면한 도전 과제는 20세기와는 사뭇 다르다는 것이 그 이유였다.[28] 분명 미국은 알카에다나 그 비슷한 테러리스트 조직과의 전쟁에서 이겨야 했다. 럼스펠드는 또한 미군의 개혁이 그 전쟁과 동시에 진행되어야 한다고 주장했다. 전임자인 클린턴 행정부 제2기의 국방장관 윌리엄 코언이 적어도 입으로는 국방개혁을 한 것처럼, 럼스펠드 역시 국방개혁에 임하는 시늉은 냈다.

물론 코언과 럼스펠드가 어느 정도로 진지하게 국방개혁에 임했는지는 의문의 여지가 있다. 마셜이 1987년에 예상했듯이, 문제는 미국이 혁신적 기술을 추구하는 속도, 그리고 기존 프로그램에 예산을 배정해 실용화할 능력이었다.[29] 코언 장관 재임 때 국방부 계획 주안점은 여전히 기존 체계와 능력에 맞추어져 있었다. 럼스펠드 장관 재임 때에는 9·11 테러 때문에, 아프가니스탄의 탈레반을 타격하는 정밀유도 항공 무기와 말 탄 특수부대원의 조합이라는 개혁 패러다임이 생겼다.[30] 이 패러다임은 미군의 기존 자산의 변화를 사실상 요구하지 않았다. 결국 마셜의 조언에 귀를 기울이고 그대로 하고자 하는 고위 국방관료의 의지가 없는 한, 마셜의 영향력은 한계에 직면할 수밖에 없다.

마셜의 영향력이 좀 더 분명하게 드러난 부분은 점차 격화되는 미·중 경쟁구도였다. 마셜의 2001년 전략 검토 덕택에 럼스펠드는 21세기의 안보 문제는 20세기와는 확연히 다르다는 주장을 확고히 할 수 있었다. 1990년대 중반 중국 지도자들은 군 근대화 계획을 시작했다. 여기에는 서태평양에서의 A2/AD 능력 개발이 포함되어 있다. 중국 전략가들은 이 능력 덕택에 대개입 작전이 가능하다고 말한다.[31] 중국 주변부에 미군의 접근을 막기 위한 지속적인 투자가 이루어지고 있다. 거기에는 대만을 향한 1,000발 이상의 첨단 단거리 재래식 탄도미사일 배치에서부터 중거리 대함 탄도미사일(둥펑-21D 등), 대지 및 대함 순항미사일, 장거리 지대공 미사일(HQ-9 등), 대우주(위성) 무기, 사이버전 능력 개발 등이 포함된다.

이르면 1980년대 후반부터 마셜은 중국의 융성과 정밀유도 무기의 확산이 아시아태평양 지역에서 미국의 입지를 위협할 수도 있다는 생각을 했다. 그 생각의 연장선에서 그는 중국의 군사적 경쟁력을 더욱 잘 이해하기 위한 연구에 지원을 시작했다. ONA가 지원한 그런 연구의 좋은 사례로는 마이클 필스버리의 「미래 안보환경의 패권을 노리는 중국(China Debates the Future Security Environment)」이 있다. 이 보고서에서는 중국인민해방군의 RMA에 대한 여러 생각들을 탐구했다.[32] 마셜이 후원한 이런 종류의 연구에도 불구하고, 미국 국방조직이 대개입 작전을 위해 성장하는 중국인민해방군의 A2/AD 능력에 공개적으로 대응하기까지는 무려 10년이 걸렸다. ONA에서는 이미 10여 년 전부터 전쟁게임과 기타 여러 연구를 통해 중국의 A2/AD 능력을 탐구해 오고 있었다.

그러나 미군, 특히 미 해군과 공군이 중국을 군사적 경쟁자로 인식하게 된 데에는 마셜의 기여가 분명히 있었다. 미공군 참모총장 노턴 슈워츠 장군과 해군 참모총장 게리 러프헤드 제독이 공해전 개발 각서에 서명한 것이야말로, 중국에 대한 마셜의 우려가 표면으로 드러난 사건이었다. 이 각서에서는 공해군의 밀접한 협력을 통해 중국의 서태평양 A2/AD 능력에 맞설 방법을 연구할 것을 규정하고 있었다. 현재는 국방부에 공해전국도 생겼다.[33] 그리고 2012년 버락 오바마 대통령은 한 발 더 나아가 아시아태평양 지역의 미군 전력을 증강하고자 했다.[34]

즉, 미국의 안보정책과 국방전략은 결국 "중국의 융성이 미국의 안보 문제가 될 것이며, 이는 장기적인 관점에서 무시할 수 없다"라는 마셜의 오랜 주장에 맞춰 움직이기 시작한 것이다. 이런 관점에서 볼 때, 미국의 전략적 사고와 국가안보에 대한 마셜의 기여는 그가 국방부를 떠난 후까지도 계속되는 것이다. 그리고 마셜보다 더 오랫동안 근무하면서 더 큰 영향력을 끼칠 수 있는 국방부 직원은 아마 나오기 어려울 것이다.

RAND에서 오랫동안 훌륭한 성과를 낸 마셜은 슐레진저 이후 현재까지의(마셜의 퇴임과 이 책의 원서 출간은 2015년에 이루어졌다 — 옮긴이) 모든 국방장관, 그리고 닉슨 이후 현재까지의 모든 대통령을 보좌했다. 1973년 이후 현재까지 ONA의 핵심 임무는 장차 등장할 위험과 기회를 국방부 최고 지도자들에게 적시에 예보함으로써 대처할 시간을 얻는 것이다. 그리고 마셜은 그 임무를 매우 뛰어나게 수행했으며, 임무 수행 과정에서 주변에 큰 영향을 주었다. 다만 그의 업적과 영향력의 대부분은 막후에서 이루어졌지만 말이다. 마셜은 결코 자신과 ONA가 이룩한 업적에 대한 명예나 대중의 인정을 원하지 않았다. 그러나 그는 올바른 전략적 질문을 끊임없이 제기했으며, 주변의 어떤 사람보다도 불확실한 미래를 멀리, 확실히 내다보았다.

옮긴이 후기

우리의 마셜은 어디에 있는가?

미국이라는 나라는 무섭다. 무려 40여 년간 지속된 인류 최대의 이념 분쟁인 냉전에서 맞수 소련을 완패시킨 미국은, 현재까지 다른 어떤 나라도 범접하기 어려운 유일한 초강대국의 지위를 누리고 있다. 우리는 그런 미국의 국력이 유형적인 부분에서만 강대하다고 착각하기 십상이다. 그러나 미국은 무형의 힘, 역시 강대한 국가다. 그리고 미 국방부의 총괄평가국장 앤드루 마셜의 생애를 다룬 이 책 역시 그 강대한 무형의 국력을 일부나마 들여다볼 수 있는 창이다.

전쟁에 대한 동양의 고전 『손자병법』의 요지는 다음의 두 문장으로 요약된다. "전쟁은 가급적 회피하라. 그러나 피할 수 없다면 최대한 경제적으로 싸워 승리하라"이다. 그것은 말할 것도 없이 전쟁이 인류의 모든 활동 중에서 가장 큰 에너지가 소모되는 행위이기 때문이다. 『손자병법』의 유명한 구절인 '지피지기 백전불태(知彼知己 百戰不殆)'라는 말도 이러한 맥락에서 나왔다. 적을 알고 나를 알아야만 최대한 경제적이고 현명하게 싸워 승리를 쟁취할 수 있다. 아무리 강대한 나라라도 그 국력은 결코 무한하지 않다. 그리고 전쟁이라는 덫에 잘못 걸려 막대한 국력을 낭비하고, 설령 이겼더라도 '피로스의 승리'만을 기록한 채 망한 국가들이 인류 역사 속에는 얼마든지 있다. 그렇기에 적과 나를 잘 알고, 그것을 기반으로 최대한 경제적인 승리를 위한 전략과 전술을 짜내 주군에게 보고할 수 있는 책사(策士)의 존재는 어떻게 보면 최일선에서 총칼과 근육으로 국방에 임하는 전사보다도 더욱 중요하다.

이 책의 주인공 마셜 역시 그런 책사 중 한 사람이었다. 그리고 그가 개발한 '총괄평가'는 적과 나를 샅샅이 알기 위한 기법이었다. 이런 뛰어난 인재를 많이 보유한 것도 대단하지만, 제대로 찾아내고 육성하여 적재적소에 앉힐 수 있는 것 역시 미국의 강대한 무형의 국력 중 하나일 것이다.

한편으로 역자는 책을 번역하면서 우리의 모습이 걱정되지 않을 수 없었다. 4강(强)에 둘러싸인 채 분단된 한반도의 지정학적 구도의 특징과 중요성은 다시 말해봤자 입만 아플 것이다. 그리고 그 특징과 중요성은 냉전 시대나 지금이나 변하지 않았다. 이런 나라에 사는 국민들은 뜨거운 가슴과 냉철한 두뇌를 필요로 한다. 그러나 우리의 뜨거운 가슴은 잘해야 인터넷 키보드 배틀 밖을 벗어나지 못한다. 게다가 냉철한 두뇌는 아예 육성하기부터가 너무나 힘든 것이 경주마형 인재만을 원하는 한국의 사회문화적 풍토다. 특히 한국의 국가안보계에서는 마셜 같은 탁월한 전략가가 나올 수 없다는 개탄이 여기저기서 터져나올 정도다. 그러나 남 탓, 환경 탓만 하기에는 너무나도 위중한 것이 21세기 현대의 동북아시아 국제정세다. 주변 4강(특히 중국!)은 군비 증강에 열을 올리고 있고, 우리의 동족 북한은 남쪽을 향하여 여차하면 핵 불꽃놀이를 벌이겠다며 으름장을 놓고 있는 것이다. 그렇기에 우리는 우리의 마셜을 어서 찾아내야 한다.

마셜은 물론, 이 책의 두 저자 역시 너무나도 뛰어난 지력의 소유자들이다. 국가안보 분야에 오랫동안 관심을 두어 왔던 역자 역시 처음 보는 개념과 단어가 난무했다. 게다가 학자들 특유의 만연체는 정말로 정신을 쏙 빼놓았다. 그러나 이 책을 통해 한국의 독자들에게 깨우침을 주고 싶다는 나름의 사명감을 가지고, 최선을 다해 번역에 임했다. 혹시라도 미진한 부분이 있다면 그것은 역자의 부족함 탓임을 밝혀둔다.

역자가 이 책을 번역하기까지는 많은 분들의 도움이 있었다. 부족한 사람을 이 책의 번역자로 추천해 주신 함규진 교수님, 역자에게 기회를 주신 살림출판사 서상미 주간님, 수많은 조언과 격려를 아끼지 않은 한국전략문제연구소 부소장 주은식 예비역 준장님, 그리고 무엇보다도 '후방전선'에서 지원해 준 사랑하는 아내와 아이들에게 이 지면을 빌어 진심으로 감사를 표한다. 아울러 지난 2019년 3월 26일 향년 97세를 일기로 타계한 앤드루 월터 마셜의 삶을 오래 마음에 담고 싶다. 삼가 고인의 명복을 빌며, 고인을 사랑했던 모든 이들에게 진심으로 위로를 전한다.

이동훈

약어 풀이

A2/AD anti-access/area-denial 반(反)접근/지역거부

AAF Army Air Forces 육군 항공군

ABM Treaty Anti-Ballistic Missile Treaty 탄도탄 요격미사일 제한 조약

ACDA Arms Control and Disarmament Agency 군비통제 및 군비축소청(군축청)

ADE armored division equivalent 기갑사단 상당 부대

ALCM air-launched cruise missile 공중발사 순항미사일

ASW antisubmarine warfare 대잠수함전

ATGM antitank guided missile 대전차 미사일

C2 command and control 지휘 · 통제

C3I command, control, communications, and intelligence 지휘 · 통제 · 통신 · 정보

C4I command, control, communications, computers, and intelligence 지휘 · 통제 · 통신 · 컴퓨터 · 정보

C4ISR command, control, communications, computers, intelligence, surveillance, and reconnaissance 지휘 · 통제 · 통신 · 컴퓨터 · 정보 · 감시 · 정찰

CAA Concepts Analysis Agency 개념분석청

CBO Combined Bomber Offensive 통합 폭격 공세

CENTAG Central Army Group 중부 집단군

CIA Central Intelligence Agency 미국 중앙정보국

CILTS Commission on Integrated Long-Term Strategy 통합장기전략위원회

CNO SSG Chief of Naval Operations Strategic Studies Group 해군 참모총장 전략연구단

COMINT communications intelligence 통신정보

CONUS continental United States 미 본토(하와이와 알래스카 제외)

CSBA Center for Strategic and Budgetary Assessments 전략예산평가본부

DARPA Defense Advanced Research Projects Agency 국방고등연구계획국

DBA dominant battlespace awareness 전장공간의 주도적 인식

DBP	Defense Budget Project 국방예산계획
DCI	director of central intelligence 중앙정보국장
DCS	deputy chief of staff 참모차장
DCS/R&D	deputy chief of staff/research and development 참모차장 연구개발부
DDR&E	Office of Defense Research and Engineering 국방연구공학실
DIA	Defense Intelligence Agency 국방정보국
DPG	Defense Planning Guidance 국방기획지침
DSB	Defense Science Board 국방과학위원회
FEAT	Force Evaluation Analysis Team 전력평가분석반
FY	Fiscal Year 회계연도
GPS	global positioning system 위성항법 시스템
HEW	Department of Health, Education and Welfare 보건교육복지부
ICBM	intercontinental ballistic missile 대륙간 탄도미사일
IEDs	improvised explosive devices 급조 폭발물
ISA	International Security Affairs 국제안보문제
ISR	intelligence, surveillance and reconnaissance 정보감시정찰
JSTARS	joint surveillance and target attack radar system 합동감시 및 표적공격 레이더체계
LGB	laser-guided bomb 레이저유도 폭탄
LNO	limited nuclear option 제한 핵 선택
LRA	Long Range Aviation 장거리 항공군(소련)
MIT	Massachusetts Institute of Technology 매사추세츠공과대학
MOE	measure of effectiveness 효율성 측정
MTR	military-technical revolution 군사-기술 혁명
NATO	North Atlantic Treaty Organization 북대서양조약기구
NESC	Net Evaluation Subcommittee 총괄평가소위원회
New START	New Strategic Arms Reduction Treaty 신전략무기감축협정
NIC	National Intelligence Council 국가정보위원회
NIE	National Intelligence Estimate 국가정보판단
NORTHAG	Northern Army Group 북부 집단군
NPS	Naval Postgraduate School 해군대학원
NSA	National Security Agency 국가안보국
NSC	National Security Council 국가안전보장회의
NSCIC	National Security Council Intelligence Committee 국가안전보장회의 정보위원회
NSDD 32	National Security Decision Directive 32 국가안보정책결정지시 32호

OER	Office of Economic Research 경제연구국
OMB	Office of Management and Budget 관리예산국
ONA	Office of Net Assessment 총괄평가국
ONE	Office of National Estimates 국가판단국
OPEC	Organization of the Petroleum Exporting Countries 석유수출국기구
OR	operations research 운영분석
OSA	Office of Systems Analysis 체계분석국
OSD	Office of the Secretary of Defense 국방장관실
OSD/NA	Office of Net Assessment in the Office of the Secretary of Defense 국방장관실 소속 총괄평가국
OSR	Office of Strategic Research 전략연구국
OSRD	Office of Scientific Research and Development 과학연구개발국
OSS	Office of Strategic Services 전략사무국
OTH	over-the-horizon [radar] 초수평선(레이더)
PA&E	Office of Program Analysis and Evaluation 계획분석평가국
PFIAB	President's Foreign Intelligence Advisory Board 대통령 대외정보 자문위원회
PGM	precision-guided munition 정밀유도 무기
PLA	People's Liberation Army 인민해방군(중국)
PPBS	Planning, Programming, and Budgeting System 기획계획예산제도
PRM/NSC-10	Presidential Review Memorandum/NSC-10 대통령검토각서/NSC-10
QDR	Quadrennial Defense Review 4년 주기 국방검토보고서
RAND	Research ANd Development Corporation RAND연구소
RMA	revolution in military affairs 군사혁신
RSAS	RAND Strategy Assessment System RAND전략평가체계
RUK	reconnaissance-strike complex 정찰 타격 복합체
SAC	Strategic Air Command 전략공군사령부
SACEUR	supreme allied commander in Europe 유럽연합군 최고사령관
SAFE	Strategy and Force Evaluation 전략 및 전력평가
SAI	Science Applications International 국제응용과학
SAIC	Science Applications International Corporation 국제응용과학사
SALT	Strategic Arms Limitation Talks 전략무기제한 회담
SAM	surface-to-air missile 지대공 미사일
SAP	special-access programs 특별접근계획
SAS	Strategic Analysis Simulation 전략분석 시뮬레이션
SCDC	Strategic Concepts Development Center 전략개념개발본부

SCIF sensitive compartmented information facility 방호소요구분시설

SDI Strategic Defense Initiative 전략방위구상

SDIO Strategic Defense Initiative Office 전략방위구상사무국

SecDef SSG Secretary of Defense Strategic Studies Group 국방장관 전략연구단

SecDef/DCI secretary of defense/director of central intelligence 국방장관/중앙정보국장

SESC Special Evaluation Subcommittee 특별평가소위원회

SHAPE Supreme Headquarters Allied Powers Europe 유럽연합군 최고사령부

SIOP Single Integrated Operational Plan 단일통합작전계획

SLBM submarine-launched ballistic missile 잠수함발사 탄도미사일

SOC Strategic Objectives Committee 전략목표위원회

SOSUS Sound Surveillance System 수중음향 감시체계

SOVA Office of Soviet Affairs 소련문제국

SSG strategic studies group 전략연구단

TASC (the) Analytic Sciences Corporation 분석과학사

TASCFORM TASC Force Modernization TASC 전력비교 현대화 평가기법

TFWE tactical fighter wing equivalent 전술 전투비행단 상당 부대

TVD geographic theater of military action 군사작전 지형 전구

UCLA University of California – Los Angeles 캘리포니아대학 로스앤젤레스 캠퍼스

USAFE US Air Forces in Europe 유럽 주둔 미공군

USD(P) undersecretary of defense position for policy 국방부 정책차관

USSBS US Strategic Bombing Survey 미국전략폭격조사국

WARBO "Warning and Bombing"[study] 경고 및 폭격(연구)

WEI/WUV Weighted Effectiveness Indices/Weighted Unit Values 무기효과 지수/부대 가중치

WMD weapon of mass destruction 대량살상 무기

도표 목록

주

1. 독학의 사나이, 1921~1949년

1. Ford Madox Ford, *The March of Literature:From Confucius' Day to Our Own* (New York: The Dial Press, 1938).
2. Richard Courant and Herbert Robbins, *What Is Mathematics? An Elementary Approach to Ideas and Methods*, 4 vols. (New York: Oxford University Press, 1941).
3. *A Study of History*: 2nd edition [1st edition, 1934] (London: Oxford University Press, 1945), vols.1~3; vols.4~6 published in 1939, reprinted in 1940; and *A Study of History*, abridgment of vols.7~10 by D.C. Somervell (New York: Oxford University Press, 1957).
4. "Murray Body Corp.; Murray Corp. of America," http://www.coachbuilt.com/bui/m/murray/murray.htm에서 열람 가능.
5. Andrew W. Marshall, "A Test of Klein's Model III for Changes of Structure," master of arts thesis submitted to the faculty of the Department of Economics, University of Chicago, March 1949, p.29.
6. F.A. Hayek and W.W. Bartley III, ed., *The Fatal Conceit:The Errors of Socialism* (Chicago & London: University of Chicago Press and Routledge, 1988), p.14.
7. A.W. Marshall, "Early Life to 1949," interview by Kurt Guthe, January 13, 1994, 1-16. ('1-16'이란 인터뷰 테이프 12개 중, 첫째 테이프의 기록물 16페이지 의미)

2. RAND연구소 초기, 1949~1960년

1. Angus Maddison, "Historical Statistics for the World Economy: 1-2003 AD," 2007, available at http://www.ggdc.net/maddison/historical_statistics/horizontal-file_03-2007.xls에서 열람 가능.
2. Stewart M. Powell, "The Berlin Airlift," *AIR FORCE Magazine*, June 1998,

pp.50~63.

3. Harry R. Borowski, "A Narrow Victory: the Berlin Blockade and the American Military Response," *Air University Review*, July-August 1981, 2013년 11월 16일 현재 http://www.airpower.maxwell.af.mil/airchronicles/aureview/1981/jul-aug/borowski.htm에서 열람 가능.
4. S. Nelson Drew, ed., *NSC-68: Forging the Strategy of Containment* (Washington, DC: National Defense University, September 1994), p.23.
5. X [George Kennan], "The Sources of Soviet Conduct," *Foreign Affairs* 25, no.4, July 1947, p.575.
6. Steven J. Zaloga, *The Kremlin's Nuclear Sword: The Rise and Fall of Russia's Strategic Nuclear Forces, 1945-2000* (Washington and London: Smithsonian Institution Press, 2002), p.10.
7. Thomas C. Reed and Danny B. Stillman, *The Nuclear Express: A Political History of the Bomb and Its Proliferation* (Minneapolis, MN: Zenith Press, 2009), pp.34~35.
8. Walter Isaacson and Evan Thomas, *The Wise Men: Six Friends and the World They Made* (New York: Simon & Schuster, 1986), pp.489~90, 495~97.
9. Robert R. Bowie and Richard H. Immerman, *Waging Peace: How Eisenhower Shaped an Enduring Cold War Strategy* (Oxford: Oxford University Press, 1998), p.16~17.
10. George Orwell, "You and the Atomic Bomb," *Tribune*, October 19, 1945, http://orwell.ru/library/articles/ABomb/english/e_abomb에서 열람 가능
11. Vannevar Bush, foreword in Irvin Stewart, *Organizing Scientific Research for War: The Administrative History of the Office of Scientific Research and Development* (Boston: Little, Brown and Company, 1948), ix.
12. James Phinney Baxter, III, *Scientists Against Time* (Cambridge, MA: The MIT Press, 1946), pp.31~36.
13. C.J. Hitch, amended by J.R. Goldstein, "RAND: Its History, Organization and Character," Project RAND, B-200, July 20, 1960, pp.1~2.
14. Hitch "RAND: Its History, Organization and Character," p.4.
15. 같은 자료, pp.3~4
16. 같은 자료, p.5.
17. 같은 자료, p.7.
18. "Conference of Social Scientists: September 14 to 19, 1947-New York," RAND R-106, vii-viii.
19. Hitch, "RAND: Its History, Organization and Character," p.8.
20. RAND, "History and Mission," 2013년 11월 16일 현재 http://www.rand.org/

about/history/에서 열람 가능

21. Andrew W. Marshall, "Strategy as a Profession in the Future Security Environment," in *Nuclear Heuristics: Selected Writings of Albert and Roberta Wohlstetter*, Robert Zarate and Henry Sokolski, eds. (Carlisle, PA: Strategic Studies Institute, January 2009), p.628.
22. Bernard Brodie, "The Development of Nuclear Strategy," *International Security* Spring 1978, p.67.
23. Henry S. Rowen, "Commentary: How He Worked" in *Nuclear Heuristics: Selected Writings of Albert and Roberta Wohlstetter*, Robert Zarate and Henry Sokolski, eds. (Carlisle, PA: Strategic Studies Institute, January 2009), p.101.
24. A.W. Marshall, "Talk for Book Project," interview by Kurt Guthe, September 16, 1993, 11-4.
25. A.W. Marshall, "1950-1969," interview by Kurt Guthe, October 29, 1993, 3-39; A.W. Marshall, "Second Talk on Themes" interview by Kurt Guthe, October 6, 1995, 12-26.
26. Alan L. Gropman, "Mobilizing U.S. Industry in World War II," McNair Paper 50, National Defense University, August 1996, 109; and Maddison, "Historical Statistics for the World Economy: 1-2003 AD."
27. Office of the Undersecretary of Defense (Comptroller), "National Defense Budget Estimates for FY2015," April 2014, table 7~5, p.254.
28. Herbert Goldhamer and Andrew Marshall, *Psychosis and Civilization: Studies in the Frequency of Mental Disease* (Glencoe, IL: The Free Press, 1949, 1953), pp.91~93.
29. Hitch, "RAND: Its History, Organization and Character," p.3.
30. A.W. Marshall, interviewed with Barry D. Watts, April 12, 2011, p.6~7.
31. Reed and Stillman, *The Nuclear Express*, p.36.
32. 같은 책, p.37.
33. "Implications of Large-Yield Nuclear Weapons," RAND R-237, July 10, 1952, p.1, 2.
34. Gian P. Gentile, "Planning for Preventive War, 1945~1950," Joint Force Quarterly, Spring 2000, p.69.
35. Hans M. Kristensen and Robert S. Norris, "Global Nuclear Weapons Inventories, 1945~2013," *Bulletin of the Atomic Scientists*, September/October 2013, p.78. 크리스텐슨과 노리스는 1949년 당시 미국의 원자폭탄 보유량이 170발이라고 믿고 있다. 그러나 이 수는 1953년에는 1,100여 발로 늘어났고, 1967년에는 3만

1,000여 발로 정점에 달했다.

36. A.W. Marshall, "Early 1950s," interview by Kurt Guthe, September 16, 1993, 4-5.
37. Marc Trachtenberg, *History and Strategy* (Princeton, NJ: Princeton University Press, 1991), pp.7~8.
38. J. D. Williams, "Hunting the Tiger (and Other Aspects of the Active Life)," RAND S-16, March 25, 1954, pp.31~32.
39. Neil Sheehan, *A Fiery Peace in a Cold War:Bernard Schriever and the Ultimate Weapon* (New York: Random House, 2009), p.181.
40. Bernard Brodie, "A Moratorium on Similes," memorandum to J.D. Williams, M-5484, November 1, 1954, p.1.
41. Roger G. Miller, *To Save a City:The Berlin Airlift 1948~1949* (Washington DC: Air Force History Support Office, 1998), p.18.
42. 같은 책, pp.16~17.
43. Gregory W. Pedlow, ed., *NATO Strategy Documents 1949~1969* (Brussels: Supreme Headquarters Allied Powers Europe, October 1997), xii.
44. Sheehan, *A Fiery Peace in a Cold War*, p.193.
45. H. Kahn and A.W. Marshall, "Methods of Reducing Sample Size in Monte Carlo Computations," *Journal of the Operations Research Society of American* (November 1953): pp.263~78.
46. Marc Peter Jr. and Andrew Marshall, "A Re-examination of Hiroshima-Nagasaki Damage Data," RAND RM-820, May 1, 1952, pp.1~4.
47. Marshall, "1950-1969," interview by Guthe, 3-11.
48. Bernard Brodie, ed., with Frederick S. Dunn, Arnold Wolfers, Percey E. Corbett, and William T. R. Fox, *The Absolute Weapon:Atomic Power and World Order* (New York: Harcourt, Brace, 1946), p.74.
49. Bernard Brodie, "Strategy Hits a Dead End," *Harper's Magazine*, October 1955, p.36.
50. Marshall, "1950~1969," interview by Guthe, 3-22.
51. Robert R. Bowie and Richard H. Immerman, *Waging Peace:How Eisenhower Shaped an Enduring Cold War Strategy* (Oxford: Oxford University Press, 1998), p.137; and B. Brodie, C.J. Hitch, and A.W. Marshall, "The Next Ten Years," RAND, December 30, 1954, pp.27~28.
52. Brodie, Hitch, and Marshall, "The Next Ten Years" pp.3~9.
53. 같은 자료, p.10.

54. 같은 자료, p.16.

55. A.J. Wohlstetter, F.S. Hoffman, R.J. Lutz, and H.S. Rowen, *Selection and Use of Strategic Air Bases*, RAND R-266, April 1954, x.

56. 같은 책, vii. R-266. 정확히 추산하자면 1956년 당시 소련은 400발 정도의 원자폭탄을 보유하고 있었다고 한다(p.271).

57. 같은 책, vi-viii, xxxvii.

58. 같은 책, vii.

59. Andrew D. May, "The RAND Corporation and the Dynamics of American Strategic Thought, 1946-1962," unpublished revision of PhD dissertation as of July 2003, chap.4, 21.

60. E.S. Quade, "Principles and Procedures of Systems Analysis," in Quade's edited volume *Analysis for Military Decisions* (Santa Monica, CA: RAND R-387-PR, November 1964), p.37.

61. Henry S. Rowen, "Commentary: How He Worked," in *Nuclear Heuristics*, ed. Zarate and Sokolski, p.116.

62. Marshall, "Strategy as a Profession in the Future Security Environment," in *Nuclear Heuristics*, ed. Zarate and Sokolski, pp.629~30.

63. May, "The RAND Corporation and the Dynamics of American Strategic Thought, 1946~1962," chap.2, 13.

64. Wohlstetter et al., *Selection and Use of Strategic Air Bases*, v.

65. Brodie, Hitch, and Marshall, "The Next Ten Years," p.38.

66. 같은 자료, p.37.

67. 같은 자료, p.39.

68. J.D. Williams, "Unkind Comments on the Next Ten Years," memo to B. Brodie, C.J. Hitch, A.W. Marshall, RAND M-4419, September 2, 1954, p.1.

69. 같은 자료, p.1.

70. Roberta Wohlstetter, *Pearl Harbor: Warning and Decision* (Stanford, CA: Stanford University Press, 1962), xi.

71. National Security Agency, "Professional Reading: Books Briefly Noted," 123, n.d., http://www.nsa.gov/public_info/_files/tech_journals/book_review_pearl_harbor.pdf에서 열람 가능.

72. Dr. Alfred Goldberg and Maurice Matloff, OSD Historical Office, "Oral History Interviews, Director, Net Assessment," June 1, 1992, p.5.

73. Roberta Wohlstetter, *Pearl Harbor*, p.401.

74. 같은 책, viii-ix.
75. Dennis Hevesi, "Roberta Wohlstetter, 94, Military Policy Analyst, Dies," *New York Times*, January 11, 2007, http://www.nytimes.com/2007/01/11/obituaries/11wohlstetter.html?_r=0 에서 열람 가능
76. James C. DeHaven, "The Soviet Strategic Base Problem," RAND RM-1302, August 16, 1954, vii.
77. A.W. Marshall, "Improvement in Intelligence Estimates Through Study of Organizational Behavior," RAND D-16858, March 15, 1968, p.1.
78. Security Resources Panel of the Science Advisory Committee, "Deterrence and Survival in the Nuclear Age," Washington, DC, November 7, 1957, p.1.
79. 같은 자료, 4.
80. Zaloga, *The Kremlin's Nuclear Sword*, p.50.
81. Security Resources Panel, "Deterrence and Survival in the Nuclear Age," p.11.
82. Herbert Goldhamer and Andrew W. Marshall, "The Deterrence and Strategy of Total War, 1959~1961: A Method of Analysis," RAND RM-2301, April 30, 1959, iv.
83. 같은 자료, vii.
84. 같은 자료, vi, p.189.
85. Richard Nixon, "Policy for Planning the Employment of Nuclear Weapons," National Security Decision Memorandum 242, January 17, 1974, p.2.

3. 더 나은 분석 방법을 찾아서, 1961~1969년

1. Frances Acomb, *Statistical Control in the Army Air Forces* (Maxwell Air Force Base, AL: Air University, January 1952), p.1.
2. Acomb, *Statistical Control in the Army Air Forces*, p.95.
3. John A. Byrne, *The Whiz Kids: Ten Founding Fathers of American Business and the Legacy They Left Us* (New York: Doubleday Business, 2008), pp.39~44.
4. Charles R. Shrader, *History of Operations Research in the US Army, Vol.II, 1961-1973* (Washington, DC: US Government Printing Office, 2008), Center for Military History Publication 70-105-1, p.17.
5. Phil Rosenzweig, "Robert S. McNamara and the Evolution of Modern Management," *Harvard Business Review*, December 2010, p.3.
6. Tim Weiner, "Robert S, McNamara, Architect of a Futile War, Dies at 93,"

New York Times, July 6, 2009, 2013년 12월 7일 현재 http://www.nytimes.com/2009/07/07/us/07mcnamara.html?pagewanted=all에서 열람 가능

7. Byrne, *The Whiz Kids*, pp.13~16, 80~86.
8. 같은 책, pp.17~19.
9. 같은 책, pp.107, 108, 365.
10. 같은 책, pp.171~73, 206, 228.
11. 같은 책, p.213, 229.
12. 같은 책, pp.143~48.
13. "Robert S. McNamara Oral History Interview," Arthur M. Schlesinger (interviewer), April 4, 1964, 6-8, 2013년 12월 7일 현재 http://archive2.jfklibrary.org/JFKOH/McNamara%20Robert%20S/JFKOH-RSM-01/JFKOH-RSM-01-TR.pdf에서 열람 가능
14. Alain C. Enthoven and K. Wayne Smith, *How Much Is Enough? Shaping the Defense Program, 1961~1969* (New York: Harper and Row, 1971), p.325; and John A. Byrne, *The Whiz Kids: Ten Founding Fathers of American Business and the Legacy They Left Us* (New York: Doubleday Business, 2008), pp.396~400.
15. Enthoven and Smith, *How Much Is Enough?*, pp.32~33.
16. Stephen Budiansky, *Blackett's War: The Men Who Defeated the Nazi U-Boats and Brought Science to the Art of War* (New York: Alfred A. Knopf, 2013), pp.221~226.
17. 체계 분석에 대한 RAND식 접근법을 심층적으로 다룬 자료로는 E.S. Quade, ed., *Analysis for Military Decisions* (Santa Monica, CA: RAND R-387-PR, November 1964); E.S. Quade and W.I. Boucher, eds., *Systems Analysis and Policy Planning: Applications in Defense* (Santa Monica, CA: RAND R-439-PR, June 1968)가 있다. 둘 다 RAND 웹사이트에서 다운로드받을 수 있다.
18. RAND, "50th: Project Air Force 1946~1996," 1996, p.23.
19. Charles J. Hitch, "Decision-Making in the Defense Department," Gaither Memorial Lectures, University of California, April 5-9, 1965, p.15~18.
20. 같은 자료, p.19. PPBS의 초안은 Charles J. Hitch and Roland N. McKean, *The Economics of Defense in the Nuclear Age* (Santa Monica, CA: Project RAND R-346, March 1960), pp.54~59에서 볼 수 있다.
21. Hitch, "Decision-Making in the Defense Department," p.28.
22. 체계분석국은 1973년 계획분석평가국(PA&E)으로 개편되었고, 계획분석평가국은 2009년 비용분석 및 계획평가국(CAPE)으로 개칭되었다.
23. Charles J. Hitch and Roland N. McKean, with contributions by Stephen Enke,

Malcolm W. Hoag, Alain Enthoven, C.B. McGuire, and Albert Wohlstetter, *The Economics of Defense in the Nuclear Age* (Cambridge, MA: Harvard University Press, 1960), p.23.
24. Hitch, "Decision-Making in the Defense Department," p.28.
25. James R. Schlesinger, *The Political Economy of National Security: A Study of the Economic Aspects of the Contemporary Power Struggle* (New York: Praeger, 1960).
26. "Interview with James R. Schlesinger," February 8, 2006, in Barry D. Watts, "Interviews and Materials on the Intellectual History of Diagnostic Net Assessment," July 2006, p.97.
27. R. Nelson and J. Schlesinger, "A Long-Range Basic Research Program for the Department," RAND M-6527, September 10, 1963, p.1. 이 각서는 Burton Klein에 이어 RAND의 경제학 부장에 취임한 Gustave H. Shubert에게 전달되었다. 사본은 Marshall, Klein, McKean에게도 전달되었다. Mai Elliot, *RAND in Southeast Asia: A History of the Vietnam War Era* (Santa Monica, CA: RAND, 2010), xx.
28. Nelson and Schlesinger, "A Long-Range Basic Research Program for the Department," p.2.
29. James R. Schlesinger, "On Relating Non-Technical Elements to Systems Studies," RAND P-3545, February 1967, p.1.
30. 같은 자료, p.1
31. 같은 자료, p.2.
32. James R. Schlesinger, "Uses and Abuses of Analysis," in *Selected Papers on National Security 1964~1968* (Santa Monica, CA: RAND P-5284, September 1974), p.106.
33. Enthoven and Smith, *How Much Is Enough?*, xii.
34. James March and Herbert Simon, with the collaboration of Harold Guetzkow, *Organizations* (Cambridge, MA: Blackwell, 2nd ed. 1993, 1st ed. 1958), p.3.
35. March and Simon, *Organizations*, p.4.
36. Richard M. Cyert and James March, *A Behavioral Theory of the Firm* (Cambridge, MA: Blackwell, 2nd ed. 1992), xi-xii, pp.120~22, 214~15.
37. Herbert A. Simon, "A Behavioral Model of Rational Choice," RAND P-365, January 20, 1953. Also Herbert A. Simon, "Rational Choice and the Structure of the Environment," *Psychological Review* 63, no.2 (1956): p.129.
38. A.W. Marshall, "1950~1969," interview by Kurt Guthe, October 29, 1993, 3-27.
39. 같은 자료, 3-28.
40. Burton H. Klein, *Germany's Economic Preparations for War* (Cambridge, MA: Harvard

University Press, 1959).

41. "Burton H. Klein, 92," 2013년 12월 11일 현재 http://www.caltech.edu/content/burtonh-klein-92에서 열람 가능.
42. A.W. Marshall, discussion with Barry Watts, July 17, 2013.
43. 같은 자료.
44. Joseph Bower, e-mail to Barry Watts, July 8, 2013.
45. A.W. Marshall, "The Formative Period of the Office of Net Assessment," OSD/NA memorandum for Andrew May and Barry Watts, September 3, 2002," p.3.
46. Robert Ardrey, *The Territorial Imperative: A Personal Inquiry into the Anima Origins of Property and Nations* (New York: Atheneum, 1968), ix, p.333, 337.
47. Konrad Lozenz, *On Aggression*, trans. Marjorie Kerr Wilson (New York: Harcourt, Brace and World, 1966), x, p.237, 243, 271, 276, 333, 337.
48. Richard E. Neustadt, *Presidential Power and the Modern Presidents: The Politics of Leadership from Roosevelt to Reagan* (New York: The Free Press, 1990), p.11.
49. Graham T. Allison, *Essence of Decision* (Boston: Little, Brown & Company, 1971), p.67.
50. 같은 책, pp.88~90.
51. 같은 책.
52. Dennis Hevesi, "Roberta Wohlstetter, 94, Military Policy Analyst, Dies," *New York Times*, January 11, 2007.
53. A.W. Marshall, "The Improvement in Intelligence Estimates Through Studies of Organizational Behavior (U)," seminar background paper for Board of Trustees meeting, March 15, 1968, pp.1~7.
54. A.W. Marshall, "Problems of Estimating Military Power," RAND P-3417, August 1966.
55. 같은 자료, p.2.
56. 같은 자료, p.9.
57. 같은 자료, p.17.
58. 같은 자료, p.16.
59. 같은 자료, p.21.
60. Marshall, "1969~1975," interview by Guthe, 5-21.
61. A.W. Marshall, letter to Ivan Selin, RAND L-23604, December 15, 1967, p.1.
62. A.W. Marshall and S.G. Winter, "Program of Studies in the Analysis of Organizational Behavior," RAND L-4277, draft March 3, 1967. A.W. Marshall and S.G. Winter, "A RAND Department of 'Management Sciences' the Case in

Brief," RAND L-4277, draft March 3, 1967.
63. A.W. Marshall and S.G. Winter, "A RAND Department of 'Management Sciences' the Case in Brief," RAND M-8668, December 29, 1967, p.1.
64. A.W. Marshall, "Attachment II: Problems and Hypotheses Concerning Soviet Behavior (U)," RAND, July 16, 1968.
65. A.W. Marshall, "Comparisons, R&D Strategy, and Policy Issues," RAND WN-7630-DDRE, October 1971, p.25.

4. 총괄평가의 탄생, 1969~1973년

1. James S. Lay, "Directive for a Net Capabilities Evaluation Subcommittee," NSC 5423, June 23, 1954 (원래 1급비밀, 1987년 2월에 비밀해제)
2. William Z. Slany, chief ed., Lisle A. Rose and Neal H. Petersen, eds., *Foreign Relations of the United States, 1952~1954*, vol.2, part 1, *National Security Affairs* (Washington, DC: US Government Printing Office, 1984), pp.332~33. 현재는 이들 보고서에서 LRA 폭격기들의 능력을 과대평가했음이 알려진 상태다. Steven J. Zaloga, *The Kremlin's Nuclear Sword*, pp.15~16, 24, 26, 28.
3. Robert R. Bowie, NSC 140/1, "Summary Evaluation of the Net Capability of the USSR to Inflict Direct Damage on the United States up to July 1, 1955" memorandum for the secretary of state, June 2, 1953 (원래 1급비밀, 1976년 3월에 비밀해제), p.1.
4. 같은 자료, p.2.
5. David S. Peterson, *Foreign Relations of the United States, 1964~1968*, vol.10, National Security Policy (Washington, DC: US Government Printing Office, 2002), p.202.
6. 같은 책.
7. McGeorge Bundy, "Discontinuance of the Net Evaluation Subcommittee of the National Security Council," National Security Action Memorandum No. 327, March 18, 1965.
8. General Leon W. Johnson, memorandum to R. B. Foster, December 9, 1968.
9. John F. Kennedy, Inaugural Address, January 20, 1961. 2013년 12월 18일 현재 http://www.jfklibrary.org/Asset-Viewer/BqXIEM9F4024ntFl7SVAjA.aspx?gclid=COznv9bwt7sCFa9lOgod2kcAkw에서 열람 가능
10. Thomas Powers, *The Man Who Kept the Secrets: Richard Helms and the CIA* (New York: Alfred A. Knopf, 1979), pp.200~206.

11. Russell Jack Smith(당시 CIA 부국장)가 *The Unknown CIA: My Three Decades with the Agency* (Washington, DC: Pergamon-Brassey's, 1989), p.205에서 한 말을 참조하라.
12. ONE 관련 토론과 그 쇠락에 대해서는 Harold P. Ford, *Estimative Intelligence: The Purposes and Problems of National Intelligence Estimating*, rev. ed. (Lanham, MD: University Press of America, 1993), pp.81~105. William Colby and Peter Forbath, *Honorable Men: My Life in the CIA* (New York: Simon and Schuster, 1978), p.351; Ray S. Cline, *Secrets Spies and Scholars: Blueprint of the Essential CIA* (Washington, DC: Acropolis Books, 1976), pp.135~40 등도 참조하라.
13. Andrew Marshall, "Outline for DIS Presentation", November 15, 1972; and Andrew Marshall, notes for "Talk to CIA Training Course" (section on new methods), February 15, 1973.
14. Andrew Marshall, "Intelligence and Crisis Management," in *Crisis Decision Making in the Atlantic Alliance: Perspectives on Deterrence*, Gen. Jack N. Merritt, Gen. Robert Reed, and Roger Weissinger-Baylon, eds. (Menlo Park, CA: Strategic Decisions Press, n.d.), 8-1, 8-2.
15. A.W. Marshall, "Intelligence Inputs for Major Issues: A Substantive Evaluation and Proposal for Improvement," memorandum for Henry A. Kissinger, NSC, May 1, 1970, p.2; and Marshall, "1969~1975," interview by Guthe, 5-12.
16. Marshall, "Intelligence Inputs for Major Issues: A Substantive Evaluation and Proposal for Improvement," memorandum for Henry A. Kissinger, NSC, May 1, 1970, pp.4~5, 7~9.
17. 같은 자료, p.3.
18. A.W. Marshall, "Net Assessment of US and Soviet Force Posture: Summary, Conclusions and Recommendations," p.2.
19. Marshall, "1969-1975," interview by Guthe, 5-14.
20. K. Wayne Smith, "Meeting of Special Defense Panel," memorandum for Dr. Kissinger, September 29, 1970, top secret sensitive (declassified August 17, 2000), p.1.
21. A.W. Marshall, "Net Assessment of US and Soviet Force Posture," NSC, 1970, top secret (2004년 3월 26일 기밀해제), p.7.
22. A.W. Marshall, "Net Assessment of US and Soviet Force Posture: Summary, Conclusions and Recommendations," NSC, 1970, top secret (2004년 3월 26일 기밀해제), p.1.
23. Marshall, "Net Assessment of US and Soviet Force Posture," p.10.
24. Marshall, "Net Assessment of US and Soviet Force Posture: Summary,

Conclusions and Recommendations," p.2.

25. Blue Ribbon Defense Panel, *Defense for Peace: Report to the President and the Secretary of Defense on the Department of Defense*, July 1, 1970, p.7, 59, 215, 216.
26. Marshall, "1969-1975," interview by Guthe, 5-15.
27. 같은 자료, 5-16.
28. Barry D. Watts, "Net Assessment at CIA; Nixon's Intelligence Reorganization," interviewed with A.W. Marshall, July 26, 2005.
29. J.R. Schlesinger, "A Review of the Intelligence Community," March 10, 1971, redacted copy, p.1, 2013년 1월 6일 현재 http://www.gwu.edu/~nsarchiv/NSAEBB/NSAEBB144/에서 열람 가능. CIA 관점에서 본 Schlesinger 연구에 대한 논의는 *Garthoff, Directors of Central Intelligence as Leaders of the US Intelligence Community, 1946~2005*, pp.65~69를 참조하라.
30. Schlesinger, "A Review of the Intelligence Community," p.5, 8, 9, 10. 1960년부터의 정보계 주요 연구에 대한 1974년 CIA 검토에서는, 이들 연구의 누적된 효과가 정보계의 업적 기록에서 보증하는 것보다 더욱 부정적인 것이 확실하다고 주장했다; CIA, "An Historical Review of Studies of the Intelligence Community for the Commission on the Organization of the Government for the Conduct of Foreign Policy," December 1974, preface, http://www.gwu.edu/~nsarchiv/NSAEBB/NSAEBB144/에서 열람 가능.
31. "Comments on 'A Review of the Intelligence Community.'" undated, p.2, 3, http://www.gwu.edu/~nsarchiv/NSAEBB/NSAEBB144/ 에서 열람 가능.
32. Schlesinger, "A Review of the Intelligence Community," p.29, 30.
33. "Comments on 'A Review of the Intelligence Community,'" pp.31~33; and Richard M. Nixon, "Organization and Management of the US Foreign Intelligence Community," memorandum, November 5, 1971, p.4, 5.
34. Marshall, "1969~1975," interview by Guthe, 5-16.
35. Barry D. Watts, "Marshall's Role in Nixon's Intelligence Reorganization; the Interagency Process," interviewed with A.W. Marshall, July 31, 2005.
36. Nixon, "Organization and Management of the US Intelligence Community," p.5, 6.
37. Marshall, "1969~1975," interview by Guthe, 5-17; and Nixon, "Organization and Management of the US Foreign Intelligence Community," p.6; "Net Assessment Group," March 8, 1972; and memo, J. Fred Buzhardt, general counsel of the Department of Defense, to the secretary of defense, subject: Establishment

of Net Assessment Group, n.d.

38. "Director of Net Assessment," DoD Directive 5015.39, December 6, 1971. 이 지침에서는 총괄평가단장을 가리켜 "총괄평가에 관해 국방부 장관에게 조언 및 조력을 줄 수 있는 주요 간부직원"으로 말하면서, 현재 및 미래 미국과 외국의 군사력 평가는 물론 국방부 장관 의회 제출 연례보고서의 총괄평가 부분 작성을 총괄평가단장의 책임으로 정하고 있다.
39. Letter, Andrew Marshall to Michel Crozier, November 2, 1973.
40. A.W. Marshall, memorandum for the record, "Definition of the National Net Assessment Process," NSC, March 26, 1972, p.1.
41. Andrew W. Marshall, "The Nature and Scope of Net Assessments," NSC memorandum, August 16, 1972, p.1.
42. 같은 자료, p.2.
43. 같은 자료[저자의 강조].
44. 같은 자료.
45. 같은 자료, p.1, 2.
46. 같은 자료, p.1.
47. 같은 자료, p.2[저자의 강조].
48. Dwight D. Eisenhower, *Crusade in Europe* (Baltimore, MD: Johns Hopkins University Press, 1948), p.36.
49. Richard Rumelt, *Good Strategy, Bad Strategy* (New York: Crown Business, 2011), p.62.
50. Marshall, "The Nature and Scope of Net Assessments," p.2.
51. 같은 자료, p.2.
52. 같은 자료, p.2, 3.
53. Marshall, "1969~1975," interview by Guthe, 5-2.
54. Henry A. Kissinger, "Program for National Net Assessment," NSSM 178, March 29, 1973.
55. National Security Decision Memorandum (NSDM) 224 ("National Net Assessment Process"), and NSSM 186 ("National Net Assessment of Comparative Costs and Capabilities of US and Soviet Military Establishments"). 닉슨 행정부 당시의 모든 NSDM과 NSSM의 제목과 발행일은 Federation of American Scientists 웹사이트인 http://www.fas.org/irp/offdocs/direct.htm에서 찾을 수 있다.
56. Henry A. Kissinger, "National Net Assessment of the Comparative Costs and Capabilities of US and Soviet Military Establishments," NSC, NSSM 186, September 1, 1973.

57. 키신저는 1973년 9월 22일 국무장관에 취임했고, 1977년 1월 20일 퇴임했다. 그러나 대통령 국가안보보좌관직은 1975년 11월까지 수행했다. 1947년 이래 한 사람이 두 직위를 동시에 겸직한 유일한 경우였다.
58. A.W. Marshall, "Departure Planning," memorandum for Brent Scowcroft, October 3, 1973, p.1.
59. Andrew Marshall, "Dinner Remarks," March 28, 2008, cited in Mie Augier and Barry D. Watts, "Conference Report on the Past, Present, and Future of Net Assessment," unpublished paper, 2009, p.151.

5. 국방부로, 1973~1975년

1. A.W. Marshall, "Departure Planning," memorandum for Brent Scowcroft, October 3, 1973, unclassified.
2. J.R. Schlesinger, "Net Assessment," memorandum for the secretaries of the military departments, the chairman of the Joint Chiefs of Staff, the director of defense research and engineering, the assistant secretary of defense (intelligence), the assistant secretary of defense (international security affairs), the director of defense program analysis and evaluation, and the assistant to the secretary and deputy secretary, October 13, 1973, unclassified.
3. Henry A. Kissinger, "National Net Assessment Process," National Security Council, NSDM 239, November 27, 1973.
4. Henry A. Kissinger, *White House Years* (Boston: Little, Brown & Co., 1979), pp.195~204.
5. Harold Brown, testimony, January 31, 1979, *Department of Defense Appropriations for Fiscal Year 1980*, hearings before a Subcommittee of the Committee on Appropriations, United States Senate, 96th Congress, 1st session, p.278.
6. President Richard M. Nixon, broadcast to the nation, January 23, 1973, http://www.presidency.ucsb.edu/ws/?pid=3808#axzz2gm8H8S1S에서 열람 가능.
7. "Watching Birds and Budgets," *Time*, February 11, 1974, p.16.
8. A.W. Marshall, "1969~1975," interview by Kurt Guthe, December 14, 1993, 5-31; Barry D. Watts, notes from telephone discussion with Phillip A. Karber, August 13, 2005. 국방체계분석 차관보 직위는 1973년 4월 11일 계획분석평가 부장 직위로 바뀌었다.
9. Barry D. Watts, "Selecting Key Balances, Coordination," interviewed with A.W.

Marshall, July 22, 2005.

10. A.W. Marshall, "1973~1980," interview by Kurt Guthe, April 9, 1994, unclassified, 6-11.
11. 소련군 징집병의 의무 복무 기간은 2년이었다. 만기 제대를 앞둔 병사의 숙련도는 갓 입대한 병사에 비해 더욱 뛰어나다.
12. Watts, "Early Days of Net Assessment Discussion," October 1, 2002, p.5.
13. Barry Watts, notes from a discussion with Phillip Karber, A.W. Marshall, and Andrew May, September 19, 2005.
14. A.W. Marshall, memo to Schlesinger on Project 186 Phase I, July 30, 1974.
15. Barry D. Watts, "Early Days of Net Assessment Discussion," October 1, 2002, p.5.
16. "Project 186, Phase 1 Report (Ground Forces)," secretary of defense talking points for a meeting with the Joint Chiefs of Staff, September 30, 1974, unclassified, p.2.
17. Marshall, "1973~1980," interview by Guthe, 6-9.
18. Barry D. Watts, "Early Days of Net Assessment Discussion," p.3.
19. Marshall, "1973~1980," interview by Guthe, 6-33.
20. Marshall, "The Formative Period of the Office of Net Assessment," p.4.
21. Marshall, "The Formative Period of the Office of Net Assessment," p.5.
22. 총괄평가의 실행 방법론이 사실상 없다시피 했다. 또한 데이터 문제가 산재한 상황이었다. 때문에 마셜이 1972년 8월 낸 NSC 보고서 "The Nature and Scope of Net Assessments"에서는 "초기 평가는 조잡하고 시험적이며, 큰 논쟁을 일으킬 수밖에 없다"고 했다.
23. A.W. Marshall, "Comments on the US/Soviet Navy Net Assessment," memorandum for Rear Admiral Harry Train, February 7, 1974, p.1 (declassified August 6, 2004).
24. 물론 ONA의 군비 투자 균형은 운영 및 유지비 등까지 합친 양측의 총 군비는 무시하고 있다. 그러나 1970년대 후반 이 균형의 3가지 버전을 작성한 Robert Gough는 미래 군사력 증진을 위한 소련의 군사비 지출을 강조하기 위해 투자라는 용어를 사용했다고 지적했다. Robert G. Gough, e-mail to Barry D. Watts, September 27, 2004.
25. Andrew May and Barry D. Watts, interviewed with Dr. James Schlesinger, February 8, 2006.
26. 같은 자료.
27. 같은 자료.
28. Marshall, "1969~1975," interview by Guthe, 5-40.

29. Barry D. Watts, interviewed with A.W. Marshall, July 23, 2004.
30. Marshall은 CIA 대표자들과의 만남을 회상했다. 그는 결국 그 문제에 대한 보고서를 받았으나, 그 내용을 전혀 납득할 수 없었다. 그 보고서에서 CIA는 자신들의 추산치가 플러스마이너스 최대 1% 정도밖에 틀리지 않을 거라고 주장했다.
31. A.W. Marshall, "Memo for NA Staff," November 17, 1976.
32. ONA가 창립된 지 30여 년이 지난 후, 전 직원이었던 Andrew Krepinevich는 대학원에서 총괄평가를 강의했다. 그는 학생들에게 알려주고 있던 총괄평가의 개념적 구조를 Marshall에게 보여주면서, 그게 정확한지 물었다. Marshall은 대체로 정확하다고만 답했다.
33. 출처는 Krepinevich가 Marshall의 부하로 재직 시 동료에게 한 말이다.
34. 프로젝트 186이 진행되면서 NATO의 북부 및 서부방면 병력과 미 본토에서의 증원 병력, 소련 서부군 관구에서의 증원 병력까지 평가하게 되었다.
35. Barry D. Watts, notes from, discussion of P-186 with Phillip A. Karber, Andrew Marshall, Barry D. Watts, and Andrew May, September 19, 2005, p.2.
36. Andrew May, "RE: P-186 and the Balances," e-mail to Barry D. Watts, October 19, 2005.
37. 1970년대와 1980년대 초반, 폴란드군 총참모부 소속으로 모스크바에 파견된 연락장교이던 Kuklinski는 CIA에 수천 건의 비밀문서는 물론, 바르샤바조약기구의 사고방식과 계획에 대해서도 알려주었다. James Risen, "Ryszard Kuklinski, 73, Spy in Poland in Cold War, Dies," *New York Times*, February 12, 2004.
38. Diego Ruiz-Palmer in "Conference Report on the Past, Present and Future of Net Assessment," by Mie Augier and Barry D. Watts, "Conference Report on the Past, Present and Future of Net Assessment," unpublished paper, 2009, pp.79~81. Karber의 프로젝트 186 팀의 다른 유력한 팀원 중에는 John Milam, A. Grant Whitley, Douglas Komer, Graham Turbiville, Jon Lellenberg 등이 있다. Karber가 1988년 BDM을 떠나자, Milam이 그 후임자로 임명되어 1996년까지 프로젝트 186을 계속했다.
39. Allan Rehm, "The Background of Project Eager," March 2002, p.4, 5. Marshall은 CIA 전략평가본부, 국방부 정보 차관보 Pat Parker와 함께, 해군 분석본부에서 Rehm이 진행하던 소련식 운영분석에 대한 초기 연구를 후원했다.
40. Judith K. Grange and John A. Battilega, "The Soviet Framework for Planning and Analysis, (U)," Foreign Systems Research Center SAI-83-103-FSRC-B, SAI, October 31, 1983이 대표적인 사례다.
41. John Battilega, in "Conference Report on the Past, Present and Future of Net

Assessment," by Mie Augier and Barry D. Watts, unpublished conference report, 2009, p.95.

42. Peter W. Rodman, *Presidential Command* (New York: Alfred A. Knopf, 2009), p.93, 94.
43. Hugh Sidey, "We Are Going to Win But How?," *Time*, December 1, 1975, p.16.
44. 같은 자료.
45. A.W. Marshall, "The Formative Period of the Office of Net Assessment," OSD/NA memorandum, September 3, 2002, p.5.
46. Sergey Modestov, "The Pentagon's Gray Cardinal (IJminence Grise) Andrew Marshall Ideologist of the New American Revolution in Military Affairs," *Nezavisimaya Gazeta*, December 14, 1995.

6. 총괄평가의 성장, 1976~1980년

1. "Interview with James R. Schlesinger," February 8, 2006, in Barry D. Watts, "Interviews and Materials on the Intellectual History of Diagnostic Net Assessment," July 2006, p.110.
2. A.W. Marshall, "Future Directions for Net Assessment," OSD/NA memorandum for Eugene Fubini, February 28, 1977, p.1.
3. 같은 자료, p.2.
4. A.W. Marshall and J. G. Roche, "Strategy for Competing with the Soviets in the Military Sector of the Continuing Political-Military Competition," OSD/NA paper, July 26, 1976, A-2.
5. 같은 자료, A-4.
6. 같은 자료, B-1. 이들 기초평가는 경쟁의 추세와 비대칭성에 대한 논의 이후에 진행되었다.
7. Donald H. Rumsfeld, *Annual Defense Department Report FY 1978*, January 7, 1977, pp.105~20.
8. 같은 책, p.178.
9. A.W. Marshall, "1973~1980," interview by Kurt Guthe, April 8, 1994, 6-13.
10. A.W. Marshall, "Thinking About the Navy," OSD/NA memorandum for the secretary of defense, March 1, 1976, p.5.
11. Donald Rumsfeld, *Known and Unknown: A Memoir* (New York: Sentinel, 2011), p.224, 225.
12. 같은 책, p.228.

13. 같은 책, p.229.
14. CIA, NIE 11-3/8-74, Soviet Forces for Intercontinental Conflict in Intentions and Capabilities: Estimates on Soviet Strategic Forces, 1930-1983, Donald P. Steury, ed. (Langley, VA: Center for the Study of Intelligence, 1996), p.330, 331.
15. B팀의 준회원으로는 William Van Cleave 교수, 미 육군 퇴역 중장 Daniel O. Graham, RAND의 Thomas Wolfe, 미공군 퇴역 대장 John Vogt가 있었다. CIA, "Soviet Strategic Objectives: an Alternative View: Report of Team 'B,'" December 1976, iv.
16. CIA, "Soviet Strategic Objectives: an Alternative View: Report of Team 'B,'" p.6. 팀은 3개가 있었다. 각각 소련 방공망, 소련 ICBM 정확도, 소련의 전략·정책·목표를 연구했다. B팀이 연구하던 맨 마지막 주제는 가장 큰 논쟁을 낳았다.
17. Murrey Marder, "Summit Clouded by Watergate," *Washington Post*, July 4, 1974.
18. Richard Pipes, "Why the Soviet Union Think It Could Fight and Win a Nuclear War," *Commentary*, July 1977, pp.21~34.
19. John G. Hines and Daniel Calingaert, "Soviet Strategic Intentions, 1973-1985: A Preliminary Review of US Interpretations," RAND WD-6305-NA, December 1992, v-vii. Hines는 1980년대 중반 Marshall의 부하 직원이었다.
20. A.W. Marshall, "The Future of the Strategic Balance INFO," OSD/NA memorandum for the secretary of defense, August 26, 1976, p.1.
21. Marshall, "The Future of the Strategic Balance INFO," p.1.
22. A.W. Marshall, "The Future of the Strategic Balance," OSD/NA memorandum for the secretary of defense, August 26, 1976, p.2.
23. Marshall, "The Future of the Strategic Balance INFO," p.2.
24. 같은 자료, p.2.
25. Marshall, "The Future of the Strategic Balance," p.4.
26. 같은 자료.
27. 같은 자료, p.5, 6.
28. 같은 자료, p.6, 8.
29. Rumsfeld, *Known and Unknown: A Memoir*, (New York: Sentinel, 2011), p.237.
30. 같은 책, p.233, 235.
31. Marshall and Roche, "Strategy for Competing with the Soviets in the Military Sector of the Continuing Political-Military Competition," p.34.
32. Tim Hindle, *Guide to Management Ideas and Gurus* (London: The Economist with Profile Books, 2008), p.299. 2008년 12월 *The Economist*는 전략 경영의 '구루' 중 가장 영

향력 있는 50명 중 하나로 Rumelt를 소개했다.

33. Richard P. Rumelt, *Good Strategy Bad Strategy*, p.30.
34. 같은 책, p.29.
35. "Interview with Harold Brown," January 27, 2006, in Barry D. Watts, "Interviews and Materials on the Intellectual History of Diagnostic Net Assessment," p.77, 78.
36. 같은 책, p.80.
37. Von Hardesty, Red Phoenix: *The Rise of Soviet Air Power 1941~1945 (Washington, DC: Smithsonian Institution Press, 1982)*, p.15. 독일 공군은 바르바로사 작전 첫 주에 불과 150대의 항공기만을 잃었다.
38. Trachtenberg, *A Constructed Peace*, p.182.
39. 1974년 Schlesinger는 나이키 허큘리스 지대공 미사일의 퇴역을 시작하고, 요격 전투기 전력도 12개 대대로 감축했다. James R. Schlesinger, *Annual Defense Department Report FY 1975*, March 4, 1974, p.68.
40. OSD/NA memorandum, "B-1 DSARC [Defense Systems Acquisition Review Council] III Decision," 1976, p.2.
41. "Carter's Big Decision: Down Goes the B-1, Here Comes the Cruise," *Time*, July 11, 1977, 2014년 1월 7일 현재 http://content.time.com/time/subscriber/article/0,33009,919040,00.html에서 열람 가능.
42. Office of the Historian, Bureau of Public Affairs, Department of State, "History of the National Security Council 1947~1997," August 1997, http://www.fas.org/irp/offdocs/NSChistory.htm#Nixon에서 열람 가능
43. Jimmy Carter, Presidential Review Memorandum/NSC-10, "Comprehensive Net Assessment and Military Force Posture Review," February 18, 1977, p.1, 2.
44. Samuel P. Huntington, "The Clash of Civilizations," *Foreign Affairs*, Summer 1993, pp.45~48.
45. Brian Auten, *Carter's Conversion: The Hardening of American Defense Policy* (Columbia, MO: University of Missouri Press, 2008), p.157; Lieutenant General (Ret.) William Odom, interview by Barry Watts, November 3, 2004.
46. A.W. Marshall, "Net Assessment Products," OSD/NA memorandum for David E. McGiffert, March 11, 1977.
47. A.W. Marshall, "1989~1993," interview by Kurt Guthe, January 25, 1995, 9-30; and William Odom, interview by Barry Watts, November 3, 2004.
48. PRM/NSC-10, "Military Strategy and Force Posture Review: Final Report," June 1977, p.1.

49. Harold Brown, "PRM-10 Force Posture Study," June 5 1977, 1.
50. PRM/NSC-10, "Military Strategy and Force Posture Review: Final Report," p.8.
51. "US National Strategy (Presidential Directive/NSC-18)," August 24, 1977, p.2.
52 Jimmy Carter, "Nuclear Weapons Employment Policy," PD/NSC-59, July 25, 1980, p.2.
53. 같은 자료.
54. Summaries of interviews with Harold Brown and Andrew W. Marshall in *Soviet Intentions 1965-1985*,vol.2, *Soviet Post-Cold War Testimonial Evidence*, by John G. Hines, Ellis M. Mishulovich, and John F. Shull (McLean, VA: BDM Federal, September 22, 1993), p.13, 14, 118.
55. Marshall in *Soviet Intentions 1965-1985*, by Hines, Mishulovich, and Shull, vol.2, p.18.
56. "US National Strategy (Presidential Directive/NSC-18)," August 24, 1977, p.2.
57. A.W. Marshall, interviewed with Barry Watts and Andrew May, April 9, 2010.
58. Fritz W. Ermarth, "Contrasts in American and Soviet Strategic Thought," *International Security*, Autumn 1978, p.138.
59. Jasper Welch, e-mail to Barry Watts, May 24, 2007.
60. Andrew W. Marshall, "Improving Analysis Methods for Strategic Forces," memorandum for the SecDef, April 17, 1979, p.1.
61. OSD/NA의 "Improving Analysis Methods for Strategic Forces." 사본에 Brown이 수기로 쓴 내용.
62. Paul K. Davis and James A. Winnefeld, "The Rand Strategy Assessment Center: An Overview and Interim Conclusions about Utility and Development Options," RAND, R-2945-DNA, March 1983, v.
63. Barry D. Watts, "AWM Comments on the 1st Draft of Chapter I, Methodology Essay; RSAS," telephone discussion with A.W. Marshall, April 14, 2005, p.3.
64. Bruce W. Bennett, "Project Description: Improving Methods of Strategic Analysis: Evolutionary Development of the RSAS," draft, September 13, 1988, p.1.
65. Marshall, "Improving Analysis Methods for Strategic Forces," p.1.
66. Bruce Bennett, "Reflecting Soviet Thinking in the Structure of Combat Models and Data," RAND, P-7108, April 1985, p.4.
67. A.W. Marshall, letter to Paul K. Davis, December 20, 1985, p.1.
68. Diego Ruiz-Palmer in Mie Augier and Barry D. Watts, "Conference Report on the Past, Present, and Future of Net Assessment," 2009, p.83.

69. CAA, *Weapon Effectiveness Indices/Weighted Unit Values (WEI/WUV)*, vol.2, *Basic Report*, April 1974, II-2, III-1. WEI/WUV II는 1976년에, WEI/WUV III은 1980년에 발행되었다.
70. 같은 책, I-1.
71. ONA, "The Military Balance in Europe: A Net Assessment," March 1978 (1988년 12월 31일 비밀해제), p.48, 49.
72. Phillip A. Karber, Grant Whitley, Mark Herman and Douglas Komer, "Assessing the Correlation of Forces: France 1940," BDM Corporation, BDM/W-79-560-TR, June 18, 1979.
73. Karber et al., *Assessing the Correlation of Forces:France 1940*, pp.4~9.
74. Paul K. Davis, "Influence of Trevor Dupuy's Research on the Treatment of Ground Combat in RAND's RSAS and JICM Models," *International TNDM Newsletter* 2, no. 4 (December 1988): pp.6~12.
75. 같은 책, p.2.
76. Andrew F. Krepinevich, "RAND Symposium A Discussion with Dr. Vitaly Tsygichko," June 27, 1990, 1-2.
77. See Steven Zaloga, "Soviets Denigrate Their Own Capabilities," *Armed Forces Journal International*, July 1991, p.18, 20.
78. Gerald Dunne in Augier and Watts, "The Past, Present, and Future of Net Assessment," p.116.
79. 같은 자료, p.118.
80. Gerry Dunne, "Cold War Net Assessment of US and USSR Military Command, Control and Communications (C3)," 2008, draft, unpublished.
81. Andrew W. Marshall, "Comparisons of US and SU Defense Expenditures," letter to Richard F. Kaufman, Joint Economic Committee of the US Congress, September 18, 1975, p.2; table A, 4.
82. Office of Soviet Analysis, CIA, "A Comparison of Soviet and US Gross National Products, 1960-83," SOV 84-10114, August 1984, p.3, 5.

7. 냉전의 종말, 1981~1991년

1. James Mann, *The Rebellion of Ronald Reagan:A History of the End of the Cold War* (New York: Viking, 2009), p.23, 24.
2. Ronald Reagan, speech to the House of Commons, June 8, 1982, 2013년 10월

10일 현재 http://www.fordham.edu/halsall/mod/1982reagan1.html에서 열람 가능.

3. Reagan, "U.S. National Security Strategy," NSDD 32, May 20, 1982, p.1, 2.
4. Peter W. Rodman, *Presidential Command*, p.152.
5. Reagan, "U.S. Relations with the USSR," NSDD 75, January 17, 1983, p.1.
6. Reagan, "Strategic Forces Modernization Program," NSDD 12, October 1, 1983, p.1.
7. Reagan, "U.S. Relations with the USSR," NSDD 75, p.7.
8. Douglas Brinkley, ed., *The Reagan Diaries* (New York: Harper, 2007), p.135.
9. Pavil Podvig, ed., Oleg Bukharin, Timur Kadyshev, Eugene Miasnikov, Igor Sutyagin, Maxim Tarasenko, and Boris Zhelezov, *Russian Strategic Nuclear Forces* (Cambridge, MA, and London: MIT Press, 2001), p.137, 218.
10. A.W. Marshall, "1981~1984," interview by Kurt Guthe, July 26, 1994, 7-46.
11. A.W. Marshall, "1985~1988," interview by Kurt Guthe, December 16, 1994, 8-22.
12. A.W. Marshall, "Long-Term Competition with the Soviets: A Framework for Strategic Analysis (U)," RAND R-862-PR, April 1972.
13. Marshall, "1981~1984," interview by Guthe, 7-15.
14. 같은 자료, 7-24.
15. William H. Taft IV, Deputy Secretary of Defense, "Director of Net Assessment," DoD Directive 5105.39, September 27, 1985, p.1.
16. 같은 자료, p.1, 2.
17. A.W. Marshall, "Secretary of Defense/DCI Net Assessment," ONA memorandum for record, August 24, 1981, 1,2.
18. A.W. Marshall, "A Program to Improve Analytic Methods Related to Strategic Forces, *Policy Sciences* 15, no.1 (1982): p.48.
19. Barry D. Watts, Notes from discussion with A.W. Marshall and Dmitry Ponomareff, October 17, 2003. 미국 전문가들은 양측의 핵무기 화력 규모에 물리적인 차이가 있다는 의견을 잘 받아들이지 않았다.
20. Marshall, "1981-1984," interview by Guthe, 7-21.
21. NIE 11-3/8-83, "Soviet Capabilities for Strategic Nuclear Conflict, 1983-93," vol.1, "Key Judgments and Summary," CIA, March 6, 1984, p.1.
22. NIE 11-3/8-82, "Soviet Capabilities for Strategic Nuclear Conflict, 1982-92," vol.1, "Key Judgments and Summary," CIA, February 1983, p.5.

23. NIE 11-3/8-83, "Soviet Capabilities for Strategic Nuclear Conflict, 1983-93," vol.1, p.13.
24. John G. Hines, Ellis M. Mishulovich and John F. Shull, *Soviet Intentions 1965-1985*, Vol.II, *Soviet Post-Cold War Testimonial Evidence* (McLean, VA: BDM Federal, September 22, 1993), 5-6. 이 인터뷰가 진행되던 1991년 2월, Akhromeyev는 소련 대통령 Mikhail Gorbachev의 국가 안보 보좌관이었다.
25. Rick Atkinson, "Project Senior C.J.: The Story Behind the B-2 Bomber," *Washington Post*, October 8, 1989, A39.
26. Thomas B. Allen, "Run Silent, Run Deep," *Smithsonian Magazine*, March 2001, http://www.smithsonianmag.com/history-archaeology/sub-abstract.html에서 개요 열람 가능.
27. Marshall, "1973-1980," interview by Guthe, 6-38.
28. A.W. Marshall, "How to Organize for Strategic Planning," memorandum for the deputy secretary of defense, April 6, 1981, p.3.
29. Phillip Karber in Mie Augier and Barry D. Watts, "Conference Report on the Past, Present, and Future of Net Assessment," Center for Strategic & Budgetary Assessments, Contract HQ0034-07-D-1011-0006, 2009, p.55.
30. Paul Bracken, *The Second Nuclear Age: Strategy, Danger, and the New Power Politics* (New York: Henry, Holt and Company, 2012), p.88.
31. Phillip A. Karber, "Re: Net Assessment and Proud Prophet," e-mail to Barry Watts, September 7, 2008.
32. Karber in Augier and Watts, "Conference Report on the Past, Present, and Future of Net Assessment," p.55.
33. Bracken, *The Second Nuclear Age*, p.89.
34. Karber, "Re: Net Assessment and Proud Prophet."
35. General Bernard W. Rogers, interview by Anthony H. Cordesman and Benjamin E. Schemmer, *Armed Forces Journal International*, September 1983, p.74.
36. OUSD/Comptroller, "National Defense Budget Estimates for FY 2014," May 2013, p.92.
37. 같은 자료, p.110.
38. Bill Keller, "Pentagon; Thinker-in-Residence Brought from Harvard," *New York Times*, August 15, 1985.
39. Caspar W. Weinberger, "US Defense Strategy," *Foreign Affairs*, Spring 1986, p.681.
40. Bill Keller, "Pentagon; Passing the Cerebral Ammunition," *New York Times*,

February 11, 1986.

41. David J. Andre, "New Competitive Strategies Tools and Methodologies," vol.1, "Review of the Department of Defense Competitive Strategies Initiative 1986~1990," Science Application International Corporation, SAIC-90/1506, November 1990, p.2.
42. Caspar W. Weinberger, *Annual Report to the Congress, Fiscal Year 1986* (Washington, DC: US Government Printing Office, February 5, 1986), p.87.
43. Andre, "New Competitive Strategies Tools and Methodologies," p.9.
44. A.W. Marshall, "Competitive Strategies-History and Background," March 3, 1988, p.1.
45. 같은 자료, p.2.
46. Caspar W. Weinberger, *Annual Report to the Congress, Fiscal Year 1988* (Washington, DC: US Government Printing Office, January 1, 1987), p.65, 66.
47. Andre, "New Competitive Strategies Tools and Methodologies," p.13, 14.
48. 같은 자료, p.15.
49. 같은 자료, p.29.
50. 같은 자료, p.46.
51. 같은 자료, p.36, 37, 47, 52.
52. Charlie Pease and Kleber S. "Skid" Masterson, "The US-Soviet Strategic Balance: Supporting Analysis, a Retrospective," unpublished conference paper, September 30, 2008, p.14. 당시 해군 제독이던 Masterson은 합동참모본부의 전략 분석 및 게이밍 기구에서 막 퇴임한 차였다.
53. 같은 자료, pp.10~12.
54. 같은 자료, p.15. 요격 미사일 1발의 명중률이 90%라고 가정하면, 1발의 적 미사일 또는 탄두에 요격 미사일 2발을 사격할 경우 명중률은 99%가 된다. 그러나 이만한 명중률이라도 미 · 소 간 전면 핵전쟁이 발발할 경우 소련 핵탄두 100발 이상이 미 본토를 타격하게 된다. 더구나 소련은 미국에 비해 훨씬 저렴한 비용으로 핵전력 증강이 가능하다. 미국은 이를 상쇄하기 위해 요격 체계를 늘릴 수밖에 없고, 따라서 비용부담 전략에서 불리해지는 것이다.
55. 같은 자료, p.15.
56. Pease and Masterson, "The US Soviet Strategic Balance: Supporting Analysis, a Retrospective," 같은 자료, p.15.
57. Lieutenant Colonel Yu. Kardashevskiy, "Plan Fire Destruction of Targets by Fire Creatively," *Voennyi Vestnik* (Military Herald), July 1978, pp.64~67. 전형적인 사례다.

58. Pease and Masterson, "The US Soviet Strategic Balance: Supporting Analysis, a Retrospective," p.16.
59. Robert M. Gates, *From the Shadows: The Ultimate Insider's Story of Five Presidents and How They Won the Cold War* (New York: Touchstone, 1996), p.539.
60. Tom Z. Collina, "New START in Force; Missile Defense Looms," Arms Control Association, March 2011. 2013년 11월 10일 현재 http://www.armscontrol.org/act/2011_03/NewSTART_MissileDefense에서 열람 가능.
61. Noel E. Firth and James H. Noren, *Soviet Defense Spending: A History of CIA Estimates, 1950~1990* (College Station, TX: Texas A&M University Press, 1998), p.25.
62. 같은 책, p.21, 23.
63. 같은 책, p.25, 26.
64. 같은 책, p.42.
65. CIA and DIA, "The Soviet Economy Under a New Leader," March 19, 1986, p.6.
66. CIA, Office of Soviet Analysis (SOVA), "A Comparison of Soviet and US Gross National Products, 1960-83," SOV 84-10114, August 1984, p.5.
67. A.W. Marshall, "Commentary," in Joint Economic Committee, Congress of the United States, *Gorbachev's Economic Plans*, vol.1, *Study Papers* (Washington, DC: US Government Printing Office, 1987), p.483.
68. A.W. Marshall, letter to Thomas C. Reed, September 27, 2001, p.3.
69. David F. Epstein, "The Economic Cost of Soviet Security and Empire," in *The Impoverished Superpower: Perestroika and the Soviet Military Burden*, Henry S. ("Harry") Rowen and Charles Wolf Jr., eds. (San Francisco, CA: Institute for Contemporary Studies, 1990), pp.130~39, 153.
70. Firth and Noren, *Soviet Defense Spending*, table 5.10, p.129, 130.
71. Robert W. Campbell, *A Biobibliographical Dictionary of Russian and Soviet Economics*(London, Routledge, 2012), pp.37~39.
72. Igor Birman, "Who Is Stronger and Why?" *Crossroads*, Winter/Spring 1981, pp.117~26. 이 기사의 축약판은 "The Way to Slow Down the Arms Race," *Washington Post*, October 27, 1980이다.
73. "Igor Birman," *The Telegraph*, June 8, 2011, 2013년 11월 11일 현재 http://www.telegraph.co.uk/news/obituaries/politics-obituaries/8564376/Igor-Birman.html에서 열람 가능.
74. "Conversion of Soviet Military Industry: An Interview with Igor Birman," *Perspective* 1, no. 2, 2013년 11월 13일 현재 http://www.bu.edu/iscip/vol1/

Interview.html에서 열람 가능.

75. A.W. Marshall, "Estimates of Soviet GNP and Military Burden," Memorandum for the Secretary of Defense Through the Assistant Secretary of Defense (ISA), August 2, 1988. Carlucci는 1987년 Weinberger의 뒤를 이어 국방장관이 되었고, Richard Armitage가 국제안보문제담당 차관보가 되었다.
76. 이 연구자들이 작성한 에세이는 Rowen and Wolf, *The Impoverished Superpower*. 특히 1~12, 127~154쪽에서 볼 수 있다.
77. Marshall, "1985~1988," interview by Guthe, 8-35.
78. Herbert E. Meyer, "Why Is the World So Dangerous?" memorandum for the director of central intelligence, unclassified, NIC# 8640-83, November 30, 1983, p.5. 288 Notes.
79. Gates, *From the Shadows*, p.564.
80. A.W. Marshall, letter to Richard Kaufman, Joint Economic Committee, September 18, 1975, p.1.
81. "Commentary," in Joint Economic Committee, *Gorbachev's Economic Plans*, vol.1, *Study Papers*, p.484.
82. Marshall, letter to Thomas C. Reed, p.2.
83. CIA and DIA, "Gorbachev's Modernization Program: A Status Report," DDB-1900-140-87, August 1987, p.8.
84. S. Enders Wimbush in Augier and Watts, "Conference Report on the Past, Present, and Future of Net Assessment," unpublished, 2009, p.84.
85. Wimbush in Augier and Watts, "Conference Report on the Past, Present, and Future of Net Assessment," p.85. 또한 Alexander Alexiev and S. Enders Wimbush, "The Ethnic Factor in the Soviet Armed Forces: Historical Experience, Current Practices, and Implications for the Future An Executive Summary," RAND R-2930/1, August 1983도 참조하라.
86. John H. Cushman Jr., "Applying Military Brain to Military Brawn, Again," *New York Times*, December 17, 1986, 2013년 11월 15일 현재 http://www.nytimes.com/1986/12/17/us/washington-talk-pentagon-applying-military-brain-to-military-brawn-again.html에서 열람 가능하다.
87. Andrew W. Marshall and Charles Wolf Jr., *The Future Security Environment* (Washington, DC: DoD, October 1988), p.26.
88. Report of the Commission on Integrated Long-Term Strategy, *Discriminate Deterrence*, January 11, 1988, p.8.

89. Barry Watts, notes from a discussion with A.W. Marshall on CILTS, 1996.
90. Marshall, "1985~1988," interview by Guthe, 8-33.
91. Barry Watts, interviewed with Dmitry Ponomareff, May 27, 2003.
92. Joshua M. Epstein, "Dynamic Analysis and the Conventional Balance in Europe," *International Security*, Spring 1988, pp.154~65; John Mearsheimer, "Numbers, Strategy, and the European Balance," *International Security*, Spring 1988, pp.174~185; and Barry R. Posen, "Is NATO Decisively Outnumbered?" *International Security*, Spring 1988, pp.186~202.
93. Mearsheimer, "Numbers, Strategy, and the European Balance," p.174.
94. 같은 자료, p.184.
95. Posen, "Is NATO Decisively Outnumbered?," p.187, 189.
96. Epstein, "Dynamic Analysis and the Conventional Balance in Europe," p.163, 165.
97. 저자들 및 Eliot Cohen과의 논쟁은 *International Security*의 여러 호에 걸쳐 연재되었다.
98. Eliot A. Cohen, "Toward Better Net Assessment: Rethinking the European Conventional Balance," *International Security*, Summer 1988, pp.50~89; and James G. Roche and Barry D. Watts, "Choosing Analytic Measures," *Strategic Studies*, June 1991, pp.165~209.
99. Cohen, "Toward Better Net Assessment: Rethinking the European Conventional Balance," p.56.
100. 같은 자료, p.55.
101. Waltz, "Thoughts on Virtual Arsenals," in *Nuclear Weapons in a Transformed World*, Michael J. Mazarr, ed. (New York: St. Martin's Press, 1997), p.314, 315.
102. Barry R. Posen, "Is NATO Decisively Outnumbered?," p.189. 1966년 프랑스는 NATO의 지휘체계에서 이탈했다. 그리고 프랑스 주둔 연합군 전원도 철수를 요구받았다. 이러한 변화로 인해, 독일에 물자와 인원을 보내는 NATO의 능력은 크게 저하되었다. 훨씬 더 전방인 벨기에와 네덜란드를 통해 해로로 보낼 수밖에 없게 된 것이다. 또한 전시 프랑스군의 신뢰성 문제도 제기되었다.
103. Eliot A. Cohen, "Toward Better Net Assessment: Rethinking the European Conventional Balance," p.60.
104. John Mearsheimer, "Numbers, Strategy, and the European Balance," p.175, 180.
105. 같은 자료, p.181; and Barry R. Posen, "Is NATO Decisively Outnumbered?," p.187.
106. Posen, "Is NATO Decisively Outnumbered?" p.196.

107. Eliot A. Cohen, "Toward Better Net Assessment: Rethinking the European Conventional Balance," p.76, 77.

108. 같은 자료.

109. 같은 자료, p.66.

110. 같은 자료, p.200.

111. CIA, *Warsaw Pact Forces Opposite NATO*, NIE 11-14-79, vol.2, *The Estimate*, January 31, 1979, IV-11.

112. CIA, *Warsaw Pact Air Forces: Support of Strategic Air Operations in Central Europe*, SOV 85-10001 CX, January 1985, iii.

113. Christopher J. Bowie, "How the West Would Have Won," *Air Force Magazine*, July 2007, http://www.airforcemag.com/MagazineArchive/Pages/2007/July%20 2007/0707west.aspx에서 열람 가능. Bowie는 RAND에서 근무하는 동안 NATO-바르샤바조약기구 간 항공력 균형에 대한 비밀 평가를 작성했으며, 이후 공군의 선임 민간인 전략기획관으로 근무했다.

114. John Mearsheimer, "Numbers, Strategy, and the European Balance," p.176.

115. Robert McQuie, "Force Ratios," *Phalanx*, June 1993, p.27.

116. Joshua M. Epstein, "Dynamic Analysis and the Conventional Balance in Europe," Spring 1988, p.154.

117. 같은 자료, p.159. 그러나 TACWAR(Tactical Warfare) 등의 국방부 동적 모델이 란체스터 소모 모델에 기반하고 있다는 Epstein의 지적은 옳았다. 이러한 모델을 비판하는 사람들은 ONA 밖에도 많았다. 1997년 당시 국방자문단의 일원으로 활동하고 있던 Krepinevich는 해병대 장군 Charles Krulak의 반응을 물어보았다. Krulak은 이렇게 대답했다. "TACWAR는 아무리 봐도 말이 안 된다고 생각한다. 우리는 선형 전장에서 싸울 계획도 없고, 소모전을 벌일 계획도 없기 때문이다."

118. F.W. Lanchester, *Aircraft in Warfare: The Dawn of the Fourth Arm* (London: Constable and Company, 1916), pp.39~53.

119. Robert McQuie, "Battle Outcomes: Casualty Rates as a Measure of Defeat," Army, November 1987, p.33.

120. Roche and Watts, "Choosing Analytic Measures," p.194. 이들의 비판은 Joshua M. Epstein, *The Calculus of Conventional War: Dynamic Analysis Without Lanchester Theory* (Washington, DC: Brookings, 1985), pp.21~31의 적응형 동적모델 관련 발표에서부터 시작되었다.

121. Roche and Watts, "Choosing Analytic Measures," p.185.

122. 같은 자료, p.194.

123. 같은 자료, p.194, 195.
124. Andrew W. Marshall, *Problems of Estimating Military Power*, p.9.
125. Mikhail Gorbachev, Speech to the United Nations General Assembly, December 7, 1988, 2013년 11월 6일 현재 http://legacy.wilsoncenter.org/coldwarfiles/files/Documents/1988-1107.Gorbachev.pdf에서 열람 가능.
126. Barry Watts, "Soviet Assessments," notes from discussions with A.W. Marshall, September 23, 25, 2002, p.2.
127. Mikhail Gorbachev, *Perestroika: New Thinking for our Country and the World* (New York: Harper and Row, 1987), p.220, 234.

8. 군사혁신, 1991~2000년

1. A.W. Marshall, Memorandum for Fred Iklé, "Future Security Environment Working Group: Some Themes for Special Papers and Some Concerns," September 21, 1987. 이 각서에서 Marshall은 멕시코의 장기적 안정 및 억제 불가능한 AIDS 창궐에 대해 우려를 나타냈다.
2. 같은 자료.
3. Marshal V.D. Sokolovskiy, chief ed., *Soviet Military Strategy*, Harriet Fast Scott, trans. (New York: Crane, Russak & Company, 3rd ed. 1975), p.227. 이 책의 제2판과 3판은 각각 1963년과 1968년에 나왔다.
4. Marshal N.V. Ogarkov, "The Defense of Socialism: Experience of History and the Present Day," *Red Star*, May 9, 1984, trans. FBIS, *Daily Report: Soviet Union* 3, no.091, annex no.054 May 9, 1984, R19.
5. Marshall and Wolf, *The Future Security Environment*, p.26. 이 업무단에는 Eliot Cohen, David Epstein, Fritz Ermarth, Lawrence Gershwin, James Roche, Thomas Rona, Stephen Rosen, Dennis Ross, Notra Trulock, Dov Zakheim이 포함되어 있었다.
6. Williamson Murray and Allan R. Millett, eds., *Military Effectiveness: vol2, The Interwar Period* (London: Unwin Hyman, 1988). Vol.1,3은 각각 제1차, 제2차 세계대전을 다루고 있다.
7. Stephen Peter Rosen, *Winning the Next War* (Ithaca, NY: Cornell University Press, 1991). Rosen의 책은 그해 안보연구에 가장 큰 공헌을 한 책으로 퍼니스 상을 받았다.
8. Andrew May, "Happy Birthday, Andy!" unpublished paper, 2011, p.51.
9. Aaron Friedberg, "Happy Birthday, Andy!" unpublished paper, 2011, p.20, 21.

10. James March, "Happy Birthday, Andy!" unpublished paper, 2011, p.43.
11. A.W. Marshall, "1989-1993," interview by Kurt Guthe, January 25, 1995, 9-14.
12. Andrew Krepinevich, meeting with Andrew Marshall, September 11, 1989.
13. 미국은 1989년 12월과 1990년 1월, 파나마 독재자 마누엘 노리에가 대통령을 축출하기 위한 '정당한 대의' 작전에서 2대의 F-117 전투기를 투입한 바 있다.
14. 베트남전쟁은 PGM이 대량으로 사용된 최초의 전쟁이다. 1972년 2월~1973년 2월 사이에 레이저유도 폭탄(LGB) 1만 500발이 사용되었다. Barry D. Watts, *Six Decades of Guided Munitions and Battle Networks: Progress and Prospects* (Washington, DC: Center for Strategic and Budgetary Assessments, 2007), p.9.
15. Defense Intelligence Agency, "Soviet Analysis of Operation Desert Shield and Operation Desert Storm," trans. LN 006-92, October 28, 1991, p.32.
16. Thomas A. Keaney and Eliot A. Cohen, *Revolution in War? Air Power in the Persian Gulf* (Annapolis, MD: Naval Institute Press, 1995), p.212.
17. Thomas Mahnken and James FitzSimonds, "Strategic Management Issues," memorandum for record, August 26, 2001. Krepinevich는 기존의 전쟁방식을 개선하기 위해 개발되는 군사-기술(그는 이를 기술혁신이라고 불렀다)과 전쟁의 성격을 일변시키기 위해 개발되는 군사-기술 간의 차이점에 대한 근본적 의문을 던졌다.
18. 육군사관학교 출신인 Kendall은 훗날인 2011년 10월, Ashton Carter의 후임 국방부 획득기술보급 차관보로 임명된다.
19. Project Checkmate는 1970년대 David Jones 장군에 의해 결성되었다. NATO-바르샤바 조약기구 간의 분쟁 발생 시 그 전개방향에 대한 솔직한 평가를 위해서였다. Warden은 Billy Mitchell과도 같은 인물이라는 평가를 받았다. 선견지명을 갖춘 항공력 이론가이지만, 잘못된 생각을 하는 사람들과 늘 마찰을 일으킨다는 것이었다.
20. Andrew F. Krepinevich, MTR working group meeting, August 1, 1991.
21. Andrew F. Krepinevich, meetings with Andrew Marshall, August 26 and 28, 1991.
22. 무어의 법칙은 일종의 관측치였다. 1965년 Gordon E. Moore가 주창한 이 법칙에 따르면, 1950년대 후반에 집적회로가 발명된 이후, 회로에 얹히는 트랜지스터의 수는 약 2년마다 2배가 되었다는 것이다. 2011년 현재도 무어의 법칙은 유효하다.
23. Andrew F. Krepinevich, Meeting at DARPA, November 22, 1991.
24. Andrew F. Krepinevich, meeting with Andrew Marshall, January 14, 1991.
25. 구 명칭이 '독일 관련 최종 해결에 관한 조약'이던 이 조약은 영국 · 프랑스 · 소

련 · 미국 · 동독 · 서독이 1990년 9월 12일에 조인했다. 이 조약의 결과 옛 동독 지역 및 베를린에는 외국 군대, 핵무기 및 그 투발 수단을 배치할 수 없게 되었다. 동독 주둔 소련(러시아)군은 이 조약에 따라 1994년 8월 철수를 완료했다.

26. Stephen Peter Rosen, "New Ways of War: Understanding Military Innovation," *International Security* 13, no.2, Fall 1988, p.134.
27. 같은 자료, 135.
28. Stephen Peter Rosen, *Winning the Next War*, p.6.
29. 같은 책, p.21.
30. 같은 책, p.251.
31. 같은 책, p.252.
32. 같은 책, p.252.
33. Andrew F. Krepinevich Jr., *The Military-Technical Revolution: A Preliminary Assessment* (Washington, DC: Center for Strategic and Budgetary Assessments, 2002), p.3. 1992년 7월 평가의 이 판본은 이후 Krepinevich, *The Military-Technical Revolution: A Preliminary Assessment*, July 1992로 부르겠다. 개정판은 unpublished ONA papers(일자 표기)로 부르겠다.
34. Krepinevich, *The Military-Technical Revolution: A Preliminary Assessment*, July 1992, p.3.
35. 같은 책, p.20.
36. 같은 책, p.292 Notes.
37. Andrew J. Krepinevich Jr., "The Military-Technical Revolution: A Preliminary Assessment," unpublished OSNA paper, July 1993, p.7.
38. 반 접근 능력은 주요 고정 점 표적에 대한 적의 접근을 막는 능력을 의미한다. 반면 지역거부 능력은 특정 작전 영역 내의 이동 표적에 대한 위협이다. 이 이동 표적에는 항공모함 전단 등 해군부대도 포함된다. Andrew Krepinevich, Barry Watts, and Robert Work, *Meeting the Anti-Access and Area-Denial Challenge* (Washington, DC: Center for Strategic and Budgetary Assessments, 2003); Christopher J. Bowie, *The Anti-Access Threat and Theater Air Bases* (Washington, DC: Center for Strategic and Budgetary Assessments, 2002)를 참조하라.
39. A.W. Marshall, 2012년 7월 17일 워크숍에서 성숙된 정밀타격 기술시대에 대해 언급한 내용.
40. Andrew F. Krepinevich Jr., "The Military-Technical Revolution: A Preliminary Assessment," unpublished paper, July 1993, p.30.
41. 같은 자료.
42. 같은 자료.

43. Admiral William A. Owens, "Systems-of-Systems: US' Emerging Dominant Battlefield Awareness Promises to Dissipate the 'Fog of War,'" *Armed Forces Journal International*, January 1996, p.47. 당시 Owens는 합동참모본부 부의장이었다.
44. Commander Jan van Tol, "Brief on Early RMA Gaming Insights," prepared for the Joint Requirements Oversight Council, OSD/NA, July 14, 1995.
45. Krepinevich, "The Military-Technical Revolution: A Preliminary Assessment," July 1993, p.27, 28.
46. A.W. Marshall, "Some Thoughts on Military Revolutions Second Version," OSD/NA memorandum for the record, August 23, 1993, p.3, 4.
47. Krepinevich, *The Military-Technical Revolution: A Preliminary Assessment*, July 1992, p.56.
48. 같은 책, p.57.
49. Marshall, "1989~1993," interview by Guthe, 9-15.
50. 그 밖의 참가자 중에는 여러 퇴역 장성들이 있었다. 또한 McPeak 이전 공군 참모총장인 Larry Welch 장군, Wolfowitz의 군사자문인 Lynn Wells 대령도 있었다.
51. 11월 11일 모임의 기록은 당일 작성된 Krepinevich의 노트 정리내용, SAIC가 Marshall에게 제출한 보고서인 Ron C.St. Martin and Leine E. Whittington, "The Military Technical Revolution: Opportunities for Innovation," Draft Report, Science Applications International Corporation, January 25, 1993에 기반했다.
52. 군인은 복무 적합성으로만 평가되어야 하며, 동성연애에 의해 드러난 성적 지향에 따라 평가되어서는 안 된다는 것이 정책의 골자다.
53 Andrew F. Krepinevich, meeting with Andrew Marshall and Clark Murdock, March 18, 1993.
54. F. Krepinevich, meeting with Andrew Marshall and Clark Murdock, March 22, 1993.
55. F. Krepinevich, meeting with Ted Warner, March 26, 1993.
56. F. Krepinevich, meeting with Ted Warner, May 21, 1993.
57. William J. Perry, "Desert Storm and Deterrence," *Foreign Affairs*, Fall 1991, pp.66~82.
58. William J. Perry, "Defense in an Age of Hope," *Foreign Affairs*, November-December 1996, pp.64~79. Perry의 1991년, 1996년 *Foreign Affairs*지 기사에는 경쟁에 관한 얘기가 없었다. 즉, 미국의 우위에 대한 경쟁국의 반응, 경쟁국이 미국과 비슷한 수준이 되었을 경우 미국의 반응에 대한 얘기가 없었다.
59. A.W. Marshall, "Some Thoughts on Military Revolutions," OSD/NA memorandum for the record, July 27, 1993, p.4.

60. 같은 자료, p.1.
61. 같은 자료, p.2.
62. 같은 자료, p.3.
63. 같은 자료.
64. 같은 자료, p.4.
65. 같은 자료.
66. Theodor W. Galdi, "Revolution in Military Affairs? Competing Concepts, Organizational Responses, Outstanding Issues," Congressional Research Service, 95-1170 F, December 11, 1995, p.10. 2014년 3월 현재 http://www.fas.org/man/crs/95-1170.htm에서 열람 가능
67. 같은 자료.
68. Krepinevich는 1993년 평가 이후, 1998년에 수중전에 대한 또 다른 균형 평가를 내놓았다. 그러나 이 평가보고서가 1997년 1월 클린턴 행정부 제2기의 시작과 함께 Perry의 후임 국방장관으로 취임한 William Cohen에게 전달되었는지는 불분명하다.
69. Williamson R. Murray and Allan R. Millett, eds., "Military Innovation in Peacetime," in *Military Innovation in the Interwar Period* (New York & Cambridge: Cambridge University Press, 1996), p.414.
70. 같은 자료, p.415.
71. Admiral William A. Owens, "JROC: Harnessing the Revolution in Military Affairs," Joint Force Quarterly, Summer 1994, pp.55~57.
72. Admiral William A. Owens, "The Emerging US System-of-Systems," *Strategic Forum*, Institute for National Strategic Studies, National Defense University, No. 63, February 1996; 2014년 5월 2일 현재 http://www.ndu.edu/inss/strforum/SF_63/forum63.html에서 열람 가능. Owens의 시스템 복합 시스템 개념에 대한 흥미로운 논평으로는 Lieutenant General (Ret.) Paul K. Van Riper and Lieutenant Colonel F.G. Hoffman, "Pursuing the Real Revolution in Military Affairs: Exploiting Knowledge-Based Warfare," *National Security Studies Quarterly*, Summer 1998, pp.1~7을 참조하라.
73. Chairman of the Joint Chiefs of Staff (CJCS), *Joint Vision 2010*, July 1996, p.13.
74. 같은 책. 2000년 5월에 나온 *Joint Vision 2020*은, 마찰은 군사작전의 태생적인 부분이며 없앨 수 없다는 클라우제비츠적 관점을 더욱 강하게 고집했다.
75. Admiral William A. Owens with Ed Offley, *Lifting the Fog of War* (New York: Farrar Straus Giroux, 2000), pp.12~15.

76. Barry D. Watts, *Clausewitzian Friction and Future War* (Revised Edition), McNair Paper Number 68 (Washington, DC: National Defense University Institute for National Security Studies, 2004). *Clausewitzian Friction and Future War* 초판은 1996년에 출간된 McNair Paper 52이다.
77. A.W. Marshall, taped interview with Barry D. Watts, January 9, 2006.
78. 같은 자료.
79. RMA 에세이 경연대회의 세부 내용은 *Joint Force Quarterly*, Spring 1994, p.31; and *Joint Force Quarterly*, Summer 1994, p.58을 참조하라.
80. Jan M. van Tol, "Military Innovation and Carrier Aviation The Relevant History," *Joint Force Quarterly*, Summer 1997, pp.77~87; Jan M. van Tol, "Military Innovation and Carrier Aviation An Analysis," *Joint Force Quarterly*, Winter 1997-98, pp.97~109를 참조.
81. James FitzSimonds, memo Jan van Tol commenting on van Tol's "Brief on Early RMA Gaming Insights," July 17, 1995. 1990년대 후반 RMA 워 게이밍의 개관에 대해서는 William J. Hurley, Dennis J. Gleeson, Jr., Col. Stephen J. McNamara and Joel B. Resnick, "Summaries of Recent Futures Wargames," Joint Advanced Warfighting Program, Institute for Defense Analyses, October 21, 1998을 참조하라.
82. 2007~2011년 Vickers는 처음이자 유일한 국방부 특수작전/저강도 및 의존능력담당 차관보(assistant secretary of defense for special operations/low-intensity & interdependent capabilities, ASD SO/LIC&IC)였다.
83. George Crile, *Charlie Wilson's War: The Extraordinary Story of the Largest Covert Operation in American History* (New York: Atlantic Monthly Press, 2003).
84. Krepinevich는 퇴직 후 국방예산계획(Defense Budget Project, DBP)이라는 조직의 장이 되었다. ONA 재직 시 Marshall에게서 배운 것들을 토대로, 그는 이 조직을 전략예산평가본부(Center for Strategic and Budgetory Assessments, CSBA)로 개편해 주요 전략문제를 해결하고자 했다.
85. 연구원 프로그램은 DoD Directive 1322.23, September 2, 1995에 의해 시작되었다.
86. A.W. Marshall, "The Character of Future Net Assessments," memorandum for distribution, June 10, 1996, p.1.
87. 같은 자료, p.3.
88. 같은 자료, p.4.

9. 아시아태평양으로의 전환, 2001~2014년

1. A.W. Marshall, "The Character of Future Net Assessments," p.2.
2. Marshall, "The Character of Future Net Assessment," p.4.
3. Andrew May, e-mail to Barry Watts, August 23, 2002.
4. A.W. Marshall, "Further Thoughts on Future Net Assessments," OSD/NA memorandum, May 9, 2000 (revised September 11, 2000), p.2.
5. Marshall, "Further Thoughts on Future Net Assessments," p.3.
6. Marshall, Watts 이외의 참가자들은 다음과 같다. Aaron Friedberg(Princeton University), Karl Hasslinger(General Dynamics Electric Boat), Andrew Krepinevich (CSBA), Bob Martinage(CSBA), Andrew May(SAIC), Chip Pickett(Northrop Grumman), Steve Rosen(Harvard University), Jan van Tol(OSD/NA)이다. Eliot Cohen, Gene Durbin (이메일로 입력값을 보내옴), Jaymie Durnan (당시 폴 울포위츠 국방차관의 특별보좌관)은 초대받았으나 오지 못했다.
7. Barry Watts, transcript excerpts from the ONA workshop on the future role and focus of the Office of Net Assessment, March 11, 2003, p.25.
8. A.W. Marshall, "Refocusing Net Assessment for the Future," OSD/NA memorandum for distribution, June 10, 2004, p.2, 3.
9. 같은 자료, p.3, 4.
10. Donald Rumsfeld, *Known and Unknown: A Memoir*, p.293.
11. A.W. Marshall, "Defense Strategy Review (Short Outline)," February 23, 2001, p.2.
12. Barry Watts, notes from a telephone conversation with Karl Hasslinger, March 22, 2001.
13. 같은 자료.
14. Marshall, "Defense Strategy Review (Short Outline)," p.2.
15. Marshall and Roche, "Strategy for Competing with the Soviets in the Military Sector of the Continuing Political-Military Competition," p.9, 10.
16. C.K. Prahalad and Gary Hamel, "The Core Competence of the Corporation," *Harvard Business Review*, May-June 1990, p.83.
17. Andrew May in Watts, "Transcript Excerpts from the OSD/NA Workshop on the Future Role and Focus of the Office of Net Assessment," March 11, 2003, p.22.
18. Marshall, "Defense Strategy Review (Short Outline)," p.2.
19. Barry Watts, notes from discussion with A.W. Marshall and Andrew May, March 18, 2003.
20. Barry D. Watts, "Barriers to Acting Strategically: Why Strategy Is So Difficult,"

in *Developing Competitive Strategies for the 21st Century: Theory, History, and Practice*, Thomas G. Mahnken, ed. (Stanford, CA: Stanford University Press, 2012), p.50, 52, 53.

21. Patrick E. Tyler, "U.S. Strategy Plan Calls for Insuring No Rivals Develop: A One-Superpower World," *New York Times*, March 8, 1992.
22. Eric Edelman, "The Strange Career of the 1992 Defense Planning Guidance," in *In Uncertain Times: American Foreign Policy after the Berlin Wall and 9/11*, by Melvyn P. Leffer and Jeffrey W. Legro (Ithaca, NY: Cornell University Press, 2011), p.65.
23. Tyler, "U.S. Strategy Plan Calls for Insuring No Rivals Develop: A One-Superpower World."
24. Edelman, "The Strange Career of the 1992 Defense Planning Guidance," p.64.
25. "Defense Planning Guidance, FY 1994-1999," draft March 20, 1992, declassified December 10, 2007, p.3, 5.
26. DoD, "Quadrennial Defense Review Report," September 30, 2001, iv, p.12. 좀 더 포괄적인 설득의 전략은 Andrew F. Krepinevich and Robert C. Martinage, *Dissuasion Strategy* (Washington, DC: Center for Strategic and Budgetary Assessments, 2008), pp.1~6을 참조하라.
27. Aaron L. Friedberg, "The Struggle for Mastery in Asia," *Commentary*, November 2000, p.26.
28. Andrew W. Marshall, "Near Term Actions to Begin Shift of Focus Towards Asia," OSD/NA memo for the secretary of defense, May 2, 2002, p.1.
29. 같은 자료, p.2.
30. US-China Economic and Security Review Commission, *2011 Report to Congress*, 112th Congress, First Session, November 2011, pp.182~93.
31. John A. Battilega, "Soviet Military Art: Some Major Asymmetries Important to Net Assessment," unpublished paper presented at the March 28~29, 2008, conference "Net Assessment: Past, Present, and Future."
32. Michael Pillsbury, ed., *Chinese Views of Future Warfare* (Washington, DC: National Defense University Press, rev. ed. 1998), xvii
33. 같은 책, xxxiv, xlii.
34. 같은 책, p.317.
35. 같은 책, p.326.
36. Yuan Wenxian, chief ed., 联合战役信息作战教程 [Lectures on Joint Campaign Information Operations] (Beijing: National Defense University Press, November 2009, pp.1~11; Bryan Krekel, Patton Adams, and George Bakos, *Occupying the Information High Ground:*

Chinese Capabilities for Computer Network Operations and Cyber Espionage (Washington: Northrop Grumman Corporation, March 7, 2012), pp.14~20.

37. Information Office of the State Council, PRC, "The Diversified Employment of China's Armed Forces," April 2013, section 2, 2013년 8월 13일 현재 http://eng.mod.gov.cn/Database/WhitePapers/index.htm에서 열람 가능.
38. Mark A. Stokes and Ian Easton, "The Chinese People's Liberation Army General Staff: Evolving Organization and Missions," unpublished draft November 26, 2012, p.15, 19, 26.
39. Pillsbury, *China Debates the Future Security Environment* (Washington, DC: NDV Press, 2000), xv, p.67, 68.
40. 같은 책, xxxv.
41. Francois Jullien, *A Treatise on Efficacy: Between Western and Chinese Thinking*, trans. by Janet Lloyd (Honolulu: University of Hawai'i Press, 2004), p.15.
42. 같은 책, p.17.
43. Aaron L. Friedberg, "A History of the US Strategic Doctrine 1945~1980," Journal of Strategic Studies, December 1980, pp.37~71.
44. Aaron L. Friedberg, *The Weary Titan: Britain and the Experience of Relative Decline, 1895~1905* (Princeton and Oxford: Princeton University Press, 1988), p.305.
45. 같은 책, xv.
46. Aaron L. Friedberg, *A Contest for Supremacy: China, American, and the Struggle for Mastery in Asia* (New York: W. W. Norton, 2011), xii.
47. 같은 책, xiii-xiv.
48. 같은 책, xv; and Aaron L. Friedberg, "The Struggle for Mastery in Asia," p.17.
49. Friedberg, *A Contest for Supremacy: China, American, and the Struggle for Mastery in Asia*, p.144.
50. Timothy L. Thomas, *Three Faces of the Cyber Dragon: Cyber Peace Activist, Spook, Hacker* (Fort Leavenworth, KS: Foreign Military Studies Office, 2012), xiv, p.66, 73, 89, 117, 119, 223~35; Pillsbury, *China Debates the Future Security Environment*, xviii, p.297, 299.
51. Admiral Jonathan Greenert and General Mark Welsh, "Breaking the Kill Chain: How to Keep American in the Game When Our Enemies Are Trying to Shut Us Out," *Foreign Policy*, May 16, 2013, 2014년 2월 18일 현재 http://www.foreignpolicy.com/articles/2013/05/16/breaking_the_kill_chain_air_sea_battle?page=0,0에서 열람 가능
52. Donald Rumsfeld, *Quadrennial Defense Review Report*, February 6, 2006, p.3, 9, 10.

29~31, 32~33.

53. A.W. Marshall, handwritten notes for a dinner talk to the Chicago Council on Global Affairs, June 2, 2008, p.1, 2.

결론

1. A.W. Marshall, "Net Assessment in the Department of Defense," ONA memo for record, September 21, 1976, p.1.
2. A.W. Marshall, "1973~1980," interview by Kurt Guthe, April 9, 1994, 6-41, 6-42.
3. "The Man Who Showed Why Firms Exist," *The Economist*, September 7, 2013, p.13, 14.
4. Noel E. Firth and James H. Noren, *Soviet Defense Spending: A History of CIA Estimates, 1950~1990* (College Station, TX: Texas A&M University Press, 1998), p.10.
5. A.W. Marshall, "Themes," interview by Kurt Guthe, September 24, 1993, 10-3.
6. "Soviet Death Rate Rising; Alcoholism, Influenza Blamed," *Gadsden Times*, August 31, 1982, p.8.
7. James R. Schlesinger, "Uses and Abuses of Systems Analysis" in James R. Schlesinger, "Selected Papers on National Security 1964~1968," RAND P-5284, September 1974, p.107.
8. 같은 자료, p.116.
9. A.W. Marshall, "Early 1950s," interview by Kurt Guthe, September 16, 1993, 4-7.
10. Marshall, "Themes," interview by Guthe, 10-6.
11. Herbert Simon, "Rational Choice and the Structure of the Environment," (*Psychological Review* 63, no.2, 1956): p.129.
12. Lionel Tiger and Robin Fox, *The Imperial Animal* (New Brunswick and London, Transaction Publishers, 1998), p.17 (첫 출간은 1971 by Holt, Rinehart and Winston).
13. Daniel Kahneman, "Maps of Bounded Rationality: A Perspective on Intuitive Judgment and Choice," Nobel Prize Lecture, December 8, 2002, in *Nobel Prizes 2002: Nobel Prizes, Presentations, Biographies, & Lectures*, ed. Tore Fr.ngsmyr (Stockholm: Almquiest & Wiksell, 2003), p.449.
14. Amos Tversky and Daniel Kahneman, "Judgment Under Uncertainty: Heuristics and Biases," *Science* 185, no.4157, September 27, 1974, p.1130.
15. Robin Fox, "Aggression Then and Now" in *Man and Beast Revisited*, ed. Michael H.

Robinson and Lionel Tiger (Washington and London: Smithsonian Institution Press, 1991), p.92.

16. Robin Fox, "Fatal Attraction: War and Human Nature," *National Interest*, Winter 1992/93, p.20.
17. Douglass North, *Understanding the Process of Economic Change* (Princeton, NJ, and Oxford, UK: Princeton University Press, 2005), p.19, 69.
18. Neil deGrasse Tyson, *Death by Black Holes and Other Cosmic Quandaries* (New York and London: W. W. Norton, 2007), pp.249~52.
19. Martin Shubik, "Terrorism, Technology, and the Socioeconomics of Death," *Comparative Strategy* 16, 1997, pp.406~8.
20. Pierre Wack, "Scenarios: Unchartered Waters Ahead," *Harvard Business Review*, September-October 1985, p.73, 75; and Wack, "Scenarios: Shooting the Rapids," *Harvard Business Review*, November-December 1985, p.10, 11, 14. Kahn의 1965년 저작 *On Escalation:Metaphors and Scenarios*는 시나리오 기획의 기원으로 널리 알려져 있다. 1973년 중반 유가는 배럴당 2.9달러였다. 그해 12월 석유수출국기구는 배럴당 11.65달러를 불렀다. Daniel Yergin, *The Prize:The Epic Quest for Oil,Money &Power* (New York: The Free Press, 1991), p.607.
21. Peter Schwartz, *The Art of the Long View:Planning for the Future in an Uncertain World* (New York: Doubleday Currency, 1991), p.3.
22. Marshall, "Themes," interview by Guthe, 10-14, 15.
23. Firth and Noren, *Soviet Defense Spending:A History of CIA Estimates, 1950~1990*, p.59.
24. CIA/DIA "Gorbachev's Modernization Program: A Status Report," DDB-1900-140-87, August 1987, p.8.
25. A.W. Marshall, letter to Richard Kaufman, Joint Economic Committee, US Congress, September 10, 1975, p.1.
26. Barry Watts, notes from a discussion with A.W. Marshall, April 4, 1988, p.3.
27. Donald Rumsfeld, *Known and Unknown:A Memoir*, p.224, 225.
28. Donald H. Rumsfeld, Annual Report to the President and the Congress, 2002, p.2.
29. A.W. Marshall, OSD/NA memorandum for Fred Iklé, September 21, 1987, p.3.
30. "Secretary Rumsfeld Delivers Major Speech on Transformation," National Defense University, January 31, 2002. 2014년 1월 27일 현재 http://www.au.af.mil/au/awc/awcgate/dod/transformation-secdef-31jan02.htm에서 열람 가능.
31. OSD, "Annual Report to Congress: Military and Security Developments Involving the People's Republic of China 2013," i, p.32, 33.

32. Michael Pillsbury, *China Debates the Future Security Environment*. Michael Pillsbury, ed., *Chinese Views of Future Warfare* (Washington, DC: National Defense University Press, 1998)도 참조하라.
33. Air-Sea Battle Office, "Air-Sea Battle: Service Collaboration to Address Anti-Access & Area Denial Challenges," May 2013을 참조하라. 2013년 6월 7일 현재 http://navylive.dodlive.mil/files/2013/06/ASB-ConceptImplementation-Summary-May-2013.pdf에서 열람 가능.
34. Barack Obama, "Sustaining US Global Leadership: Priorities for 21st Century Defense," January 2012, p.2.

찾아보기

ㄱ

ㄴ

ㄷ

ㄹ

ㅁ

ㅂ

ㅅ

ㅇ

ㅈ

ㅊ

ㅋ

ㅌ

ㅍ

ㅎ

이동훈 옮긴이

중앙대학교 철학과 졸업. 「월간 항공」 기자와 「이포넷」 한글화 사원을 거쳐 현재 「파퓰러사이언스」 외신 기자로 재직 중이다. 저서로는 『영화로 보는 태평양전쟁』 『전쟁영화로 마스터하는 2차 세계대전』, 역서로는 『전쟁 본능』 『오퍼레이션 페이퍼클립』 『브라보 투 제로』 등이 있다.

제국의 전략가

펴낸날	초판 1쇄 2019년 9월 20일 초판 2쇄 2019년 11월 15일
지은이	앤드루 크레피네비치 · 배리 와츠
옮긴이	이동훈
펴낸이	심만수
펴낸곳	(주)살림출판사
출판등록	1989년 11월 1일 제9-210호
주소	경기도 파주시 광인사길 30
전화	031-955-1350 팩스 031-624-1356
홈페이지	http://www.sallimbooks.com
이메일	book@sallimbooks.com
ISBN	978-89-522-4081-1 03390

※ 값은 뒤표지에 있습니다.
※ 잘못 만들어진 책은 구입하신 서점에서 바꾸어 드립니다.

이 도서의 국립중앙도서관 출판시도서목록(CIP)은 서지정보유통지원시스템 홈페이지(http://seoji.nl.go.kr)와 국가자료공동목록시스템(http://www.nl.go.kr/kolisnet)에서 이용하실 수 있습니다.(CIP제어번호: CIP2019034217)

기획 **노만수**